Siegfried Anders, Sylke Berger, Jutta Gomolzig, Christian Werge, Sabine Werge, Hubert Wittwer
Mitarbeit: Gottfried Engländer

Physik

Aufgabensammlung Sekundarstufe II
- Mechanik, Thermodynamik -

Lehrerband

westermann

Druck A[2] / Jahr 2009
Alle Drucke der Serie A können im Unterricht parallel verwendet werden.

Verlagslektorat: Christian Düwel, Marika Schmidheissler
Herstellung: Dirk Walter-von Lüderitz
Druck und Bindung: westermann druck GmbH, Braunschweig

ISBN 978-3-14-**151921**-1

Inhaltsverzeichnis

Bildquellennachweis:

AKG Photo, Berlin: 29, 102
Ulrich Forchner, Leipzig: 8.1, 22.3, 28.2, 35.1, 51.2, 69, 71.1, 74.1, 74.3, 79.1, 83.2, 86, 92, 94.1, 96, 109.5, 119, 129.2, 149, 165, 184
Henkelmann Bildarchiv, Berlin: 85.2
Huygens: 105.2
Universität Bremen, Bremen: 18
Stadtwerke Wiesbaden AG, Wiesbaden: 68 (ESWE, Ulrich Kind)
Die übrigen Zeichnungen wurden von Satz und Grafik Partner GmbH, Augsburg, angefertigt.

Satz: Frank Schubert, Marburg

Vorwort

Die Aufgabensammlung setzt sich zum Ziel, die Lernenden auf ihrem Weg zur Hochschulreife zu begleiten.

Sie besteht aus
- einem Schülerband, der neben den Aufgabentexten eine Zusammenstellung wichtiger Formeln zu Beginn eines jeden Kapitels, integrierte Arbeitsblätter sowie die rechnerischen Ergebnisse enthält, und
- einem Lehrerband mit kompletten Lösungswegen.

Innerhalb jedes Themenkreises wurden die Aufgaben so zusammengestellt, daß sich ihr Schwierigkeitsgrad schrittweise erhöht und schließlich den Anforderungen der Reifeprüfung anpaßt.

Besondere Berücksichtigung fanden Aufgaben, die
- an Erfahrungen und Interessen der Schülerinnen und Schüler anknüpfen sowie interessante und z. T. überraschende Vorgänge aus dem Alltag aufgreifen,
- eine graphische Lösung fordern,
- verbal zu lösen sind (z. B. Interpretieren von Gleichungen und Diagrammen, Beschreiben von Vorgängen, Diskutieren von Ergebnissen),
- erfahrungsgemäß Lernenden häufig Schwierigkeiten bereiten (z. B. Abhängigkeit der Beschreibung von Bewegungen vom Bezugssystem, Gültigkeitsbedingungen von Gleichungen).

Unter der Rubrik *„Und was meinen Sie?"* stehen Dialoge, die zu Diskussionen und Auseinandersetzungen anregen sollen.

Beachtenswert ist eine starke Untergliederung in Teilaufgaben. Einerseits verbirgt sich dahinter eine Art Handlungsanweisung für den Lösungsweg bei umfangreicheren Aufgaben, andererseits ermöglicht diese Form die Integration unterschiedlicher Sachgebiete bzw. die Selektion von Aufgabenteilen.

Liebe Kolleginnen und Kollegen,

der vorliegende Lehrerband zu den Themenbereichen Mechanik und Thermodynamik ist mit dem Anspruch konzipiert, mehr als ein traditionelles Lösungsheft zu sein. Er soll Ihre Vorbereitung auf den Unterricht erleichtern und enthält deshalb zu jeder Aufgabe
- den **Aufgabentext** aus dem Schülermaterial (im dünnen Kasten),
- eine **Lösung** mit den wichtigsten Lösungsgedanken, allen Größengleichungen und ihren Umformungen, den darin eingesetzten Ausgangsgrößen und der fettgedruckten Lösung.

Aufgabentext

$\boldsymbol{F = 37{,}5\ \mathrm{N}}$

Beachten Sie bitte, daß die Aufgaben mit Arbeitsblattcharakter im Lehrerband aus Platzgründen bereits die geforderte Lösung fettgedruckt enthalten.

Arbeitsblatt

Im Kopf jeder Aufgabe (fetter Kasten) finden Sie Kurzinformationen
- zum **Schwierigkeitsgrad** (Null bis maximal drei „Gewichte", wobei diese Angabe naturgemäß nur orientierenden Charakter haben kann),
- zum **Aufgabeninhalt** (um einen schnellen Überblick zu gewinnen) und
- zu den **dominierenden Schülertätigkeiten**, symbolisiert durch elf Icons:

Festigen physikalischer Größen
Die Entwicklung eines besseren Grundverständnisses für eine physikalische Größe steht im Mittelpunkt der Aufgabe.

Arbeiten mit Größengleichungen
Größengleichungen werden (teilweise kapitelübergreifend) gefestigt.

Herleiten von Gesetzen bzw. Größengleichungen
Ein Bestandteil der Aufgabe ist die Herleitung von Größengleichungen.

Idealisieren praktischer Sachverhalte
Für die Lösung der Aufgabe ist bewußtes Idealisieren des geschilderten praktischen Sachverhalts notwendig.

Arbeiten mit Diagrammen
Ausgangspunkt bzw. Ziel der Lösung ist ein Diagramm.

Analysieren des Aufgabentextes
Die Lösung der Aufgaben verlangt die physikalische Umsetzung eines umfangreicheren Textes.

Interpretieren von Lösungswegen bzw. Ergebnissen
Die Aufgabe erfordert eine ausführliche Diskussion der Lösungswege bzw. Ergebnisse.

Verbales Lösen
Teilaufgaben fordern Begründungen, Erklärungen, Beschreibungen, Interpretationen usw.

Auswerten von Wertetabellen
Ein Ausgangspunkt der Lösung sind Wertetabellen.

Auswerten von Experimenten
Der Aufgabe liegt die Beschreibung eines Experimentes oder eine Versuchsanleitung zugrunde.

„Denkaufgaben"
Theta, Rho und Pi führen kurze Dialoge, die zu Diskussionen Anlaß geben.

Wir wünschen Ihnen Freude und Erfolg bei der Arbeit mit unseren Aufgaben und uns viele Anregungen für eine nächste Auflage.

Die Autorinnen und Autoren

1 Kinematik

1.1 Geradlinige Bewegungen

1/01 Bewegungsarten

Welche Bewegungsarten sind im Diagramm dargestellt? Begründen Sie Ihre Antwort!

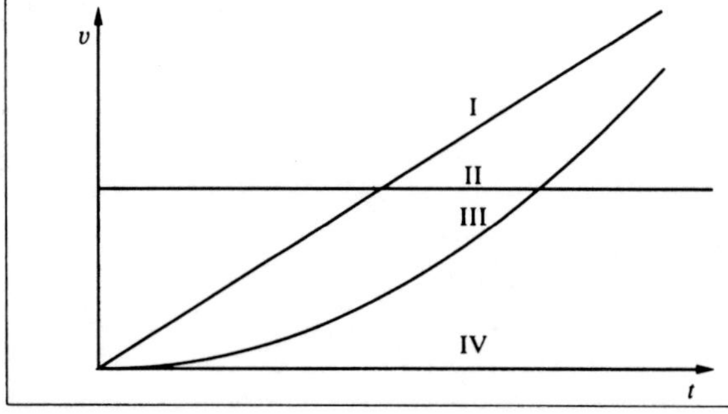

I) Gleichmäßig beschleunigte Bewegung mit $a > 0$ und $a = \text{konst.}$

II) Gleichförmige Bewegung $v = \text{konst.}$

III) Ungleichmäßig beschleunigte Bewegung $a > 0$ und $a \neq \text{konst.}$

IV) Ruhe: $v = 0$.

1/02 Gleichförmige Bewegung; $v, \bar{v}$

Das Diagramm soll für die Bewegung eines Fahrzeuges gelten:

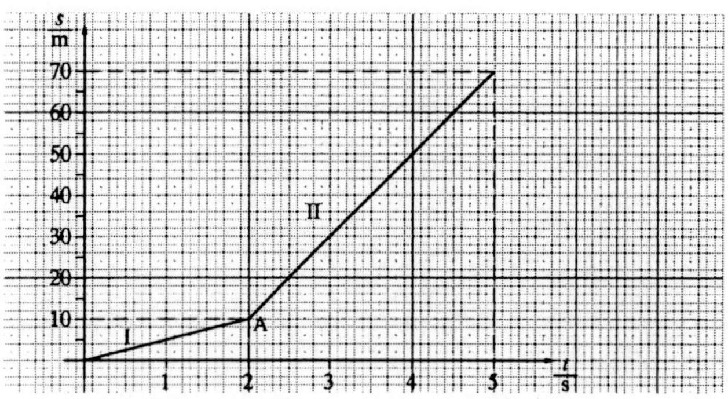

1) Welche Bewegungen werden durch das Diagramm wiedergegeben?
2) Die dargestellte Kurve hat im Punkt A einen Knick. Was bedeutet das? Ist das bei einer realen Bewegung möglich?
3) Wie groß sind die Momentangeschwindigkeiten für $t = 1$ s und $t = 4$ s?
4) Wie groß sind die Durchschnittsgeschwindigkeiten für die ersten 2 s, 3 s, 4 s bzw. 5 s?

1) Zwei gleichförmige Bewegungen mit unterschiedlichen Geschwindigkeiten.

2) Zum Zeitpunkt $t = 2$ s erfolgt eine Geschwindigkeitsänderung. Praktisch ist aber eine Vergrößerung der Geschwindigkeit nur durch Beschleunigen möglich, und dieser Prozeß findet in einem Zeitintervall statt. Im s-t-Diagramm ergibt sich dann bei konstanter Beschleunigung ein quadratischer Zusammenhang.

3) $v = \frac{\Delta s}{\Delta t}$, denn $s(t)$ ist hier linear, **aber** die Differenzen dürfen nur zu ein und demselben Geradenstück gehören!

$v(1\,\text{s}) = \frac{10\,\text{m}}{2\,\text{s}}$ $\quad$ $\mathbf{v(1\,s) = 5\,ms^{-1}}$

$v(4\,\text{s}) = \frac{60\,\text{m}}{3\,\text{s}}$ $\quad$ $\mathbf{v(4\,s) = 20\,ms^{-1}}$

4) $\bar{v} = \frac{\Delta s}{\Delta t}$, **aber** die Differenzen beziehen sich auf die gesamte Bewegung von $t_0 = 0$ an!

$\bar{v}(2\,\text{s}) = \frac{10\,\text{m}}{2\,\text{s}}$ $\quad$ $\mathbf{\bar{v}(2\,s) = 5\,ms^{-1}}$

$\bar{v}(3\,\text{s}) = \frac{30\,\text{m}}{3\,\text{s}}$ $\quad$ $\mathbf{\bar{v}(3\,s) = 10\,ms^{-1}}$

$\bar{v}(4\,\text{s}) = \frac{50\,\text{m}}{4\,\text{s}}$ $\quad$ $\mathbf{\bar{v}(4\,s) = 12{,}5\,ms^{-1}}$

$\bar{v}(5\,\text{s}) = \frac{70\,\text{m}}{5\,\text{s}}$ $\quad$ $\mathbf{\bar{v}(5\,s) = 14\,ms^{-1}}$

1/03 Gleichförmige Bewegung; Relativität der Bewegung

Ein Fußgänger läuft mit einer Geschwindigkeit von 3 kmh^{-1} eine Straße entlang. In der gleichen Richtung wie der Fußgänger fahren ein Radfahrer mit 12 kmh^{-1} und ein Motorradfahrer mit 50 kmh^{-1}.

1) Bestimmen Sie die Geschwindigkeiten des Radfahrers und des Motorradfahrers bezüglich des Fußgängers!
2) Welche Geschwindigkeiten erhält man für den Fußgänger und den Motorradfahrer, wenn der sich bewegende Radfahrer als Bezugssystem gewählt wird?
3) Welchen Einfluß hat die gegenseitige Position der drei Verkehrsteilnehmer auf die Ergebnisse?

1) $v = v_R - v_F$ $\quad$ $v = (12 - 3)\,\text{kmh}^{-1}$ $\quad$ $\mathbf{v = 9\,kmh^{-1}}$

$v = v_M - v_F$ $\quad$ $v = (50 - 3)\,\text{kmh}^{-1}$ $\quad$ $\mathbf{v = 47\,kmh^{-1}}$

2) $v = v_F - v_R$ $\quad$ $v = (3 - 12)\,\text{kmh}^{-1}$ $\quad$ $\mathbf{v = -9\,kmh^{-1}}$

$v = v_M - v_R$ $\quad$ $v = (50 - 12)\,\text{kmh}^{-1}$ $\quad$ $\mathbf{v = 38\,kmh^{-1}}$

3) Keinen Einfluß, da Abhängigkeit der Beschreibung von der Wahl des Bezugssystems.

1/04 Gleichförmige Bewegung

Die Diagramme stellen Bewegungen von Körpern dar.

1) Geben Sie die Bewegungsgleichungen an!

(a)

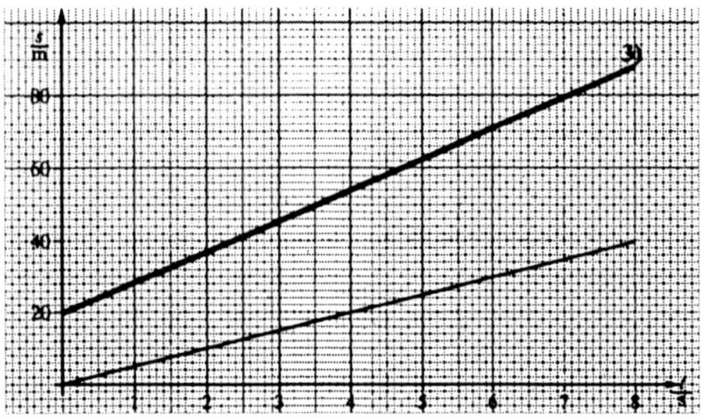

$a(t) = \mathbf{0\ ms^{-2}}$

$v(t) = \mathbf{5\ ms^{-1}}$

$s(t) = \mathbf{5\ ms^{-1} \cdot t}$

(b)

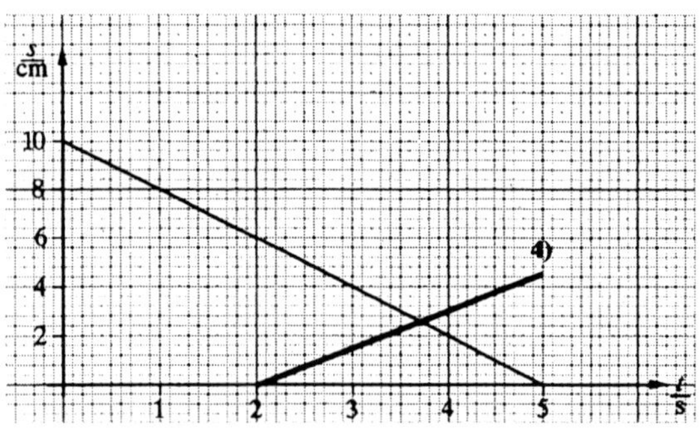

$a(t) = \mathbf{0\ cms^{-2}}$

$v(t) = \mathbf{-2\ cms^{-1}}$

$s(t) = \mathbf{-2\ cms^{-1} \cdot t + 10\ cm}$

2) Welche Bewegungsarten werden in den Diagrammen dargestellt?

3) Zeichnen Sie im Diagramm (a) den Graphen für einen Körper, der sich mit einer Geschwindigkeit von 8 ms^{-1} bewegt und zur Zeit $t_0 = 0$ einen Anfangsweg von $s_0 = 20$ m zurückgelegt hat!

4) Geben Sie im Diagramm (b) die Bewegung eines Körpers wieder, für die folgende Meßwerte aufgenommen wurden:

t in s	0	1	2	3	4	5
s in cm	0	0	0	1,5	3	4,5

1) bis 4): Die vom Schüler geforderten Ergänzungen erscheinen im **Fettdruck**.

2) Zwei gleichförmige Bewegungen.

1/05 Gleichförmige Bewegung; Relativgeschwindigkeit

Zur Zeit $t_0 = 0$ fährt 60 m vor einem PKW ($v_{PKW} = 54\ kmh^{-1}$) eine Straßenbahn mit einer Geschwindigkeit von 36 kmh^{-1}. Beide behalten ihre Geschwindigkeit bei.

Zeichnen Sie ein *s*-*t*-Diagramm, und lösen Sie mit Hilfe des Diagramms folgende Aufgaben:

1) Wieviel Meter muß der PKW fahren, bevor er die Straßenbahn erreicht?

2) Welche Strecke legt die Straßenbahn in dieser Zeit zurück?

3) Wann erreicht der PKW die Straßenbahn?

4) Bestätigen Sie die ermittelte Treffzeit durch Rechnung
   a) mit Hilfe der Weg-Zeit-Gesetze,
   b) mit Hilfe der Relativgeschwindigkeiten!

1) $\mathbf{s_p = 180\ m}$ 2) $\mathbf{s_s = 120\ m}$ 3) $\mathbf{t_T = 12\ s}$

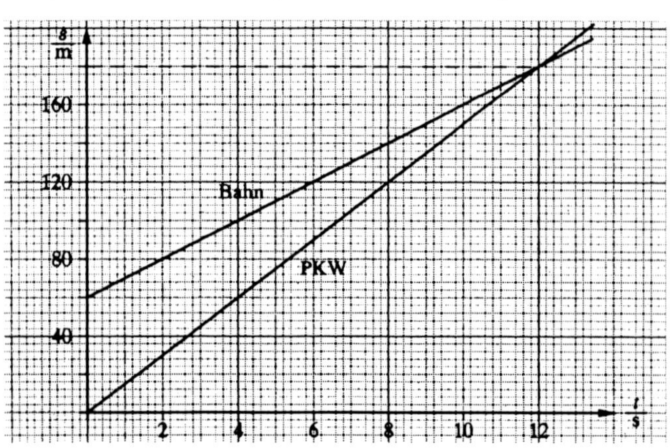

4a) $s_p(t) = 15\ ms^{-1} \cdot t$

$s_s(t) = 10\ ms^{-1} \cdot t + 60\ m$

t_T = Treffzeit; es gilt: $s_p(t_T) = s_s(t_T)$

$15\ ms^{-1} \cdot t_T = 10\ ms^{-1} \cdot t_T + 60\ m$

$\mathbf{t_T = 12\ s}$

4b) $t_T = \frac{s_r}{v_r}$

$t_T = \frac{s_0}{(v_p - v_s)}$

$t_T = \frac{60\ m \cdot 3{,}6\ s}{(54 - 36)\ m}$

$\mathbf{t_T = 12\ s}$

1/06 Gleichförmige Bewegung

Ein Fahrzeug fährt geradlinig mit einer konstanten Geschwindigkeit von 60 kmh^{-1} von A nach B. Zur gleichen Zeit fährt ein zweites Fahrzeug mit einer um 10 kmh^{-1} verminderten konstanten Geschwindigkeit von B nach A. Beide Orte sind 11 km voneinander entfernt.

1) In welcher Entfernung von A treffen sich beide Fahrzeuge?
2) Welche Fahrzeit benötigen die beiden Fahrzeuge bis zum Treffpunkt?
3) Bestätigen Sie Ihre berechneten Ergebnisse durch eine graphische Lösung im *s*-*t*-Diagramm! Bestimmen Sie graphisch die Fahrzeiten beider Fahrzeuge bis zu ihren Zielorten!

1) $s_1(t) = v_1 \cdot t$ und $s_2(t) = -v_2 \cdot t + s_0$

Für den Treffpunkt gilt: $t = t_T$ und $s_1(t_T) = s_2(t_T)$

$$\frac{s_1(t_T)}{v_1} = \frac{s_0 - s_2(t_T)}{v_2} = \frac{s_0 - s_1(t_T)}{v_2}$$

$$s_1(t_T) = \frac{s_0 v_1}{v_1 + v_2} \qquad s_1(t_T) = \frac{11\ \text{km} \cdot 60\ \text{kmh}^{-1}}{(60+50)\ \text{kmh}^{-1}}$$

$$\mathbf{s_1(t_T) = 6\ km}$$

2) $$t_T = \frac{s_1(t_T)}{v_1} \qquad t_T = \frac{6\ \text{km}}{60\ \text{kmh}^{-1}} = 0{,}1\ \text{h}$$

$$\mathbf{t_T = 6\ min}$$

3)

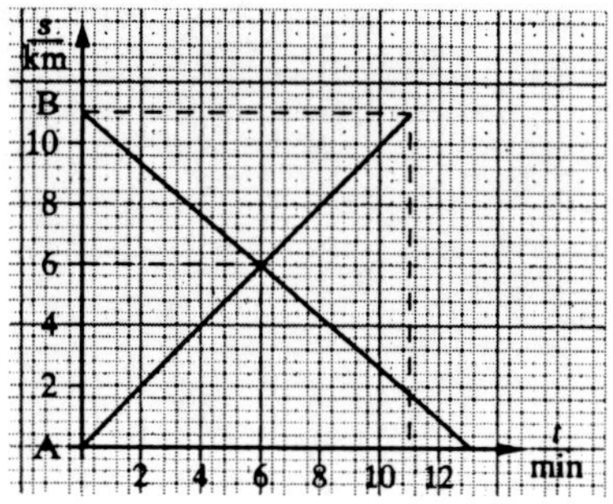

$\mathbf{s_1(t_T) = 6\ km}$

$\mathbf{t_t = 6\ min}$

$\mathbf{t_1 = 11\ min}$

$\mathbf{t_2 \approx 13\ min}$

1/07 Gleichförmige Bewegung

An einer Straße liegen die Orte A, B und C. Die Entfernung von A nach B beträgt 16 km.

Zur Zeit $t_0 = 0$ fährt das erste Fahrzeug in A ab. Bei einer durchschnittlichen Geschwindigkeit von $v_1 = 60\ \text{kmh}^{-1}$ erreicht es den Ort B zu dem Zeitpunkt, als dort die Schranke geschlossen wird. Fahrzeug 2 beginnt vier Minuten nach Fahrzeug 1 in A die Fahrt und kommt bei einer konstanten Geschwindigkeit v_2 gerade in B an, als die Schranke nach acht Minuten wieder geöffnet wird. Beide Fahrzeuge fahren mit ihrer ursprünglichen Geschwindigkeit weiter und treffen mit einem Zeitabstand von sechs Minuten in C ein.

Ein drittes Fahrzeug startet zur Zeit $t_0 = 0$ mit einer Geschwindigkeit von $v_3 = 20\ \text{ms}^{-1}$ von C nach A.

1) Zeichnen Sie ein Weg-Zeit-Diagramm für die Bewegung der drei Fahrzeuge! (Verwenden Sie Millimeterpapier!)
2) Beantworten Sie die folgenden Fragen mit Hilfe des Diagramms (d. h. ohne Rechnung)!
   a) Wieviel Minuten braucht jedes der Fahrzeuge, um sein Ziel zu erreichen?
   b) Wie weit ist C von B entfernt?
   c) Wo befindet sich das erste Fahrzeug, wenn das dritte in A ankommt?
   d) Wie lange muß Fahrzeug 3 an der Schranke warten?
3) Mit welcher Geschwindigkeit bewegt sich Fahrzeug 2?
4) Geben Sie für das Fahrzeug 2 die Bewegungsgleichungen an!
5) Berechnen Sie die durchschnittliche Geschwindigkeit, die ein Fahrzeug haben müßte, wenn es in weniger als 30 Minuten von C nach A fahren soll!

1)

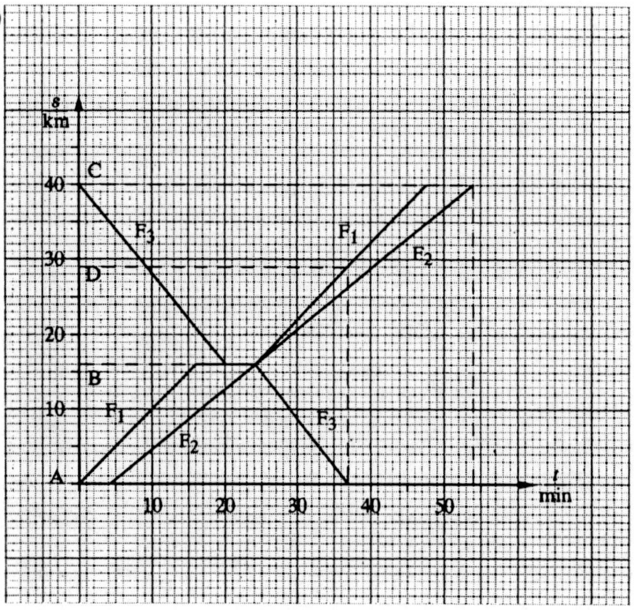

2) a) $\mathbf{t(F_1) = 48\ min}$; $\mathbf{t(F_2) = 50\ min}$; $\mathbf{t(F_3) = 37\ min}$

b) $\mathbf{\overline{BC} = 24\ km}$

c) $\mathbf{\overline{AD} = 29\ km}$ oder $\overline{BD} = 13\ \text{km}$

d) $\mathbf{t(F_3)_s = 4\ min}$

3) $$v_2 = \frac{\Delta s}{\Delta t} = \frac{16\ \text{km} \cdot 60}{20\ \text{h}} \qquad \mathbf{v_2 = 48\ kmh^{-1}}$$

4) $\mathbf{a_2(t) = 0\ ms^{-2}}$

$\mathbf{v_2(t) = 48\ kmh^{-1} = konst. = 0{,}8\ km\ min^{-1}}$

$\mathbf{s_2(t) = 0{,}8\ km\ min^{-1} \cdot (t - 4\ min)}$

5) $$\bar{v} > \frac{\Delta s}{\Delta t} = \frac{40\ \text{km} \cdot 60}{30\ \text{h}} \qquad \mathbf{\bar{v} > 80\ kmh^{-1}}$$

1/08 Gleichförmige Bewegung

Zwei Jungen laufen zur gleichen Zeit mit konstanten Geschwindigkeiten in zueinander senkrechten Richtungen auseinander. Nach 5 s sind beide 25 m voneinander entfernt. Die von den beiden Jungen zurückgelegten Wege verhalten sich wie 4:3.

1) Mit welchen Geschwindigkeiten laufen die beiden Jungen?

2) Beschreiben Sie die Entfernung zwischen ihnen als Funktion der Zeit!
3) Wie weit sind die Jungen nach 12 s voneinander entfernt?
4) Wie weit sind sie voneinander entfernt, wenn der schnellere von beiden bereits 32 m gelaufen ist?
5) Mit welcher Relativgeschwindigkeit v_r entfernen sich die beiden Jungen voneinander?

1) $s=\sqrt{s_1{}^2+s_2{}^2}$

mit $s_1=\frac{4}{3}s_2$ folgt $s=\frac{5}{3}s_2$

$v_2=\frac{s_2}{t}=\frac{3}{5}\cdot\frac{s}{t}$ $\quad v_2=\frac{3}{5}\cdot\frac{25\text{ m}}{5\text{ s}}$ $\quad \mathbf{v_2=3\ ms^{-1}}$

$v_1=\frac{s_1}{t}=\frac{4}{5}\cdot\frac{s}{t}$ $\quad v_1=\frac{4}{5}\cdot\frac{25\text{ m}}{5\text{ s}}$ $\quad \mathbf{v_1=4\ ms^{-1}}$

2) $s(t)=\sqrt{(v_1\cdot t)^2+(v_2\cdot t)^2}$

3) $s(12\text{ s})=\sqrt{(4\text{ ms}^{-1}\cdot 12\text{ s})+(3\text{ ms}^{-1}\cdot 12\text{ s})}$

$\mathbf{s(12\ s)=60\ m}$

4) $s'=\sqrt{s_1^2+(v_2\cdot t')^2}$ $\quad$ mit $t'=\frac{s_1}{v_1}$

$s'=s_1\sqrt{1+\frac{v_2^2}{v_1^2}}$

$s'=32\text{ m}\sqrt{1+\frac{9}{16}}$

$\mathbf{s'=40\ m}$

5) $v_r=\sqrt{v_1^2+v_2^2}$

$v_r=\sqrt{(4\text{ ms}^{-1})^2+(3\text{ ms}^{-1})^2}$

$\mathbf{v_r=5\ ms^{-1}}$

1/09 Gleichförmige Bewegung

Ein Fahrzeug bewegt sich mit der konstanten Geschwindigkeit v auf einer geraden Straße. Im Punkt B befindet sich ein Beobachter, der das Fahrzeug zum Zeitunkt $t_0=0$ im Punkt A entdeckt. Sein Abstand zur Straße beträgt a.

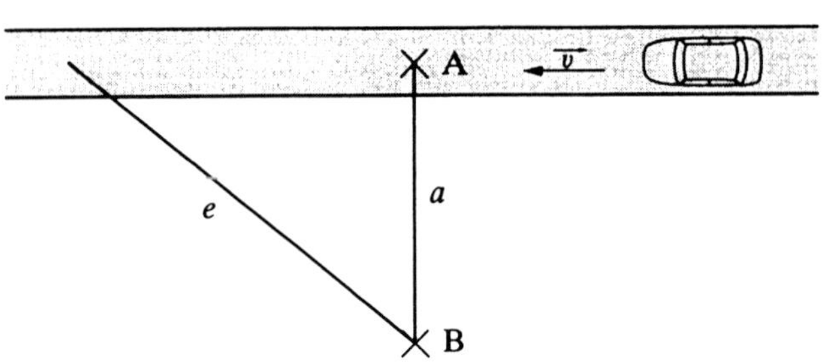

1) Bestimmen Sie
   a) die Entfernung e als Funktion der Zeit,
   b) die Geschwindigkeit v_e, mit der sich die Entfernung e ändert! (Hinweis: $v=\frac{ds}{dt}$)
2) Wie groß ist v_e im Punkt A?
3) Welchem Wert strebt v_e zu, wenn t gegen unendlich geht?
4) Welchen Einfluß hat der Abstand a auf den Betrag von v_e unter der Bedingung, daß die Geschwindigkeit v konstant bleibt?

1a) $s=v\cdot t$ $\quad$ für $t_0=0$ und $s_0=0$

$e=\sqrt{s^2+a^2}$

$\mathbf{e=e(t)=\sqrt{v^2t^2+a^2}}$

1b) $v_e=e(t)=\frac{2v^2t}{2\sqrt{v^2t^2+a^2}}$

$\mathbf{v_e(t)=\frac{v^2}{\sqrt{v^2+\frac{a^2}{t^2}}}}$

2) $\mathbf{v_e(t_0)=0\ ms^{-1}}$

3) $\mathbf{\lim_{t\to\infty} v_e(t)}=\frac{v^2}{\sqrt{v^2+0}}=\mathbf{v}$

4) Je größer a, desto kleiner v_e für v und t = konst. 2) und 3) gelten unabhängig von a. Die Wahl des Zeitpunktes $t_0=0$ ändert nichts am physikalischen Sachverhalt. Sie dient lediglich der Vereinfachung des Rechenaufwandes.

1/10 Bewegungsarten; Momentangeschwindigkeit

1) Charakterisieren Sie die Bewegung, für die die Wertetabelle aufgestellt wurde!

t in s	0	1	2	3	4	5	6	7	8
s in m	0	1	4	9	16	24	32	40	48

2) Zeichnen Sie das entsprechende Diagramm!
   a) Interpretieren Sie das Diagramm!
   b) Bestimmen Sie graphisch die Geschwindigkeit nach 2 s und 6 s!

1) Nach 4 s geht die gleichmäßig beschleunigte Bewegung in eine gleichförmige Bewegung über:

$0\,\text{s} \leq t \leq 4\,\text{s} : s \sim t^2$

$4\,\text{s} \leq t \leq 8\,\text{s} : s \sim t$

2)

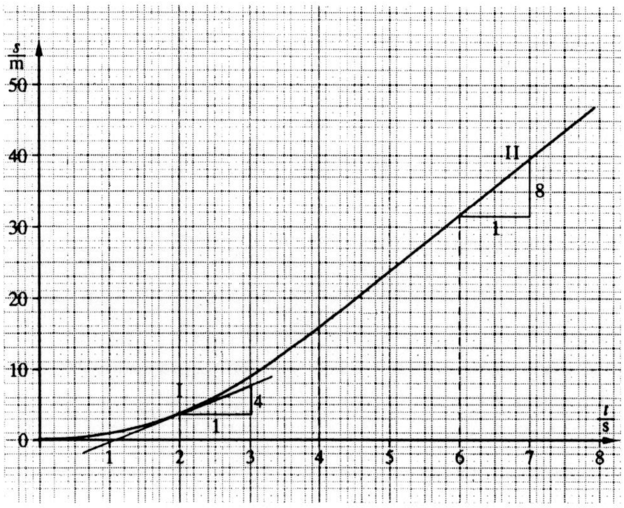

Die Geschwindigkeiten werden über den Anstieg der Tangenten bestimmt.

$\boldsymbol{v(2\,s) = 4\,ms^{-1}}$; $\boldsymbol{v(6\,s) = 8\,ms^{-1}}$

1/11 Gleichmäßig beschleunigte Bewegung mit Anfangswerten

1) Stellen Sie mit Hilfe der gegebenen Größen die Bewegung eines Körpers für die Zeit $0\,\text{s} \leq t \leq 4\,\text{s}$ in den entsprechenden Diagrammen dar!
a = konst. = 1,5 ms^{-2}, $v_0 = 1$ ms^{-1}, $s_0 = 2$ m
2) Geben Sie die Weg-Zeit-, die Geschwindigkeit-Zeit- und die Beschleunigung-Zeit-Funktion an!

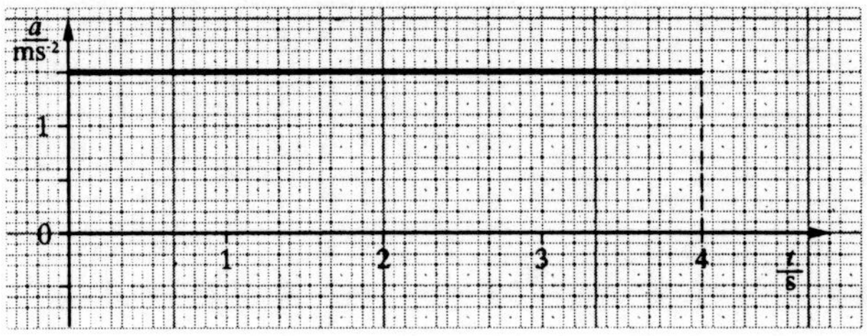

$a(t)$ = konst. = 1,5 ms^{-2}

t in s	0	1	2	3	4
v in ms^{-1}	**1**	**2,5**	**4**	**5,5**	**7**

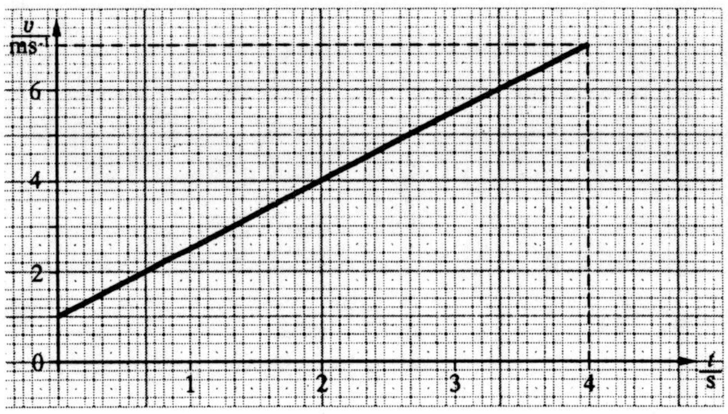

$v(t) = 1{,}5\,ms^{-2} \cdot t + 1\,ms^{-1}$

t in s	0	1	2	3	4
s in m	**2**	**3,75**	**7**	**11,75**	**18**

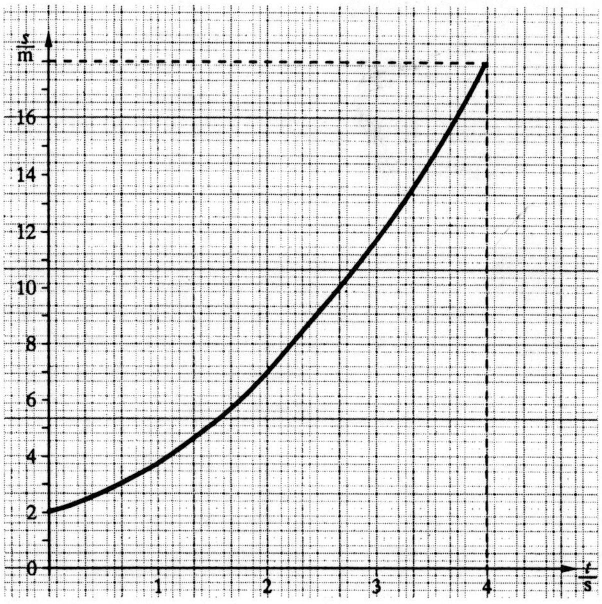

$s(t) = 0{,}75\,ms^{-2} \cdot t^2 + 1\,ms^{-1} \cdot t + 2\,m$

Die vom Schüler geforderten Ergänzungen erscheinen im **Fettdruck**.

1/12 Gleichmäßig beschleunigte Bewegung

Bei Tests zweier verschiedener PKW-Typen werden u. a. auch die Beschleunigungsphasen verglichen. So beschleunigt Fahrzeugtyp A innerhalb von 9,6 s von 0 auf 100 kmh^{-1}, Typ B benötigt dafür nur 7,8 s.

1) Vergleichen Sie die beiden auftretenden Beschleunigungen!
2) Zeichnen Sie für die Beschleunigungsphasen der beiden Fahrzeuge je ein gemeinsames *a-t-* und *v-t-*Diagramm! Gehen Sie dabei von einer konstanten Beschleunigung aus!
3) Wie viele Meter legen beide Autos in der Beschleunigungsphase zurück?

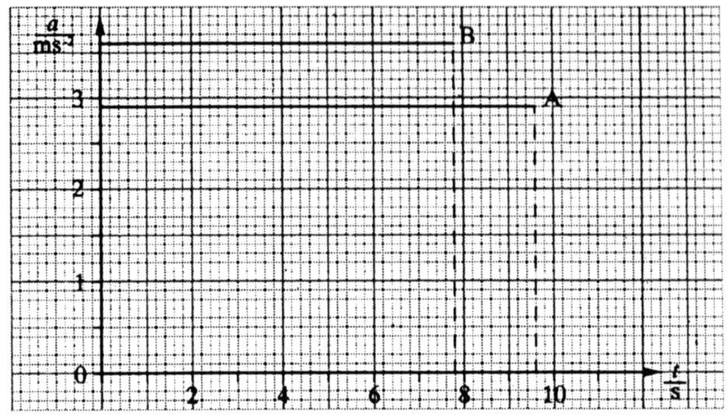

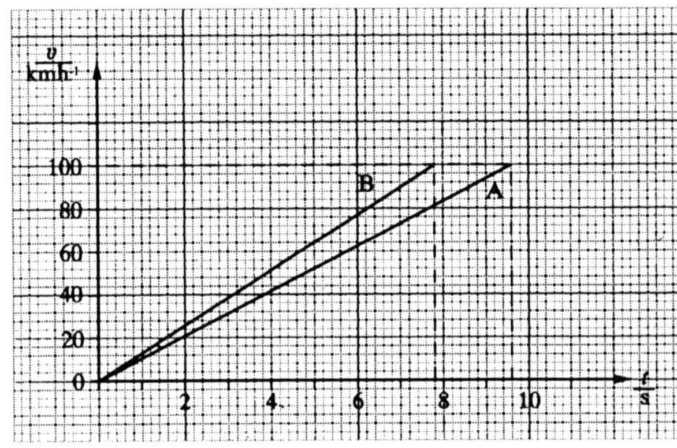

1) $a_A < a_B$, da Fahrzeug B in kürzerer Zeit die Geschwindigkeit von 100 kmh^{-1} erreicht hat.

2) $a = \frac{\Delta v}{\Delta t}$ $\quad a_A = \frac{100\ ms^{-1}}{3{,}6 \cdot 9{,}6\ s}$ $\quad \mathbf{a_A = 2{,}9\ ms^{-2}}$

$a_B = \frac{100\ ms^{-1}}{3{,}6 \cdot 7{,}8\ s}$ $\quad \mathbf{a_B = 3{,}6\ ms^{-2}}$

3) $s = \frac{a}{2} t^2$ $\quad s_A = \frac{2{,}9\ ms^{-2}}{2} \cdot 9{,}6^2 s^2$ $\quad \mathbf{s_A = 134\ m}$

$s_B = \frac{3{,}6\ ms^{-2}}{2} \cdot 7{,}8^2 s^2$ $\quad \mathbf{s_B = 110\ m}$

1/13 Gleichmäßig beschleunigte Bewegung mit Anfangswerten

Bestimmen Sie entsprechend dem gegebenen Diagramm die Bewegungsgleichungen, und ergänzen Sie das Arbeitsblatt!

Für $t_0 = 0$ gilt: $s_0 = 4$ m

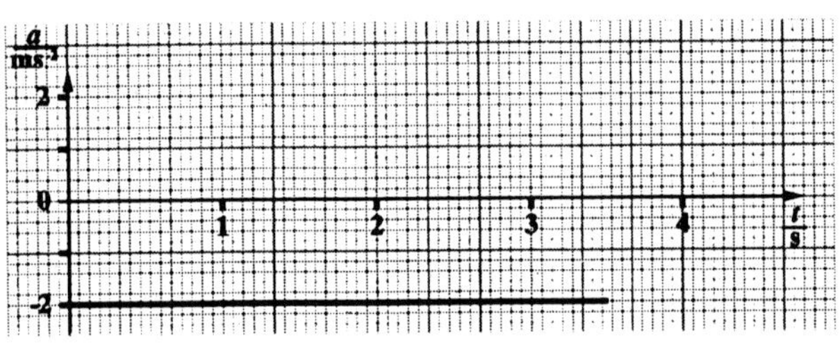

$a(t)$ = **konst. = –2 ms⁻²**

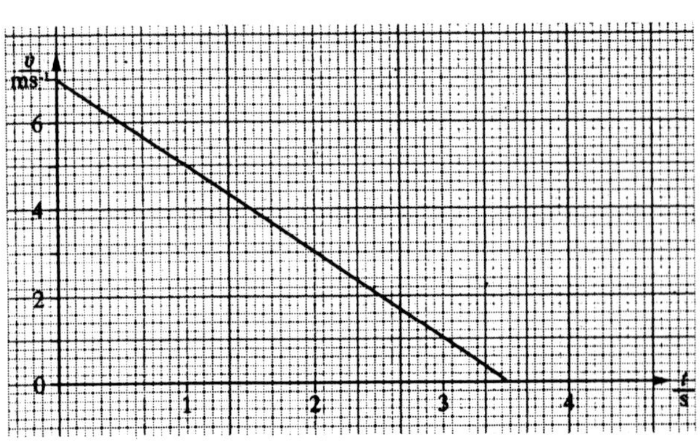

$v(t)$ = **$-2\ ms^{-2} \cdot t + 7\ ms^{-1}$**

t in s	0	1	2	3	3,5
s in m	**4**	**10**	**14**	**16**	**16,25**

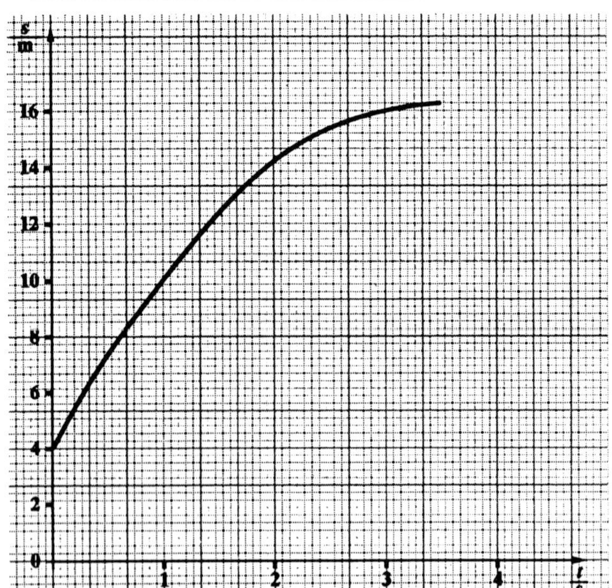

$s(t)$ = **$-1\ ms^{-2} \cdot t^2 + 7\ ms^{-1} \cdot t + 4\ m$**

$a = \frac{\Delta v}{\Delta t} = \frac{-7\ ms^{-1}}{3{,}5\ s}$ $\quad \mathbf{a = -2\ ms^{-2}}$

Die geforderten Ergänzungen erscheinen im **Fettdruck**.

1/14 Gleichmäßig beschleunigte Bewegung mit Anfangswerten

Gegeben ist folgende Wertetabelle:

t in s	0	1	2	3	4
v in ms^{-1}	2	5	8	11	14

1) Geben Sie die Funktionsgleichungen für $s(t)$, $v(t)$ und $a(t)$ an ($s_0 = 0$)!
2) Berechnen Sie den zurückgelegten Weg nach 20 s!

1) $a = \frac{\Delta v}{\Delta t} =$ konst. für alle Wertepaare.
   → gleichmäßig beschleunigte Bewegung

   $\boldsymbol{a(t) = 3\ ms^{-2}}$

   $\boldsymbol{v(t) = 3\ ms^{-2} \cdot t + 2\ ms^{-1}}$

   $\boldsymbol{s(t) = 1{,}5\ ms^{-2} \cdot t^2 + 2\ ms^{-1} \cdot t}$

2) $s(20\ s) = 1{,}5\ ms^{-2} \cdot (20\ s)^2 + 2\ ms^{-1} \cdot 20\ s$

   $\boldsymbol{s(20\ s) = 640\ m}$

1/15 Gleichmäßig beschleunigte Bewegung mit Anfangswerten

Ein Fahrzeug bewegt sich gleichmäßig verzögert bis zum Stillstand.

1) Welche Bedingungen gelten für die Beschleunigung?
2) Ergänzen Sie die Wertetabelle, und geben Sie die Bewegungsgleichungen an!

t in s	0	1	2	3	4
v in ms^{-1}	**10**	**7,5**	5	2,5	**0**
s in m	10	**18,75**	**25**	**28,75**	**30**

3) Zeichnen Sie das Weg-Zeit-Diagramm!

Die im Schülermaterial fehlenden Werte sind in der Wertetabelle **fett** gedruckt.

1) $\boldsymbol{a(t) =}$ **konst.,** $\quad \boldsymbol{a < 0}$

2) $a = \frac{\Delta v}{\Delta t} = \frac{(2{,}5 - 5)\ ms^{-1}}{(3-2)\ s}$

   $\boldsymbol{a(t) = -2{,}5\ ms^{-2}}$

   $v(2\ s) = 5\ ms^{-1} = -2{,}5\ ms^{-2} \cdot 2\ s + v_0$

   $v_0 = 10\ ms^{-1}$

   $\boldsymbol{v(t) = -2{,}5\ ms^{-2} \cdot t + 10\ ms^{-1}}$

   $\boldsymbol{s(t) = -1{,}25\ ms^{-2} \cdot t^2 + 10\ ms^{-1} \cdot t + 10\ m}$

3) 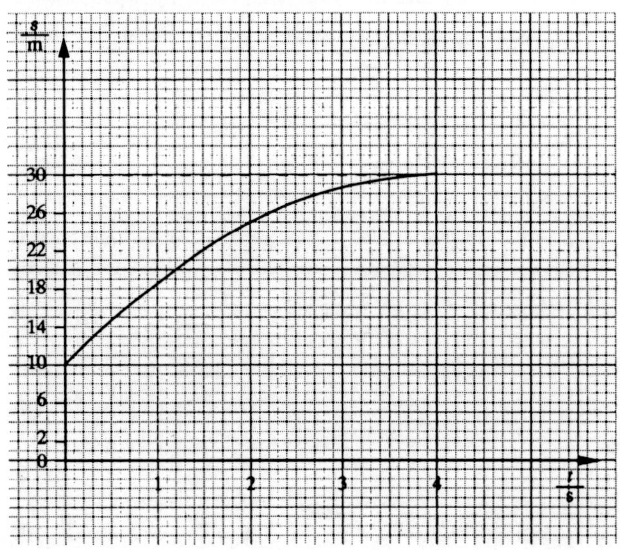

1/16 Gleichmäßig beschleunigte Bewegung mit Anfangswerten

1) Zeichnen Sie für die ermittelten Werte der Bewegung eines Fahrzeuges das s-t-Diagramm!

t in s	0	1	2	3	4	5	6
s in m	0	3	8	15	24	35	48

2) Um was für eine Bewegung könnte es sich handeln? Weisen Sie Ihre Behauptung rechnerisch nach!

1) 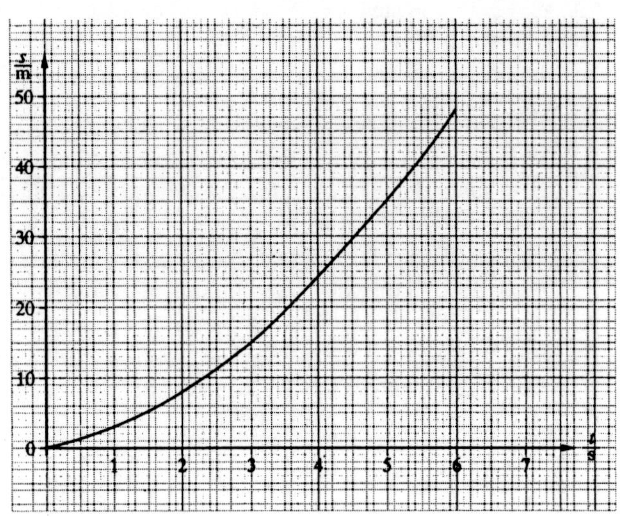

2) Durch Einsetzen von 2 Wertepaaren erhält man ein Gleichungssystem mit den Unbekannten v_0 und a. Falls a konstant ist, gilt:

$$s(t) = \frac{a}{2}t^2 + v_0$$

$$s(1\,\text{s}) = 3\,\text{m} = \frac{a}{2} \cdot 1\,\text{s}^2 + v_0 \cdot 1\,\text{s}$$

$$v_0 = 3\,\text{ms}^{-1} - \frac{a}{2} \cdot 1\,\text{s}$$

$$s(2\,\text{s}) = 8\,\text{m} = \frac{a}{2} \cdot 4\,\text{s}^2 + v_0 \cdot 2\,\text{s}$$

$$8\,\text{m} = a \cdot 2\,\text{s}^2 + (3\,\text{ms}^{-1} - \frac{a}{2} \cdot 1\,\text{s}) \cdot 2\,\text{s}$$

$$a = 2\,\text{ms}^{-2}$$

$$v_0 = 2\,\text{ms}^{-1}$$

$$\mathbf{s(t) = 1\,ms^{-2} \cdot t^2 + 2\,ms^{-1} \cdot t}$$

1/17 Gleichmäßig beschleunigte Bewegung mit Anfangswerten

Ein Motorrad bewegt sich gleichmäßig beschleunigt. Zur Zeit $t_0 = 0$ beträgt die Geschwindigkeit $v_0 = 30\,\text{ms}^{-1}$, und der Weg sei $s_0 = 0$. Die Beschleunigung hat einen Wert von $a = -2{,}5\,\text{ms}^{-2}$.

1) Zeichnen Sie das v-t-Diagramm, und bestimmen Sie daraus
   a) die Geschwindigkeit zur Zeit $t = 2$ s sowie die Zeit bis zum Stillstand,
   b) den bis zum Stillstand zurückgelegten Weg!
2) Geben Sie die Funktionsgleichungen für $s(t)$, $v(t)$ und $a(t)$ an!
3) Überprüfen Sie Ihre Ergebnisse von 1) mit Hilfe der aufgestellten Bewegungsgleichungen!

1)

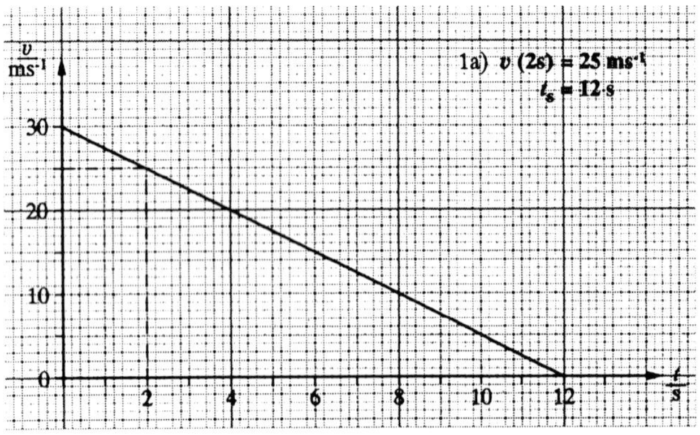

1a) $\mathbf{v(2\,s) = 25\,ms^{-1}}$

$\mathbf{t_s = 12\,s}$

1b) $s(t_s) = \dfrac{v_0 \cdot t_s}{2}$

$s(t_s) = \dfrac{30\,\text{ms}^{-1} \cdot 12\,\text{s}}{2}$

$\mathbf{s(t_s) = 180\,m}$

2) $\mathbf{a(t) = konst. = -2{,}5\,ms^{-2}}$

$\mathbf{v(t) = -2{,}5\,ms^{-2} \cdot t + 30\,ms^{-1}}$

$\mathbf{s(t) = -1{,}25\,ms^{-2} \cdot t^2 + 30\,ms^{-1} \cdot t}$

3) $v(2\,\text{s}) = -2{,}5\,\text{ms}^{-2} \cdot 2\,\text{s} + 30\,\text{ms}^{-1}$

$\mathbf{v(2\,s) = 25\,ms^{-1}}$

$$t_s = \frac{(v - v_0)}{a}$$

$$t_s = \frac{(0-30)\,\text{ms}^{-1}}{-2{,}5\,\text{ms}^{-2}}$$

$\mathbf{t_s = 12\,s}$

$s(t_s) = -1{,}25\,\text{ms}^{-2} \cdot (12\,\text{s})^2 + 30\,\text{ms}^{-1} \cdot 12\,\text{s}$

$\mathbf{s(t_s) = 180\,m}$

1/18 Bewegungsarten, Relativität der Bewegung

Ein PKW überholt auf der Autobahn mit einer Geschwindigkeit von 110 kmh^{-1} einen LKW, der mit einer Geschwindigkeit von 80 kmh^{-1} fährt. Der PKW ist 4,3 m, der LKW mit Anhänger 13,7 m lang. Der Abstand vor und nach dem Überholen beträgt 25 m.

1) Wie lange braucht der PKW für den Überholvorgang?
2) Welchen Weg legt er dabei zurück?
3) Mit welcher Geschwindigkeit entfernt sich nach dem Überholen der PKW vom LKW, wenn beide ihre Geschwindigkeit beibehalten?
4) Welchen Abstand haben beide Fahrzeuge, wenn der PKW nach Beendigung des Überholvorganges 5 s lang mit $a = 1{,}7\,\text{ms}^{-2}$ gleichmäßig beschleunigt?
5) Welche Geschwindigkeit liest der Fahrer des PKW nach dem Beschleunigen am Tachometer ab?

1) Relativer Weg des PKW:

$$s_r = 2 \cdot 25\,\text{m} + 4{,}3\,\text{m} + 13{,}7\,\text{m} = 68\,\text{m}$$

Relative Geschwindigkeit: $v_r = v_P - v_L = 30\,\text{kmh}^{-1}$

$$t = \frac{s_r}{v_r} \qquad t = \frac{68\,\text{m} \cdot 3{,}6}{30\,\text{ms}^{-1}}$$

$\mathbf{t = 8{,}2\,s}$

2) $s = v_P \cdot t = v_P \left(\dfrac{s_r}{v_r}\right) \qquad s = \dfrac{110\,\text{ms}^{-1} \cdot 68\,\text{m}}{30\,\text{ms}^{-1}} \cdot \dfrac{3{,}6}{3{,}6}$

$\mathbf{s = 249{,}3\,m}$

3) $\mathbf{v_r = 30\,kmh^{-1}}$

4) $s(t) = s(t_B) = \dfrac{a}{2}t_B^2 + v_r t_B + s_0$

$s(t_B) = \dfrac{1{,}7}{2}\,\text{ms}^{-2} \cdot (5\,\text{s})^2 + \dfrac{30}{3{,}6}\,\text{ms}^{-1} \cdot 5\,\text{s} + 25\,\text{m}$

$\mathbf{s(t_B) = 87{,}9\,m}$

5) $v(t_B) = a \cdot t_B + v_P$

$v(t_B) = 1{,}7\,\text{ms}^{-2} \cdot 5\,\text{s} + \dfrac{110}{3{,}6}\,\text{ms}^{-1}$

$\mathbf{v(t_B) = 140\,kmh^{-1}}$ (am Tachometer ablesbar)

1/19 Bewegungsarten

Das folgende Diagramm verdeutlicht die Bewegung eines Fahrrades:

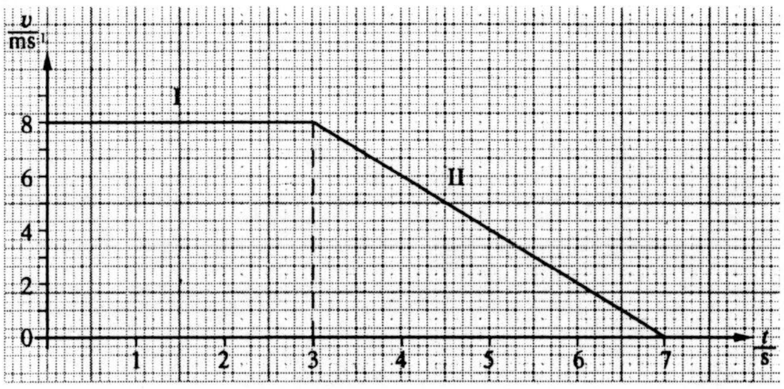

1) Was für Bewegungen sind im Abschnitt I bzw. Abschnitt II dargestellt? Begründen Sie Ihre Antwort!
2) Geben Sie die für die Teilbewegungen geltenden Funktionsgleichungen für $s(t)$, $v(t)$ und $a(t)$ an ($s_{0I} = 10$ m)!
3) Zeichnen Sie das Weg-Zeit-Diagramm!
4) Beschreiben Sie eine mögliche Bewegung des Fahrrades, für die das Diagramm zutreffen kann!

1/2) **(I) Gleichförmige Bewegung**

Es gilt: $0\,\text{s} \le t \le 3\,\text{s}$

$\boldsymbol{a(t) = 0}$

$\boldsymbol{v(t) = \text{konst.} = 8\ \text{ms}^{-1}}$

$\boldsymbol{s(t) = 8\ \text{ms}^{-1} \cdot t + 10\ \text{m}}$

(II) Gleichmäßig verzögerte Bewegung

Es gilt: $3\text{s} \le t \le 7\text{s}$

d. h.: $t_0 = 3\text{s}$

$$a(t) = \text{konst.} = \frac{\Delta v}{\Delta t} = \frac{-8\ \text{ms}^{-1}}{4\ \text{s}}$$

$$\boldsymbol{a(t) = -2\ \text{ms}^{-2}}$$

$$\boldsymbol{v(t) = -2\ \text{ms}^{-2}(t - 3\text{s}) + 8\ \text{ms}^{-1}}$$

$$\boldsymbol{s(t) = -1\ \text{ms}^{-2}(t - 3\text{s})^2 + 8\ \text{ms}^{-1}(t - 3\text{s}) + 34\ \text{m}}$$

3)

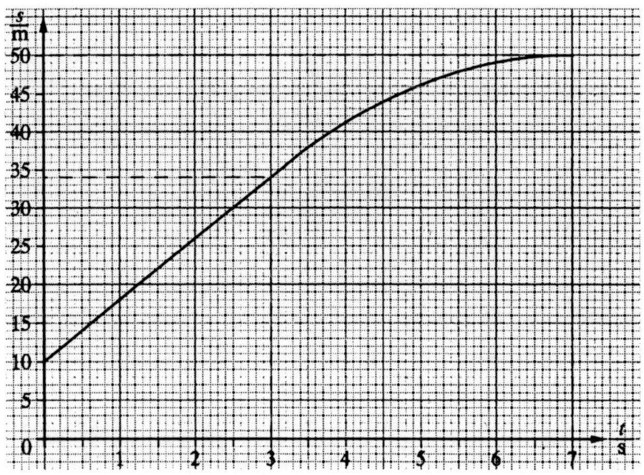

4) Fahrt mit konstanter Geschwindigkeit (28,8 kmh^{-1}), bremsen bis zum Stillstand innerhalb von 4 s / o. ä.

Die Aufgabe kann zur Vorbereitung auf abschnittsweise definierte Funktionen (1/22, 1/23, 1/42) genutzt werden:

$$v(t) = \begin{cases} 8\ \text{ms}^{-1} & \text{für } 0\text{s} \le t \le 3\text{s} \\ -2\ \text{ms}^{-1} \cdot t + 14\ \text{ms}^{-1} & \text{für } 3\text{s} \le t \le 7\text{s} \end{cases}$$

$$s(t) = \begin{cases} 8\ \text{ms}^{-1} \cdot t\ + 10\text{m} & \text{für } 0\text{s} \le t \le 3\text{s} \\ -1\ \text{ms}^{-2} \cdot t^2 + 14\text{ms}^{-1} \cdot t + 1\text{m} & \text{für } 3\text{s} \le t \le 7\text{s} \end{cases}$$

1/20 Bewegungsarten

Beschreiben Sie den im Diagramm dargestellten Bewegungsablauf eines Fahrzeuges!

Berechnen Sie dazu die Geschwindigkeit am Ende jedes Bewegungsabschnittes und die Beschleunigung!

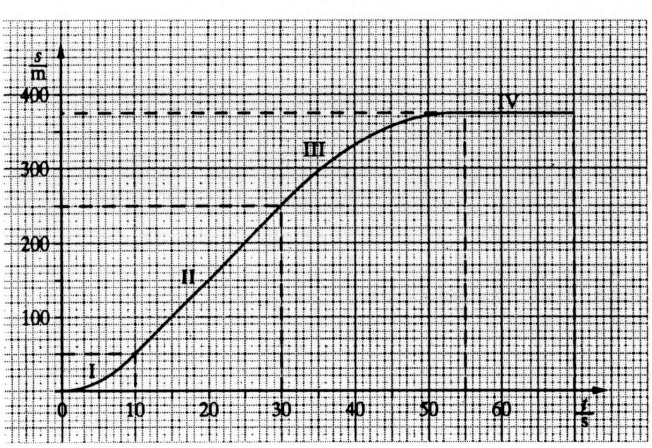

(I) Gleichmäßig beschleunigte Bewegung; $a > 0$.

$s_1 = 50$ m $\quad t_1 = 10$ s $\quad v_0 = 0\ \text{ms}^{-1}$

$s_1 = \dfrac{a_1}{2} t_1^2 \rightarrow a_1 = \dfrac{2 s_1}{t_1^2} \qquad a_1 = \dfrac{2 \cdot 50\ \text{m}}{100\ \text{s}^2} \qquad \boldsymbol{a_1 = 1\ \text{ms}^{-2}}$

$v_1 = a_1 t_1 \qquad v_1 = 1\ \text{ms}^{-2} \cdot 10\ \text{s} \qquad \boldsymbol{v_1 = 10\ \text{ms}^{-1}}$

(II) Gleichförmige Bewegung.

$s_2 = 200$ m $\quad t_2 = 20$ s $\qquad \boldsymbol{v_2 = v_1 = 10\ \text{ms}^{-1}}$

$\boldsymbol{a_2 = 0\ \text{ms}^{-2}}$

(III) Gleichmäßig beschleunigte Bewegung; $a < 0$.

$s_3 = 125$ m $\quad t_3 = 25$ s $\qquad \boldsymbol{v_3 = 0\ \text{ms}^{-1}}$

$a_3 = \dfrac{v_3 - v_2}{t_3} \qquad a_3 = \dfrac{(0-10)\ \text{m}}{25\ \text{s}^2} \qquad \boldsymbol{a_3 = -0{,}4\ \text{ms}^{-2}}$

(IV) Ruhe.

$s_4 = 0 \qquad t_4 = 15$ s $\qquad \boldsymbol{v_4 = v_3 = 0\ \text{ms}^{-1}}$

$\boldsymbol{a_4 = 0\ \text{ms}^{-2}}$

1/21		Bewegungsarten	

1) Zeichnen Sie zu den gegebenen Diagrammen ein entsprechendes v-t- bzw. s-t-Diagramm!

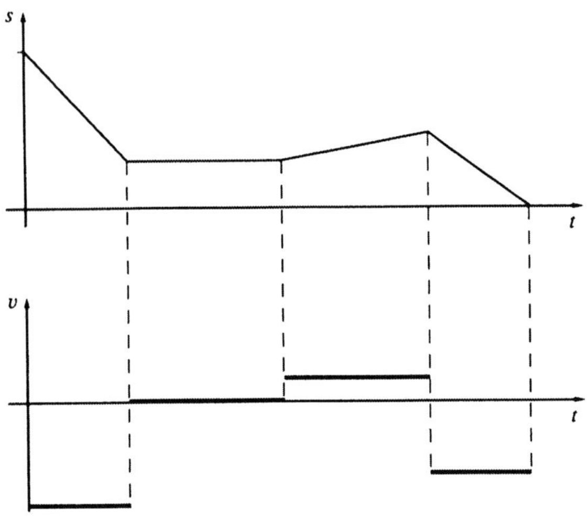

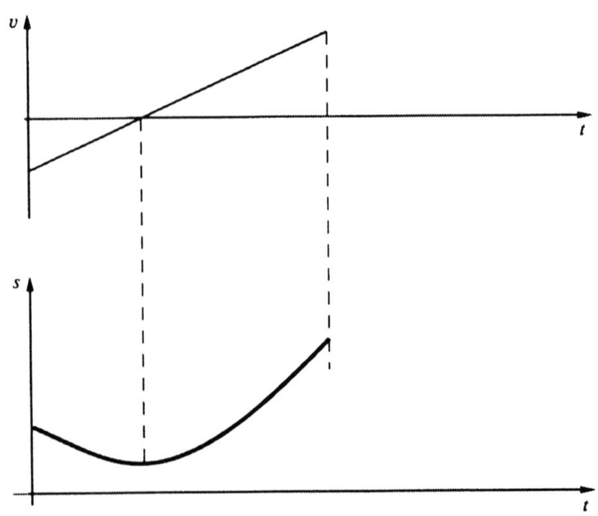

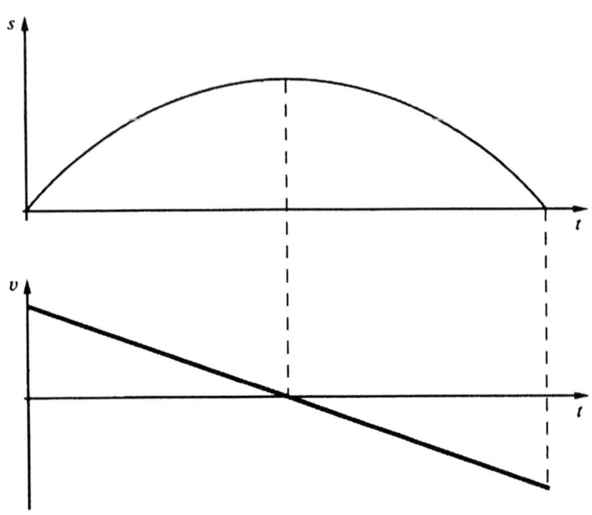

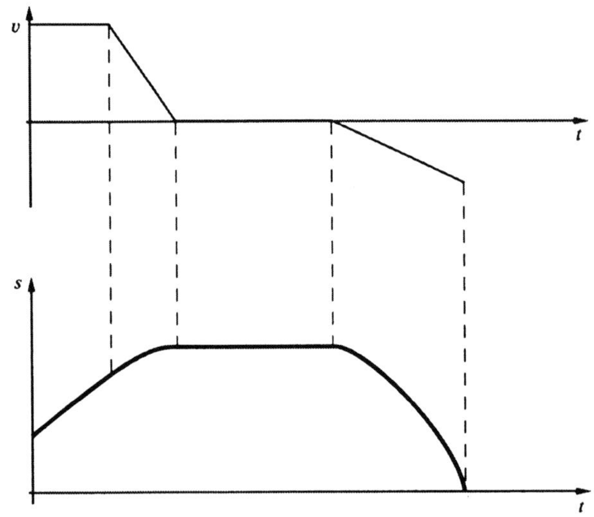

2) Beschreiben Sie mögliche Bewegungsabläufe, die durch diese Diagramme beschrieben werden!

Die vom Schüler geforderten Ergänzungen erscheinen im **Fettdruck**.

Gegeben ist das v-t-Diagramm der Bewegung eines Fahrzeuges (zur Zeit $t_0 = 0$ sei $s_0 = 0$).

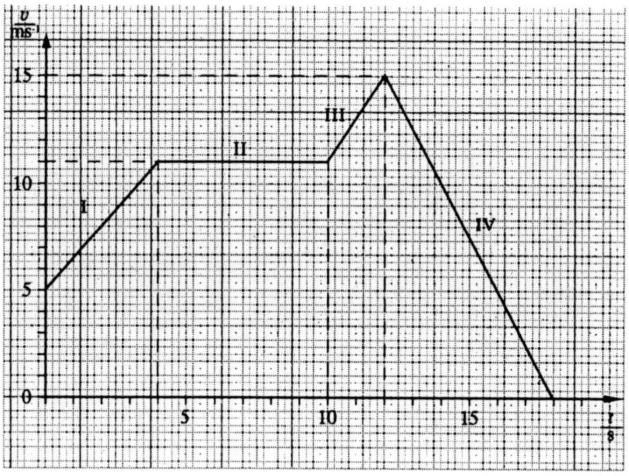

1) Zeichnen Sie das entsprechende a-t-Diagramm! Berechnen Sie dazu die Beschleunigungen für die einzelnen Teilbewegungen!
2) Beschreiben Sie die Bewegung des Fahrzeuges für die einzelnen Zeitabschnitte!
3) Bestätigen Sie durch Rechnung die folgenden Funktionen!

$$v(t) = \begin{cases} 1{,}5\ \text{ms}^{-2} \cdot t + 5\,\text{ms}^{-1} & \text{für } 0\,\text{s} \le t \le 4\,\text{s} \\ 11\ \text{ms}^{-1} & \text{für } 4\,\text{s} \le t \le 10\,\text{s} \\ 2\ \text{ms}^{-2} \cdot t - 9\,\text{ms}^{-1} & \text{für } 10\,\text{s} \le t \le 12\,\text{s} \\ -2{,}5\ \text{ms}^{-2} \cdot t + 45\,\text{ms}^{-1} & \text{für } 12\,\text{s} \le t \le 18\,\text{s} \end{cases}$$

$$s(t) = \begin{cases} 0{,}75\,\text{ms}^{-2} \cdot t^2 + 5\,\text{ms}^{-1} \cdot t & \text{für } 0\,\text{s} \le t \le 4\,\text{s} \\ 11\,\text{ms}^{-1} \cdot t - 12\,\text{m} & \text{für } 4\,\text{s} \le t \le 10\,\text{s} \\ 1\,\text{ms}^{-2} \cdot t^2 - 9\,\text{ms}^{-1} \cdot t + 88\,\text{m} & \text{für } 10\,\text{s} \le t \le 12\,\text{s} \\ -1{,}25\,\text{ms}^{-2} \cdot t^2 + 45\,\text{ms}^{-1} \cdot t - 236\,\text{m} & \text{für } 12\,\text{s} \le t \le 18\,\text{s} \end{cases}$$

4) Welchen Weg hat das Fahrzeug nach 15 s zurückgelegt?
5) Wann hat das Fahrzeug einen Weg von 110 m zurückgelegt?
6) Zeichnen Sie das s-t-Diagramm!

1)

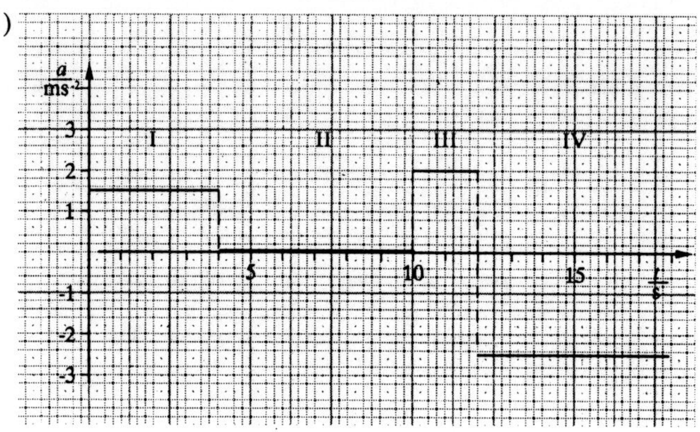

$$a = \frac{\Delta v}{\Delta t} \qquad a_1 = \frac{(11-5)\ \text{ms}^{-1}}{4\ \text{s}} \qquad \mathbf{a_1 = 1{,}5\ ms^{-2}}$$

$$a_3 = \frac{(15-11)\ \text{ms}^{-1}}{2\ \text{s}} \qquad \mathbf{a_3 = 2\ ms^{-2}}$$

$$a_4 = \frac{-15\ \text{ms}^{-1}}{6\ \text{s}} \qquad \mathbf{a_4 = -2{,}5\ ms^{-2}}$$

2) Verbale, quantitativ richtige Beschreibung.

3) **(I) Gleichmäßig beschleunigte Bewegung.**

$v(t) = a_1 t + v_0$ mit $v_0 = 5\ \text{ms}^{-1}$,

$s(t) = \frac{1}{2} a_1 t^2 + v_0 t$ $\quad a_1 = 1{,}5\ \text{ms}^{-2}$

$$\left.\begin{aligned} \mathbf{v(t)} &= \mathbf{1{,}5\ ms^{-2} \cdot t + 5\ ms^{-1}} \\ \mathbf{s(t)} &= \mathbf{0{,}75\ ms^{-2} \cdot t^2 + 5\ ms^{-1} \cdot t} \end{aligned}\right\} \textbf{ für } \mathbf{0\ s \le t \le 4\ s}$$

(II) Gleichförmige Bewegung.

$$\left.\begin{aligned} v(t) &= v_2 = 11\ \text{ms}^{-1} \\ s(t) &= v_2 t + s_2 \end{aligned}\right\} \text{ für } 4\ \text{s} \le t \le 10\ \text{s}$$

aus (I) folgt:

$s(4\ \text{s}) = 0{,}75\ \text{ms}^{-2} \cdot 16\ \text{s}^2 + 5\ \text{ms}^{-1} \cdot 4\ \text{s} = 32\ \text{m}$

für $s(4\ \text{s})$ gilt nach (II) auch:

$s(4\ \text{s}) = v_2 \cdot 4\ \text{s} + s_2$

$32\ \text{m} = v_2 \cdot 4\ \text{s} + s_2$ $\quad$ mit $v_2 = 11\ \text{ms}^{-1}$

$s_2 = -12\ \text{m}$

$$\left.\begin{aligned} \mathbf{v(t)} &= \mathbf{11\ ms^{-1}} \\ \mathbf{s(t)} &= \mathbf{11\ ms^{-1} \cdot t - 12\ m} \end{aligned}\right\} \textbf{ für } \mathbf{4\ s \le t \le 10\ s}$$

(III) Gleichmäßig beschleunigte Bewegung.

$$\left.\begin{aligned} v(t) &= a_3 t + v_3 \\ s(t) &= \frac{1}{2} a_3 t^2 + v_3 t + s_3 \end{aligned}\right\} \text{ für } 10\ \text{s} \le t \le 12\ \text{s}$$

aus (II) folgt: $\quad v(10\ \text{s}) = 11\ \text{ms}^{-1}$

$s(10\ \text{s}) = 11\ \text{ms}^{-1} \cdot 10\ \text{s} - 12\ \text{m} = 98\ \text{m}$

aus dem Diagramm folgt: $\quad v(12\ \text{s}) = 15\ \text{ms}^{-1}$

es gilt somit:

$v(10\,\text{s}) = a_3 \cdot 10\,\text{s} + v_3 = 11\ \text{ms}^{-1}$ $\quad a_3 = 2\ \text{ms}^{-2}$

$s(10\,\text{s}) = \frac{1}{2} a_3 \cdot (10\,\text{s})^2 + v_3 \cdot 10\,\text{s} + s_3 = 98\ \text{m}$ $\quad v_3 = -9\ \text{ms}^{-1}$

$v(12\ \text{s}) = a_3 \cdot 12\,\text{s} + v_3 = 15\ \text{ms}^{-1}$ $\quad s_3 = 88\ \text{m}$

$$\left.\begin{aligned} \mathbf{v(t)} &= \mathbf{2\ ms^{-2} \cdot t\ - 9\ ms^{-1}} \\ \mathbf{s(t)} &= \mathbf{1\ ms^{-2} \cdot t^2 - 9\ ms^{-1} \cdot t - 88\ m} \end{aligned}\right\} \textbf{ für } \mathbf{10\ s \le t \le 12\ s}$$

(IV) Gleichmäßig verzögerte Bewegung.

$$\left.\begin{aligned} v(t) &= a_4 t + v_4 \\ s(t) &= \frac{1}{2} a_4 t^2 + v_4 t + s_4 \end{aligned}\right\} \text{ für } 12\ \text{s} \le t \le 18\ \text{s}$$

aus (III) bzw. aus dem Diagramm folgt:

$v(12\,s) = 2\,ms^{-2} \cdot 12\,s - 9\,ms^{-1} = 15\,ms^{-1}$

$s(12\,s) = 1\,ms^{-2} \cdot (12\,s)^2 - 9\,ms^{-1} \cdot 12\,s + 88\,m = 124\,m$

aus dem Diagramm folgt: $v(18\,s) = 0\,ms^{-1}$

es gilt somit:

$v(12\,s) = a_4 \cdot 12\,s + v_4 = 15\,ms^{-1}$ $\qquad a_4 = -2{,}5\,ms^{-2}$

$v(18\,s) = a_4 \cdot 18\,s + v_4 = 0\,ms^{-1}$ $\qquad v_4 = 45\,ms^{-2}$

$s(12\,s) = \frac{1}{2} a_4 \cdot (12\,s)^2 + v_4 \cdot 12\,s + s_4 = 124\,m$ $\qquad s_4 = -236\,m$

$$\left.\begin{aligned}&\mathbf{v(t) = -2{,}5\,ms^{-2} \cdot t + 45\,ms^{-1}}\\&\mathbf{s(t) = -1{,}25\,ms^{-2} \cdot t^2 + 45\,ms^{-1} \cdot t - 236\,m}\end{aligned}\right\}\ \text{für } \mathbf{12\,s \le t \le 18\,s}$$

4) $s(15s) = -1{,}25ms^{-2} \cdot (15s)^2 + 45ms^{-1} \cdot 15s - 236m$

$\mathbf{s(15s) = 158m}$

5) $s(t) = 110\,m = 1\,ms^{-2} \cdot t^2 - 9\,ms^{-1} \cdot t + 88\,m$

$0 = t^2 - 9\,s \cdot t - 22\,s^2$

$t_{1/2} = -\frac{9\,s}{2} \pm \sqrt{(4{,}5\,s)^2 + 22\,s^2}$ $\qquad \mathbf{t = 11\,s}$

6)

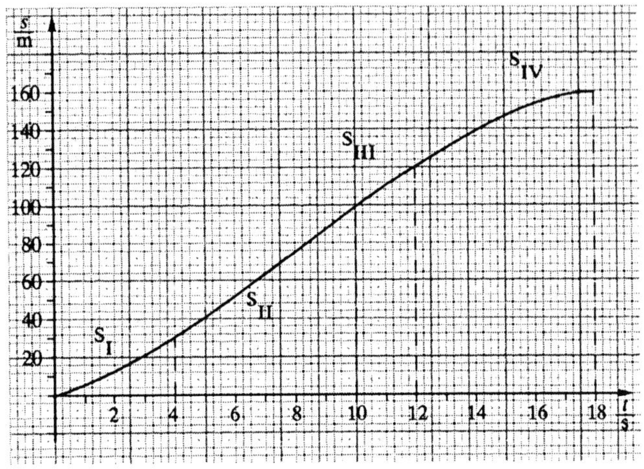

1/23 Bewegungsarten; abschnittsweise definierte Funktionen

Geben Sie die abschnittsweise definierten *a(t)*-, *v(t)*- und *(s)t*-Funktionen für die im Diagramm dargestellte Bewegung an (s_0 sei 0)!

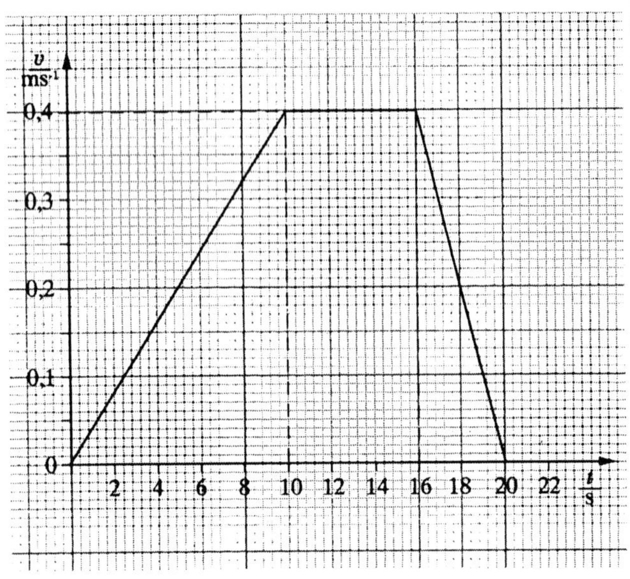

1) $v(t)$ für $16\,s \le t \le 20\,s$

Einsetzen in die 2-Punkte-Gleichung:

$$\frac{v_3 - v_2}{t_3 - t_2} = \frac{v - v_2}{t - t_2} \quad \rightarrow \quad \frac{(0-0{,}4)\,ms^{-1}}{(20-16)\,s} = \frac{v - 0{,}4\,ms^{-1}}{t - 16\,s}$$

$v = -0{,}1\,ms^{-2} \cdot t + 1{,}6\,ms^{-1} + 0{,}4\,ms^{-1}$

$\mathbf{v = v(t) = -0{,}1\,ms^{-2} \cdot t + 2\,ms^{-1}}$

2) $s(t)$ für $10\,s \le t \le 16\,s$

Einsetzen in die Punkt-Richtungs-Gleichung:

$s - s_2 = v_{0_2} \cdot (t - t_2)$ und $s(10\,s) = 0{,}02\,ms^{-2} \cdot 100\,s^2 = 2\,m$

$s - 2\,m = 0{,}4\,ms^{-1} \cdot (t - 10\,s)$

$s = 0{,}4\,ms^{-1} \cdot t - 4\,m + 2\,m$

$\mathbf{s = s(t) = 0{,}4\,ms^{-1} \cdot t - 2\,m}$

3) $s(t)$ für $16\,s \le t \le 20\,s$

$s = s(t) = \frac{1}{2} a_3 t^2 + v_{03} t + s_{03}$

mit $a_3 = -0{,}1\,ms^{-2}$ $\quad v_{03} = 2\,ms^{-1}$ (vgl. 1.)

$s(16\,s) = 4{,}4\,m$ (durch Einsetzen in 2.)

für $t = 16\,s$ erhält man:

$s_{03} = s(16\,s) - \frac{1}{2} \cdot a_3 \cdot t^2 - v_{03} \cdot t$

$s_{03} = 4{,}4\,m + \frac{1}{2} \cdot 0{,}1\,ms^{-2} \cdot 16^2\,s^2 - 2\,ms^{-1} \cdot 16\,s$

$s_{03} = 4{,}4\,m + 12{,}8\,m - 32\,m = -14{,}8\,m$

daraus folgt: $\mathbf{s = s(t) = -0{,}05\,ms^{-2} \cdot t^2 + 2\,ms^{-1} \cdot t - 14{,}8\,m}$

$$a = a(t) = \begin{cases} 0{,}04\,ms^{-2} & \text{für } 0\,s \le t \le 10\,s \\ 0\,ms^{-2} & \text{für } 10\,s \le t \le 16\,s \\ -0{,}1\,ms^{-2} & \text{für } 16\,s \le t \le 20\,s \end{cases}$$

$$v = v(t) = \begin{cases} 0{,}04\,ms^{-2} \cdot t & \text{für } 0\,s \le t \le 10\,s \\ 0{,}4\,ms^{-1} & \text{für } 10\,s \le t \le 16\,s \\ -0{,}1\,ms^{-2} \cdot t + 2\,ms^{-1} & \text{für } 16\,s \le t \le 20\,s \end{cases}$$

$$s = s(t) = \begin{cases} 0{,}02\,ms^{-2} \cdot t^2 & \text{für } 0\,s \le t \le 10\,s \\ 0{,}4\,ms^{-1} \cdot t - 2\,m & \text{für } 10\,s \le t \le 16\,s \\ -0{,}05\,ms^{-2} \cdot t^2 + 2\,ms^{-1} \cdot t - 14{,}8\,m & \text{für } 16\,s \le t \le 20\,s \end{cases}$$

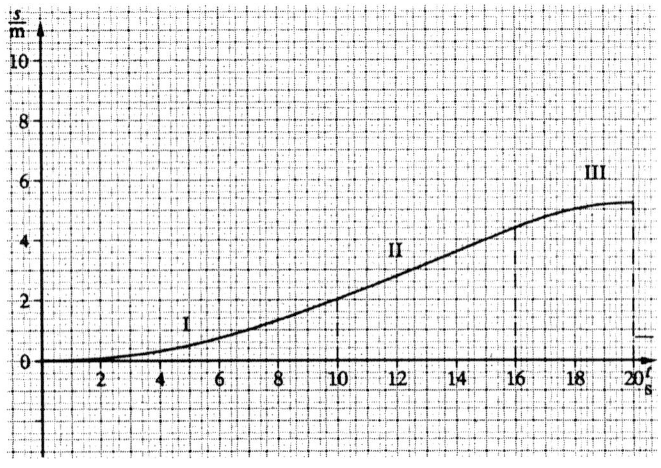

1/24 Freier Fall; Relativität der Bewegung

1) Leiten Sie aus den Bewegungsgleichungen für den freien Fall die Gleichungen für den Fallweg $s = s(t)$, die Fallzeit $t = t(s)$ und die Fallgeschwindigkeit $v = v(s)$ her! Wählen Sie als Bezugssystem eine s-Achse, die nach unten gerichtet und deren Nullpunkt mit dem Anfangspunkt der Bewegung identisch ist!
2) Berechnen Sie die Fallzeit und die Endgeschwindigkeit, wenn ein Körper aus 10 m Höhe frei fällt!
3) Lösen Sie die Aufgabe 1) für ein Bezugssystem, dessen h-Achse senkrecht nach oben gerichtet ist (Nullpunkt auf der Erdoberfläche)!
(Der Luftwiderstand wird in jedem Fall vernachlässigt.)

1/3) $0 \downarrow s$ $\quad a = a(t) = g$

$v = v(t) = g \cdot t \quad (v_0 = 0)$

Fallweg: $\quad s = s(t) = \frac{1}{2} g \cdot t^2 \quad (s_0 = 0)$

Fallzeit: $\quad t = \sqrt{\frac{2s}{g}}$

Fallgeschwindigkeit: $\quad v = v(t) = \sqrt{2gs}$

$0 \uparrow h$ $\quad a = a(t) = -g$

$v = v(t) = -g \cdot t \quad (v_0 = 0)$

Fallweg: $\quad h = h(t) = -\frac{1}{2} g \cdot t^2 + h_0$

Fallzeit: $\quad t = \sqrt{\frac{2(h_0 - h)}{g}}$

Fallgeschwindigkeit: $\quad v = v(t) = -\sqrt{2g(h_0 - h)}$

2) $t = \sqrt{\frac{2 \cdot 10\ \text{m}}{9{,}81\ \text{ms}^{-2}}}$

$t = 1{,}4\ \text{s}$

$v = \sqrt{2 \cdot 10\ \text{m} \cdot 9{,}81\ \text{ms}^{-2}}$

$v = 14\ \text{ms}^{-1}$

1/25 Freier Fall

Ein Körper fällt frei aus 80 m Höhe. Der Luftwiderstand wird vernachlässigt.
1) Wie lange dauert der freie Fall?
2) Nach welcher Zeit hat der Körper die Hälfte seines Fallweges zurückgelegt?
3) Welche Zeit benötigt der Körper zum Durchfallen der letzten 5 m?
4) Wie groß ist die Endgeschwindigkeit?
5) Stellen Sie den Zusammenhang zwischen Fallzeit und Fallgeschwindigkeit für diese Bewegung in einem Diagramm dar!

1) $t = \sqrt{\frac{2s}{g}} \qquad t = \sqrt{\frac{2 \cdot 80\ \text{m}}{9{,}81\ \text{ms}^{-2}}} \qquad t = 4\ \text{s}$

2) $t_2 = \sqrt{\frac{2s_2}{g}} \qquad t_2 = \sqrt{\frac{2 \cdot 40\ \text{m}}{9{,}81\ \text{ms}^{-2}}} \qquad t_2 = 2{,}9\ \text{s}$

3) $t_3 = t - t_1 = t - \sqrt{\frac{2s_1}{g}}$

$t_3 = 4{,}0\ \text{s} - \sqrt{\frac{2 \cdot 75\ \text{m}}{9{,}81\ \text{ms}^{-2}}} \qquad t_3 = 0{,}1\ \text{s}$

4) $v = \sqrt{2s \cdot g}$

$v = \sqrt{2 \cdot 80\ \text{m} \cdot 9{,}81\ \text{ms}^{-2}} \qquad v = 40\ \text{ms}^{-1}$

5)

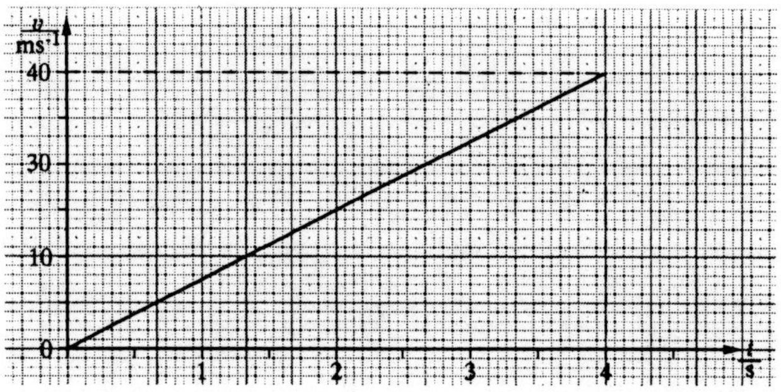

1/26 Freier Fall

Bei einem Experiment fällt eine kleine Stahlkugel aus 15 m Höhe. Nach 3 m Fallweg löst sie über eine Lichtschranke die Fallbewegung einer zweiten, dort gelagerten Kugel aus. In welchem Zeitabstand schlagen beide Kugeln auf dem Boden auf?

$\Delta t = \left| t_{\text{Kugel 1}} - t_{\text{Kugel 2}} \right| = \left| \sqrt{\frac{2s_1}{g}} - \left(t_0 + \sqrt{\frac{2s_2}{g}} \right) \right|$

mit $t_0 = \sqrt{\frac{2s_0}{g}}$ $\qquad \Delta t = \left| \frac{\sqrt{2s_1} - \left(\sqrt{2s_0} + \sqrt{2s_2} \right)}{\sqrt{g}} \right|$

$\Delta t = \left| \frac{\sqrt{2 \cdot 15\ \text{m}} - \left(\sqrt{2 \cdot 3\ \text{m}} + \sqrt{2 \cdot 12\ \text{m}} \right)}{\sqrt{9{,}81\ \text{ms}^{-2}}} \right|$

$\Delta t = 0{,}6\ \text{s}$

1/27 Freier Fall

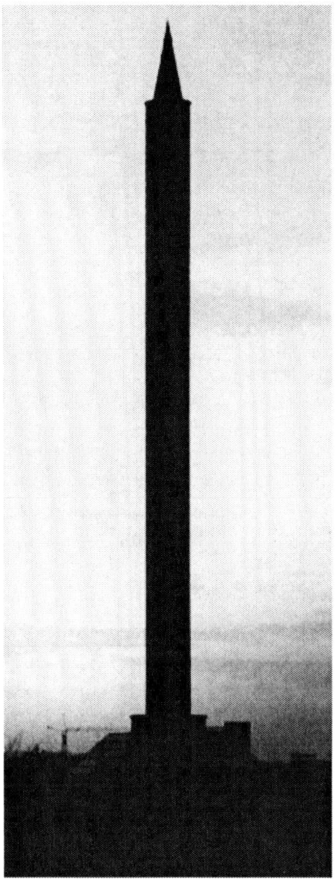

Der Fallturm in Bremen ist eine der drei größten Anlagen in der Welt, die Experimente unter den Bedingungen der Schwerelosigkeit ermöglichen. Bei den Versuchen mißt man im Inneren einer fallenden Kapsel Fallbeschleunigungen von 10^{-5} bis maximal $10^{-4}\,\mathrm{ms}^{-2}$ Das entspricht etwa einem Hunderttausendstel der Erdbeschleunigung.

1) Unter welchen Versuchsbedingungen würde man in der Fallkapsel absolute Schwerelosigkeit messen können?
2) Berechnen Sie die Zeit, die die Fallkapsel bei einer Fallhöhe von 110 m frei fällt!
3) Welche Geschwindigkeit erreicht die Kapsel bei der genannten Fallhöhe?
4) Welche Fallhöhe wäre nötig, um eine Verdopplung der Fallzeit zu erzielen?

Bei den Experimenten wird die Fallkapsel mit der Masse von 98 kg in der 10 t schweren und 8 m hoch mit Styroporgranulat gefüllten Abbremskammer sicher abgebremst.

5) Welche Beschleunigung tritt auf, wenn man annimmt, daß die Kapsel gleichmäßig auf einer Strecke von 4 m durch das Granulat abgebremst wird? Geben Sie Ihr Ergebnis als Vielfaches der Erdbeschleunigung an!

1) Die Kapsel fällt im Vakuum. In Bremen wird ein Restdruck von 1 Pa realisiert. Das entspricht etwa einem Hunderttausendstel des Normaldruckes! ($p_0 = 101{,}3$ kPa)

2) $t = \sqrt{\frac{2s}{g}}$ $\quad t = \sqrt{\frac{2 \cdot 110\,\mathrm{m}}{9{,}81\,\mathrm{ms}^{-2}}}$

$\mathbf{t = 4{,}74\,s}$

3) $v = \sqrt{2gs}$ $\quad v = \sqrt{2 \cdot 9{,}81\,\mathrm{ms}^{-2} \cdot 110\,\mathrm{m}}$

$\mathbf{v = 46{,}5\,ms^{-1}}$

$\mathbf{v = 167\,kmh^{-1}}$

4) $t_2 = 2t$

$s_2 = \frac{1}{2} g t_2^2$ $\quad s_2 = \frac{1}{2} g \left(2 \cdot \sqrt{\frac{2s}{g}}\right)^2 = 4\,s$

$s_2 = 4 \cdot 110\,\mathrm{m}$

$\mathbf{s_2 = 440\,m}$

5) $s_B = \frac{a}{2} t_B^2 + v_0 t_B$ $\quad v_0 = v = \sqrt{2gs}$

$v_E = 0 = a t_B + v_0$

$t_B = -\frac{v_0}{a}$

$s_B = -\frac{v_0^2}{2a}$

$a = -\frac{g \cdot s}{s_B}$ $\quad a = -\frac{9{,}81\,\mathrm{ms}^{-2} \cdot 110\,\mathrm{m}}{4\,\mathrm{m}}$

$a = -269{,}78\,\mathrm{ms}^{-2}$

$\mathbf{a = -27{,}5\,g}$

1/28 Freier Fall

Bei Aufnahmen für einen Werbefilm stürzte ein Freikletterer aus 25 m Höhe von einer Steilwand in einen Gebirgsbach, der dort nur eine Tiefe von 1,50 m hat. Aus der Schwere der Verletzungen konnte geschlossen werden, daß er beim Aufprall auf dem Grund des Baches noch eine Geschwindigkeit von etwa $9\,\mathrm{ms}^{-1}$ hatte.

1) Berechnen Sie die Beschleunigung, mit der der Sportler im Wasser abgebremst wurde!
2) Schätzen Sie die zusätzliche Verletzungsgefahr beim Aufprall auf dem steinigen Grund ein, indem Sie ermitteln, welcher Fallhöhe beim freien Fall die o.g. Auftreffgeschwindigkeit entspricht!

1) $s_B = \frac{a}{2} t_B^2 + v_0 t_B$ $\quad v_0 = \sqrt{2gs}$

$v_1 = a t_B + v_0$

$t_B = \frac{v_1 - v_0}{a}$

$s_B = \frac{a}{2}\left(\frac{v_1 - v_0}{a}\right)^2 + v_0 \frac{v_1 - v_0}{a}$

$a = \frac{1}{2s_B}\left(v_1^2 - v_0^2\right) = \frac{1}{2s_B}\left(v_1^2 - 2gs\right)$

$a = \frac{1}{2 \cdot 1{,}50\,\mathrm{m}}\left(9^2\,\mathrm{m}^2\mathrm{s}^{-2} - 2 \cdot 9{,}81\,\mathrm{ms}^{-2} \cdot 25\,\mathrm{m}\right)$

$\mathbf{a = -136{,}5\,ms^{-2}}$ $\quad (\approx 14g)$

2) Aufprallgeschwindigkeit $\quad v = 9\,\mathrm{ms}^{-1} = \sqrt{2gs}$

$s = \frac{v^2}{2g} = \frac{(9\,\mathrm{ms}^{-1})^2}{2 \cdot 9{,}81\,\mathrm{ms}^{-2}}$

$\mathbf{s = 4{,}13\,m}$

Die Aufgabe reflektiert einen authentischen Fall; notwendige Idealisierungen sollten diskutiert werden (Luftwiderstand, Eintauchposition des Sportlers).

Die maximale Fallgeschwindigkeit des menschlichen Körpers liegt bei etwa $53\,\mathrm{ms}^{-1}$

Bremsbeschleunigungen bis ca. 16 *g* sind für gut trainierte Personen zu verkraften, über 20 *g* sind lebensgefährlich.

1/29 Freier Fall

Mit einem Stein und einer Stoppuhr kann man die Tiefe eines Brunnens oder eines Schachtes bestimmen.

1) Erläutern Sie diese Möglichkeit!
2) Wie tief ist ein Brunnen, wenn man 4,7 s nach Fallbeginn des Steines den Aufprall hört?
(Der Luftwiderstand soll vernachlässigt werden. Die Schallgeschwindigkeit beträgt $v = 340\ \text{ms}^{-1}$.)
3) Bestimmen Sie graphisch die Tiefe des Brunnens, indem Sie das Ort-Zeit-Diagramm zeichnen!
4) Diskutieren Sie die Genauigkeit dieses Verfahrens!

1) Der Stein fällt frei, d. h. gleichmäßig beschleunigte Bewegung in der Zeit t_1.
Nach dem Aufprall Ausbreitung des Schalls in der Zeit t_2.
Gemessen wird die Gesamtzeit $t = t_1 + t_2$.

2) $t_1 = t - t_2 \qquad t_2 = \frac{s}{v}$

$$s = \frac{1}{2}gt_1^2 = \frac{1}{2}g\left(t - \frac{s}{v}\right)^2$$

$$0 = s^2 - 2\left(vt + \frac{v^2}{g}\right)s + v^2t^2$$

$$s_{1/2} = vt + \frac{v^2}{g} \pm \sqrt{\left(vt + \frac{v^2}{g}\right)^2 - v^2t^2}$$

$$s_{1/2} = vt + \frac{v^2}{g} \pm \frac{v^2}{g}\sqrt{\frac{2gt}{v} + 1}$$

$$= 340\ \text{ms}^{-1} \cdot 4{,}7\ \text{s} + \frac{(340\ \text{ms}^{-1})^2}{9{,}81\ \text{ms}^{-2}}$$

$$\pm \frac{(340\ \text{ms}^{-1})^2}{9{,}81\ \text{ms}^{-2}}\sqrt{\frac{2 \cdot 9{,}81\ \text{ms}^{-2} \cdot 4{,}7\ \text{s}}{340\ \text{ms}^{-1}} + 1}$$

$s = 95{,}76\ \text{m} \qquad$ **$s \approx 96\ \text{m}$**

3)

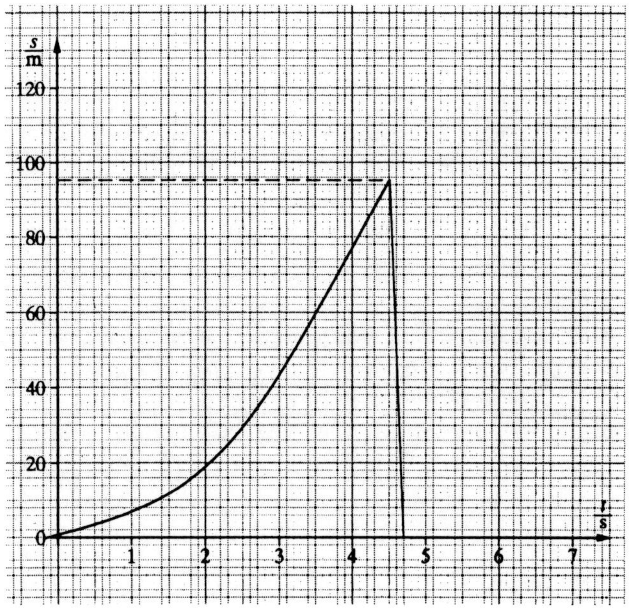

4) Bei einer Abweichung von ±0,05 s der gemessenen Zeit ergibt sich bereits eine Differenz der Brunnentiefe von ±1,9 m:

$t = 4{,}65\ \text{s} \rightarrow s = 93{,}84\ \text{m}$

$t = 4{,}75\ \text{s} \rightarrow s = 97{,}69\ \text{m}$

1/30 Bewegungsarten

1700 m über Meran, einer Stadt in Südtirol, liegt das Hochplateau Meran 2000. In dieses Ski- und Wandergebiet führt eine Drahtseilbahn. Etwa auf halber Strecke, an der Mittelstation, können die Fahrgäste die Bahn verlassen, um zu wandern, oder sie wechseln in eine zweite Kabine, um die Fahrt nach oben fortzusetzen.
Die Bahn wird jeweils innerhalb von 7 s gleichmäßig auf $5{,}5\ \text{ms}^{-1}$ beschleunigt und vor Erreichen ihrer Stationen in 9 s gleichmäßig abgebremst. Bis zur Mittelstation braucht sie 5:32 min, für das Umsteigen sind 2,5 min nötig, und die Fahrt bis zum Plateau dauert noch einmal 5,8 min.

1) Berechnen Sie die beim Anfahren auftretende Beschleunigung!
2) Wie lang ist der Bremsweg?
3) Welcher Weg wird von der Bahn während der gesamten Fahrt zurückgelegt?
4) Mit welcher Geschwindigkeit nähert sich eine entgegenkommende Kabine aus der Sicht eines gleichförmig aufwärts fahrenden Fahrgastes?

1) $a_A = \frac{v - 0}{t_A} \qquad a_A = \frac{5{,}5\ \text{ms}^{-1}}{7\ \text{s}}$

$a_A = 0{,}79\ \text{ms}^{-2}$

2) $s_B = \frac{a}{2}t_B^2 + vt_B \qquad a = \frac{0 - v}{t_B}$

$s_B = \frac{1}{2}vt_B \qquad s_B = \frac{1}{2}5{,}5\ \text{ms}^{-1} \cdot 9\ \text{s}$

$s_B = 24{,}8\ \text{m}$

3) $s = v(t_I + t_{II}) - 2s_A - 2s_B$

$s_A = \frac{1}{2}vt_A \qquad s_B = \frac{1}{2}vt_B$

$s = v(t_I + t_{II} - t_A - t_B)$

$s = 5{,}5\ \text{ms}^{-1}(332\ \text{s} + 348\ \text{s} - 7\ \text{s} - 9\ \text{s})$

$s = 3652\ \text{m}$

4) **$v_r = 11\ \text{ms}^{-1}$**

1/31 Gleichmäßig beschleunigte Bewegung

Nach dem Umschalten der Ampel fahren zwei PKWs auf parallelen Spuren an einer Kreuzung gleichzeitig an. Beide Wagen werden gleichmäßig beschleunigt.
Der eine hat bereits nach 4 s eine Wagenlänge (4 m) Vorsprung gegenüber dem anderen und erreicht nach 5 s eine Geschwindigkeit von 54 kmh^{-1}.
Berechnen Sie die Beschleunigung des zweiten Wagens!

$$s_2 = s_1 - s_v = \frac{a_1}{2}t^2 - s_v \qquad a_1 = \frac{v_1}{t_1}$$

$$s_2 = \frac{a_2}{2}t^2$$

$$a_2 = \frac{2s_2}{t^2} = \frac{a_1 t^2 - 2s_v}{t^2} = \frac{v_1}{t_1} - \frac{2s_v}{t^2}$$

$$a_2 = \frac{54\ \text{ms}^{-1}}{3{,}6 \cdot 5\ \text{s}} - \frac{2 \cdot 4\ \text{m}}{(4\ \text{s})^2} \qquad \boldsymbol{a_2 = 2{,}5\ \text{ms}^{-2}}$$

1/32 Bewegungsarten

Ein Zug beschleunigt aus dem Stillstand eine Minute lang mit einer Beschleunigung von $a = 0{,}3$ ms^{-2} und fährt dann 10 km mit konstanter Geschwindigkeit. Anschließend verringert er auf einer Strecke von 1 km seine Geschwindigkeit auf 30 kmh^{-1}.
Berechnen Sie

1) die Geschwindigkeit am Ende der Beschleunigungsphase,
2) die Zeit für den mit konstanter Geschwindigkeit zurückgelegten Weg und
3) die Bremsbeschleunigung!

1) $v_1 = a_1 t_1 \qquad v_1 = 0{,}3\ \text{ms}^{-2} \cdot 60\ \text{s}$

$\boldsymbol{v_1 = 18\ \text{ms}^{-1} = 64{,}8\ \text{kmh}^{-1}}$

2) $v_2 = v_1 = \frac{s_2}{t_2}$

$$t_2 = \frac{s_2}{v_1} = \frac{10000\ \text{m}}{18\ \text{ms}^{-1}}$$

$\boldsymbol{t_2 = 9{,}26\ \text{min}}$

3) $a_3 = \frac{v_3 - v_2}{t_3}$

$$s_3 = \frac{a_3}{2}t_3^2 + v_2 t_3$$

$$s_3 = \frac{v_3 - v_2}{2}t_3 + v_2 t_3 = \frac{1}{2}(v_3 + v_2)t_3$$

$$t_3 = \frac{2s_3}{v_3 + v_2}$$

$$a_3 = \frac{(v_3 - v_2)(v_3 + v_2)}{2s_3} = \frac{v_3^2 - v_2^2}{2s_3}$$

$$a_3 = \frac{\left(\frac{30}{3{,}6}\ \text{ms}^{-1}\right)^2 - (18\ \text{ms}^{-1})^2}{2 \cdot 1000\ \text{m}}$$

$\boldsymbol{a_3 = -0{,}13\ \text{ms}^{-2}}$

1/33 Gleichmäßig beschleunigte Bewegung; geneigte Ebene

Auf ebener Fahrbahn beschleunigt ein PKW aus dem Stillstand in 5 s auf 50 kmh^{-1}. Unter sonst gleichen Bedingungen erreicht er auf abschüssiger Straße eine Geschwindigkeit von 60 kmh^{-1}.
Berechnen Sie den Neigungswinkel der Straße!

ebene Fahrbahn: $a_e = \frac{v_e}{t}$

abschüssige Fahrbahn: $a_a = \frac{v_a}{t}$ und $a_a = a_e + (g \cdot \sin\alpha)$

$$\sin\alpha = \frac{(a_a - a_e)}{g} = \frac{v_a - v_e}{t \cdot g}$$

$$\sin\alpha = \frac{(60 - 50)\ \text{ms}^{-1}}{3{,}6 \cdot 5\ \text{s} \cdot 9{,}81\ \text{ms}^{-2}}$$

$\boldsymbol{\alpha = 3{,}2°}$

1/34 Bewegungsarten

Ein Zug, der fahrplanmäßig mit einer durchschnittlichen Geschwindigkeit von 75 kmh^{-1} fahren müßte, verspätet sich aber um drei Minuten, weil er wegen einer Baustelle vorübergehend nur 20 kmh^{-1} fahren darf. Die Beschleunigungen beim Bremsen und beim Anfahren betragen –0,3 ms^{-2} bzw. 0,2 ms^{-2}.

1) Wie lang ist die Strecke, die der Zug mit einer geringeren Geschwindigkeit befahren muß?
2) Wie lange müßte der Zug mit einer Geschwindigkeit von 85 kmh^{-1} fahren, um den Zeitverlust aufzuholen?

1) $s = s_1 + s_2 + s_3 \qquad t = \frac{s}{v_1} + t_V = t_1 + t_2 + t_3$

$$t_1 = \frac{v_2 - v_1}{a_1} \qquad t_1 = \frac{(20 - 75)\ \text{ms}^{-1}}{3{,}6(-0{,}3\ \text{ms}^{-2})} \qquad t_1 = 50{,}9\ \text{s}$$

$$s_1 = \frac{a_1}{2}t_1^2 + v_1 t_1 = \frac{v_1 + v_2}{2}t_1 \qquad s_1 = \frac{(75 + 20)\ \text{ms}^{-1}}{3{,}6 \cdot 2} \cdot 50{,}9\ \text{s}$$

$$s_1 = 672\ \text{m}$$

$$t_3 = \frac{v_1 - v_2}{a_2} \qquad t_3 = \frac{(75 - 20)\ \text{ms}^{-1}}{3{,}6 \cdot 0{,}2\ \text{ms}^2} \qquad t_3 = 76{,}4\ \text{s}$$

$$s_3=\frac{a_2}{2}t_3^2+v_2t_3=\frac{v_1+v_2}{2}t_3$$

$$s_3=\frac{(75+20)\,\text{ms}^{-1}}{3{,}6\cdot 2}\cdot 76{,}4\,\text{s} \qquad s_3=1008\,\text{m}$$

$$t=\frac{s_1+s_2+s_3}{v_1}+t_V=t_1+\frac{s_2}{v_2}+t_3$$

$$s_2=\frac{(t_1+t_3-t_V)v_1v_2-(s_1+s_3)v_2}{v_2-v_1} \qquad s_2=1010\,\text{m}$$

$$s=(672+1010+1008)\,\text{m}$$

$$\mathbf{s=2690\,m}$$

2) $t_{85}=t_{75}-t_V \qquad s=v_2t_{85}=v_1t_{75}$

$$t_{85}=\frac{s}{v_1}-t_V=\frac{v_2}{v_1}t_{85}-t_V$$

$$t_{85}=\frac{t_V}{\left(\frac{v_2}{v_1}-1\right)}$$

$$t_{85}=\frac{0{,}05\,\text{h}}{\frac{85\,\text{kmh}^{-1}}{75\,\text{kmh}^{-1}}-1}$$

$$\mathbf{t_{85}=0{,}38\,h=22{,}5\,min}$$

1/35 Gleichmäßig beschleunigte Bewegung

Ein PKW (1) fährt mit konstanter Geschwindigkeit $v_1 = 15\ \text{ms}^{-1}$ geradlinig über eine Kreuzung. Ein zweiter PKW (2) biegt mit konstanter Geschwindigkeit rechts ab und beginnt eine gleichmäßig beschleunigte Bewegung ($a = 2\ \text{ms}^{-2}$). Beide Fahrzeuge verlassen gleichzeitig die Kreuzung.

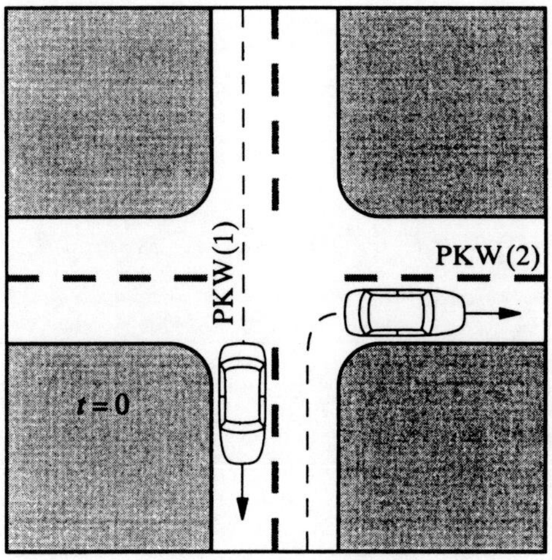

Mit welcher Anfangsgeschwindigkeit beginnt der zweite PKW seine beschleunigte Bewegung, wenn nach 5 s beide PKWs 90 m voneinander entfernt sind?

$$s=\sqrt{s_1^2+s_2^2}$$

$$s=\sqrt{(v_1t)^2+\left(\frac{a}{2}t^2+v_{02}t\right)^2}$$

$$0=v_{02}^2+atv_{02}+\frac{a^2t^2}{4}+v_1^2-\frac{s^2}{t^2}$$

$$v_{02}=-\frac{at}{2}\pm\sqrt{\frac{s^2}{t^2}-v_1^2}$$

$$v_{02}=-\frac{2\,\text{ms}^{-1}\cdot 5\,\text{s}}{2}\pm\sqrt{\frac{(90\,\text{m})^2}{(5\,\text{s})^2}-(15\,\text{ms}^{-1})^2}$$

$$\mathbf{v_{02}=5\,ms^{-1}}$$

1/36 Gleichmäßig beschleunigte Bewegung

Ein LKW fährt mit einer konstanten Geschwindigkeit von 72 kmh^{-1} an einer Autobahntankstelle vorbei. Sieben Sekunden später folgt ihm ein Sportwagen, dessen Fahrer gerade getankt hat und den LKW möglichst schnell überholen will. Er beschleunigt sein Auto gleichmäßig und verringert seine Geschwindigkeit erst, als er am LKW vorbeigefahren ist.

1) Wie groß muß die Beschleunigung des Sportwagens sein, damit er den LKW nach 500 m erreicht?
2) Mit welcher Geschwindigkeit fährt er dann?
3) Zeichnen Sie ein s-t-Diagramm für beide Fahrzeuge!
4) Zeichnen Sie das entsprechende v-t-Diagramm und bestimmen Sie daraus, nach welcher Zeit der Sportwagen die Geschwindigkeit des LKWs erreicht hat!

1) $s_L(t)=v_Lt \qquad s_S(t)=\frac{a}{2}(t-7\,\text{s})^2$

am Treffpunkt: $s_L(t)=s_S(t)=500\,\text{m}$

$$v_Lt=\frac{a}{2}(t-7\,\text{s})^2$$

$$a=\frac{2v_Lt}{(t-7\,\text{s})^2}=\frac{2s_L}{\left(\frac{s_L}{v_L}-7\,\text{s}\right)^2}=\frac{2\cdot 500\,\text{m}}{\left(\frac{500\,\text{m}\cdot 3{,}6}{72\,\text{ms}^{-1}}-7\,\text{s}\right)^2}$$

$$\mathbf{a=3{,}1\,ms^{-2}}$$

2) $$v_S=a\cdot t_S=\frac{2s_L}{\left(\frac{s_L}{v_L}-7\,\text{s}\right)}=55{,}6\,\text{ms}^{-1}=\mathbf{200\,kmh^{-1}}$$

3)

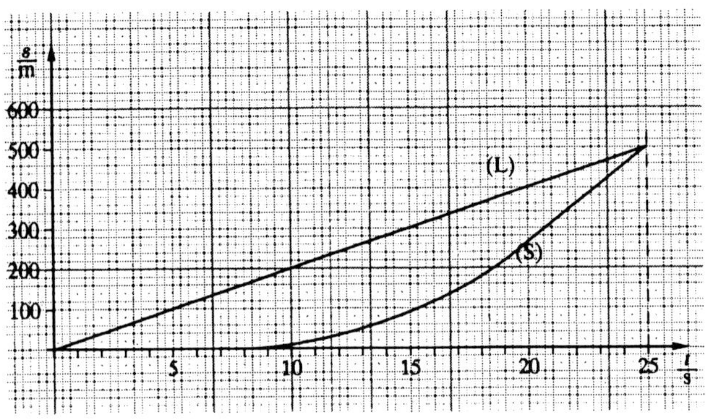

4)

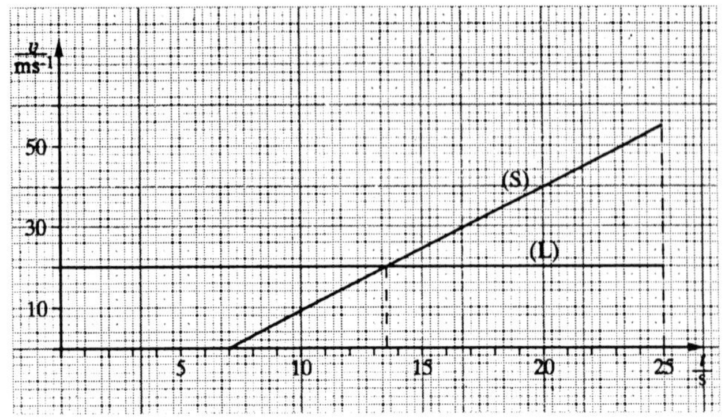

$t_{S(v_L)} = \mathbf{6{,}5\ s}$

1/37		**Bewegungsarten; Relativität der Bewegung**	

Eine Straßenbahn fährt geradlinig mit konstanter Geschwindigkeit $v_s = 36\ \text{kmh}^{-1}$. In der Bahn stehen Peter (P) und Michael (M) nebeneinander.

Zur Zeit $t_0 = 0$ beginnt Peter in Fahrtrichtung zu laufen (gleichmäßig beschleunigt: $a_P = 0{,}5\ \text{ms}^{-2}$), während ihm Julia (J) mit der konstanten Geschwindigkeit von $1\ \text{ms}^{-1}$ entgegenkommt.

An der Haltestelle wartet ein Fahrgast (A), und 150 m von ihm entfernt steht ein Fußgänger (B).

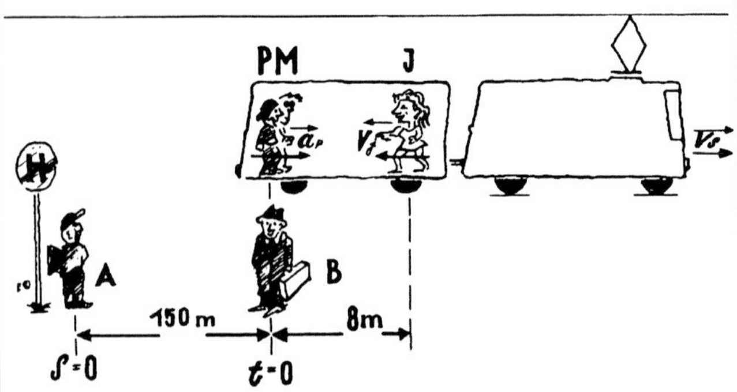

1) Geben Sie die Weg-Zeit-Funktionen für Peter und Julia
   a) relativ zu A,
   b) relativ zu B und
   c) relativ zu Michael an!
2) Berechnen Sie
   a) den zurückgelegten Weg von Peter nach 3 s relativ zu Michael (wie weit ist er dann von Julia entfernt?),
   b) den zurückgelegten Weg von Julia nach 3 s relativ zu B,
   c) die Geschwindigkeit von Peter nach 3 s relativ zu A und
   d) die Geschwindigkeit von Julia nach 3 s relativ zu Peter!
3) Nach welcher Zeit begegnen sich Peter und Julia im Straßenbahnwagen?
   Wieviel Meter sind sie dann von der Haltestelle entfernt?

1)	Peter:	Julia:
a)	$s_P(t) = \frac{a}{2}t^2 + v_S t + s_{AB}$	$s_J(t) = (v_S - v_J)t + s_{AJ}$
b)	$s_P(t) = \frac{a}{2}t^2 + v_S t$	$s_J(t) = (v_S - v_J)t + s_{BJ}$
c)	$s_P(t) = \frac{a}{2}t^2$	$s_J(t) = -v_J t + s_{MJ}$

2a) $s_P(3\,\text{s}) = \frac{a}{2}t^2 = \frac{0{,}5}{2}\,\text{ms}^{-2}\cdot(3\,\text{s})^2 = \mathbf{2{,}25\ m}$

$s_{PJ}(3\,\text{s}) = s_{MJ} - v_J t - \frac{a}{2}t^2 = 8\,\text{m} - 1\,\text{ms}^{-1}\cdot 3\,\text{s} - \frac{0{,}5}{2}\,\text{ms}^{-2}\cdot(3\,\text{s})^2$

$\mathbf{s_{PJ}(3\,s) = 2{,}75\ m}$

b) $s_J(3\,\text{s}) = (v_s - v_J)t + s_{BJ} = (10-1)\,\text{ms}^{-1}\cdot 3\,\text{s} + 8\,\text{m}$

$\mathbf{s_J(3\,s) = 35\ m}$

c) $v_P(3\,\text{s}) = at + v_S = 0{,}5\,\text{ms}^{-2}\cdot 3\,\text{s} + 10\,\text{ms}^{-1} = \mathbf{11{,}5\ ms^{-1}}$

d) $v_J(3\,\text{s}) = v_J + v_P = v_J + at = 1\,\text{ms}^{-1} + 0{,}5\,\text{ms}^{-2}\cdot 3\,\text{s}$

$\mathbf{v_J(3\,s) = 2{,}5\ ms^{-1}}$

3) Treffpunkt:

$$\frac{a}{2}t^2 = s_{MJ} - v_J t$$

$$0 = t^2 + \frac{2v_J}{a}t - \frac{2s_{MJ}}{a}$$

$$t = -\frac{v_J}{a} \pm \sqrt{\frac{v_J^2}{a^2} + \frac{2s_{MJ}}{a}}$$

$$t = -\frac{1\,\text{ms}^{-1}}{0{,}5\,\text{ms}^{-2}} \pm \sqrt{\frac{(1\,\text{ms}^{-1})^2}{(0{,}5\,\text{ms}^{-2})^2} + \frac{2\cdot 8\,\text{m}}{0{,}5\,\text{ms}^{-2}}}$$

$\mathbf{t = 4\ s}$

$s_{A/PJ}(4\,s) = \frac{a}{2}t^2 + v_S t + s_{AB}$

$= \frac{0{,}5}{2}\,\text{ms}^{-2}\cdot(4\,\text{s})^2 + 10\,\text{ms}^{-1}\cdot 4\,\text{s} + 150\,\text{m}$

$\mathbf{s_{A/PJ}(4\,s) = 194\ m}$

1/38 Bewegungsarten

Ein Fahrzeug fährt mit konstanter Geschwindigkeit $v = 54\ \text{kmh}^{-1}$ im Stadtverkehr. Durch Unaufmerksamkeit bemerkt der Fahrer einen vor ihm haltenden PKW erst, als er nur noch 32 m von diesem entfernt ist.

1) Zeigen Sie, daß es zu einem Auffahrunfall kommt, selbst wenn der Fahrer nach einer Reaktionszeit von nur 0,5 s den Bremsvorgang ($a = -4\ \text{ms}^{-2}$) beginnen würde!
2) Wieviel kmh^{-1} müßte der Fahrer mindestens langsamer fahren, um den Unfall zu vermeiden?
3) Wieviel Sekunden nach dem Wahrnehmen des haltenden PKW kommt es zum Aufprall?
4) Mit welcher Geschwindigkeit prallt das Fahrzeug auf den haltenden PKW?

1) $s = s_R + s_B = v_0 t_R + \frac{a}{2} t_B^2 + v_0 t_B$

$$0 = a t_B + v_0 \rightarrow t_B = -\frac{v_0}{a}$$

$$s = v_0 t_R - \frac{v_0^2}{2a} = 15\ \text{ms}^{-1} \cdot 0{,}5\ \text{s} - \frac{(15\ \text{ms}^{-1})^2}{-2 \cdot 4\ \text{ms}^{-2}}$$

$\mathbf{s = 35{,}6\ m > 32\ m}$ $\rightarrow$ Aufprall!

2) $s_1 = v_1 t_R - \frac{v_1^2}{2a} \rightarrow 0 = v_1^2 - 2a t_R v_1 + 2a s_1$

$$v_1 = a t_R \pm \sqrt{a^2 t_R^2 - 2a s_1}$$

$$v_1 = -4\ \text{ms}^{-2} \cdot 0{,}5\ \text{s} \pm \sqrt{(4\ \text{ms}^{-2} \cdot 4\ \text{s})^2 + 2 \cdot 4\ \text{ms}^{-2} \cdot 32\ \text{m}}$$

$$v_1 = 14{,}1\ \text{ms}^{-1}$$

$\mathbf{\Delta v \geq 0{,}9\ ms^{-1} = 3{,}2\ kmh^{-1}}$

3) $t_A = t_R + t'_B$ mit $v_e \neq 0$!

$$s'_B = s' - s_R = s - v_0 t_R$$

$$s'_B = 32\ \text{m} - \left(\frac{54}{3{,}6}\ \text{ms}^{-1} \cdot 0{,}5\ \text{s}\right) = 24{,}5\ \text{m}$$

$$s'_B = \frac{a}{2} t_B'^2 + v_0 t'_B \rightarrow 0 = t_B'^2 + \frac{2v_0}{a} t'_B - \frac{2s'_B}{a}$$

$$t'_B = -\frac{v_0}{a} \pm \sqrt{\frac{v_0^2}{a^2} + \frac{2s'_B}{a}}$$

$$t'_B = \frac{15\ \text{ms}^{-1}}{4\ \text{ms}^{-2}} \pm \sqrt{\frac{(15\ \text{ms}^{-1})^2}{(-4\ \text{ms}^{-2})^2} - \frac{2 \cdot 24{,}5\ \text{m}}{-4\ \text{ms}^{-2}}}$$

$$t'_B = 2{,}4\ \text{s}$$

$\mathbf{t_A = 2{,}9\ s}$

4) $v_A = a t'_B + v_0 = -4\ \text{ms}^{-2} \cdot 2{,}4\ \text{s} + 15\ \text{ms}^{-1}$

$\mathbf{v_A = 5{,}4\ ms^{-1} \approx 19\ kmh^{-1}}$

1/39 Bewegungsarten

Der Fahrer eines PKW, der nach dem Besuch einer Raststätte seine Fahrt fortsetzen will, sieht genau 9,5 Sekunden, bevor er selbst startet, ein Wohnmobil mit der Geschwindigkeit $v_w = 80\ \text{kmh}^{-1}$ an seinem Auto vorbeifahren.
Nach dem Start erhöht er seine Geschwindigkeit in den ersten 32,5 Sekunden gleichmäßig auf $140\ \text{kmh}^{-1}$ und behält diese dann bei.

1) Zeichnen Sie die Weg-Zeit-Funktion des Wohnmobils in das gegebene Diagramm, und stellen Sie die Geschwindigkeit-Zeit-Funktionen für beide Fahrzeuge in einem gemeinsamen Diagramm dar!

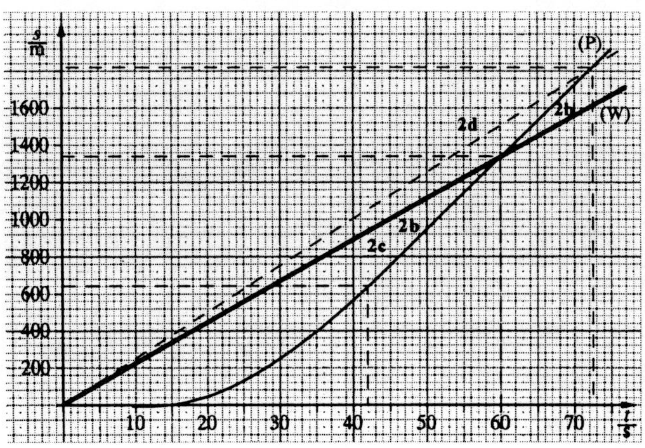

2) Ermitteln Sie mit Hilfe des s-t-Diagramms
   a) nach wieviel Sekunden der PKW das Wohnmobil erreicht, wenn man annimmt, daß dieses während der ganzen Zeit mit konstanter Geschwindigkeit fährt,
   b) den Rückstand bzw. Vorsprung des PKW 10 s vor und nach dem Überholen,
   c) die Zeitdifferenz, in der beide Fahrzeuge einen 800 m hinter der Raststätte stehenden Beobachter passieren und
   d) die Geschwindigkeit, die das Wohnmobil haben müßte, damit es erst 12,5 Sekunden später überholt wird!
3) Welche Bedeutung hat der Schnittpunkt der beiden Graphen im v-t-Diagramm?
   Markieren Sie in diesem Diagramm den Zeitpunkt, in dem sich die Fahrzeuge begegnen und die Zeit $t = 75$ s! Welche physikalische Bedeutung hat der zwischen beiden Graphen liegende Flächeninhalt im betrachteten Zeitintervall?
4) Überprüfen Sie die Ergebnisse aus 2a) und 2d) rechnerisch!
5) Zu welchem Zeitpunkt haben beide Fahrzeuge den größten Abstand?
   Bestimmen Sie dazu den Abstand der Fahrzeuge als Funktion der Zeit!

1) Die zu ergänzende Weg-Zeit-Funktion des Wohnmobils erscheint im **Fettdruck**.

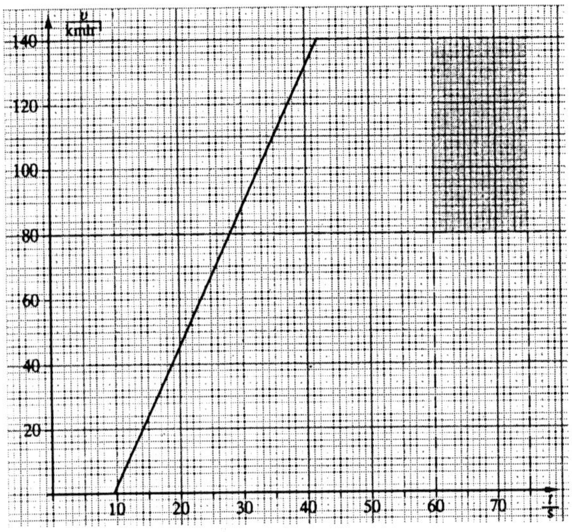

2) a) **60 s** bzw. **50,5 s Pkw-Fahrzeit**
   b) **170 m; 170 m**
   c) **10 s**
   d) $\frac{1820\text{ m}}{72{,}5} = \mathbf{90\ kmh^{-1}}$

3) Die Fahrzeuge haben die gleiche Geschwindigkeit, begegnen sich aber nicht. Die Anstiege im *s-t*-Diagramm sind gleich.
Die markierte Fläche ist ein Maß für den Abstand, den der Pkw im betrachteten Zeitintervall erreicht:

$$s = \Delta t(v_P - v_W) = 15\text{ s}\left(\frac{140-80}{3{,}6}\right)\text{ms}^{-1} \qquad s = 250\text{ m}$$

4) Treffpunkt:

$$s_W(t) = s_P(t)$$

$$(*)\quad v_W t = \frac{a}{2}t_a^2 + v(t - t_a - t_0) \qquad \text{mit } t_0 = 9{,}5\text{ s und } a = \frac{v}{t_a}$$

$$t = \frac{\frac{v}{2}t_a - v(t_a + t_0)}{v_W - v} = \frac{v\left(\frac{t_a}{2} + t_0\right)}{v - v_W}$$

$$t = \frac{140\text{ ms}^{-1}\left(\frac{32{,}5}{2} + 9{,}5\right)\text{s}}{140 - 80\text{ ms}^{-1}} \qquad \mathbf{t = 60{,}1\ s}$$

aus (*) folgt:

$$v_W = \frac{v\left(t - t_0 - \frac{t_a}{2}\right)}{t} \qquad \text{mit} \quad t = 60{,}1\text{ s} + 12{,}5\text{ s}$$

$$v_W = \frac{\frac{140}{3{,}6}\text{ms}^{-1}\left(72{,}6\text{ s} - 9{,}5\text{ s} - \frac{32{,}5}{2}\text{ s}\right)}{72{,}6\text{ s}}$$

$$v_W = 25{,}1\text{ms}^{-1} = \mathbf{90{,}3\ kmh^{-1}}$$

5) Der größte Abstand tritt während der Beschleunigungsphase auf:

$$\Delta s = s_W - s_P$$

$$= v_W \cdot t - \frac{a}{2}(t - 9{,}5\text{ s})^2$$

$$\Delta\dot{s} = v_W - \frac{a}{2}\cdot 2\cdot(t - 9{,}5\text{ s})$$

Extremwertbestimmung: $\Delta\dot{s} = 0$

$$0 = v_W - a(t_E - 9{,}5\text{ s}) \qquad \text{mit} \quad a = \frac{\Delta v_P}{\Delta t_P}$$

$$t_E = \frac{v_W}{a} + 9{,}5\text{ s} = \frac{v_W\cdot\Delta t_P}{\Delta v_P} + 9{,}5\text{ s} = \frac{80\text{ kmh}^{-1}\cdot 32{,}5\text{ s}}{140\text{ kmh}^{-1}} + 9{,}5\text{ s}$$

$$\mathbf{t_E = 28{,}1\ s}$$

1/40 Bewegungsarten; a = konst., a ≠ konst.

Bei Beschleunigungsrennen kommt es darauf an, die Gesamtstrecke in möglichst kurzer Zeit zu absolvieren. Eines der Spezialfahrzeuge, das eine Leistung von 1000 PS hat, benötigt für die Gesamtstrecke von 400 m nur 6,05 s, wobei es anfangs gleichmäßig beschleunigt wird und dann mit konstanter Geschwindigkeit zum Ziel rast. Bereits nach 0,92 s hat das Fahrzeug eine Geschwindigkeit von 100 kmh^{-1} erreicht.

1) Wie groß ist die Beschleunigung während des ersten Bewegungsabschnittes?
2) Wie lange dauert der Beschleunigungsvorgang?
3) Mit welcher Endgeschwindigkeit fährt es bis ins Ziel?
4) Erklären Sie die Beobachtung der Fahrer, daß es während der Beschleunigungsphasen unmöglich ist, z. B. den Kopf zu drehen!
5) Geben Sie für die erste Phase des Rennens die Gleichungen für die Geschwindigkeit $v = v(t)$ und den Weg $s = s(t)$ an, wenn man annimmt, daß die Beschleunigung beim Anfahren nicht konstant ist, sondern von einem Anfangswert $a_0 = 10\text{ ms}^{-2}$ an linear wächst! Ermitteln Sie für diesen Fall die Endbeschleunigung!

1) $a = \frac{\Delta v}{\Delta t} = \frac{v}{t_{100}} = \frac{100\text{ ms}^{-1}}{3{,}6\cdot 0{,}92\text{ s}}$ $\qquad \mathbf{a = 30{,}2\ ms^{-2}}$

2) $s_{ges} = s_b + s_{gf} \qquad t_{gf} = t_{ges} - t_b \qquad v_E = a\cdot t_b$

$$s_{ges} = \frac{a}{2}t_b^2 + v_E(t_{ges} - t_b)$$

$$= \frac{v}{2t_{100}}t_b^2 + \frac{v}{t_{100}}t_b(t_{ges} - t_b)$$

$$0 = -\frac{v}{2t_{100}}t_b^2 + \frac{v}{t_{100}}t_{ges}t_b - s_{ges}$$

$$0 = t_b^2 - 2t_{ges}t_b + \frac{s_{ges}\cdot 2t_{100}}{v}$$

$$t_b = t_{ges} \pm \sqrt{t_{ges}^2 - \frac{s_{ges}\cdot 2t_{100}}{v}}$$

$$= 6{,}05\text{ s} \pm \sqrt{6{,}05^2\text{ s}^2 - \frac{400\text{ m}\cdot 3{,}6\cdot 2\cdot 0{,}92\text{ s}}{100\text{ ms}^{-1}}}$$

$$\mathbf{t_b = 2{,}87\ s}$$

3) $v_E = a \cdot t_b = \frac{v}{t_{100}} \cdot t_b$

$$v_E = \frac{100\ \text{kmh}^{-1} \cdot 2{,}87\ \text{s}}{0{,}92\ \text{s}}$$

$$\mathbf{v_E = 312\ kmh^{-1}}$$

4) $a \approx 3\,g$, d. h. der Kopf wird mit dem Dreifachen seiner Gewichtskraft gegen die Kopfstütze gedrückt.

5) $a(t) = \text{k}t + a_0$

$v(t) = \frac{\text{k}}{2}t^2 + a_0 t \qquad v_0 = 0$

$s(t) = \frac{\text{k}}{6}t^3 + \frac{a_0}{2}t^2 \qquad s_0 = 0$

$$v_E = \int_0^{t_b} a(t)\,\text{d}t = \frac{\text{k}}{2}t^2 + a_0 t\,\Big|_0^{t_b} = \frac{\text{k}}{2}t_b^2 + a_0 t_b$$

$$\text{k} = \frac{2(v_E - a_0 t_b)}{t_b^2} = \frac{2\left(\frac{v}{t_{100}} \cdot t_b - a_0 t_b\right)}{t_b^2}$$

$$\text{k} = \frac{2\left(\frac{100\ \text{ms}^{-1} \cdot 2{,}87\ \text{s}}{3{,}6 \cdot 0{,}92\ \text{s}} - 10\ \text{ms}^{-2} \cdot 2{,}87\ \text{s}\right)}{(2{,}87\ \text{s})^2}$$

$$\text{k} = 14{,}07\ \text{ms}^{-3}$$

$$a_E = \text{k} \cdot t_b + a_0$$

$$= 14{,}07\ \text{ms}^{-3} \cdot 2{,}87\ \text{s} + 10\ \text{ms}^{-2}$$

$$\mathbf{a_E = 50{,}4\ ms^{-2} \approx 5g}$$

1/41 Bewegungsarten; Relativität der Bewegung

Benjamin und Philipp bestreiten einen 400 m-Lauf. Philipp gelingt der bessere Start. Er läuft 0,2 s nach dem Startschuß los, hingegen benötigt Benjamin 0,4 s, um aus dem Startblock zu kommen.
Benjamin beschleunigt die ersten 20 m mit 1,2 ms^{-2} und läuft anschließend mit annähernd konstanter Geschwindigkeit bis zum Ziel.
Philipp teilt sich die Strecke anders ein. Vom Start weg beschleunigt er 15 s lang, bis er eine Geschwindigkeit von 8,1 ms^{-1} erreicht hat. Danach läuft er mit dieser Geschwindigkeit bis zur 300 m-Marke. Hier läßt jedoch seine Kraft nach, und er benötigt noch 20 s bis zum Ziel.
(Betrachten Sie alle beschleunigten Bewegungen als gleichmäßig beschleunigte Bewegungen!)

1) Ermitteln Sie Sieger und Siegerzeit rechnerisch!
2) Zeichnen Sie das v-t-Diagramm!
3) Der Lauf beider Jungen ist in dem s-t-Diagramm dargestellt:

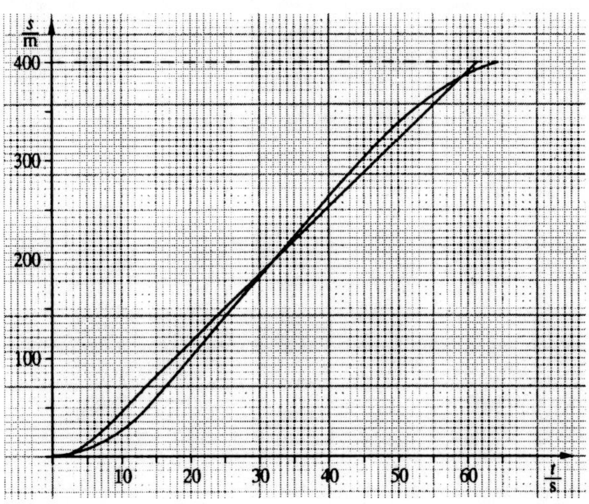

Wieviel Überholvorgänge gibt es? (Nutzen Sie für die Beantwortung der Frage nicht nur das Diagramm!)

4) Berechnen Sie den Abstand der beiden Läufer für den Zeitpunkt, in dem Benjamin die 100 m-Linie passiert!
5) Bestimmen Sie aus dem folgenden Diagramm den Abstand der beiden Jungen zu dem Zeitpunkt, als der erste Läufer die Ziellinie erreicht!

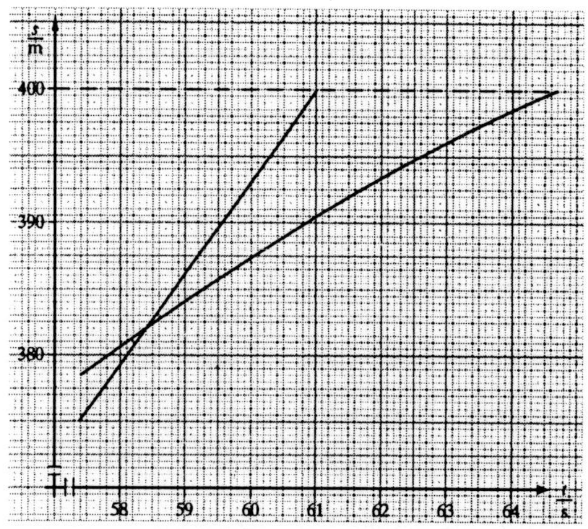

6) Beschreiben Sie den Lauf von Benjamin zwischen der 300 m- und der 400 m-Marke aus Sicht des an der Ziellinie stehenden Zeitnehmers und aus der von Philipp anhand der gegebenen Diagramme!

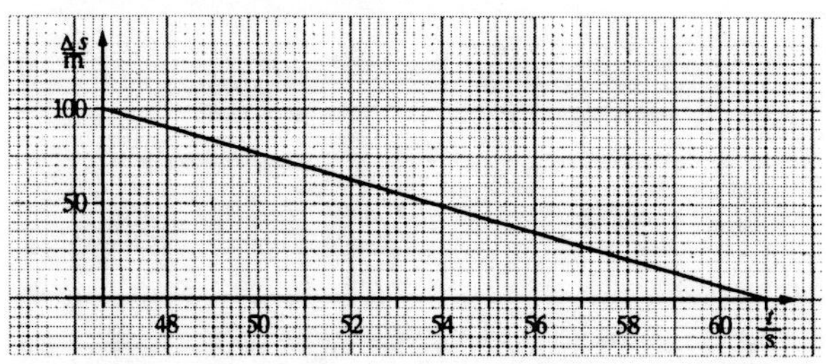

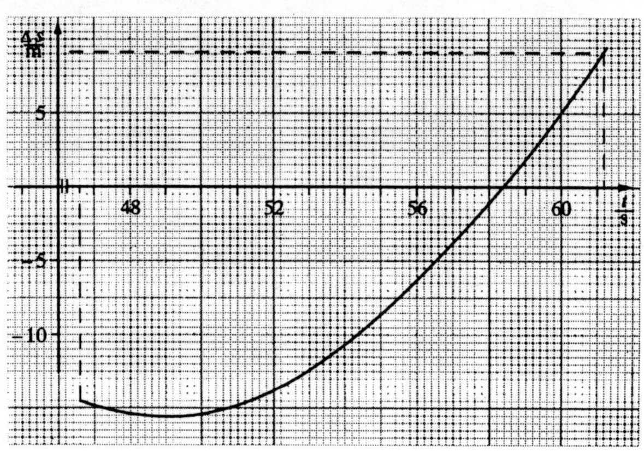

1) Benjamin:

$t = t_0 + t_1 + t_2 \qquad v_1 = v_2 = a_1 t_1$

$$s_1 = \frac{a_1}{2} t_1^2 \rightarrow t_1 = \sqrt{\frac{2s_1}{a_1}}$$

$$s_2 = 400\text{ m} - s_1$$

$$t_2 = \frac{s_2}{v_2} = \frac{400\text{ m} - s_1}{\sqrt{2 s_1 a_1}}$$

$$t = t_0 + \sqrt{\frac{2s_1}{a_1}} + \frac{400\text{ m} - s_1}{\sqrt{2 s_1 a_1}}$$

$$t = 0{,}4\text{ s} + \sqrt{\frac{2 \cdot 20\text{ m}}{1{,}2\text{ ms}^{-2}}} + \frac{(400-20)\text{ m}}{\sqrt{2 \cdot 20\text{ m} \cdot 1{,}2\text{ ms}^{-2}}}$$

$\boldsymbol{t = 61{,}02 \approx 61\text{ s}}$

Phillip:

$t = t_0 + t_1 + t_2 + t_3 \qquad v_1 = v_2$

$$t_2 = \frac{s_2}{v_2} = \frac{300\text{ m} - s_1}{v_2}$$

$$t_2 = \frac{300\text{ m} - \frac{v_1}{2} t_1}{v_2}$$

$$t = 0{,}2\text{ s} + 15\text{ s} + \frac{300\text{ m} - \left(\frac{8{,}1\text{ ms}^{-1}}{2} \cdot 15\text{ s}\right)}{8{,}1\text{ ms}^{-1}} + 20\text{ s}$$

$\boldsymbol{t = 64{,}7\text{ s}}$

Sieger: Benjamin

2) Benjamin:

t in s	0	0,4	6,2	61
v in ms^{-1}	0	0	6,9	6,9

$v_1 = \sqrt{2 s_1 a_1}$

$v_1 = \sqrt{2 \cdot 20\text{ m} \cdot 1{,}2\text{ ms}^{-2}}$

$v_1 = 6{,}93\text{ ms}^{-1} \qquad v_2 \approx 6{,}9\text{ ms}^{-1}$

Phillip:

t in s	0	0,2	15,2	44,7	64,7
v in ms^{-1}	0	0	8,1	8,1	1,9

$$t_2 = \frac{300\text{ m} - \left(\frac{8{,}1\text{ ms}^{-1}}{2} \cdot 15\text{ s}\right)}{8{,}1\text{ ms}^{-1}} = 29{,}5\text{ s}$$

$$s_3 = \frac{1}{2}(v_3 - v_4) \cdot t_3 + v_4 t_3 = \frac{1}{2} v_3 t_3 + \frac{1}{2} v_4 t_3$$

$$v_4 = \frac{2 s_3}{t_3} - v_3$$

$$v_4 = \frac{2 \cdot 100\text{ m}}{20\text{ s}} - 8{,}1\text{ ms}^{-1}$$

$$v_4 = 1{,}9\text{ ms}^{-1}$$

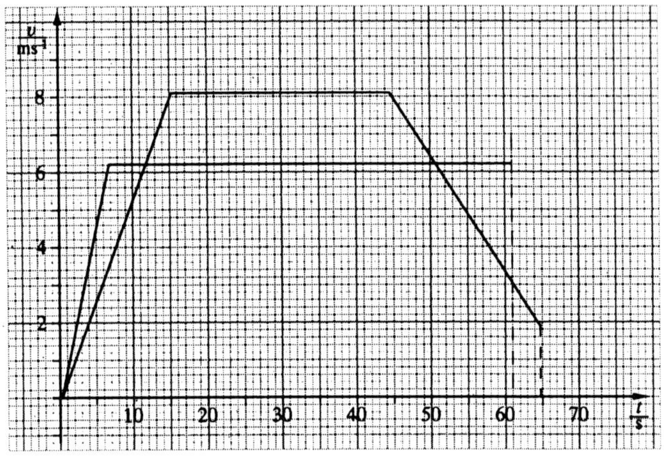

3)

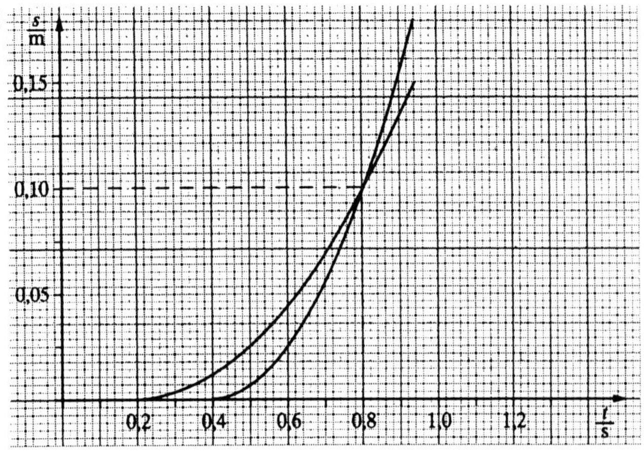

3 Überholvorgänge.

4) $s_B = 100\text{ m} = s_1 + s_2 = s_1 + v_2(t - t_0 - t_1)$

$$t = \frac{(s_B - s_1) + v_2(t_0 + t_1)}{v_2}$$

$$t = \frac{(100-20)\text{ m} + 6{,}93\text{ ms}^{-1}(6{,}2)\text{ s}}{6{,}93\text{ ms}^{-1}}$$

$$t = 17{,}7\text{ s}$$

$$s_P = s_1 + s_2 = \frac{1}{2} v_1 t_1 + v_2(t - t_0 - t_1)$$

$$s_P = \frac{1}{2} \cdot 8{,}1\text{ ms}^{-1} \cdot 15\text{ s} + 8{,}1\text{ ms}^{-1} \cdot (17{,}7 - 0{,}2 - 15)\text{ s}$$

$$s_P = 81\text{ m}$$

$\boldsymbol{\Delta s = 19\text{ m}}$

5) $\boldsymbol{\Delta s \approx 9\text{ m}}$

6) Zeitnehmer:
Der Abstand verringert sich gleichmäßig bis auf null.
Phillip:
Benjamin läuft beim Passieren der 300 m-Marke hinter Phillip. Der Abstand zwischen beiden ist zur Zeit $t = 48{,}5$ s am größten. Phillip wird von Benjamin überholt, und dieser gewinnt den Lauf mit ≈ 9 m Vorsprung vor Phillip.

Bewegungsarten; abschnittsweise definierte Funktionen

Der Fahrer eines PKW sucht mit seinem Fahrzeug auf einem Parkplatz eine Stellfläche. Er bewegt sich mit einer Geschwindigkeit von $18\ \text{kmh}^{-1}$.
Als er eine freie Parkfläche entdeckt, bremst er das Fahrzeug bis zum Stillstand ab. Er muß aber feststellen, daß sie Behinderten vorbehalten ist. Zum Glück sieht er ein Fahrzeug, das gerade eine Parkfläche frei macht, und fährt dorthin.
Die Bewegung des PKW wird durch das *v-t*-Diagramm wiedergegeben:

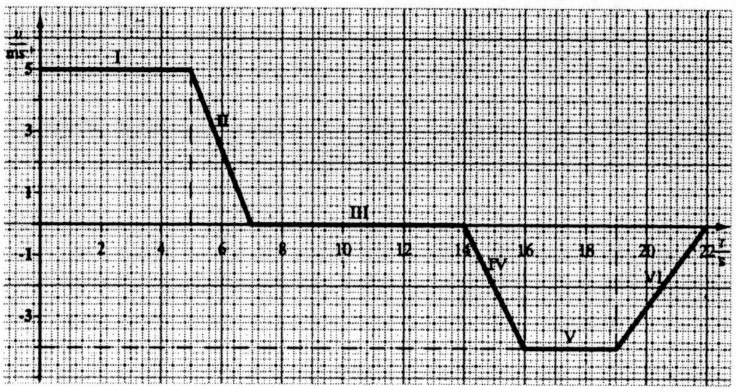

1) Ergänzen Sie die quantitativen Angaben im *v-t*-Diagramm!
2) Beschreiben Sie die Bewegung des Fahrzeuges quantitativ, *nachdem* der Fahrer die neue Parklücke bemerkt hat! (Beachten Sie bei Ihrer Beschreibung die negativen Werte der Geschwindigkeit!)
3) Zeichnen Sie das *a-t*-Diagramm! Berechnen Sie dazu die Beschleunigungen für die einzelnen Bewegungsabschnitte!
4) Unter welchen Bedingungen ist die Beschleunigung des Fahrzeuges negativ?
5) Bestimmen Sie den zurückgelegten Weg aus dem *v-t*-Diagramm für $14\ \text{s} \le t \le 22\ \text{s}$! Interpretieren Sie Ihr Ergebnis!
6) Wie lange brauchte der Fahrer, um die neue Parkfläche zu entdecken?
7) Geben Sie die abschnittsweise definierten Geschwindigkeit-Zeit- und die Weg-Zeit-Funktionen für $0\ \text{s} \le t \le 16\ \text{s}$ an!
8) Zeichnen Sie das *s-t*-Diagramm für das unter 7) genannte Zeitintervall!

1) Die geforderten **Ergänzungen** sind im Diagramm **fett gedruckt**.
   $v_1 = 18\ \text{kmh}^{-1} = \mathbf{5\ ms^{-1} = konst.}$
   $\mathbf{v_5 = -4\ ms^{-1} = konst.}$

2) Das Fahrzeug wird 2 s lang gleichmäßig mit $a_4 = -2\ \text{ms}^{-2}$ beschleunigt, fährt anschließend 3 s mit der konstanten Geschwindigkeit $v_5 = -4\ \text{ms}^{-1}$ und wird dann innerhalb von weiteren 3 s mit $a_6 = \dfrac{0-(-4\ \text{ms}^{-1})}{3\,\text{s}} = \dfrac{4}{3}\ \text{ms}^{-2}$ gleichmäßig bis zum Stillstand abgebremst. Dabei fährt das Fahrzeug rückwärts in Richtung Parklücke.

3)

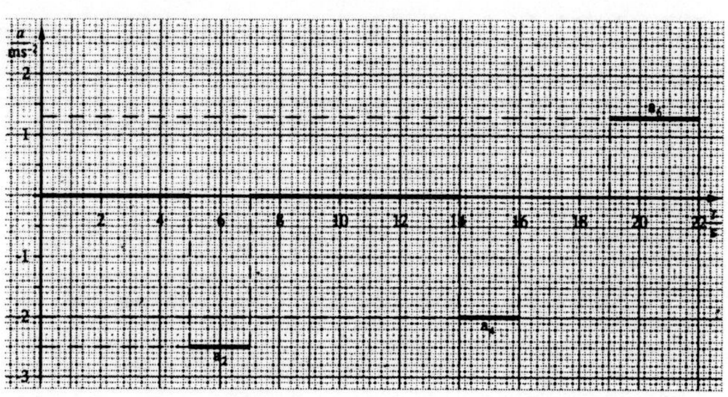

$$a = \frac{\Delta v}{\Delta t} \quad \rightarrow \quad \mathbf{a_2 = -2{,}5\ ms^{-2}}$$

$$\mathbf{a_4 = -2\ ms^{-2}}$$

$$\mathbf{a_6 = \frac{4}{3}\ ms^{-2}}$$

4) $a < 0$, wenn das Fahrzeug
   a) in Fahrtrichtung gleichmäßig verzögert wird oder
   b) bei Fahrtrichtungsumkehr gleichmäßig beschleunigt wird.

5) Flächenberechnung ($14\ \text{s} \le t \le 22\ \text{s}$):

$$s = \frac{1}{2} v_5 \cdot \Delta t_4 + v_5 \cdot \Delta t_5 + \frac{1}{2} v_5 \cdot \Delta t_6$$

$$s = \frac{1}{2} \cdot (-4\ \text{ms}^{-1}) \cdot 2\,\text{s} + (-4\ \text{ms}^{-1}) \cdot 3\,\text{s} + \frac{1}{4}(-4\ \text{ms}^{-1}) \cdot 3\,\text{s}$$

$$\mathbf{s = -22\ m}$$

Das negative Vorzeichen weist auf die Umkehr der Fahrtrichtung hin.

6) **7 s**

7) (1) $v(t) = 5\ \text{ms}^{-1} = \text{konst.}$, $s(t) = 5\ \text{ms}^{-1} \cdot t$ } für $0\,\text{s} \le t \le 5\,\text{s}$

(2) $v(t) = a_2 \cdot t + v_2$, $s(t) = \dfrac{1}{2} a_2 \cdot t^2 + v_2 \cdot t + s_2$ } für $5\,\text{s} \le t \le 7\,\text{s}$

Aus dem Diagramm, aus 3) sowie aus (1) ist bekannt:

$v(5\ \text{s}) = 5\ \text{ms}^{-1}$ $\quad a_2 = -2{,}5\ \text{ms}^{-2}$

$v(7\ \text{s}) = 0\ \text{ms}^{-1}$ $\quad s(5\ \text{s}) = 5\ \text{ms}^{-1} \cdot 5\ \text{s} = 25\ \text{m}$

$$v(5\ \text{s}) = -2{,}5\ \text{ms}^{-2} \cdot 5\ \text{s} + v_2 = 5\ \text{ms}^{-1}$$

$$s(5\ \text{s}) = \frac{1}{2}(-2{,}5\ \text{ms}^{-2})\, 5^2\, \text{s}^2 + v_2 \cdot 5\ \text{s} + s_2 = 25\ \text{m}$$

$$\rightarrow \quad v_2 = 17{,}5\ \text{ms}^{-1}; \quad s_2 = -31{,}25\ \text{m}$$

$v(t) = -2{,}5\ \text{ms}^{-2} \cdot t + 17{,}5\ \text{ms}^{-1}$, $s(t) = -1{,}25\ \text{ms}^{-2} \cdot t^2 + 17{,}5\ \text{ms}^{-1} \cdot t - 31{,}25\ \text{m}$ } für $5\,\text{s} \le t \le 7\,\text{s}$

(3) $v(t) = 0\ \text{ms}^{-1}$, $s(t) = 30\ \text{m}$ } für $7\,\text{s} \le t \le 14\,\text{s}$

(4) $\left.\begin{aligned} v(t) &= a_4 \cdot t + v_4 \\ s(t) &= \frac{1}{2} a_4 \cdot t^2 + v_4 \cdot t + s_4 \end{aligned}\right\}$ für $14\,s \le t \le 16\,s$

Aus dem Diagramm, aus 3) sowie aus (3) ist bekannt:

$v(14\ s) = 0\ ms^{-1}$ $\quad v(16\ s) = -4\ ms^{-1}$

$s(14\ s) = 30\ m$ $\quad a_4 = -2\ ms^{-2}$

$v(14\ s) = -2\ ms^{-2} \cdot 14\ s + v_4 = 0\ ms^{-1}$

$s(14\ s) = -1\ ms^{-2} \cdot (14\ s)^2 + v_4 \cdot 14\ s + s_4 = 30\ m$

$\rightarrow\ v_4 = 28\ ms^{-1}$

$\rightarrow\ s_4 = 30\ m + 196\ m - 392\ m = -166\ m$

$\left.\begin{aligned} v(t) &= -2\ ms^{-2} \cdot t + 28\ ms^{-1} \\ s(t) &= -1\ ms^{-1} \cdot t^2 + 28\ ms^{-1} \cdot t - 166\ m \end{aligned}\right\}$ für $14\,s \le t \le 16\,s$

$$v = v(t) = \begin{cases} \mathbf{5ms^{-2}} & \text{für } 0\,s \le t \le 5\,s \\ \mathbf{-2{,}5ms^{-2} \cdot t + 17{,}5ms^{-1}} & \text{für } 5\,s \le t \le 7\,s \\ \mathbf{0ms^{-1}} & \text{für } 7\,s \le t \le 14\,s \\ \mathbf{-2ms^{-2} \cdot t + 28ms^{-1}} & \text{für } 14\,s \le t \le 16\,s \end{cases}$$

$$s = s(t) = \begin{cases} \mathbf{5ms^{-1} \cdot t} & \text{für } 0\,s \le t \le 5\,s \\ \mathbf{-1{,}25ms^{-2} \cdot t^2 + 17{,}5ms^{-1} \cdot t - 31{,}25m} & \text{für } 5\,s \le t \le 7\,s \\ \mathbf{30m} & \text{für } 7\,s \le t \le 14\,s \\ \mathbf{-1ms^{-2} \cdot t^2 + 28ms^{-1} \cdot t - 166m} & \text{für } 14\,s \le t \le 16\,s \end{cases}$$

8)

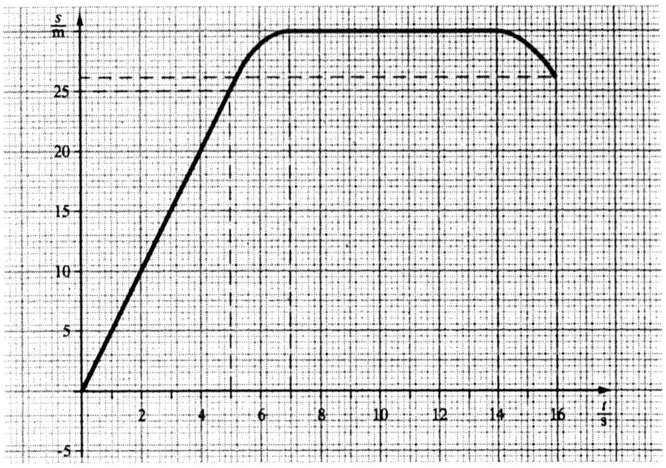

1/43		Relativität der Bewegung		

„Warum lachen die Erwachsenen eigentlich, wenn ein Kind im anfahrenden Zug aufgeregt feststellt, daß der Bahnhof abfährt?", will Theta wissen.
„Und dabei hat das Kind recht." ergänzt Rho.
„Wer recht hat, sei dahingestellt", äußert sich Pi, „aber Erwachsene sind es nun mal gewohnt, in bekannten Bahnen zu denken."
Theta nickt: „Für Kinder können die Tiere noch sprechen!"

Hauptgegenstand ist die Beschreibung derselben Bewegung in unterschiedlichen Bezugssystemen. Erwachsene denken vorwiegend im Bezugssystem Erde.

Warum soll der Bahnhof nicht fahren, wenn Teppiche fliegen können? Denkbare Parallelen: scheinbare und „wirkliche" Bewegung von Gestirnen.

1/44		Relativität der Bewegung		

Theta und Rho sitzen im Zug. Gleich soll er abfahren. „Na endlich geht's los!", meint Rho und betrachtet den Zug auf dem Nachbargleis. „Reingefallen!", freut sich Theta. „Schau doch mal rechts aus dem Fenster!" „Daß mir das passieren konnte!", ärgert sich Rho.

Der Nachbarzug ist abgefahren. Erst ein Vergleich mit dem Bahnhof schafft Klarheit. Denkbare Parallelen: Bewegung der Gestirne und unsere Beobachtungsmöglichkeiten.

Rho und Pi gehen nach Hause. „Eine großartige Leistung von Galilei, zu seiner Zeit schon die Fallgesetze zu entdecken!" Pi ist begeistert.
Rho stimmt zu: „Und dabei hatte er nicht einmal eine Stoppuhr!"
„Er wußte sich eben auch hier zu helfen."

Galilei arbeitete mit Wasseruhren, die für die Messung der sehr kleinen Zeitabstände beim freien Fall nicht ausreichten:

Galilei verlangsamte die Vorgänge, indem er mit einer geneigten Ebene arbeitete, seiner Fallrinne.

Galilei als Wegbereiter der experimentellen Methode in den Naturwissenschaften.

Jedem sein Bezugssystem

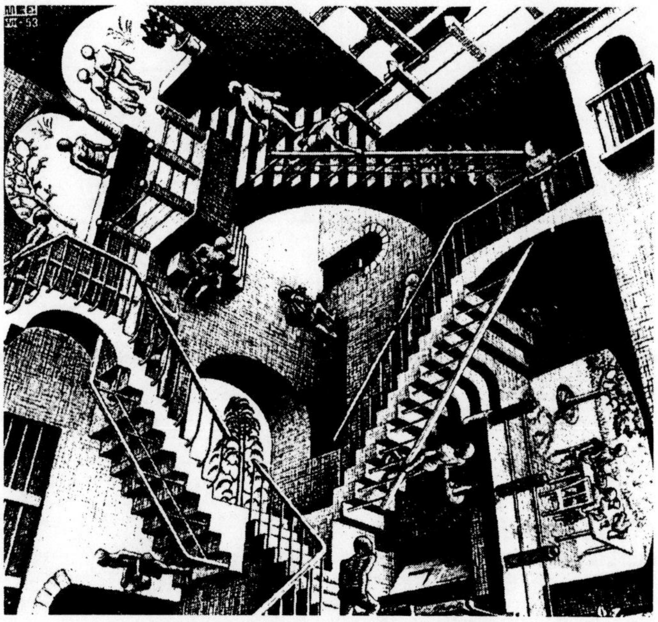

M.C. Escher: Relativität (Lithographie, 1953)

1.2 Zusammengesetzte Bewegungen

1/46 Zusammensetzung von Geschwindigkeiten $\vec{F}$

Ein Laufkran fährt in der Längsrichtung einer großen Werkhalle mit einer Geschwindigkeit von 1 ms^{-1}. Gleichzeitig verschiebt sich die Laufwinde auf der Kranbühne rechtwinklig zur Fahrtrichtung mit einer Geschwindigkeit von 0,8 ms^{-1}.
Berechnen Sie die Geschwindigkeit der an der Winde hängenden Last und den Winkel zur Fahrtrichtung, unter dem die Bewegung erfolgt!

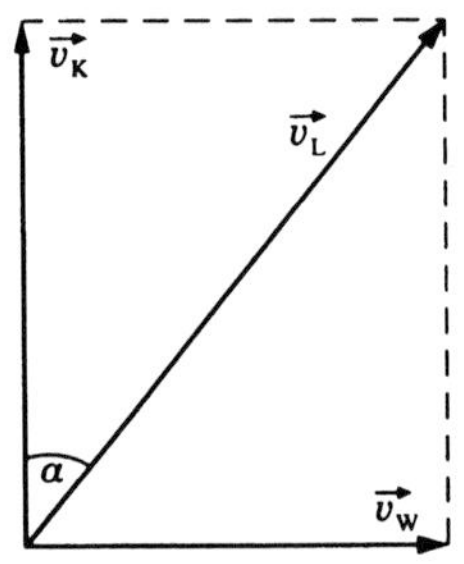

$$v_L = \sqrt{v_K^2 + v_W^2}$$

$$v_L = \sqrt{(1\ ms^{-1})^2 + (0{,}8\ ms^{-1})^2}$$

$$\mathbf{v_L = 1{,}3\ ms^{-1}}$$

$$\tan\alpha = \frac{v_W}{v_K} = \frac{0{,}8\ ms^{-1}}{1\ ms^{-1}}$$

$$\boldsymbol{\alpha = 39°}$$

1/47 Zusammensetzung von Geschwindigkeiten $\vec{F}$

Ein Radfahrer fährt bei Rückenwind mit einer Geschwindigkeit von 7 ms^{-1}, bei Gegenwind mit einer Geschwindigkeit von 3 ms^{-1} relativ zu einer geraden und ebenen Straße.

1) Berechnen Sie
   a) die Eigengeschwindigkeit des Radfahrers und
   b) die Windgeschwindigkeit!
   (Der Wind soll genau parallel zur Straße und mit konstanter Geschwindigkeit wehen.)
2) Wie lange braucht der Radfahrer, um auf der Straße eine Strecke von 5 km hin und wieder zurück zu fahren?
3) Welche Zeitdifferenz ergibt sich, wenn der Radfahrer die unter 2) beschriebene Strecke bei Windstille zurücklegt?

1) $v_{\uparrow\uparrow} = 7\ ms^{-1} = v_R + v_W$ $\quad\rightarrow\quad$ $\mathbf{v_R = 5\ ms^{-1}}$

$v_{\downarrow\uparrow} = 3\ ms^{-1} = v_R - v_W$ $\qquad$ $\mathbf{v_W = 2\ ms^{-1}}$

2) $t = \frac{s}{v}$

mit Wind: $t_W = t_h + t_Z = \frac{s}{v_{\uparrow\uparrow}} + \frac{s}{v_{\downarrow\uparrow}}$

$$= \frac{5\cdot 10^3\ m}{7\ ms^{-1}} + \frac{5\cdot 10^3\ m}{3\ ms^{-1}}$$

$$t_W = 2380\ s = \mathbf{39{,}7\ min}$$

3) bei Windstille: $t_0 = 2t = \frac{2s}{v_R}$

$$= \frac{2\cdot 5\cdot 10^3\ m}{5\ ms^{-1}}$$

$$t_0 = 2000\ s = 33{,}3\ min$$

$$\mathbf{\Delta t = t_W - t_0 = 380\ s = 6{,}3\ min}$$

1/48 Zusammensetzung von Geschwindigkeiten; freier Fall $\vec{F}$

Ein Fahrstuhl fährt mit einer konstanten Geschwindigkeit von 1 ms^{-1} nach oben. Einem Mann fällt im Fahrstuhl ein Geldstück aus der Hosentasche. Es fällt senkrecht auf den 80 cm tieferen Fahrstuhlboden ($g = 9{,}81\ ms^{-2}$).

1) Wie lange fällt das Geldstück?
2) Mit welcher Geschwindigkeit bzgl. des Aufzuges trifft es auf den Boden?
3) Welche Geschwindigkeit hat das Geldstück beim Auftreffen relativ zum Erdgeschoß?
4) Welchen Weg hat das Geldstück relativ zum Erdgeschoß zurückgelegt?
5) Unter welcher Bedingung erhält man negative Vorzeichen für die Geschwindigkeit und den Weg der Münze?

1) $t_G = \sqrt{\frac{2\Delta h}{g}}$ $\qquad$ $t_G = \sqrt{\frac{2\cdot 80\cdot 10^{-2}\ m}{9{,}81\ ms^{-2}}}$ $\qquad$ $\mathbf{t_G = 0{,}4\ s}$

2) $v_G = -g\cdot t_G$ $\qquad$ $v_G = -9{,}81\ ms^{-1}\cdot 0{,}4\ s$ $\qquad$ $\mathbf{v_G = -4\ ms^{-1}}$

3) $v_R = v_F + v_G$ $\qquad$ $v_R = 1\ ms^{-1} - 4\ ms^{-1}$ $\qquad$ $\mathbf{v_R = -3\ ms^{-1}}$

4) $s = -\frac{1}{2}g\cdot t_G^2 + v_F\cdot t_G$

$s = -\frac{1}{2}\cdot 9{,}81\ ms^{-2}\cdot 0{,}4^2\ s^2 + 1\ ms^{-1}\cdot 0{,}4\ s$ $\qquad$ $\mathbf{s = -0{,}4\ m}$

5) Bezüglich einer nach oben gerichteten Koordinatenachse haben diese Größen negative Vorzeichen (vorausgesetzt, die Geschwindigkeit des Fahrstuhls bleibt dem Betrag nach kleiner als die Endgeschwindigkeit des Geldstücks!).

1/49 Zusammensetzung von Geschwindigkeiten

Roland und Peter sind zwei gleich schnelle Schwimmer. Während ihres Urlaubs im Süden Österreichs wollen sie die Drau durchschwimmen, die an der Badestelle 40 m breit ist und mit etwa 0,7 ms^{-1} vorbeifließt. Peter schwimmt so, daß er genau gegenüber dem Startpunkt am anderen Ufer ankommt. Roland überquert den Fluß mit einer Geschwindigkeit von 0,8 ms^{-1} senkrecht zur Strömungsrichtung des Flusses.

1) Überlegen Sie, wer das Ufer zuerst erreicht!
2) Bestätigen Sie Ihre Überlegungen durch Zeichnung und Rechnung!
3) Welche Wege legen beide Schwimmer zurück?
4) Wie weit wird Roland abgetrieben?

1) Peter schwimmt gegen, Roland mit dem Strom, deshalb erreicht **Roland** zuerst das andere Ufer.

2)

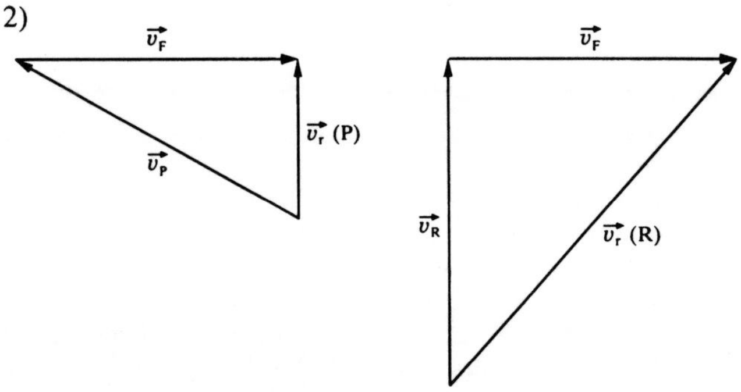

$\rightarrow$ $\boldsymbol{v_{rel(P)} = 0{,}4\ ms^{-1}}$; $\boldsymbol{v_{rel(R)} = 1{,}06\ ms^{-1}}$

$$v_{rel(P)} = \sqrt{v_P^2 - v_F^2} = \sqrt{(0{,}8\ ms^{-1})^2 - (0{,}7\ ms^{-1})^2}$$

$$v_{rel(P)} = 0{,}39\ ms^{-1}$$

$$t_P = \frac{b}{v_{rel(P)}} = \frac{40\ m}{0{,}39\ ms^{-1}} \qquad \boldsymbol{t_P = 103\ s} \rightarrow \textbf{(2.)}$$

$$v_{rel(R)} = \sqrt{v_R^2 - v_F^2} = \sqrt{(0{,}8\ ms^{-1})^2 + (0{,}7\ ms^{-1})^2}$$

$$v_{rel(R)} = 1{,}06\ ms^{-1}$$

$$t_R = \frac{b}{v_R} = \frac{40\ m}{0{,}8\ ms^{-1}} \qquad \boldsymbol{t_R = 50\ s} \rightarrow \textbf{(1.)}$$

3) $\boldsymbol{s_P = 40\ m}$

$$s_R = v_{rel(R)} \cdot t_R = \sqrt{v_R^2 + v_F^2} \cdot \frac{b}{v_R}$$

$$= \sqrt{(0{,}8\ ms^{-1})^2 + (0{,}7\ ms^{-1})^2} \cdot \frac{40\ m}{0{,}8\ ms^{-1}}$$

$$\boldsymbol{s_R} = 53{,}15\ m \approx \boldsymbol{53\ m}$$

4) $b^2 + a^2 = s_R$

$$a = \sqrt{(53{,}15\ m)^2 - (40\ m)^2}$$

$$\boldsymbol{a = 35\ m}$$

1/50 Zusammensetzung von Geschwindigkeiten

Eine große Autofähre bewegt sich mit einer Geschwindigkeit von 17 kn (1 kn = 0,514 ms^{-1}) in nördliche Richtung. Dabei weht ein Seitenwind aus NW mit einer Geschwindigkeit von $v_w = 2{,}5\ ms^{-1}$.

1) Bestimmen Sie die an Bord gemessene Windgeschwindigkeit!
2) Unter welchem Winkel zur Fahrtrichtung weht die Schiffsflagge?
3) Welche Ergebnisse erhalten Sie, wenn die Fähre unter sonst gleichen Bedingungen in südliche Richtung ihre Rückfahrt antritt?
4) Überprüfen Sie Ihre Ergebnisse durch eine graphische Lösung!

1) $v_r^2 = v_s^2 + v_w^2 - 2v_s v_w \cos 135°$

$$v_r^2 = (17 \cdot 0{,}514\ ms^{-1})^2 + (2{,}5\ ms^{-1})^2 - 2(17 \cdot 0{,}514\ ms^{-1})\ 2{,}5\ ms^{-1} \cdot \cos 135°$$

$$\boldsymbol{v_r = 10{,}7\ ms^{-1}}$$

2) Richtung der Flagge:

$$\frac{v_W}{\sin\alpha} = \frac{v_r}{\sin 135°} \rightarrow \sin\alpha = \frac{v_W \cdot \sin 135°}{v_r}$$

$$= \frac{2{,}5\ ms^{-1} \cdot \sin 135°}{10{,}7}$$

$$\boldsymbol{\alpha = 10°}$$

3) $v_r^2 = v_S^2 + v_W^2 - 2v_S v_W \cos 45°$

$$v_r^2 = (17 \cdot 0{,}514\ ms^{-1})^2 + (2{,}5\ ms^{-1})^2 - 2(17 \cdot 0{,}514\ ms^{-1}) \cdot 2{,}5\ ms^{-1} \cdot \cos 45°$$

$$\boldsymbol{v_r = 7{,}2\ ms^{-1}}$$

$$\sin\alpha = \frac{v_W \sin 45°}{7{,}2\ ms^{-1}}$$

$$\boldsymbol{\alpha = 14°}$$

4) siehe 1) und 3)

1/51 Zusammensetzung von Geschwindigkeiten

Ein Flugzeug fliegt relativ zur Erde mit einer Geschwindigkeit von 405 kmh^{-1} genau in NW-Richtung. Dabei weht ein Westwind von 60 kmh^{-1}. Für den Hinflug benötigt die Maschine 74 min.

1) Bestimmen Sie mit Hilfe des Geschwindigkeitsparallelogramms die Eigengeschwindigkeit des Flugzeuges!
2) Mit welcher Geschwindigkeit relativ zur Erde fliegt das Flugzeug zurück?
   Lösen Sie die Aufgabe graphisch!
3) Wie lange dauert der Rückflug?
4) Erklären Sie die unterschiedlichen Zeiten für den Hin- und Rückflug!

1)

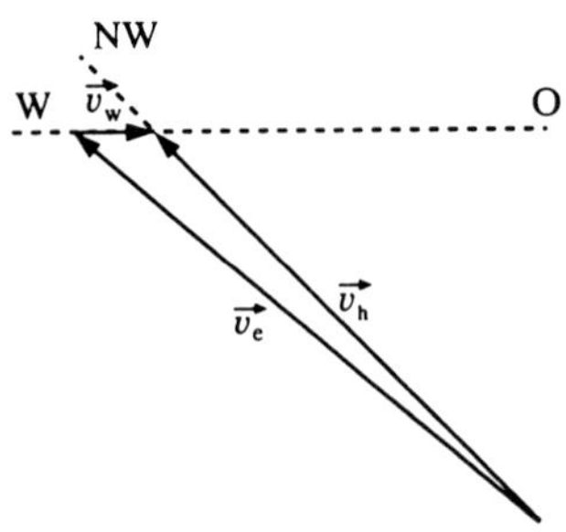

$\boldsymbol{v_e = 450\ kmh^{-1}}$

2)

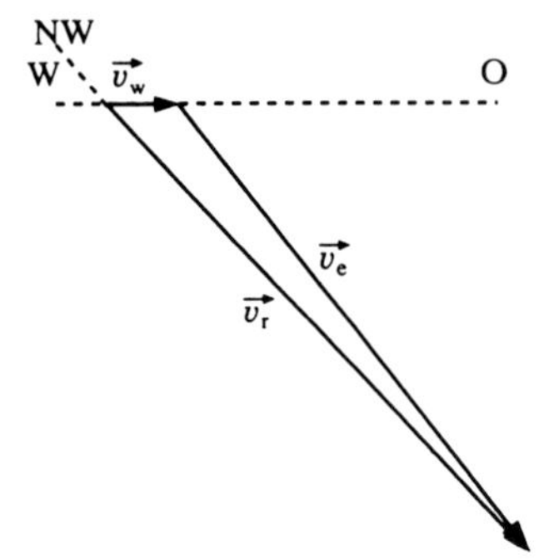

$\boldsymbol{v_r = 490\ kmh^{-1}}$

3) $t_r = \frac{s}{v_r}$ mit $s = t_h \cdot v_h$

$$t_r = \frac{t_h \cdot v_h}{v_r}$$

$$= \frac{74\ h \cdot 405\ kmh^{-1}}{60 \cdot 490\ kmh^{-1}}$$

$$t_r = 1{,}02\ h$$

$$\boldsymbol{t_r = 61\ min}$$

Eine Komponente des Windes wirkt einmal gegen und einmal in die Bewegungsrichtung des Flugzeuges.

1/52 Relativität der Bewegung

Ein Schnellzug fährt vorbei.
Theta bemerkt: „Es beeindruckt mich immer wieder, wenn die Wagen mit den vielen Reisenden so schnell an mir vorüberjagen."
„Aber nicht alle Beteiligten sind gleich schnell!", gibt Rho zu bedenken. Nach einer kurzen Pause ergänzt Pi: „Und das gilt nicht nur für lebende Dinge!"

Bewegung der Reisenden im fahrenden Zug; z. B. vom und zum Speisewagen, ihre Geschwindigkeiten in bezug auf den Zug bzw. den Bahndamm.

Teile der Räder bewegen sich in Richtung der Bewegung des Zuges, andere Teile der Räder bewegen sich dieser entgegen: deren Geschwindigkeit in bezug auf Zug und Bahndamm.

1/53 Senkrechter Wurf nach oben

Leiten Sie aus den Bewegungsgleichungen für den senkrechten Wurf nach oben die Gleichung für die maximale Wurfhöhe her!

Es überlagern sich zwei Teilbewegungen, eine gleichförmige Bewegung mit v_0 senkrecht nach oben und eine freie Fallbewegung.

$$a_y(t) = -g$$

$$v_y(t) = -gt + v_0$$

$$s_y(t) = -\frac{1}{2}gt^2 + v_0 t \quad (s_0 = 0)$$

Am Umkehrpunkt ergibt sich für die Steigzeit t_s

$$v(t_s) = -gt_s + v_0 = 0 \quad \rightarrow \quad t_s = \frac{v_0}{g}$$

und die maximale Wurfhöhe

$$s_{max} = -\frac{1}{2}gt_s^2 + v_0 t_s = -\frac{v_0^2}{2g} + \frac{v_0^2}{g}$$

$$\boldsymbol{s_{max} = \frac{v_0^2}{2g}}$$

1/54 Senkrechter Wurf nach oben

Ein Körper wird mit einer Anfangsgeschwindigkeit von $v_0 = 20\ \text{ms}^{-1}$ senkrecht nach oben geworfen.
Berechnen Sie die Zeit, die der Körper benötigt, um eine Höhe von 15 m zu erreichen!
Interpretieren Sie die beiden berechneten Zahlenwerte!

$$s_y = -\frac{1}{2}gt^2 + v_0 t$$

$$0 = \frac{1}{2}gt^2 - v_0 t + s_y = t^2 - \frac{2v_0}{g}t + \frac{2s_y}{g}$$

$$t_{1/2} = \frac{v_0}{g} \pm \sqrt{\frac{v_0^2}{g^2} - \frac{2s_y}{g}}$$

$$t_{1/2} = \frac{20\ \text{ms}^{-1}}{9{,}81\ \text{ms}^{-2}} \pm \sqrt{\frac{(20\ \text{ms}^{-1})^2}{(9{,}81\ \text{ms}^{-2})^2} - \frac{2 \cdot 15\ \text{m}}{9{,}81\ \text{ms}^{-2}}}$$

$\mathbf{t_1 = 3{,}1\ s}$ $\qquad$ $\mathbf{t_2 = 1\ s}$

Nach $t_2 = 1$ s erreicht der Körper bei der Aufwärtsbewegung die Höhe von 15 m. Er bewegt sich weiter nach oben bis zum Umkehrpunkt und beginnt dann zu fallen. Dabei erreicht er nach $t_1 = 3{,}1$ s erneut die Höhe von 15 m.

1/55 Senkrechter Wurf nach oben

Ein Körper wird vom Boden aus senkrecht nach oben geworfen. Nach 3 s fällt er auf die Abwurfstelle zurück. (Der Luftwiderstand wird vernachlässigt)

1) Mit welcher Anfangsgeschwindigkeit wird der Körper geworfen?
2) Welche maximale Höhe erreicht er?
3) Welche Geschwindigkeit hat der Körper in 9,8 m Höhe?

1) $t_s = \frac{v_0}{g}$ (s. 1/53) und $t_s = \frac{1}{2}t$

$$v_0 = \frac{1}{2}gt \qquad v_0 = \frac{1}{2} \cdot 9{,}81\ \text{ms}^{-2} \cdot 3\ \text{s}$$

$$\mathbf{v_0 = 14{,}7\ ms^{-1}}$$

2) $s_{max} = \frac{v_0^2}{2g}$ (s. 1/53) $\qquad s_{max} = \frac{(14{,}7\ \text{ms}^{-1})^2}{2 \cdot 9{,}81\ \text{ms}^{-2}}$

$$\mathbf{s_{max} = 11\ m}$$

3) $v = v_0 - gt$

$$s_y = v_0 t - \frac{1}{2}gt^2$$

$$0 = \frac{2s_y}{g} - \frac{2v_0}{g}t + t^2$$

$$t = \frac{v_0}{g} \pm \sqrt{\frac{v_0^2}{g^2} - \frac{2s_y}{g}}$$

$$v = v_0 - g\left(\frac{v_0}{g} \pm \sqrt{\frac{v_0^2}{g^2} - \frac{2gs_y}{g^2}}\right)$$

$$v = \pm\sqrt{v_0^2 - 2gs_y}$$

$$|v| = \sqrt{(14{,}7\ \text{ms}^{-1})^2 - (2 \cdot 9{,}81\ \text{ms}^{-2} \cdot 9{,}8\ \text{m})}$$

$$\mathbf{|v| = 4{,}9\ ms^{-1}}$$

1/56 Senkrechter Wurf nach oben mit h_0; freier Fall

Aus der Höhe $h_0 = 10$ m wird ein Stein fallengelassen. Gleichzeitig wird ein anderer Stein aus der Höhe $h_0' = 5$ m senkrecht nach oben geworfen ($g = 9{,}81\ \text{ms}^{-2}$).

1) Mit welcher Anfangsgeschwindigkeit v_0 wurde der zweite Stein geworfen, wenn bekannt ist, daß sich beide in einer Höhe $h = 1$ m über dem Erdboden treffen?
2) Stellen Sie die Bewegung der beiden Steine in einem Ort-Zeit- und einem Geschwindigkeit-Zeit-Diagramm dar!

1) Für die Fallbewegung gilt: $h = -\frac{1}{2}gt^2 + h_0$

Der Stein trifft nach der Zeit t_T mit dem geworfenen Stein 1 m über dem Erdboden zusammen:

$$t_T = \sqrt{\frac{2(h_0 - h)}{g}} \qquad (*)$$

Für den Wurf gilt:

$$h = -\frac{1}{2}gt^2 + v_0 t + h_0'$$

$$\rightarrow v_0 = \frac{(h - h_0') + \frac{1}{2}gt^2}{t}$$

Zur Zeit $t = t_T$ gilt $h(t_T) = 1$ m. Mit (*) folgt:

$$v_0 = \frac{(h - h_0') + \frac{1}{2}g\frac{2(h_0 - h)}{g}}{\sqrt{\frac{2(h_0 - h)}{g}}} = \frac{h_0 - h_0'}{\sqrt{\frac{2(h_0 - h)}{g}}}$$

$$v_0 = \frac{10\ \text{m} - 5\ \text{m}}{\sqrt{\frac{2(10\ \text{m} - 1\ \text{m})}{9{,}81\ \text{ms}^{-2}}}}$$

$$\mathbf{v_0 = 3{,}7\ ms^{-1}}$$

2)

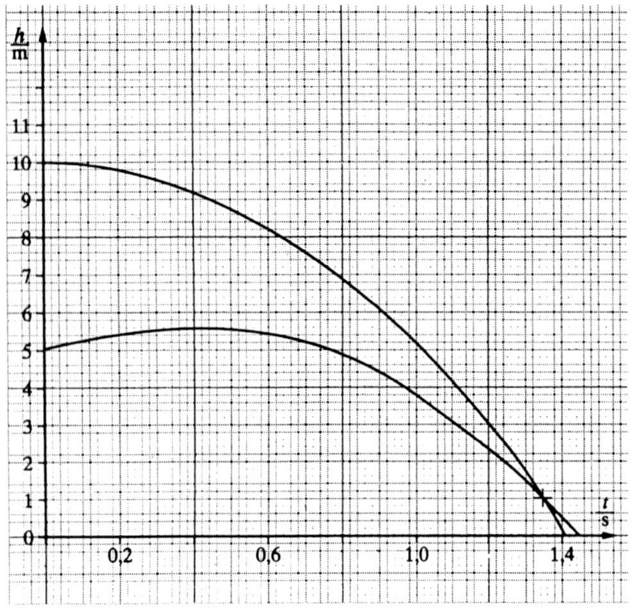

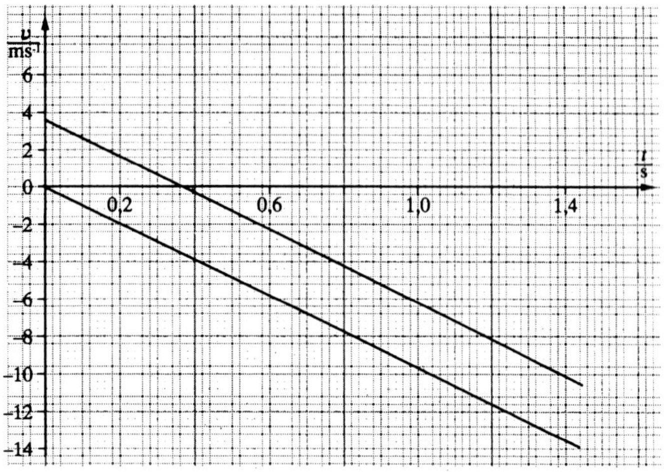

1/57		Senkrechter Wurf nach oben/unten mit h_0	

Zwei Körper werden gleichzeitig aus der Höhe $h_0 = 20$ m mit derselben Anfangsgeschwindigkeit $v_0 = 6$ ms^{-1} nach oben bzw. nach unten geworfen. Der Luftwiderstand wird vernachlässigt.

1) Zeichnen Sie für die beiden Körper das Geschwindigkeit-Zeit-Diagramm und das Ort-Zeit-Diagramm!
2) Geben Sie die Funktion $\Delta h = h(t)$ an! In welchem Zeitintervall gilt sie?
3) Bestimmen Sie die Abstände der Körper, wenn der Körper 1 seine größte Höhe erreicht hat und wenn der Körper 2 auftrifft!

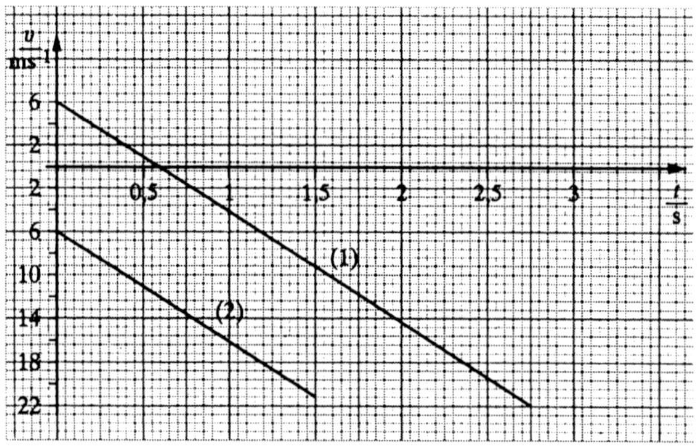

1)

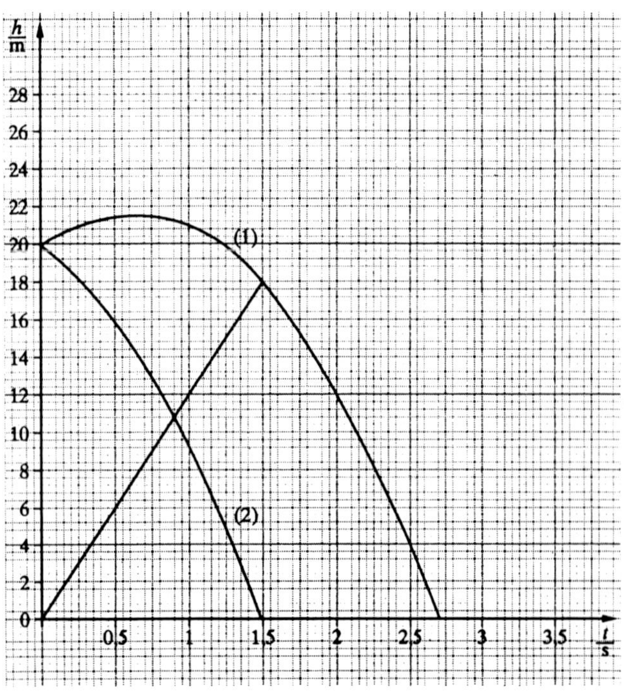

2) Körper 1 (Wurf nach oben): $h_1 = -\frac{1}{2} g t^2 + v_0 t + h_0$

Körper 2 (Wurf nach unten): $h_2 = -\frac{1}{2} g t^2 - v_0 t + h_0$

$\Delta h = h_1 - h_2$

$\Delta h = -\frac{1}{2} g t^2 + v_0 t + h_0 + \frac{1}{2} g t^2 + v_0 t - h_0$

$\boldsymbol{\Delta h = 2 v_0 t}$

Diese Gleichung gilt nur so lange, wie der Körper 2 fällt. Für $t > t_F$ gilt: $\Delta h = h_1(t)$.

t_F: $0 = -\frac{1}{2} g t_F^2 - v_0 t_F + h_0$

$0 = t_F^2 + \frac{2 v_0}{g} t_F - \frac{2 h_0}{g}$

$$t_F = -\frac{v_0}{g} \pm \sqrt{\frac{v_0^2}{g^2} + \frac{2h_0}{g}} = -\frac{v_0}{g} \pm \frac{1}{g}\sqrt{v_0^2 + 2gh_0}$$

$$t_F = -\frac{6\,\text{ms}^{-1}}{9{,}81\,\text{ms}^{-2}} \pm \frac{1}{9{,}81\,\text{ms}^{-2}} \cdot \sqrt{(6\,\text{ms}^{-1})^2 + 2 \cdot 9{,}81\,\text{ms}^{-2} \cdot 20\,\text{m}}$$

$$t_F = 1{,}5\,\text{s}$$

3) $\Delta h_1 = 2v_0 t$ mit $t = t_s = \frac{v_0}{g}$

$\Delta h_1 = \frac{2v_0^2}{g} = \frac{2(6\,\text{ms}^{-1})^2}{9{,}81\,\text{ms}^{-2}}$ $\boldsymbol{\Delta h_1 = 7{,}3\,\text{m}}$

bzw.

$\Delta h_2 = 2v_0 t$ mit $t = t_g = t_F$

$\Delta h_2 = 2 \cdot 6\,\text{ms}^{-1} \cdot 1{,}5\,\text{s}$ $\boldsymbol{\Delta h_2 = 18\,\text{m}}$

1/58 Unabhängigkeitsprinzip

Theta und Pi beobachten ein Kind, das einen Ball nach oben wirft, um ihn dann wieder aufzufangen.
„Wenn der Ball steigt, fällt er zugleich." bemerkt Theta. Anfangs will Pi protestieren. Nach einigem Nachdenken meint er: „Dann müßte er auch steigen, wenn er fällt." „Na und?!" ist Thetas Antwort.

Eine solche Auffassung ist möglich und erleichtert die mathematische Beschreibung.

Den senkrechten Wurf nach oben kann man als zusammengesetzte Bewegung aus einer gleichförmigen Bewegung nach oben und dem freien Fall betrachten. Die jeweils dominierende Bewegung bestimmt das äußere Erscheinungsbild der Gesamtbewegung.

1/59 Waagerechter Wurf

Leiten Sie aus den Bewegungsgleichungen für den waagerechten Wurf die Gleichungen für die Wurfdauer t_E, die Endgeschwindigkeit v_E (Betrag und Richtung) und die Wurfweite x_{max} her!
Wählen Sie dafür ein Bezugssystem, dessen Koordinatenursprung in der Abwurfstelle liegt und die Höhe h_{max} über der Erdoberfläche hat!
Bestimmen Sie die Gleichung der Bahnkurve $y = y(x)$ und skizzieren Sie diese!

Es überlagern sich zwei Teilbewegungen, eine gleichförmige horizontale Bewegung mit v_0 und eine freie Fallbewegung.

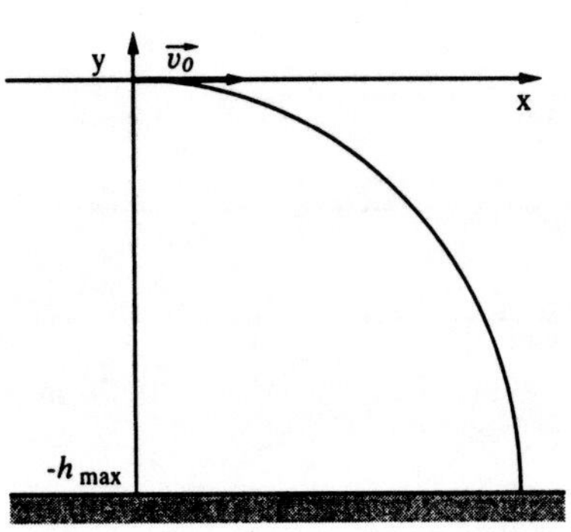

$a_x(t) = \ddot{x} = 0$

$v_x(t) = \dot{x} = v_0$

$s_x(t) = x = v_0 t$

$a_y(t) = \ddot{y} = -g$

$v_y(t) = \dot{y} = -gt$

$s_y(t) = y = -\frac{1}{2}gt^2$

Wurfdauer t_E: $s_y(t_E) = -h_{max} = -\frac{1}{2}g t_E^2$

$$\boldsymbol{t_E = \sqrt{\frac{2h_{max}}{g}}}$$

Die Endgeschwindigkeit setzt sich aus zwei Komponenten zusammen:

$v_x = v_0$ und $v_{Ey} = -gt_E$

$v_E = \sqrt{v_x^2 + v_{Ey}^2}$

Betrag: $\boldsymbol{v_E = \sqrt{v_0^2 + g^2 t_E^2}}$

$\boldsymbol{v_E = \sqrt{v_0^2 + 2gh_{max}}}$

Richtung: $\boldsymbol{\tan\alpha = \frac{|v_{Ey}|}{|v_y|} = \frac{\sqrt{2gh_{max}}}{v_0}}$

Wurfweite: $x_{max} = s_x(t_E) = v_0 t_E$

$\boldsymbol{x_{max} = v_0\sqrt{\frac{2h_{max}}{g}}}$

Die Bahnkurve ist eine nach unten geöffnete Parabel mit der Gleichung

$$\boldsymbol{y = y(x) = -\frac{g}{2v_0^2}x^2}$$

1/60 Waagerechter Wurf

Eine Kugel rollt mit einer Geschwindigkeit von $v_0 = 0{,}4\ \mathrm{ms}^{-1}$ über eine Tischkante und trifft im Abstand x_0 auf dem Fußboden auf.

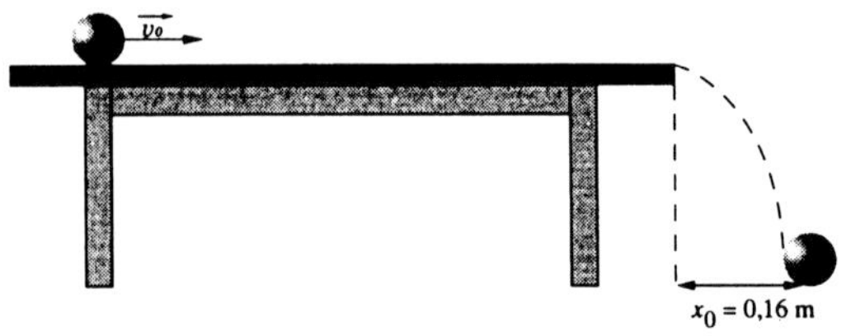

1) Wie hoch ist der Tisch?
2) Mit welcher Geschwindigkeit und unter welchem Winkel trifft die Kugel auf?
3) Wie lange dauert diese Bewegung?
4) Skizzieren Sie die Bahnkurve!

(Herleitung der Gleichungen s. 1/59)

1) $x_{max} = v_0\sqrt{\dfrac{2h_{max}}{g}} \quad \rightarrow \quad h_{max} = \dfrac{x_{max}^2\, g}{2v_0^2}$

$$h_{max} = \frac{(0{,}16\ \mathrm{m})^2 \cdot 9{,}81\ \mathrm{ms}^{-2}}{2(0{,}4\ \mathrm{ms}^{-1})^2}$$

lt. Zeichnung beträgt $x_{max} = x_0 = 0{,}16$ m

$\mathbf{h_{max} = 0{,}78\ m = 78\ cm}$

2) $v_E = \sqrt{v_x + v_y^2} = \sqrt{v_0^2 + 2gh_{max}}$

$$v_E = \sqrt{(0{,}4\ \mathrm{ms}^{-1})^2 + (2 \cdot 9{,}81\ \mathrm{ms}^{-2} \cdot 0{,}78\ \mathrm{m})}$$

$\mathbf{v_E = 3{,}9\ ms^{-1}}$

$$\tan\alpha = \frac{|v_{Ey}|}{|v_x|} = \frac{\sqrt{2gh_{max}}}{v_0}$$

$$\tan\alpha = \frac{\sqrt{2 \cdot 9{,}81\ \mathrm{ms}^{-2} \cdot 0{,}78\ \mathrm{cm}}}{0{,}4\ \mathrm{ms}^{-1}}$$

$\boldsymbol{\alpha = 84°}$

3) $t_E = \sqrt{\dfrac{2h_{max}}{g}}$

$$t_E = \sqrt{\frac{2 \cdot 0{,}78\ \mathrm{m}}{9{,}81\ \mathrm{ms}^{-2}}}$$

$\mathbf{t_E = 0{,}4\ s}$

4)

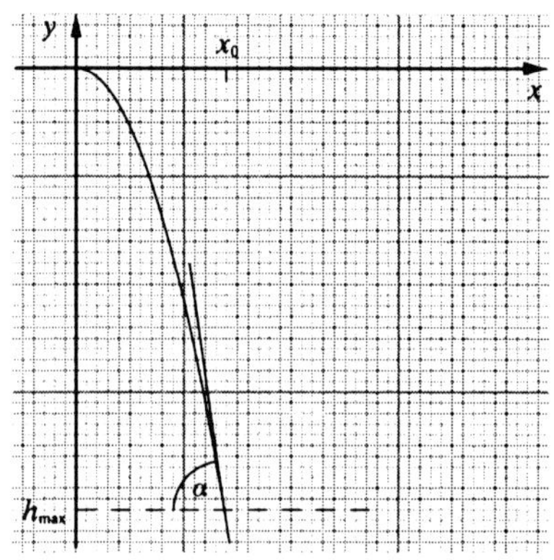

$\alpha = 84°$

1/61 Waagerechter Wurf

Die Kugel eines Kleinkalibergewehres verläßt den Lauf mit einer Geschwindigkeit von 500 ms^{-1}.
Um welche Strecke fällt die Kugel bei einer Entfernung von 25 m?

$s_x = v_0 t \quad \rightarrow \quad t = \dfrac{s_x}{v_0}$

$$s_y = -\frac{1}{2}gt^2 = -\frac{1}{2}g\frac{s_x^2}{v_0^2}$$

$$s_y = -\frac{1}{2} \cdot 9{,}81\ \mathrm{ms}^{-2}\,\frac{(25\ \mathrm{m})^2}{(500\ \mathrm{ms}^{-1})^2} \qquad s_y = -1{,}2 \cdot 10^{-2}\ \mathrm{m}$$

Die Kugel fällt bei einer Entfernung von 25 m um **1,2 cm**.

1/62 Waagerechter Wurf

Bei den Niagarafällen stürzt das mit einer Geschwindigkeit von 4 ms^{-1} ankommende Wasser 45 m in die Tiefe.

1) Bestimmen Sie die Koordinaten des Auftreffpunktes eines Wassertropfens!
2) Wie lange fällt er?
3) Mit welcher Geschwindigkeit und unter welchem Winkel trifft der Tropfen auf?

1) Im gewählten Bezugssystem liegt die Abwurfstelle in der Höhe h_0 über dem Koordinatenursprung.

$v_x = v_0 \qquad s_x = v_0 t \quad \rightarrow \quad t = \dfrac{s_x}{v_0}$

$v_y = -gt$

$s_y = -\dfrac{g}{2}t^2 + h_0$

$s_y = -\dfrac{g}{2}\dfrac{s_x^2}{v_0^2} + h_0 \qquad$ Mit $s_y = 0$ folgt:

$$0=-\frac{g}{2v_0^2}s_x^2+h_0$$

$$s_x=\sqrt{\frac{2v_0^2h_0}{g}}=\sqrt{\frac{2\cdot(4\ \mathrm{ms^{-1}})^2\cdot 45\ \mathrm{m}}{9{,}81\ \mathrm{ms^{-2}}}}$$

$s_x = 12\ \mathrm{m}$ **P(12 m; 0 m)**

2) $s_y=-\frac{g}{2}t^2+h_0$ Mit $s_y=0$ folgt:

$$t_E=\sqrt{\frac{2h_0}{g}}=\sqrt{\frac{2\cdot 45\ \mathrm{m}}{9{,}81\ \mathrm{ms^{-2}}}}$$ $\boldsymbol{t_E = 3\ \mathrm{s}}$

3) $v_E=\sqrt{v_x^2+v_{Ey}^2}=\sqrt{v_0^2+(gt_E)^2}$

$$v_E=\sqrt{(4\ \mathrm{ms^{-1}})^2+(9{,}81\ \mathrm{ms^{-2}}\cdot 3\ \mathrm{s})^2}$$

$\boldsymbol{v_E = 30\ \mathrm{ms^{-1}}}$

$$\tan\alpha=\frac{|v_y|}{|v_x|}$$

$$\tan\alpha=\frac{|-9{,}81\ \mathrm{ms^{-2}}\cdot 3\ \mathrm{s}|}{|4\ \mathrm{ms^{-1}}|}$$

$\boldsymbol{\alpha = 82°}$

1/63 Waagerechter Wurf; Bahnkurve

Ein Stein wird von einem 62 m hohen Turm horizontal abgeworfen. Er erreicht den Erdboden im Abstand von 44 m.

1) Berechnen Sie die Anfangsgeschwindigkeit und die Endgeschwindigkeit des Steines!
2) Stellen Sie die Wurfbahn in einem Koordinatensystem dar!
3) Berechnen Sie die Bewegungsrichtung beim Auftreffen!

1) $x_{max}=s_x(t_E)=v_0t_E=44\ \mathrm{m} \quad\rightarrow\quad t_E=\frac{x_{max}}{v_0}$

$$s_y(t_E)=-h_{max}=-\frac{1}{2}gt_E^2=-62\ \mathrm{m}$$

$$s_y(t_E)=-\frac{1}{2}g\left(\frac{x_{max}}{v_0}\right)^2=-h_{max}$$

$$v_0=\sqrt{\frac{g\,x_{max}^2}{2h_{max}}}$$

$$v_0=\sqrt{\frac{9{,}81\ \mathrm{ms^{-2}}\cdot(44\ \mathrm{m})^2}{2\cdot 62\ \mathrm{m}}}$$

$\boldsymbol{v_0 = 12{,}4\ \mathrm{ms^{-1}}}$

$$v_E=\sqrt{v_x^2+v_{Ey}^2}$$

$$v_E=\sqrt{v_0^2+2gh_{max}}$$

$$v_E=\sqrt{(12{,}4\ \mathrm{ms^{-1}})^2+(2\cdot 9{,}81\ \mathrm{ms^{-2}}\cdot 62\ \mathrm{m})}$$

$\boldsymbol{v_E = 37\ \mathrm{ms^{-1}}}$

2) Bahnkurve

$$y=y(x)=-\frac{g}{2v_0^2}x^2$$

$$y=-0{,}032\ \mathrm{m^{-1}}\cdot x^2$$

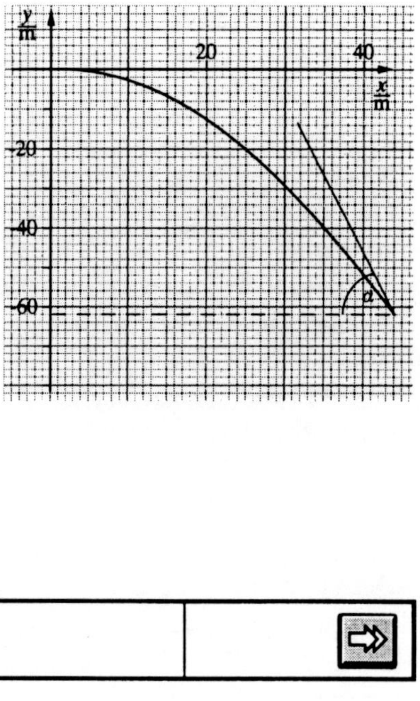

3) $\cos\alpha=\frac{v_0}{v_E}$

$$\cos\alpha=\frac{12{,}4\ \mathrm{ms^{-1}}}{37\ \mathrm{ms^{-1}}}$$

$\boldsymbol{\alpha = 70{,}4°}$

1/64 Schiefer Wurf

1) Entwickeln Sie aus den Bewegungsgleichungen für den schiefen Wurf die Gleichungen für den Betrag und die Richtung der Geschwindigkeit v, die Wurfzeit t_E, die Wurfhöhe y_{max} und die Wurfweite x_{max}!
2) Unter welchem Winkel muß ein Körper abgeworfen werden, damit die Wurfweite maximal wird?
3) Zeigen Sie, daß die Wurfbahn eine Parabel ist!

1) $a_x(t)=\ddot{x}=0$

$$v_x(t)=\dot{x}=v_0\cos\alpha$$

$$s_x(t)=x=v_0t\cos\alpha$$

$$a_y(t)=\ddot{y}=-g$$

$$v_y(t)=\dot{y}=-gt+v_0\sin\alpha$$

$$s_y(t)=y=-\frac{1}{2}gt^2+v_0t\sin\alpha$$

Wurfgeschwindigkeit:

$$v=\sqrt{v_x^2+v_y^2}$$

$$v=\sqrt{v_0^2\cos^2\alpha+g^2t^2-2v_0gt\sin\alpha+v_0^2\sin^2\alpha}$$

$$\boldsymbol{v=\sqrt{v_0^2+g^2t^2-2v_0gt\sin\alpha}}$$

$$\boldsymbol{\tan\varphi=\frac{|v_y|}{|v_x|}=\frac{|-gt+v_0\sin\alpha|}{|v_0\cos\alpha|}}$$

Wurfzeit t_E:

$$y(t_E)=0=-\frac{1}{2}gt_E+v_0t_E\sin\alpha$$

$$\boldsymbol{t_E=\frac{2v_0}{g}\sin\alpha}$$

Wurfhöhe y_{max}:

Für die Steigzeit t_s gilt $v_y(t_s) = 0$

$$0 = -gt_s + v_0 \sin\alpha$$

$$t_s = \frac{v_0 \sin\alpha}{g}$$

$$y_{max} = y(t_s) = \frac{-v_0^2 \sin^2\alpha}{2g} + \frac{v_0^2 \sin^2\alpha}{g}$$

$$\boldsymbol{y_{max} = \frac{v_0^2}{2g} \sin^2\alpha}$$

Wurfweite:

$$x_{max} = v_0 \cos\alpha \; t_E = \frac{2v_0^2}{g} \cos\alpha \; \sin\alpha$$

Mit $2\cos\alpha \; \sin\alpha = \sin 2\alpha$ folgt: $\boldsymbol{x_{max} = \frac{v_0^2}{g} \sin 2\alpha}$

2) Bei gegebener Anfangsgeschwindigkeit ist die Wurfweite maximal für $\sin 2\alpha = 1$, also für $\boldsymbol{\alpha = 45°}$.

3) $y = y(x) = -\frac{1}{2} gt^2 + v_0 t \sin\alpha$

$$x = v_0 t \cos\alpha \quad \rightarrow \quad t = \frac{x}{v_0 \cos\alpha}$$

$$y = \underbrace{-\frac{g}{2v_0^2 \cos^2\alpha}}_{\text{konst.} = a} \boldsymbol{x^2} + \underbrace{\tan\alpha}_{\text{konst.} = b} \cdot \boldsymbol{x}$$

$y = ax^2 + bx$

Der Scheitel der nach unten geöffneten Parabel ($a < 0$) ist verschoben ($b \neq 0$).

1/65 Schiefer Wurf

Bei der Leichtathletik-Weltmeisterschaft in Tokio 1991 fiel einer der ältesten Weltrekorde der Leichtathletik-Geschichte.
Der 1968 durch Bob Beaman (USA) aufgestellte Weltrekord im Weitsprung von 8,90 m wurde durch Mike Powell (USA) um fünf Zentimeter verbessert.
Die horizontale Komponente der Absprunggeschwindigkeit kann durch den Anlauf größer als die vertikale sein, so daß sich ein Absprungwinkel von 25° als optimal erweist.

1) Welche Absprunggeschwindigkeit ergibt sich aus diesem Winkel, wenn man den Luftwiderstand vernachlässigt?
2) Wie lange dauerte der Sprung?
3) Berechnen Sie den größten Abstand vom Erdboden, den Mike Powell während seines Sprunges unter diesen idealisierten Bedingungen hatte!

(Herleitung der Gleichungen s. 1/64)

1) $x_{max} = \frac{v_0^2}{g} \sin 2\alpha$

$$v_0 = \sqrt{\frac{x_{max} \cdot g}{\sin 2\alpha}} \qquad v_0 = \sqrt{\frac{8{,}95 \text{ m} \cdot 9{,}81 \text{ ms}^{-2}}{\sin 2 \cdot 25°}}$$

$$\boldsymbol{v_0 = 10{,}7 \text{ ms}^{-1}}$$

2) $t_E = \frac{2v_0}{g} \sin\alpha \qquad t_E = \frac{2 \cdot 10{,}7 \text{ ms}^{-1}}{9{,}81 \text{ ms}^{-2}} \sin 25°$

$$\boldsymbol{t_E = 0{,}92 \text{ s}}$$

3) $y_{max} = \frac{v_0^2}{2g} \sin^2\alpha \qquad y_{max} = \frac{10{,}7^2 \text{ m}^2\text{s}^{-2}}{2 \cdot 9{,}81 \text{ ms}^{-2}} \sin^2 25°$

$$\boldsymbol{y_{max} = 1{,}04 \text{ m}}$$

1/66 Schiefer Wurf

Ein Sportler stößt die Kugel unter einem Winkel von 35° und erreicht eine Weite von 19,8 m. Der Abwurfpunkt der Kugel liegt 1,8 m über der Erdoberfläche. Der Luftwiderstand wird vernachlässigt.

1) Berechnen Sie die Anfangsgeschwindigkeit der Kugel!
2) Mit welcher Geschwindigkeit und unter welchem Winkel schlägt die Kugel auf?

$$a_x(t) = \ddot{x} = 0$$

$$v_x(t) = \dot{x} = v_0 \cos\alpha$$

$$s_x(t) = x = v_0 t \cos\alpha$$

$$a_y(t) = \ddot{y} = -g$$

$$v_y(t) = \dot{y} = -gt + v_0 \sin\alpha$$

$$s_y(t) = y = -\frac{1}{2} gt^2 + v_0 t \sin\alpha + h_0$$

1) $x_{max} = v_0 t_E \cos\alpha \quad \rightarrow \quad t_E = \frac{x_{max}}{v_0 \cos\alpha}$

$y(t_E) = 0$

$$0 = -\frac{gx_{max}^2}{2v_0^2 \cos^2\alpha} + \frac{x_{max} \sin\alpha}{\cos\alpha} + h_0$$

$$\frac{gx_{max}^2}{2v_0^2 \cos^2\alpha} = \frac{x_{max} \sin\alpha + h_0 \cos\alpha}{\cos\alpha}$$

$$\frac{2v_0^2 \cos^2\alpha}{gx_{max}^2} = \frac{\cos\alpha}{x_{max} \sin\alpha + h_0 \cos\alpha}$$

$$v_0^2 = \frac{gx_{max}^2 \cos\alpha}{2\cos^2\alpha \; [\cos\alpha (x_{max} \tan\alpha + h_0)]}$$

$$v_0 = +\sqrt{\frac{gx_{max}^2}{2\cos^2\alpha \; (x_{max} \tan\alpha + h_0)}}$$

$$v_0=\sqrt{\frac{9{,}81\,\mathrm{ms^{-2}}\cdot(19{,}8\,\mathrm{m})^2}{2\cos^2 35°\,(19{,}8\,\mathrm{m}\cdot\tan 35°+1{,}8\,\mathrm{m})}}$$

$\boldsymbol{v_0=13{,}5\,\mathrm{ms^{-1}}}$

2) $v=\sqrt{v_x^2+v_y^2}$

$$v=\sqrt{v_0^2\cos^2\alpha+\left(-\frac{g x_{max}}{v_0\cos\alpha}+v_0\sin\alpha\right)^2}$$

$$v=\sqrt{v_0^2+\frac{g^2x_{max}^2}{v_0^2\cos^2\alpha}-2gx_{max}\tan\alpha}$$

$$v=\sqrt{(13{,}5\,\mathrm{ms^{-1}})^2+\frac{(9{,}81\,\mathrm{ms^{-2}}\cdot 19{,}8\,\mathrm{m})^2}{(13{,}5\,\mathrm{ms^{-1}})^2\cos^2 35°}-2\cdot 9{,}81\,\mathrm{ms^{-2}}\cdot 19{,}8\,\mathrm{m}\cdot\tan 35°}$$

$\boldsymbol{v=14{,}8\,\mathrm{ms^{-1}}}$

$$\cos\varphi=\frac{v_0\cos\alpha}{v}=\frac{13{,}5\,\mathrm{ms^{-1}}\cos 35°}{15\,\mathrm{ms^{-1}}}\qquad \boldsymbol{\varphi=42{,}5°}$$

1/67 Schiefer Wurf

Die Sportart Supercross gewinnt ihre besondere Anziehungskraft aus spektakulären hohen und weiten Sprüngen, die die Fahrer mit ihren Sportmaschinen in jeder Stadionrunde ausführen.

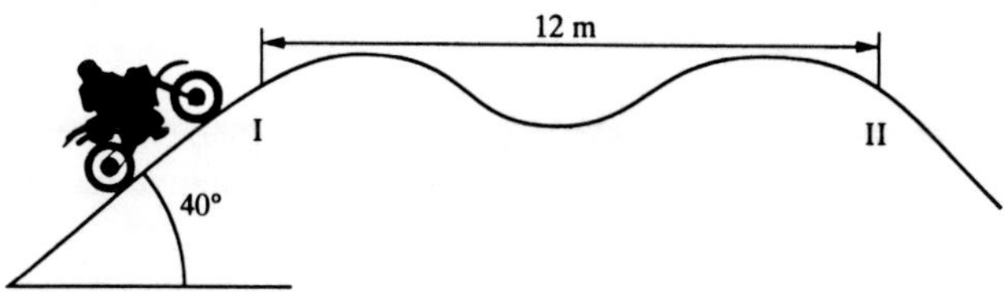

1) Welche Geschwindigkeit muß ein Motorrad mindestens haben, das vom Hügel I abhebt, um auf dem abfallenden Hang des Hügels II „weich" zu landen?
2) Der Hügel I wird mit einer Geschwindigkeit von 35 $\mathrm{kmh^{-1}}$ erreicht.
   Welche Beschleunigung ist notwendig, um bei drei Metern Anlauf die erforderliche Absprunggeschwindigkeit zu erzielen?

1) Es handelt sich um einen schrägen Wurf vorgegebener Wurfweite.

$$s_W=\frac{v_{ab}^2\cdot\sin 2\alpha}{g}$$

$$v_{ab}=\sqrt{\frac{g\cdot s_W}{\sin 2\alpha}}=\sqrt{\frac{9{,}81\,\mathrm{ms^{-2}}\cdot 12\,\mathrm{m}}{\sin 80°}}\qquad \boldsymbol{v_{ab}=10{,}9\,\mathrm{ms^{-1}}}$$

2) Näherungsweise wird von gleichmäßig beschleunigter Bewegung ausgegangen.

$$a=\frac{\Delta v}{t}=\frac{v_{ab}-v_0}{t}\quad\rightarrow\quad t=\frac{v_{ab}-v_0}{a}$$

Einsetzen in $s=\frac{a}{2}t^2+v_0t$: $s=\frac{a}{2}\left(\frac{v_{ab}-v_0}{a}\right)^2+v_0\frac{v_{ab}-v_0}{a}$

$$a=\frac{v_{ab}^2-v_0^2}{2s}=\frac{(10{,}9\,\mathrm{ms^{-1}})^2-\left(35\cdot\frac{1}{3{,}6}\,\mathrm{ms^{-1}}\right)^2}{2\cdot 3\,\mathrm{m}}$$

$a=4{,}0\,\mathrm{ms^{-2}}$

Zu dieser rein kinematischen Beschleunigung kommt (z. B. zur Bestimmung der beschleunigenden Kraft) noch die Komponente $a_g=g\cdot\sin\alpha$ der Erdbeschleunigung.

$$a_{ges}=a+a_g=4{,}0\,\mathrm{ms^{-2}}+9{,}81\,\mathrm{ms^{-2}}\cdot\sin 40°$$

$\boldsymbol{a_{ges}=10{,}3\,\mathrm{ms^{-2}}}$

1/68 Schiefer Wurf; senkrechter Wurf

Der gegenwärtig 1281 m hohe Vesuv, ein aktiver Vulkan, ist nicht nur bekannt infolge seines großen Ausbruchs im Jahre 79, der Pompeji verschüttete. Heute bildet er einen Anziehungspunkt für Touristen, die mit einer Seilbahn vom vulkanologischen Observatorium in 600 m Höhe zum Gipfel gelangen können.
Stellen Sie sich vor, es käme zum Ausbruch des Vulkans, und Stein und Geröll würden mit Geschwindigkeiten bis zu 180 $\mathrm{ms^{-1}}$ den Eruptionskegel verlassen. Bei dieser Geschwindigkeit und der Höhe von 1281 m liegt die maximale Reichweite bei einem Winkel von 37°.

1) Bestimmen Sie, welche maximale Höhe bzw. Weite (bis auf Meeresspiegelhöhe) die Steine erreichen könnten!
2) Berechnen Sie, wie lange ein Stein bei maximaler Flugweite bis zum Auftreffen fliegen würde!

1) Maximale Höhen werden beim senkrechten Wurf erreicht.

$$h_{max}=\frac{v_0^2}{2g}=\frac{(180\,\mathrm{ms^{-1}})^2}{2\cdot 9{,}81\,\mathrm{ms^{-2}}}=1650\,\mathrm{m}$$

$h_{ges}=1650\,\mathrm{m}+1281\,\mathrm{m}$

$\boldsymbol{h_{ges}=2930\,\mathrm{m}}$

Bei diesem Wert handelt es sich wegen der Luftreibung um einen Maximalwert für große Steine. Im Strom der aufsteigenden heißen Gase können größere Höhen erreicht werden.

Für den schrägen Wurf mit Anfangshöhe gilt die Gleichung der Bahnkurve

$$y=-\frac{g\cdot x^2}{2v_0^2\cdot\cos^2\alpha_{max}}+x\cdot\tan\alpha_{max}+h_0$$

Auftreffstelle: $\rightarrow \quad y = 0$

$$x^2 - \frac{2v_0^2 \cdot \sin\alpha_{max} \cdot \cos\alpha_{max}}{g}x - \frac{2h_0 \cdot v_0^2 \cdot \cos^2\alpha_{max}}{g} = 0$$

$$x_{1/2} = \frac{v_0^2 \cdot \sin\alpha_{max} \cdot \cos\alpha_{max}}{g} \pm \cos\alpha_{max} \cdot \sqrt{\frac{v_0^4 \cdot \sin^2\alpha_{max}}{g^2} + \frac{2h_0 \cdot v_0^2}{g}}$$

$$x_{1/2} = \frac{(180\ \mathrm{ms^{-1}})^2 \cdot \sin 37° \cdot \cos 37°}{9{,}81\ \mathrm{ms^{-2}}} \pm \cos 37° \cdot \sqrt{\frac{(180\ \mathrm{ms^{-1}})^4 \cdot \sin^2 37°}{(9{,}81\ \mathrm{ms^{-2}})^2} + \frac{2 \cdot 1281\ \mathrm{m} \cdot (180\ \mathrm{ms^{-1}})^2}{9{,}81\ \mathrm{ms^{-2}}}}$$

$\boldsymbol{x_1 = 4400\ \mathrm{m}}$

$x_2 < 0$ entfällt

2) Die Geschwindigkeitskomponente v_x bleibt während des Fluges konstant (bei Vernachlässigung des Luftwiderstandes).

$$t = \frac{x_1}{v_x} = \frac{x_1}{v_0 \cdot \cos\alpha_{max}}$$

$$t = \frac{4400\ \mathrm{m}}{180\ \mathrm{ms^{-1}} \cdot \cos 37°}$$

$\boldsymbol{t = 31\ \mathrm{s}}$

1/69 Schiefer Wurf; unterschiedliche Anfangshöhen

Ein Rasensprenger bewässert eine kreisrunde Gartenfläche von 12 m Durchmesser.

1) Unter welchem Winkel zur Horizontalen verlassen die am weitesten reichenden Wasserstrahlen den Sprühkopf?
2) Welche Austrittsgeschwindigkeit hat das Wasser?
3) In welcher Entfernung vom Fuß des Sprühkopfes treffen die Wasserstrahlen auf den Boden, wenn sie unter einem Winkel von 37° austreten und der Sprühkopf in einer Höhe von 1,20 m angebracht wird?
4) Im Diagramm ist der Winkel angegeben, unter dem bei einer bestimmten Anfangsgeschwindigkeit v_0 und Abwurfhöhe h die maximale Wurfweite erzielt wird. (Der Luftwiderstand wird nicht berücksichtigt.)

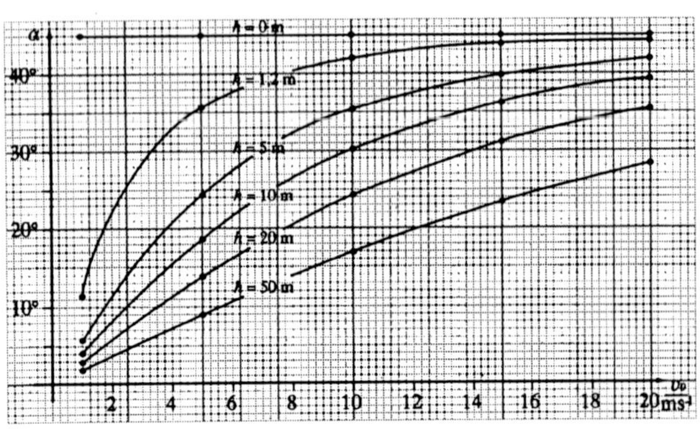

Beispiel: Tritt Wasser mit einer Geschwindigkeit von $v_0 = 5\ \mathrm{ms^{-1}}$ in 1,2 m Höhe aus dem beschriebenen Rasensprenger aus, haben Strahlen mit einem Neigungswinkel von 35,5° die größte Reichweite.
Interpretieren Sie das Diagramm!

1) Da der Sprühkopf näherungsweise die Höhe 0 hat, verlassen ihn die am weitesten reichenden Strahlen unter einem Winkel von **45°** (vgl. 1/64).

2) $$x_{max} = \frac{v_0^2}{g}\sin 2\alpha$$

$$v_0 = +\sqrt{\frac{x_{max} \cdot g}{\sin 2\alpha}} = \sqrt{\frac{6\ \mathrm{m} \cdot 9{,}81\ \mathrm{ms^{-2}}}{\sin(2 \cdot 45°)}}$$

$\boldsymbol{v_0 = 7{,}7\ \mathrm{ms^{-1}}}$

3) $$y = -\frac{g}{2v_0^2 \cdot \cos^2\alpha}x^2 + x \cdot \tan\alpha + h_0$$

$y(x_0) = 0 \quad \rightarrow \quad$ Auftreffpunkt

$$0 = x_0^2 - \frac{2v_0^2 \sin\alpha\cos\alpha}{g}x_0 - \frac{2v_0^2\cos^2\alpha}{g}h_0$$

$$x_0 = \frac{v_0^2 \sin\alpha\cos\alpha}{g} + v_0\cos\alpha\sqrt{\frac{v_0^2\sin^2\alpha}{g^2} + \frac{2h_0}{g}}$$

$$x_0 = \frac{(7{,}67\ \mathrm{ms^{-1}})^2 \sin 37° \cos 37°}{9{,}81\ \mathrm{ms^{-2}}} + 7{,}67\ \mathrm{ms^{-1}} \cdot \cos 37° \cdot \sqrt{\frac{(7{,}67\ \mathrm{ms^{-1}})^2 \sin^2 37°}{(9{,}81\ \mathrm{ms^{-2}})^2} + \frac{2 \cdot 1{,}20\ \mathrm{m}}{9{,}81\ \mathrm{ms^{-2}}}}$$

$\boldsymbol{x_0 = 7{,}1\ \mathrm{m}}$

4) Es sollte festgestellt werden, daß nur bei $h = 0$ m der optimale Abwurfwinkel geschwindigkeitsunabhängig ist.

Für eine konstante Abwurfgeschwindigkeit gilt: Je größer die Höhe, desto kleiner der optimale Abwurfwinkel.

Für eine konstante Höhe > 0 gilt: Je höher die Abwurfgeschwindigkeit, desto mehr nähert sich der optimale Abwurfwinkel 45°.

Schiefer Wurf; Bahnkurve

Im modernen Volleyball wird immer häufiger ein Ballwechsel mit Sprungaufgaben begonnen. Dabei springt der aufschlagende Spieler über der hinteren Auslinie hoch und schlägt den Ball aus relativ größerer Höhe über das 2,43 m (Frauen: 2,24 m) hohe Netz ins gegnerische Feld. Beide Felder sind zusammen 18 m lang.

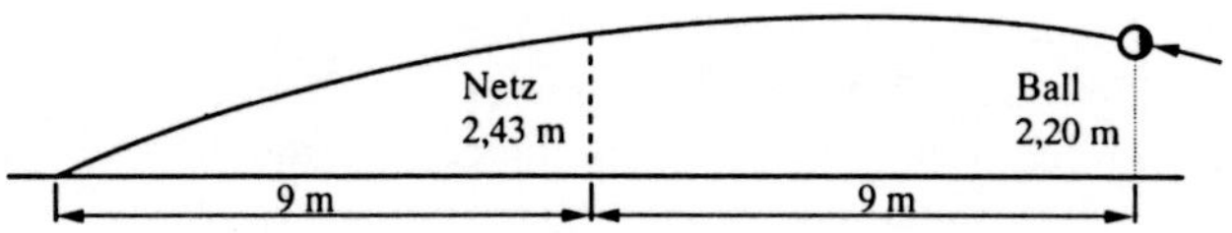

1) Bestimmen Sie zunächst die parabelförmige Flugbahn des Balles!
Berechnen Sie den Abwurfwinkel α bei einer Aufgabe in 2,20 m bzw. nach einem Sprung in 2,80 m Höhe! (Der Luftwiderstand wird vernachlässigt.)
2) Ermitteln Sie die entsprechenden Anfangsgeschwindigkeiten!
3) Berechnen Sie die Reaktionszeiten der abwehrenden Mannschaft, wenn die Spieler 16 m von der Aufschlaglinie entfernt stehen!
4) Ein Spieler vermag dem Ball beim Aufschlag soviel seitlichen Effet zu geben, daß er nach seinem Flug über 17,5 m (t_F = 0,96 s) verglichen mit einem ebenso scharf gerade geschlagenen Ball insgesamt 1 m nach links fliegt. Geben Sie die auf den 260 g schweren Ball wirkende Kraft senkrecht zur Ebene der Flugbahn des gerade geschlagenen Balles an (s. Abb.)!
Weshalb werden beim Aufschlag meist sogenannte „Topspin"-Bälle geschlagen?

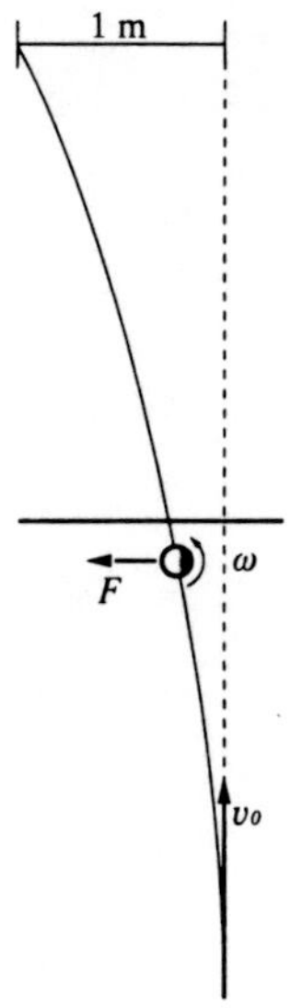

1) Im gewählten Bezugssystem liegt die Abwurfstelle in der Höhe h_0 über dem Koordinatenursprung. Dann gilt der Ansatz

$$y = ax^2 + bx + h_0.$$

Für den Punkt über dem Netz bzw. im Auftreffpunkt gilt

$$2{,}43\ \text{m} = a \cdot (9\ \text{m})^2 + b \cdot 9\ \text{m} + 2{,}20\ \text{m}$$
$$0\ \text{m} = a \cdot (18\ \text{m})^2 + b \cdot 18\ \text{m} + 2{,}20\ \text{m}$$

Aus diesem Gleichungssystem folgt für die Flugbahn

$$y = -0{,}0164\ \text{m}^{-1} \cdot x^2 + 0{,}173 \cdot x + 2{,}20\ \text{m}$$
(für $h_0 = 2{,}80$ m: $y = -0{,}0127\ \text{m}^{-1} \cdot x^2 + 0{,}0733 \cdot x + 2{,}80\ \text{m}$)

Da diese Bahnkurven auch aus Abwurfhöhe und -winkel folgen

$$y = -\frac{g}{2v_0^2 \cdot \cos^2\alpha} x^2 + \tan\alpha \cdot x + h_0,$$

können aus den Koeffizienten die entsprechenden Größen ermittelt werden:

b = tan α 0,173 = tan α $\boldsymbol{\alpha = 9{,}8°}$
(für h_0 = 2,80 m: 0,0733 = tan α $\boldsymbol{\alpha = 4{,}2°}$)

2) $$a = -\frac{g}{2v_0^2 \cdot \cos^2\alpha}$$

$$v_0 = \sqrt{\frac{-g}{2a\cos^2\alpha}}$$

$$v_0 = \sqrt{\frac{-9{,}81\ \text{ms}^{-2}}{2 \cdot (-0{,}0164\ \text{m}^{-1}) \cdot \cos^2 9{,}8°}}$$

$$\boldsymbol{v_0 = 17{,}5\ \text{ms}^{-1}}$$

(h_0 = 2,80 m: $\boldsymbol{v_0 = 19{,}7\ \text{ms}^{-1}}$)

3) Die Geschwindigkeit in x-Richtung bleibt konstant, wenn der Luftwiderstand vernachlässigt wird:

$$t = \frac{s}{v_{0x}}$$

$$t = \frac{s}{v_0 \cdot \cos\alpha}$$

$$t = \frac{16\ \text{m}}{17{,}5\ \text{ms}^{-1} \cdot \cos 9{,}8°}$$

$$\boldsymbol{t = 0{,}93\ \text{s}}$$

(h_0 = 2,80 m: $\boldsymbol{t = 0{,}81\ \text{s}}$)

4) Vereinfachend nimmt man an, daß es sich um eine gleichmäßig beschleunigte Bewegung senkrecht zur Flugbahn handelt.

$$s = \frac{a}{2}t^2 \qquad a = \frac{2s}{t^2}$$

$$F = ma = \frac{2 \cdot m \cdot s}{t^2}$$

$$F = \frac{2 \cdot 0{,}26\ \text{kg} \cdot 1\ \text{m}}{(0{,}96\ \text{s})^2}$$

$$\boldsymbol{F = 0{,}56\ \text{N}}$$

Durch den Effet weicht die reale Bahnkurve von der Wurfparabel ab, so daß eine größere Geschwindigkeit des Balles möglich wird.

1/71 Schiefer Wurf

Ein Fußballtorwart schlägt den Ball (m = 420 g) unter einem Winkel von 40° in einer Höhe von 1,10 m aus der Hand ab. Sein 1,80 m großer Mitspieler Thomas erwartet den Abstoß 45 m entfernt stehend, um ihn aus dem Stand mit dem Kopf weiterzuleiten.

1) Mit welcher Geschwindigkeit wird der Ball vom Torwart abgeschlagen?
2) Nach welcher Zeit erreicht der Ball den höchsten Punkt seiner Bahn, und in welcher Höhe befindet sich dieser Punkt?
3) Wie groß wäre der Auftreffwinkel auf den Rasen, wenn Thomas den Ball verfehlt?

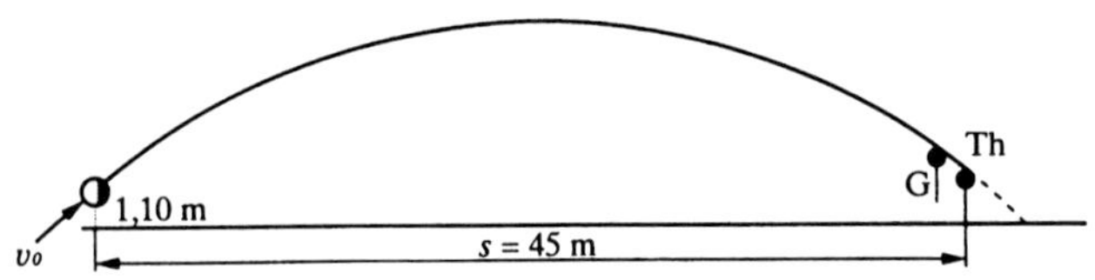

4) Wie hoch müßte sein hartnäckiger und ebenso großer Gegenspieler Guido springen, um den Ball zu erreichen, obwohl er 1 m von Thomas entfernt steht?

1) In die Gleichung für die Bahnkurve

$$y = -\frac{g}{2v_0^2 \cdot \cos^2\alpha} x^2 + x\tan\alpha + h_0$$

werden die Koordinaten des Auftreffpunktes (x_{Th}; y_{Th}) eingesetzt:

$$y_{Th} = -\frac{g}{2v_0^2 \cdot \cos^2\alpha} x_{Th}^2 + x_{Th} \cdot \tan\alpha + h_0$$

$$v_0 = +\sqrt{\frac{g \cdot x_{Th}^2}{2 \cdot \cos\alpha \, [(h_0 - y_{Th})\cos\alpha + x_{Th} \cdot \sin\alpha]}}$$

$$v_0 = \sqrt{\frac{9{,}81 \text{ ms}^{-2} \cdot (45 \text{ m})^2}{2 \cdot \cos 40° \, [(1{,}1 \text{ m} - 1{,}8 \text{ m}) \cdot \cos 40° + 45 \text{ m} \cdot \sin 40°]}}$$

$$\mathbf{v_0 = 21{,}4 \text{ ms}^{-1}} \qquad (= 21{,}37 \text{ ms}^{-1})$$

2) Die Komponente v_y wird infolge der Schwerkraft während der Steigzeit t_s bis auf null verringert:

$$h_s = -\frac{g}{2} t_s^2 + v_{0y} t_s + h_0$$

$$v(t_s) = -g t_s + v_{0y} = 0$$

$$t_s = \frac{v_{0y}}{g} = \frac{v_0 \cdot \sin\alpha}{g}$$

$$t_s = \frac{21{,}4 \text{ ms}^{-1} \cdot \sin 40°}{9{,}81 \text{ ms}^{-2}}$$

$$\mathbf{t_s = 1{,}4 \text{ s}}$$

$$h_s = \frac{v_{0y}^2}{2g} + h_0 = \frac{(v_0 \cdot \sin\alpha)^2}{2g} + h_0$$

$$h_s = \frac{(21{,}4 \text{ ms}^{-1} \cdot \sin 40°)^2}{2 \cdot 9{,}81 \text{ ms}^{-2}} + 1{,}1 \text{ ms}^{-1}$$

$$\mathbf{h_s = 10{,}7 \text{ m}}$$

3) Der Auftreffwinkel β wird über die erste Ableitung der Funktionsgleichung der Bahnkurve an ihrer Nullstelle bestimmt. (Da v_0 quadratisch eingeht, empfiehlt es sich, mit dem weniger stark gerundeten Wert 21,37 ms^{-1} zu rechnen.)

$$0 = -\frac{g}{2v_0^2 \cdot \cos^2\alpha} x_0^2 + x_0 \tan\alpha + h_0$$

$$0 = x_0^2 - \frac{2v_0^2 \sin\alpha \cdot \cos\alpha}{g} x_0 - \frac{2h_0 \cdot v_0^2 \cdot \cos^2\alpha}{g}$$

$$x_0 = \frac{v_0^2 \sin\alpha \cos\alpha}{g} + v_0 \cos\alpha \sqrt{\frac{4v_0^2 \cdot \sin^2\alpha}{g^2} + \frac{2h_0}{g}}$$

$$x_0 = \frac{21{,}37 \text{ ms}^{-1} \cdot \sin 40° \cdot \cos 40°}{9{,}81 \text{ ms}^{-2}} + 21{,}37 \text{ ms}^{-1} \cdot \cos 40° \cdot \sqrt{\frac{4(21{,}37 \text{ ms}^{-1})^2 \sin^2 40°}{(9{,}81 \text{ ms}^{-2})^2} + \frac{2 \cdot 1{,}1 \text{ m}}{9{,}81 \text{ ms}^{-2}}}$$

$$x_0 = 47{,}1 \text{ m}$$

$$y' = -\frac{g}{v_0^2 \cos^2\alpha} x + \tan\alpha$$

$$y'(x_0) = -\frac{g}{v_0^2 \cos^2\alpha} x_0 + \tan\alpha$$

$$y'(x_0) = \frac{-9{,}81 \text{ ms}^{-2} \cdot 47{,}1 \text{ m}}{(21{,}4 \text{ ms}^{-1})^2 \cdot \cos^2 40°} + \tan 40°$$

$$y'(47{,}1 \text{ m}) = -0{,}885$$

$$\rightarrow \quad \beta = |\arctan(-0{,}885)|$$

$$\boldsymbol{\beta} = \mathbf{41{,}5°}$$

Ein zweiter Lösungsweg nutzt die Beziehung $\tan\alpha = \frac{|v_y|}{|v_x|}$ im Auftreffpunkt.

4) Der Berechnung der Sprunghöhe h_{Sp} liegt die Bahnkurve an der Stelle x_G = 44 m zugrunde.

$$h_{Sp} = y(x_G) - 1{,}8 \text{ m}$$

$$= -\frac{g}{2v_0^2 \cdot \cos^2\alpha} x_G^2 + x_G \tan\alpha + h_0 - 1{,}8 \text{ m}$$

$$= -\frac{9{,}81 \text{ ms}^{-2}}{2 \cdot (21{,}37 \text{ ms}^{-1})^2 \cdot \cos^2 40°} \cdot (44 \text{ m})^2 + 44 \text{ m} \cdot \tan 40° + 1{,}1 \text{ m} - 1{,}8 \text{ m}$$

$$\mathbf{h_{Sp} = 0{,}8 \text{ m}}$$

1/72		Schiefer und horizontaler Wurf	

Oberflächlich betrachtet handelt es sich beim Schießen auf dem Schießplatz um einen waagerechten Wurf.

1) Bestimmen Sie die Reichweite einer Gewehrkugel, die beim Anschlag liegend in einer Höhe von 25 cm den waagerecht gehaltenen Lauf mit einer Geschwindigkeit von 360 ms^{-1} verläßt!

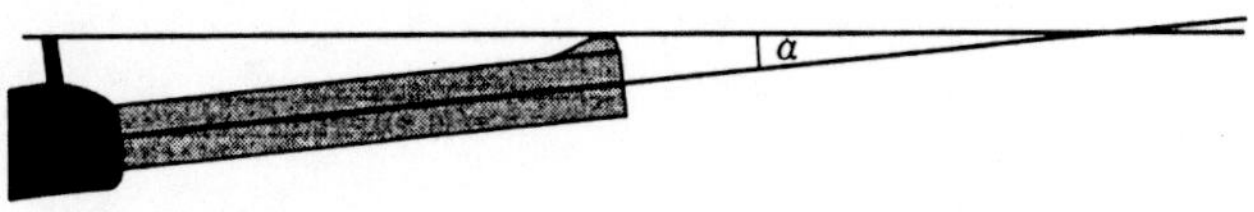

2) Welcher Winkel muß zwischen der „Kimme-Korn-Linie" und der Achse des Laufes eingestellt werden, um auf die 150 m entfernte Scheibe korrekt zielen zu können?

1) $x_{max} = v_0\sqrt{\frac{2h_{max}}{g}}$ (Vgl. 1/59)

$$x_{max} = 360\ ms^{-1}\sqrt{\frac{2\cdot 0{,}25\ m}{9{,}81\ ms^{-2}}}$$

$$\mathbf{x_{max} = 81\ m}$$

2) Um das Ziel zu treffen, muß $y = 0$ gelten, wobei $h_0 = 0$ gesetzt wird.

$$y = -\frac{g}{2v_0^2\cos^2\alpha}x^2 + x\tan\alpha$$

$$\frac{g}{2v_0^2\cos^2\alpha}x^2 = x\tan\alpha \qquad (x \neq 0)$$

$$\frac{g\cdot x}{2v_0^2} = \cos^2\alpha\cdot\tan\alpha$$

$$\sin\alpha\cos\alpha = \frac{g\cdot x}{2v_0^2}$$

$$\sin 2\alpha = \frac{g\cdot x}{v_0^2} = \frac{9{,}81\ ms^{-2}\cdot 150\ m}{(360\ ms^{-1})^2}$$

$$\boldsymbol{\alpha = 0{,}33°}$$

1/73		Würfe; Relativität der Bewegung	

Michael läßt zur Zeit $t_0 = 0$ einen Körper fallen. Dabei befindet er sich

a) in seinem Zimmer,

b) in einem Fahrstuhl, der sich mit einer konstanten Geschwindigkeit von 1 ms^{-1}

b_1) nach oben,

b_2) nach unten bewegt,

c) auf einem Schiff, das sich mit einer Eigengeschwindigkeit von 14,4 kmh^{-1} nach rechts bewegt,

d) in einem Bus, der mit der konstanten Geschwindigkeit von 8 ms^{-1} einen Berg mit einem Gefälle von 11% (d. h.: auf 100 m beträgt der Höhenunterschied der Straße 11 m)

d_1) nach oben,

d_2) nach unten fährt.

1) Wie beschreibt Michael die Bewegung des fallenden Körpers?

2) Katrin ist eine ruhende Beobachterin.
Wie beschreibt sie die Bewegung des fallenden Körpers? Geben Sie jeweils den entsprechenden Geschwindigkeitsvektor $\vec{v}_0 = (v_{0x}; v_{0y})$ für $t_0 = 0$ an!

3) Welche Bewegung beobachtet Katrin, wenn Michael im Fahrstuhl (Fahrt nach oben mit $v_0 = 1\ ms^{-1}$) einen Körper waagerecht mit einer Geschwindigkeit von 2 ms^{-1} wegwirft?

1a) – 1d) **Freier Fall.**

2a) **Freier Fall.** $\vec{v}_0 = (0;0)\ ms^{-1}$

2b₁) **Senkrechter Wurf nach oben mit** $\vec{v}_0 = (0;1)\ ms^{-1}$.

2b₂) **Senkrechter Wurf nach unten mit** $\vec{v}_0 = (0;-1)\ ms^{-1}$.

2c) **Waagerechter Wurf mit** $\vec{v}_0 = (4;0)\ ms^{-1}$.

2d₁) **Schiefer Wurf mit** $\vec{v}_0 = (8;0{,}9)\ ms^{-1}$.

$$\tan\alpha = \frac{11\ m}{100\ m} = 0{,}11 \qquad \alpha = 6{,}3°$$

$$v_{0x} = v_0\cos\alpha = 8\ ms^{-1}\cdot\cos 6{,}3° = 8\ ms^{-1}$$

$$v_{0y} = v_0\sin\alpha = 8\ ms^{-1}\cdot\sin 6{,}3° = 0{,}9\ ms^{-1}$$

2d₂) **Schiefer Wurf mit** $\vec{v}_0 = (8;-0{,}9)\ ms^{-1}$.

3) **Schiefer Wurf mit** $\vec{v}_0 = (2;1)\ ms^{-1}$.

1.3 Kreisbewegung

1/74		Gleichförmige Kreisbewegung	

Von einer gleichförmigen Kreisbewegung sind der Radius r der Kreisbahn und die Winkelgeschwindigkeit ω bekannt.

Leiten Sie daraus die Gleichungen für die Umlaufzeit T, die Drehzahl n (Anzahl der Umdrehungen pro Zeiteinheit) und die Bahngeschwindigkeit v her!

Gleichförmige Kreisbewegung $\omega = \text{konst.}$

$$\omega = \frac{\Delta\varphi}{\Delta t} = \frac{2\pi}{T}$$

Umlaufzeit $\mathbf{T = \frac{2\pi}{\omega}}$

Drehzahl $\mathbf{n = \frac{1}{T} = \frac{\omega}{2\pi}}$

Bahngeschwindigkeit $v = \frac{\Delta s}{\Delta t} = \text{konst.}$

$$\mathbf{v = \frac{2\pi r}{T} = \frac{2\pi r\omega}{2\pi} = r\omega}$$

1/75		Gleichförmige Kreisbewegung	

1) Welche Kreisbewegung ist im folgenden Diagramm dargestellt?

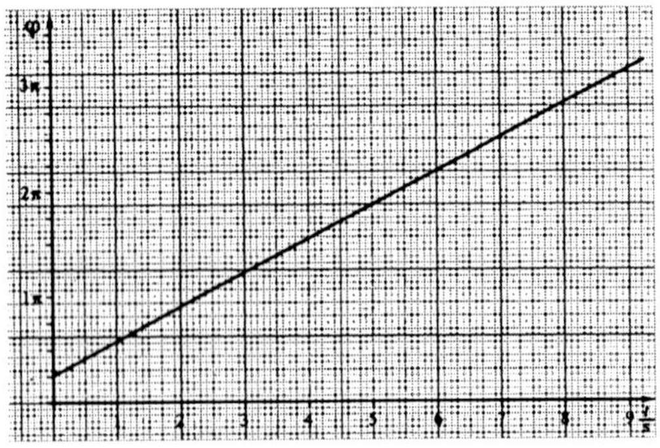

2) Ermitteln Sie aus dem Diagramm die Winkelgeschwindigkeit, und geben Sie die Gleichung der dargestellten Funktion an!
3) Was können Sie über die Radialbeschleunigung dieser Bewegung aussagen?

1) Gleichförmige Kreisbewegung, denn $\omega = \frac{\Delta\varphi}{\Delta t} = \text{konst.}$

2) $\omega = \frac{2\pi}{6\,\text{s}} = \frac{1}{3}\pi \cdot \text{s}^{-1} \approx \mathbf{1{,}05\ s^{-1}}$

$\varphi = \varphi(t) = \omega \cdot t + \varphi_0$

$\boldsymbol{\varphi = \varphi(t) = \frac{1}{3}\pi \cdot s^{-1} \cdot t + \frac{1}{4}\pi}$

3) $a_R = \omega^2 \cdot r = \frac{1}{9}\pi^2 \cdot \text{s}^{-2} \cdot r;$ $\quad a_R = \text{konst.}$

1/76		Gleichförmige Kreisbewegung	

Bestimmen Sie die Winkelgeschwindigkeiten, mit denen sich

1) der Sekundenzeiger,
2) der Minutenzeiger und
3) der Stundenzeiger einer Uhr bewegen!
4) Wie oft überholt der Minutenzeiger den Stundenzeiger im Laufe eines Tages?
5) Wann geschieht das zum ersten Mal?

$$\omega = \frac{2\pi}{T}$$

1) $\omega_s = \frac{2\pi}{60\,\text{s}} = \mathbf{0{,}105\ s^{-1}}$

2) $\omega_m = \frac{2\pi}{60 \cdot 60\,\text{s}} = \mathbf{1{,}75 \cdot 10^{-3}\ s^{-1}}$

3) $\omega_h = \frac{2\pi}{12 \cdot 60 \cdot 60\,\text{s}} = \mathbf{1{,}45 \cdot 10^{-4}\ s^{-1}}$

4) **22 mal** – Da beide Zeiger gemeinsam starten und auch gemeinsam ankommen, gibt es in der ersten und in der letzten Stunde des Tages kein Überholen.

5) Durch Überlegen: kurz nach 1.05 Uhr.

$\varphi_m = \varphi_h$

$\omega_m \cdot t = \omega_h \cdot t + \varphi_0$ $\quad$ mit t Treffzeit; $\varphi_0 = \frac{2\pi}{12} = \frac{\pi}{6}$

$$t = \frac{\pi}{6(\omega_m - \omega_h)}$$

$$t = \frac{\pi \cdot s}{6(1{,}745 \cdot 10^{-3} - 1{,}454 \cdot 10^{-4})}$$

$\mathbf{t = 327\ s = 5\ min\ \ 27\ s}$

1/77		Gleichförmige Kreisbewegung	

Ein Motorradfahrer fährt mit einer Geschwindigkeit von 72 kmh^{-1} durch eine Kurve mit dem Krümmungsradius 40 m.

1) Welche Radialbeschleunigung muß wirken, damit das Motorrad die Straße nicht verläßt?
2) Wodurch entsteht die Radialbeschleunigung bei einem Straßenfahrzeug? Welche Möglichkeiten hat der Fahrer, die Radialbeschleunigung zu beeinflussen?

1) $a_R = \frac{v^2}{r}$

$$a_R = \frac{72^2\ m^2}{3{,}6^2\ s^2 \cdot 40\ m} = \mathbf{10\ ms^{-2}}$$

2) Diese Beschleunigung ist so groß wie die Fallbeschleunigung der Erde. Sie muß von den Reifen auf die Straße übertragen werden. Der Fahrer kann die Radialbeschleunigung nur durch die Wahl der Geschwindigkeit beeinflussen, denn der Radius einer Kurve ist gegeben. Wenn die Reibung zu gering ist, bricht das Fahrzeug in der Kurve aus.
Also Vorsicht bei nasser Fahrbahn, Sand, Glatteis ...!

1/78		Gleichförmige Kreisbewegung	

Berechnen Sie für folgende als gleichförmig betrachtete Kreisbewegungen die Radialbeschleunigungen, und geben Sie diese auch als Vielfache der Erdbeschleunigung an!

1) Bewegung der Erde um die Sonne
2) Bewegung des Mondes um die Erde
3) Bewegung eines Nachrichtensatelliten um die Erde
4) Bewegung eines Punktes auf der Trommel einer Waschmaschine beim Schleudern ($d = 46$ cm, $n = 1000\ min^{-1}$)
5) Bewegung eines Punktes des Umfangs einer Laborzentrifuge ($d = 24$ cm; $n = 15000\ min^{-1}$)

$$a_R = \frac{v^2}{r};\quad v = \frac{2\pi r}{T} = 2\pi rn \quad \rightarrow \quad a_R = 4\pi^2 rn^2$$

$$g = 9{,}81\ ms^{-2};\quad a_R = z \cdot g \quad \rightarrow \quad z = a_R : g$$

	r in m	$n = \frac{1}{T}$ in s^{-1}	a_R in ms^{-2}	$a_R : g$
1	$1{,}496 \cdot 10^{11}$	$3{,}169 \cdot 10^{-8}$	$5{,}93 \cdot 10^{-3}$	$6{,}05 \cdot 10^{-4}$
2	$3{,}844 \cdot 10^{8}$	$4{,}236 \cdot 10^{-7}$	$2{,}72 \cdot 10^{-3}$	$2{,}78 \cdot 10^{-4}$
3	$4{,}222 \cdot 10^{7}$	$1{,}157 \cdot 10^{-5}$	$2{,}23 \cdot 10^{-1}$	$2{,}28 \cdot 10^{-2}$
4	0,23	$16{,}\bar{6}$	$2{,}52 \cdot 10^{3}$	257
5	0,12	250	$2{,}96 \cdot 10^{5}$	$3{,}02 \cdot 10^{4}$

1/79		Gleichförmige Kreisbewegung	

Zur Herstellung von Blutkonserven wird das Spenderblut bei 22° C zwölf Minuten lang zentrifugiert. Bei einer Drehzahl von 3800 pro Minute erfolgt eine Trennung von Blutkörperchen und Blutplasma.
Welche Beschleunigung tritt dabei am Umfang des Rotors auf, der einen Durchmesser von 56 cm hat?

$$a_R = \omega^2 r = 4\pi^2 n^2 r = 2\pi^2 n^2 d$$

$$a_R = \frac{2\pi^2 \cdot 3{,}8^2 \cdot 10^6 \cdot 0{,}56\ m}{60^2\ s^2}$$

$$\mathbf{a_R = 4{,}4 \cdot 10^4\ ms^{-2} \approx 4500 \cdot g}$$

1/80		Gleichförmige Kreisbewegung	

Moderne Ultrazentrifugen erreichen Drehzahlen von 10^6 Umdrehungen pro Minute.
Welchen Durchmesser müßte der Rotor einer solchen Zentrifuge haben, wenn bei 250000 Umdrehungen pro Minute an seinem Umfang die 10^6-fache Erdbeschleunigung wirken soll?

$$a_R = \omega^2 r = 4\pi^2 n^2 r = 2\pi^2 n^2 d$$

$$d = \frac{a_R}{2\pi^2 n}$$

$$d = \frac{10^6 \cdot 9{,}81\ ms^{-2}\ 3{,}6 \cdot 10^3\ s^2}{2\pi^2 \cdot 2{,}5^2 \cdot 10^{10}}$$

$$\mathbf{d = 2{,}86\ cm}$$

1/81 Kreisbewegung

Ein Fahrrad hat zwei unterschiedlich große Räder. Man betrachtet nun auf jedem der Räder einen festen Punkt, z. B. am Ventil.
Bewegen sich die beiden Punkte gleich oder unterschiedlich schnell? Begründen Sie Ihre Antwort!

Es handelt sich um eine Überlagerung von Dreh- und gleichförmig geradliniger Bewegung. Die Beträge der Bahngeschwindigkeiten v_1 und v_2 von P_1 und P_2 sind gleich dem Betrag der Geschwindigkeit des Fahrrades relativ zur Straße, vorausgesetzt P_1 und P_2 liegen auf den Radumfängen. Da die Räder unterschiedlich groß sind, treten aber unterschiedliche Winkelgeschwindigkeiten auf.

Es gilt: $v_1 = \omega_1 r_1 = v_2 = \omega_2 r_2$

$\rightarrow \omega_1 : \omega_2 = r_2 : r_1$

Für den Radfahrer, aber im zeitlichen Mittel auch für den ruhenden Beobachter, bewegen sich beide Punkte gleich schnell.

1/82 Gleichförmige Kreisbewegung

Bei der Interpretation der Gleichung für die Radialbeschleunigung folgert ein Schüler, daß diese Größe direkt proportional zum Radius ist. Sein Freund dagegen behauptet, die Größen seien indirekt proportional zueinander.
Lösen Sie diesen Widerspruch!

Beide Aussagen sind unzureichend, weil stets die Bedingungen für die Gültigkeit einer Proportionalität angegeben werden müssen.

$a_R \sim r$, wenn $\omega =$ konst.

$a_R \sim \frac{1}{r}$, wenn $v =$ konst.

Der scheinbare Widerspruch beruht auf dem Zusammenhang $v = r \cdot \omega$.

1/83 Vektorielle Beschreibung der Kreisbewegung

Begründen Sie, daß bei der gleichförmigen Kreisbewegung der Vektor der Radialbeschleunigung stets senkrecht zum Vektor der Bahngeschwindigkeit sein muß!

Wenn der Vektor $\vec{a}_R$ nicht senkrecht zum Vektor $\vec{v}$ wäre, so gäbe es eine Komponente von $\vec{a}_R$ in Richtung von $\vec{v}$. Diese Komponente würde eine Änderung des Betrages von $\vec{v}$ bewirken, so daß die Kreisbewegung nicht mehr gleichförmig wäre. Die Wirkung der zu $\vec{v}$ in jedem Punkt senkrechten $\vec{a}_R$ besteht nur in der Änderung der Richtung von $\vec{v}$.

1/84 Arten der Kreisbewegung

1) Welche Kreisbewegungen sind im folgenden Diagramm dargestellt?

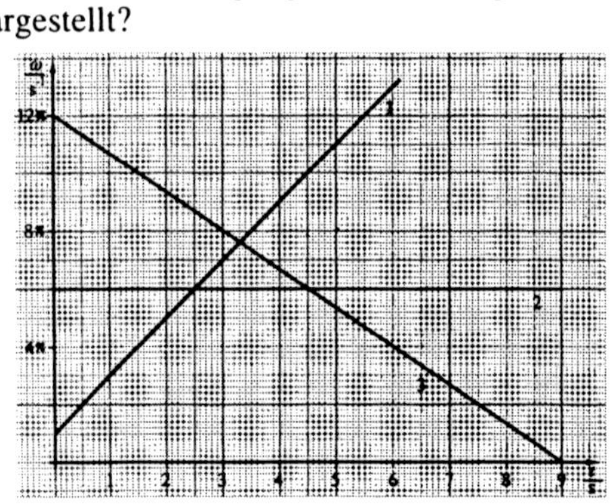

2) Ermitteln Sie aus dem Diagramm die Winkelbeschleunigungen, und geben Sie die Gleichungen der dargestellten Funktionen an!

3) Skizzieren Sie dazu die Funktionen $\varphi = \varphi(t)$, und geben Sie deren Gleichungen an! Setzen Sie $\varphi_0 = 0$!

4) Was können Sie über die Radialbeschleunigungen dieser Bewegungen aussagen?

1) 1 ω steigt linear $\rightarrow \alpha =$ konst. > 0
$\rightarrow$ gleichmäßig beschleunigte Kreisbewegung

2 $\omega =$ konst. $\rightarrow$ gleichförmige Kreisbewegung

3 ω fällt linear $\rightarrow \alpha =$ konst. < 0
$\rightarrow$ gleichmäßig beschleunigte (auch: verzögerte) Kreisbewegung

2) $\alpha = \dfrac{\Delta\omega}{\Delta t}$ $\qquad \omega = \alpha \cdot t + \omega_0$

$\boldsymbol{\alpha_1 = 2\pi \cdot s^{-2}}$ $\qquad \boldsymbol{\omega_1 = 2\pi \cdot s^{-2} \cdot t + \pi \cdot s^{-1}}$

$\boldsymbol{\alpha_2 = 0}$ $\qquad \boldsymbol{\omega_2 = 6\pi \cdot s^{-1}}$

$\boldsymbol{\alpha_3 = -\frac{4}{3}\pi \cdot s^{-2}}$ $\qquad \boldsymbol{\omega_3 = -\frac{4}{3}\pi \cdot s^{-2} \cdot t + 12\pi \cdot s^{-1}}$

$\varphi(t) = \frac{1}{2}\alpha t^2 + \omega_0 t + \varphi_0$

$\boldsymbol{\varphi_1(t) = \pi \cdot s^{-2} \cdot t^2 + \pi \cdot s^{-1} \cdot t}$

$\boldsymbol{\varphi_2(t) = 6\pi \cdot s^{-1} \cdot t}$

$\boldsymbol{\varphi_3(t) = -\frac{2}{3}\pi \cdot s^{-2} \cdot t^2 + 12\pi \cdot s^{-1} \cdot t}$

3)

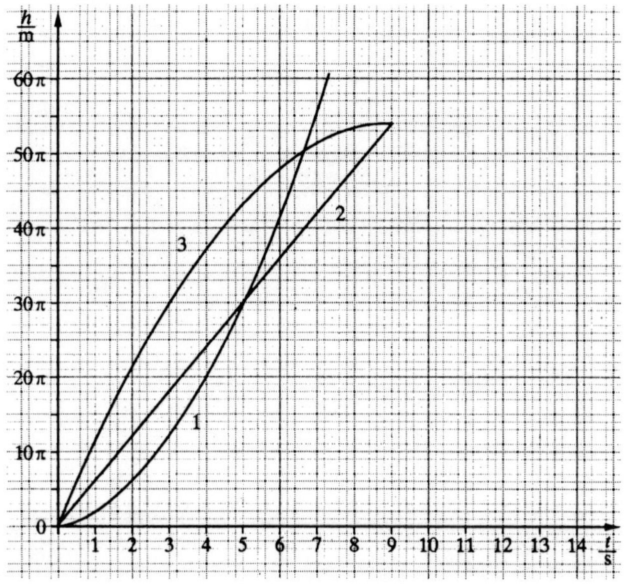

4) $a_R = \dfrac{v^2}{r} = \omega^2 \cdot r$

1 a_R muß von einem Wert $\neq 0$ an wachsen ($a_R \sim \omega^2$)

2 a_R = konst. $= \omega_2^2 \cdot r$

3 a_R = fällt mit ω^2 bis null

1/85 Gleichförmige Kreisbewegung

Berechnen Sie für die Erdrotation die Winkelgeschwindigkeit und die Bahngeschwindigkeit eines Punktes der Erdoberfläche am Äquator, am Nordpol und in Ihrem Heimatort!

$\omega = \dfrac{2\pi}{T}$ $\qquad \omega = \dfrac{2\pi}{24 \cdot 60 \cdot 60\,s}$

$\boldsymbol{\omega = 7{,}27 \cdot 10^{-5}\,s^{-1}}$

$v = \omega \cdot r$ $\qquad v_Ä = 7{,}27 \cdot 10^{-5}\,s^{-1} \cdot 6{,}378 \cdot 10^6\,m$

$\boldsymbol{v_Ä = 464\,ms^{-1}}$

$v_P = 7{,}27 \cdot 10^{-5}\,s^{-1} \cdot 0\,m$

$\boldsymbol{v_P = 0\,ms^{-1}}$

$v_{52} = \omega \cdot R_E \cdot \cos 52°$

$v_{52} = 7{,}27 \cdot 10^{-5}\,s^{-1} \cdot 6{,}371 \cdot 10^6\,m \cdot 0{,}6157$

$\boldsymbol{v_{52} = 285\,ms^{-1}}$

Berlin ca. 52,5° nördlicher Breite

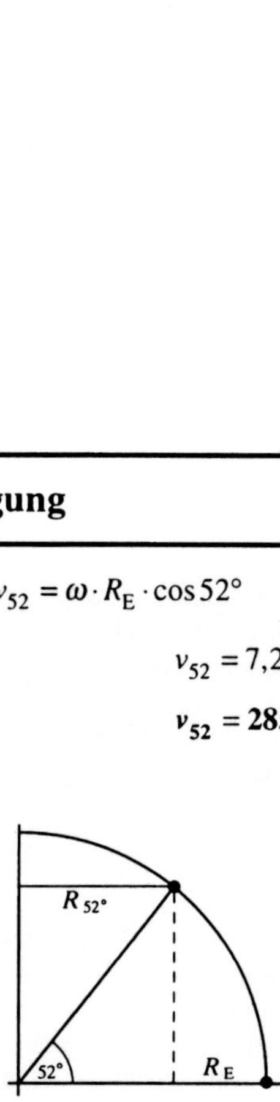

1/86 Gleichförmige Kreisbewegung; Wurf

Durch zu hohe Drehzahlen und Materialfehler wird eine Schleifscheibe zerstört. Dabei wird ein Randstück der Scheibe, die einen Durchmesser von 15 cm hat, 58 m nach oben geschleudert.
Welche Drehzahl hatte die Scheibe mindestens?

senkrechter Wurf nach oben mit v_0
(v_0 Geschwindigkeit am Umfang)

$v_0 = \dfrac{\pi d}{T} = \pi d n \qquad \rightarrow \; n = \dfrac{v_0}{\pi d} \qquad (1)$

$v(h_{max}) = 0 = -gt + v_0$

$gt = v_0 \qquad \rightarrow \; t = \dfrac{v_0}{g}$

$h_{max} = -\dfrac{g}{2}t^2 + v_0 t$

$= -\dfrac{g v_0^2}{2g^2} + \dfrac{v_0^2}{g} = \dfrac{v_0^2}{2g} \qquad \rightarrow \; v_0 = \sqrt{2gh_{max}} \quad (2)$

Einsetzen von (2) in (1):

$n = \dfrac{\sqrt{2gh_{max}}}{\pi d}$

$n = \dfrac{\sqrt{2 \cdot 9{,}81\,ms^{-2} \cdot 58\,m}}{\pi \cdot 0{,}15\,m}$

$\boldsymbol{n = 71{,}6\,s^{-1} \approx 4300\,min^{-1}}$

1/87 Gleichförmige Kreisbewegung; Wurf

Ein Junge wirbelt einen Stein von 150 g Masse an einer Schnur von 90 cm Länge in sechs Sekunden 15mal über seinem Kopf im Kreis herum. (Die Kreisbahn liegt horizontal, der Luftwiderstand wird vernachlässigt.)

1) Wie bewegt sich der Stein, wenn der Junge die Schnur plötzlich losläßt?
2) Geben Sie die Gleichungen der Bahnkurven für das Herumwirbeln und für die Bewegung nach dem Loslassen der Schnur an! Wählen Sie dazu geeignete Koordinatensysteme!
3) Bestimmen Sie die Geschwindigkeit, mit der der Stein wegfliegt!
4) Wie weit fliegt der Stein, wenn er in einer Höhe von 1,70 m losgelassen wird?
5) Wie lange dauert es, bis er aufschlägt?

1) Waagerechter Wurf mit der Bahngeschwindigkeit der Kreisbewegung als Anfangsgeschwindigkeit (Wurfparabel)

2) $x^2 + y^2 = r^2$ oder $y = f(x) = \pm\sqrt{r^2 - x^2}$ — Gleichung der Kreisbahn in der x-y-Ebene mit dem Kreismittelpunkt im Koordinatenursprung

$h = f(s) = -\frac{g}{2v_0^2} \cdot s^2$ — Gleichung der Bahnkurve des waagerechten Wurfs in einem h-s-Koordinatensystem (h – Höhe, s – horizontaler Abstand) mit dem Koordinatenursprung in der Abwurfstelle

3) $v = \frac{s}{t} = \frac{2\pi r}{T}$ mit $T = \frac{t}{z} = \frac{6\,\text{s}}{15} = 0{,}4\,\text{s}$

$v = \frac{2\pi \cdot 90\,\text{m}}{0{,}4\,\text{s}}$

$\mathbf{v = 14\,ms^{-1}}$

4) $s_{max} = v_0\sqrt{\frac{2\Delta h}{g}}$

$s_{max} = 14\,\text{ms}^{-1}\sqrt{\frac{2 \cdot 1{,}70\,\text{m}}{9{,}81\,\text{ms}^{-2}}}$

$\mathbf{s_{max} = 8{,}3\,m}$

5) $v = \frac{s}{t}$

$\rightarrow\ t = \frac{s_{max}}{v}$

$t = \frac{8{,}3\,\text{m}}{14\,\text{ms}^{-1}}$

$\mathbf{t = 0{,}59\,s}$

oder

$\Delta h = \frac{g}{2}t^2$

$\rightarrow\ t = \sqrt{\frac{2\Delta h}{g}}$

$t = \sqrt{\frac{2 \cdot 1{,}7\,\text{m}}{9{,}81\,\text{ms}^{-2}}}$

$\mathbf{t = 0{,}59\,s}$

1/88 Geradlinige Bewegung; Kreisbewegung

Andreas und Beate warten auf die Straßenbahn. Als nach 15 Minuten noch immer keine Bahn kommt, entscheidet sich Andreas loszulaufen. Beate möchte lieber fahren und wartet weiter. Bereits eine Minute, nachdem Andreas losgelaufen ist, fährt seine Bahn ab.
Sie wird vier Sekunden lang gleichmäßig beschleunigt und fährt dann mit konstanter Geschwindigkeit zunächst 36 m geradlinig, bevor sie in drei Sekunden eine Rechtskurve durchfährt. Diese Kurve kann man als Kreisbogen mit einem Radius von 24 m und einem Zentriwinkel von 43° betrachten. Nach der Kurve wird die Straßenbahn wieder gleichmäßig beschleunigt und erreicht nach fünf Sekunden eine Geschwindigkeit von 15 ms^{-1}, mit der sie dann acht Sekunden lang weiterfährt.
45 m vor der nächsten Haltestelle wird begonnen, die Bahn bis zum Stillstand abzubremsen.
Nach 18 s Fahrzeit überholt die Straßenbahn Andreas. Als der die Bahn kommen hört, beginnt er zu rennen und hat zum Zeitpunkt des Überholens bereits eine Maximalgeschwindigkeit von 5 ms^{-1}. Er möchte die Bahn unbedingt erreichen.
Schafft er das, wenn sie bereits nach 20 s weiterfährt?
(Hinweis: Skizzieren Sie zunächst das v-t-Diagramm, und entwickeln Sie daraus einen Lösungsplan!)

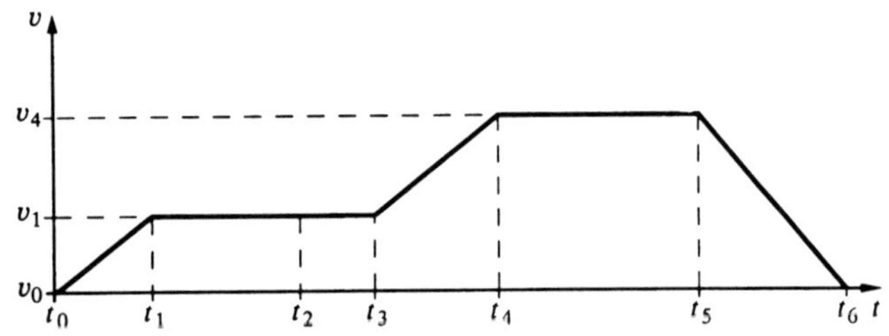

Gegebene Größen:

$t_1 - t_0 = \Delta t_1 =$ 4 s		
$t_2 - t_1 = \Delta t_2 =$	$\Delta s_2 = 36$ m	$v_2 =$ konst. $= v_3$
$t_3 - t_2 = \Delta t_3 =$ 3 s	$r = 24$ m	$\alpha = 43°$
$t_4 - t_3 = \Delta t_4 =$ 5 s		$v_4 = 15\,\text{ms}^{-1}$
$t_5 - t_4 = \Delta t_5 =$ 8 s		$v_5 =$ konst. $= v_4$
$t_6 - t_5 = \Delta t_6 =$	$\Delta s_6 = 45$ m	$\Delta v_6 = -15\,\text{ms}^{-1}$
$t_7 - t_6 = \Delta t_7 =$ 20 s	$\Delta s_7 = 0$	$v_7 =$ konst. $= 0$
$t_{ges} =$		

Beginn mit dem 3. Bewegungsabschnitt:

$$\Delta s_3 = r \cdot \hat{\alpha} \quad \text{mit} \quad \hat{\alpha} = \frac{43° \cdot \pi}{180°} = 0{,}75$$

$$v_3 = \frac{\Delta s_3}{\Delta t_3} = \frac{r \cdot \hat{\alpha}}{\Delta t_3}$$

$$v_3 = \frac{24\text{ m} \cdot 0{,}75}{3\text{ s}} = 6\text{ ms}^{-1} = v_2$$

$$\Delta t_2 = \frac{\Delta s_2}{v_2}$$

$$\Delta t_2 = \frac{36\text{ m}}{6\text{ ms}^{-1}} = 6\text{ s}$$

$$\Delta t_6 = \frac{\Delta s_6}{\bar{v}}$$

$$\Delta t_6 = \frac{45\text{ m}}{0{,}5 \cdot 15\text{ms}^{-1}} = 6\text{ s}$$

($\bar{v}$ ist die Durchschnittsgeschwindigkeit in diesem Bewegungsabschnitt)

$$\Delta t_{ges} = \Delta t_1 + \ldots + \Delta t_7$$

$$\Delta t_{ges} = 52\text{ s}$$

Treffen nach 18 s, d. h., Andreas bleiben bis zur Abfahrt der Bahn: $\Delta t_{ges} - 18\text{ s} = 34\text{ s}$

Weg der Bahn nach dem Treffen:

$$s_B = \Delta s_5 + \Delta s_6 + \Delta s_7 \qquad \text{mit} \qquad \Delta s_5 = v_5 \cdot \Delta t_5$$

$$\Delta s_5 = 15\text{ ms}^{-1} \cdot 8\text{ s} = 120\text{ m}$$

$$s_B = 120\text{ m} + 45\text{ m} + 0\text{ m} = 165\text{ m}$$

Von Andreas benötigte Zeit für s_B:

$$t_A = \frac{s_B}{v_A}$$

$$t_A = \frac{165\text{ m}}{5\text{ ms}^{-1}} = 33\text{ s}$$

Andreas erreicht die Bahn!

1/89 Beschleunigte Kreisbewegung

In einem Schaubergwerk fährt ein Förderkorb in einen 600 m tiefen Schacht ein. Dazu wird ein Seil über eine Trommel von 2,5 m Durchmesser geführt. Für die Trommel ist beim Anfahren und Abbremsen, das jeweils 4,0 s dauert, eine Winkelbeschleunigung vom Betrag 4,5 s^{-2} zugelassen.

1) Berechnen Sie die Länge der Anfahr- und Bremsstrecke!
2) Wie lange dauert das Einfahren?
3) Mit welcher Drehzahl dreht sich die Trommel während der gleichförmigen Bewegung des Förderkorbes?
4) Wieviel Trommelumdrehungen finden während des Einfahrens statt?
5) Zeichnen Sie das α-t- und das ω-t-Diagramm für diesen Vorgang!

1) $$\alpha = \frac{\Delta\omega}{\Delta t} \qquad \omega = \frac{\Delta\varphi}{\Delta t} \qquad \varphi = \frac{s}{r}$$

$$\alpha = \frac{s}{r \cdot t^2} \quad \rightarrow \quad s_{An} = s_{Br} = \alpha \cdot r \cdot t_{An}^2$$

$$s = 4{,}5\text{ s}^{-2} \cdot 1{,}25\text{ m} \cdot (4{,}0\text{ s})^2$$

$$\mathbf{s_{An} = s_{Br} = 90\text{ m}}$$

2) $$t = t_{An} + t_{Br} + t_{gl} \qquad t_{gl} = \frac{\varphi}{\omega_{gl}} = \frac{s}{r \cdot \alpha \cdot t_{An}}$$

$$t = 4\text{ s} + 4\text{ s} + \frac{600\text{ m} - 2 \cdot 90\text{ m}}{1{,}25\text{ m} \cdot 4{,}5\text{ s}^{-2} \cdot 4\text{ s}}$$

$$\mathbf{t = 27\text{ s}}$$

3) $$\omega = \alpha \cdot t_{An} = 2\pi n$$

$$n = \frac{\alpha \cdot t_{An}}{2\pi}$$

$$n = \frac{4{,}5\text{ s}^{-2} \cdot 4\text{ s}}{2\pi}$$

$$\mathbf{n = 2{,}9\text{ s}^{-1} = 170\text{ min}^{-1}}$$

4) $$z = \frac{s_{ges}}{2\pi \cdot r} = \frac{600\text{ m}}{2\pi \cdot 1{,}25\text{ m}}$$

$$\mathbf{z = 76}$$

5)

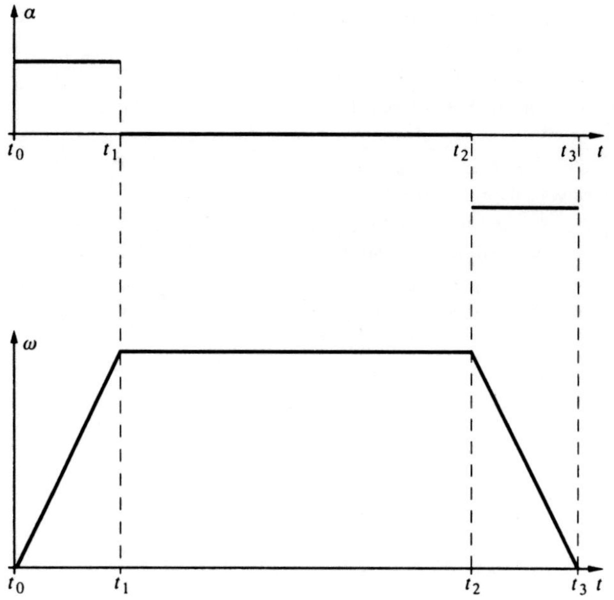

1/90 Beschleunigte Kreisbewegung

Ein Karussell wird zunächst von t_0 bis t_1 gleichmäßig beschleunigt. Bis zum Zeitpunkt t_2 rotiert es dann mit konstanter Drehzahl. Schließlich wird es bis zum Stillstand (Zeitpunkt t_3) gleichmäßig abgebremst.

1) Ergänzen Sie die folgenden Diagramme, und notieren Sie die Gleichungen für den ersten Bewegungsabschnitt!
2) Diskutieren Sie auch die Änderung der Radialbeschleunigung! (Beachten Sie, daß a die Tangentialbeschleunigung ist.)

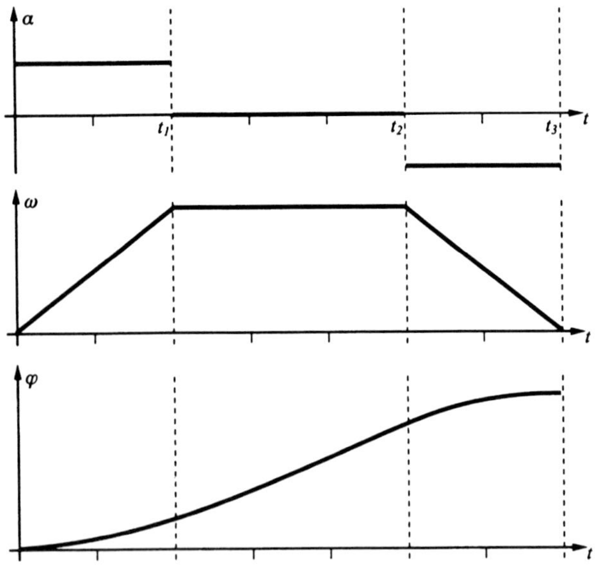

$a(t) =$ **konst. > 0**

$\omega(t) = \boldsymbol{\alpha \cdot t}$

$\varphi(t) = \boldsymbol{\frac{1}{2} \alpha \cdot t^2}$

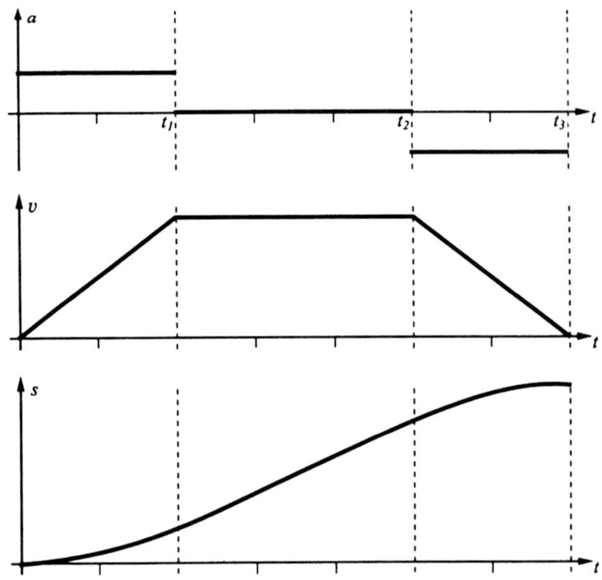

$a(t) =$ **konst. > 0**

$v(t) = \boldsymbol{a \cdot t}$

$s(t) = \boldsymbol{\frac{1}{2} a \cdot t^2}$

2) Im Intervall $t_1 \leq t \leq t_2$ rotiert das Karussell mit konstanter Winkelgeschwindigkeit, es tritt also eine (dem Betrag nach) konstante Radialbeschleunigung a_R auf. In den beiden anderen Intervallen wächst (bzw. fällt) die Radialbeschleunigung von null auf diesen konstanten Wert (bzw. wieder auf null). Während in diesen beiden Intervallen eine konstante Tangentialbeschleunigung ungleich null auftritt, ist sie im mittleren Intervall gleich null. Wegen $a_R \sim \omega_2$ handelt es sich nicht um einen zeitlich linearen Vorgang.

1/91 Überlagerung von Teilbewegungen

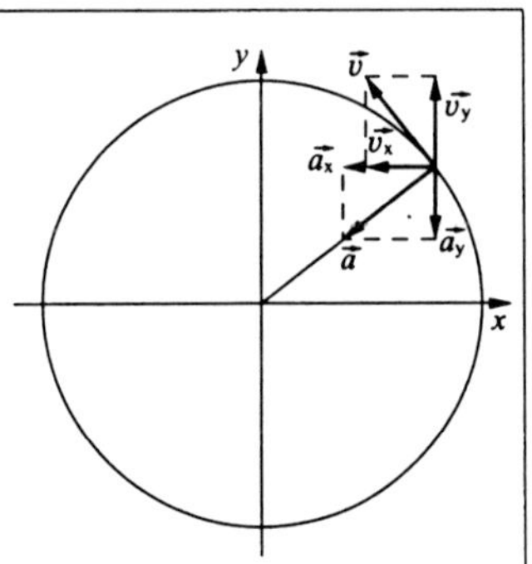

Leiten Sie die Gleichung für die Radialbeschleunigung her! Betrachten Sie dazu die gleichförmige Kreisbewegung als zusammengesetzte Bewegung aus zwei Teilbewegungen, die längs der Achsen eines Koordinatensystems erfolgen und durch die Funktionen $x = x(t)$ und $y = y(t)$ der Koordinaten des bewegten Punktes beschrieben werden. Setzen Sie diese Teilbewegungen dann wieder zu einer Gesamtbewegung zusammen!

1) Beschreiben Sie diese Teilbewegungen!
2) Geben Sie mit Hilfe des Ortsvektors $\vec{r}$ und des Drehwinkels φ die Koordinaten des Massenpunktes an, und ermitteln Sie die Funktionen $x = x(t)$ und $y = y(t)$!
3) Bestimmen Sie durch Differentiation die Beträge der Komponenten der Bahngeschwindigkeit und der Radialbeschleunigung der Kreisbewegung! Setzen Sie diese Größen aus ihren Komponenten zusammen!

   Skizzieren Sie die vektoriellen Größen $\vec{v}$ und $\vec{a}$ und deren Komponenten!
4) Welche Aussagen kann man über Betrag und Richtung dieser Größen machen?

1) Die Teilbewegungen sind ungleichförmige, periodische und geradlinige Bewegungen (harmonische Schwingungen).

   Sie sind die Projektionen des bewegten Punktes auf die Achsen.

2) $x = r \cdot \cos \varphi$ mit $\varphi = \omega t$ folgt $\boldsymbol{x = x(t) = r \cos \omega t}$

   $y = r \cdot \sin \varphi$ $\quad\boldsymbol{y = y(t) = r \sin \omega t}$

3) $v_x = \frac{\mathrm{d}x}{\mathrm{d}t} = -r \cdot \omega \cdot \sin \omega t$

$v_y = \frac{\mathrm{d}y}{\mathrm{d}t} = r \cdot \omega \cdot \cos \omega t$

$\vec{v} = \vec{v}_x + \vec{v}_y \qquad |\vec{v}| = \sqrt{v_x^2 + v_y^2}$

$|\vec{v}| = \sqrt{r^2\omega^2 \sin^2 \omega t + r^2\omega^2 \cos^2 \omega t} \qquad \boldsymbol{v = r\omega}$

$a_x = \frac{\mathrm{d}^2x}{\mathrm{d}t^2} = -r\omega^2 \cos \omega t \qquad a_y = \frac{\mathrm{d}^2y}{\mathrm{d}t^2} = -r\omega^2 \sin \omega t$

$\vec{a} = \vec{a}_x + \vec{a}_y \qquad |\vec{a}| = \sqrt{a_x^2 + a_y^2}$

$|\vec{a}| = \sqrt{r^2\omega^4 \sin^2 \omega t + r^2\omega^4 \cos^2 \omega t} \qquad \boldsymbol{a = r\omega^2}$

4) Die Beträge der Bahngeschwindigkeit $\vec{v}$ und der Radialbeschleunigung $\vec{a}$ sind konstant. Die Vektoren sind in jedem Augenblick senkrecht zueinander.

1/92 Vektorielle Beschreibung; Vektorprodukt

Für die vektoriellen Größen $\vec{r}, \vec{v}$ und $\vec{\omega}$ gilt: $\vec{v} = \vec{\omega} \times \vec{r}$. Verdeutlichen Sie den Zusammenhang dieser Größen in einer Skizze!

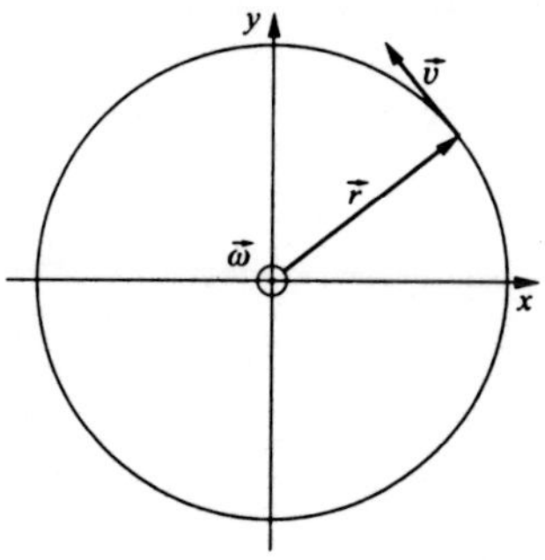

Die Richtungen der Vektoren bestimmt man mit der Rechte-Hand-Regel.

1/93 Bahngeschwindigkeit

Die Radtour ist beendet. Leider hatte es geregnet.
„Ohne Schutzbleche wären wir ganz schön schmutzig geworden“, stellt Pi fest.
„Wieso eigentlich? Das Hinterrad kann doch nicht schneller als das gesamte Fahrrad sein!“ Theta ist nachdenklich.
„Überholen ohne einzuholen!“ frotzelt Rho.

Die oberen Teile des Radkranzes sind schneller als die Radnabe und damit schneller als das Fahrrad. So kann der Schmutz den Fahrer einholen.

Verwandtes Thema: Raketenabschuß in Richtung der Erddrehung

1/94 Astronomische Entfernungen

Theta und Pi betrachten den Sternenhimmel. „Wie kann man die riesigen Entfernungen zu den Sternen messen?“, fragt Theta. Hobbyastronom Pi antwortet: „Man nutzt die Tatsache, daß sich die Erde um die Sonne bewegt.“
„So, als würde man einen Finger der ausgestreckten Hand abwechselnd mit dem linken bzw. rechten Auge betrachten.“ Theta begreift.
„Was macht man aber, wenn der Stern sehr weit entfernt ist?“ Sie bleibt hartnäckig.
„Beobachte mal die Rücklichter eines sich entfernenden Autos!“ rät der Freund.

Versuch mit dem Finger kann gemacht werden.

So wie beim Finger ändert sich der Winkel, unter dem ein bestimmtes Gestirn beobachtet wird, durch die Bewegungen der Erde – Parallaxe. Aus der Änderung des Winkels kann man auf die Entfernung des Sterns schließen.

Bei sehr weit entfernten Sternen muß man auf Helligkeitsverluste zurückgreifen – die Rücklichter werden schwächer.

2/01 Ortsabhängigkeit der Gewichtskraft

Berechnen Sie die Gewichtskraft, die an der Erdoberfläche auf eine Person mit einer Masse von 75 kg

1) am 45. Breitengrad,
2) am Äquator und
3) am Nordpol wirkt!
4) Was können Sie über die Gewichtskraft aussagen, wenn sich diese Person an Ihrem Heimatort befindet?

$g_{45°} = 9{,}81\ \mathrm{ms^{-2}}$ $g_{Ä} = 9{,}78\ \mathrm{ms^{-2}}$ $g_P = 9{,}83\ \mathrm{ms^{-2}}$

Bleibt die Zentrifugalkraft als (kleine) Komponente der Gewichtskraft außer acht (vgl. 2/21), gilt $F_G = m \cdot g$.

1) $F_G = 75\ \mathrm{kg} \cdot 9{,}81\ \mathrm{ms^{-2}}$ $\qquad \boldsymbol{F_G = 736\ \mathrm{N}}$
2) $F_G = 75\ \mathrm{kg} \cdot 9{,}78\ \mathrm{ms^{-2}}$ $\qquad \boldsymbol{F_G = 734\ \mathrm{N}}$
3) $F_G = 75\ \mathrm{kg} \cdot 9{,}83\ \mathrm{ms^{-2}}$ $\qquad \boldsymbol{F_G = 737\ \mathrm{N}}$
4) $\boldsymbol{734\ \mathrm{N} < F_G < 737\ \mathrm{N}}$

2/02 Gewichtskraft; Masse

Diskutieren Sie folgende Aussagen:

1) Die auf einen Körper wirkende Gewichtskraft ist eine konstante Größe.
2) Die auf einen Körper wirkende Gewichtskraft kann nicht null werden.
3) Die auf einen Körper wirkende Gewichtskraft ist auf dem Mond geringer als auf der Erde.
4) Die Masse eines Körpers ist auf dem Mond geringer als auf der Erde.
5) Die auf einen Körper wirkende Gewichtskraft ist von der Masse des Körpers abhängig.

1) Die Aussage ist falsch. Die Gewichtskraft hängt vom Ort ab. Bereits auf der Erde weicht sie zwischen Pol und Äquator um rund ein halbes Prozent ab, auf dem Mond beträgt sie nur noch ca. 1/6 ihrer Größe auf der Erde.
2) Die Aussage ist falsch. In relativ großer Entfernung von anderen massereichen Körpern ist die Gewichtskraft ebenso null wie z. B. an dem Punkt zwischen Erde und Mond, an dem sich die Gravitationskräfte gegenseitig aufheben.
3) Das trifft zu, sie beträgt nur ca. 1/6.
4) Falsche Aussage.
5) Ja, sie ist an einem bestimmten Ort, d. h. für konstante Fallbeschleunigung, sogar direkt proportional zur Masse des Körpers.

2/03 Beschleunigende Kraft

Eine Kraft F erteilt einem Körper der Masse m_1 eine Beschleunigung von $7{,}7\ \mathrm{ms^{-2}}$ und einem Körper der Masse m_2 eine Beschleunigung von $2{,}3\ \mathrm{ms^{-2}}$.

Bestimmen Sie die Beschleunigung eines Körpers, dessen Masse die Summe aus m_1 und m_2 ist und der von der gleichen Kraft beschleunigt wird!

$$F = m_1 a_1 = m_2 a_2 = (m_1 + m_2) a \qquad m_1 = \frac{F}{a_1} \qquad m_2 = \frac{F}{a_2}$$

$$F = \left(\frac{F}{a_1} + \frac{F}{a_2}\right) \cdot a \qquad \frac{1}{a} = \frac{1}{a_1} + \frac{1}{a_2}$$

$$a = \frac{a_1 \cdot a_2}{a_1 + a_2} = \frac{7{,}7\ \mathrm{ms^{-2}} \cdot 2{,}3\ \mathrm{ms^{-2}}}{7{,}7\ \mathrm{ms^{-2}} + 2{,}3\ \mathrm{ms^{-2}}}$$

$\boldsymbol{a = 1{,}8\ \mathrm{ms^{-2}}}$

2/04 Beschleunigende Kraft; Kinematik

Ein PKW erreicht aus dem Stand innerhalb von 10,6 s eine Geschwindigkeit von $100\ \mathrm{kmh^{-1}}$.

1) Welche Antriebskraft ist für die auftretende Beschleunigung notwendig, wenn die auf den Wagen wirkende Gewichtskraft 14 kN beträgt?
2) Welcher Weg wird in dieser Zeit zurückgelegt?

(Die Beschleunigung wird als konstant angesehen und die Reibung vernachlässigt.)

1) $F = m \cdot a, \qquad F_G = m \cdot g, \qquad a = \frac{v}{t}$

$$F = \frac{F_G \cdot v}{g \cdot t} = \frac{14\ \mathrm{kN} \cdot \frac{100}{3{,}6}\ \mathrm{ms^{-1}}}{9{,}81\ \mathrm{ms^{-2}} \cdot 10{,}6\ \mathrm{s}}$$

$\boldsymbol{F = 3{,}7\ \mathrm{kN}}$

2) $$s = \frac{a}{2} t^2 = \frac{v}{2t} t^2 = \frac{v}{2} t$$

$$s = \frac{100\ \mathrm{ms^{-1}}}{2 \cdot 3{,}6} \cdot 10{,}6\ \mathrm{s}$$

$\boldsymbol{s = 147\ \mathrm{m}}$

2/05		Beschleunigende Kraft; Kinematik	

Eine Straßenbahn (bestehend aus dem Triebwagen mit 17,0 t Masse und zwei Hängern mit je 14,0 t Masse) verläßt den Haltestellenbereich gleichmäßig beschleunigt.

1) Nach welcher Zeit erreicht sie eine Geschwindigkeit von 40 kmh^{-1}, wenn die Antriebskraft 58,5 kN beträgt?
2) Welche Bremskraft ist notwendig, um die Bahn auf einer Strecke von 40 m zum Stehen zu bringen?

1) $v = a \cdot t \quad \rightarrow \quad t = \frac{v}{a}$

$F = m \cdot a \quad \rightarrow \quad a = \frac{F}{m}$

$$t = \frac{v \cdot m}{F}$$

$$t = \frac{40\ \text{ms}^{-1}(17 \cdot 10^3\,\text{kg} + 2 \cdot 14 \cdot 10^3\,\text{kg})}{3{,}6 \cdot 58{,}5 \cdot 10^3\,\text{N}}$$

$\boldsymbol{t = 8{,}5\ \text{s}}$

2) $s = \frac{1}{2}at^2 + v_0 t$

$v = at + v_0$

Gesucht ist diejenige Beschleunigung, für die bei s = 40 m die Geschwindigkeit v auf null gefallen ist (t eleminieren).

$$0 = at + v_0$$

$$t = -\frac{v_0}{a}$$

$$s = \frac{1}{2}a\left(-\frac{v_0}{a}\right)^2 + v_0\left(-\frac{v_0}{a}\right) = -\frac{v_0^2}{2a}$$

$$a = -\frac{v_0^2}{2s}$$

$$F = m \cdot a = -\frac{mv_0^2}{2s}$$

$$F = -\frac{45 \cdot 10^3\ \text{kg} \cdot (40\ \text{ms}^{-1})^2}{2 \cdot 40\ \text{m} \cdot 3{,}6^2}$$

$\boldsymbol{F = -69\ \text{kN}}$

2/06		Kraft; geneigte Ebene; Kinematik	

Leiten Sie für die folgende Anordnung von drei Körpern Gleichungen her

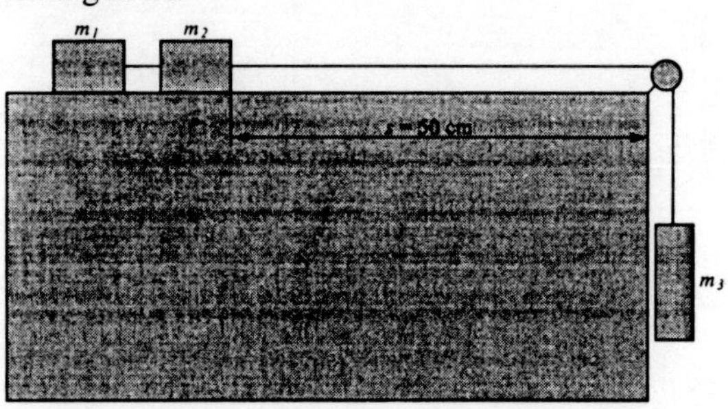

1) für die Beschleunigung des Systems, wenn sich der Körper mit der Masse m_3 nach unten bewegt,
2) für die Zeit, in der eine Strecke s reibungsfrei von den Körpern 1 und 2 durchlaufen wird,
3) für die Beschleunigung und die Zeit unter der Bedingung, daß sich die Körper 1 und 2 auf einer geneigten Ebene mit dem Neigungswinkel α um die Strecke s hinaufbewegen. (Zeichnen Sie dazu eine Skizze!)
4) Bestimmen Sie die Zeiten aus Aufgabe 2) und 3) für m_1 = 0,3 kg; m_2 = 0,4 kg; m_3 = 0,2 kg; α = 10°!

1) $F = F_{G3} = m_3 \cdot g$

$$a = \frac{F}{m} = \frac{m_3 \cdot g}{m_1 + m_2 + m_3}$$

2) $s = \frac{a}{2}t^2 \quad \rightarrow \quad t = \sqrt{\frac{2s}{a}} \qquad t = \sqrt{\frac{2s(m_1 + m_2 + m_3)}{m_3 \cdot g}}$

3)

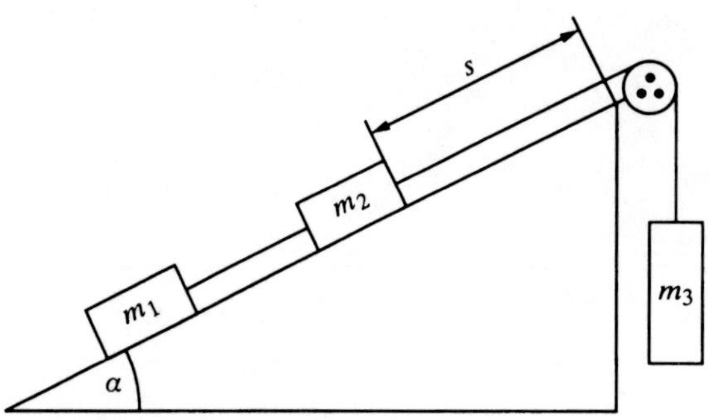

$$F = F_{G3} - (F_{G1} + F_{G2}) \cdot \sin\alpha$$

$$a = g\,\frac{m_3 - (m_1 + m_2) \cdot \sin\alpha}{m_1 + m_2 + m_3}$$

$$t = \sqrt{\frac{2s(m_1 + m_2 + m_3)}{g[m_3 - (m_1 + m_2) \cdot \sin\alpha]}}$$

4) $t_{2)} = \sqrt{\frac{2 \cdot 0{,}5\ \text{m}(0{,}3 + 0{,}4 + 0{,}2)\ \text{kg}}{0{,}2\ \text{kg} \cdot 9{,}81\ \text{ms}^{-2}}}$

$\boldsymbol{t_{2)} = 0{,}68\ \text{s}}$

$$t_{3)} = \sqrt{\frac{2 \cdot 0{,}5\ \text{m}(0{,}3 + 0{,}4 + 0{,}2)\ \text{kg}}{9{,}81\ \text{ms}^{-2}[0{,}2\ \text{kg} - (0{,}3 + 0{,}4)\ \text{kg} \cdot \sin 10°]}}$$

$\boldsymbol{t_{3)} = 1{,}1\ \text{s}}$

2/07 Kraft; Bewegungsdiagramme

Für die geradlinige und reibungsfreie Bewegung eines Körpers von 500 g Masse sind folgende Bedingungen gegeben:

Zur Zeit $t_0 = 0$ s betragen der Anfangsweg $s_0 = 0$ m und die Anfangsgeschwindigkeit $v_0 = 4\ \text{ms}^{-1}$.

Von 0 s bis 3 s wirkt keine Kraft auf den Körper. Dann wird der Körper 4 s lang gleichmäßig beschleunigt und erreicht nach dieser Zeit einen Abstand von 44 m vom Anfangspunkt.

Von 7 s bis 13 s wirkt eine Kraft von 1,5 N entgegengesetzt zur Bewegungsrichtung, und von 13 s bis 16 s wirkt keine Kraft. Die nächsten 2 s lang wird der Körper mit $a = -2\ \text{ms}^{-2}$ gleichmäßig beschleunigt, und von 18 s bis 22 s wird der Körper bis zum Stillstand abgebremst.

1) Zeichnen Sie die drei Bewegungsdiagramme untereinander in ein Arbeitsblatt!
2) Geben Sie die Zeitintervalle an, in denen sich der Körper entgegengesetzt zur anfänglichen Bewegungsrichtung bewegt!
3) Bestimmen Sie die Kraft, die zwischen 16 s und 18 s auf den Körper wirkt!
4) Mit welcher Kraft und in welche Richtung muß der Körper bewegt werden, damit er sich zur Zeit $t = 26$ s wieder am Ausgangsort befindet?

1)

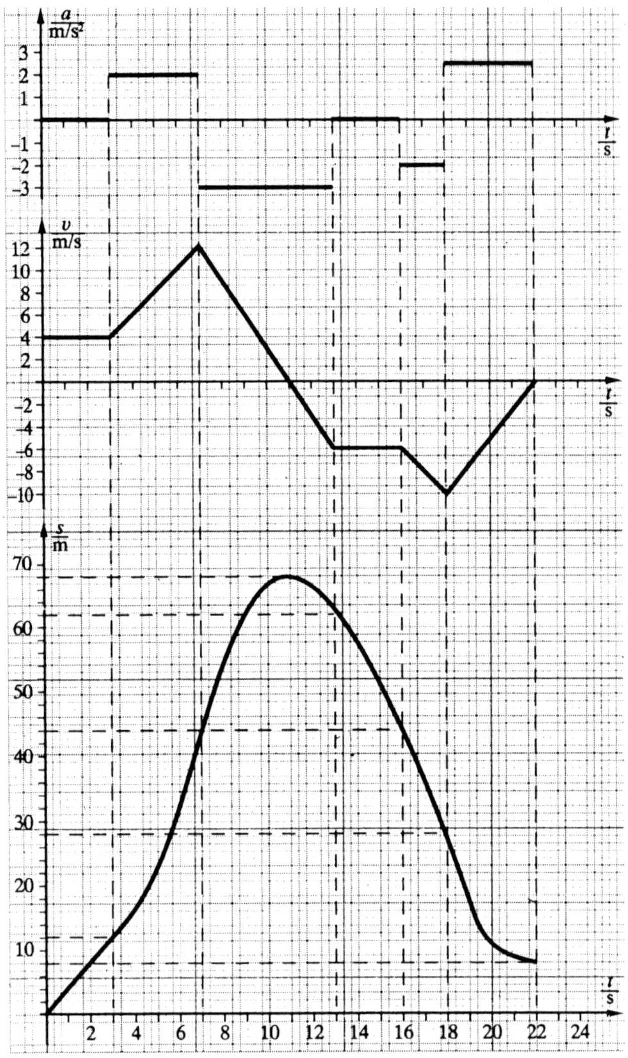

2) **11 s < t < 22 s**

3) $F = m \cdot a = 0{,}5\ \text{kg} \cdot (-2\ \text{ms}^{-2})$ **$F = -1$ N**

4) $v(22\text{s}) = 0\ \text{ms}^{-1}$ $\quad \Delta s = 0\ \text{m} - 8\ \text{m}$ $\quad \Delta t = 4$ s

$$\Delta s = \frac{a}{2}\Delta t^2 \qquad a = \frac{2\Delta s}{\Delta t^2} = \frac{2 \cdot (-8\ \text{m})}{(4\ \text{s})^2} = -1\ \text{ms}^{-2}$$

$$F = m \cdot a = 0{,}5\ \text{kg} \cdot (-1\ \text{ms}^{-2}) \qquad \mathbf{F = -0{,}5\ N}$$

2/08 Beschleunigende Kraft; Kinematik

Für ein Fahrzeug mit einer Masse von 1,2 t gilt folgendes Diagramm:

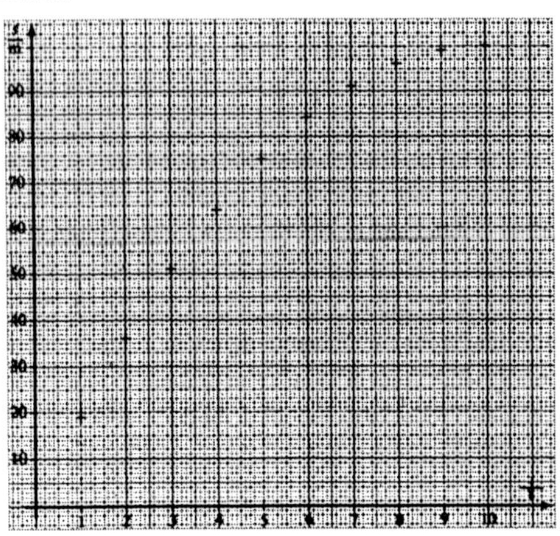

1) Berechnen Sie mit Hilfe des Diagramms die Anfangs- und die Endgeschwindigkeit! (Die Geschwindigkeit ändert sich gleichmäßig.)
2) Beschreiben Sie die Bewegung des Fahrzeuges, und zeichnen Sie ein qualitativ richtiges v-t-Diagramm!
3) Welche Kraft ist für diese Bewegung des Fahrzeuges notwendig?

1) Aus dem Diagramm sind z. B. $s(0\ \text{s}) = 0\text{m}$, $s(5\ \text{s}) = 75$ m und $s(10\ \text{s}) = 100$ entnehmbar. Es folgt aus

$$s(t) = \frac{a}{2}t^2 + v_0 t + s_0 \qquad \text{und} \qquad s_0 = 0$$

$$\left.\begin{array}{l} s(5\ \text{s}) = 75\ \text{m} = \frac{a}{2} \cdot (5\ \text{s})^2 + v_0 \cdot 5\ \text{s} \\ s(10\ \text{s}) = 100\ \text{m} = \frac{a}{2} \cdot (10\ \text{s})^2 + v_0 \cdot 10\ \text{s} \end{array}\right\} \rightarrow \mathbf{v_0 = 20\ ms^{-1}}$$

$$a = -2\ \text{ms}^{-2}$$

$$v(t) = at + v_0 = -2\ \text{ms}^{-2} \cdot 10\ \text{s} + 20\ \text{ms}^{-1} \rightarrow \mathbf{v = 0\ ms^{-1}}$$

2)

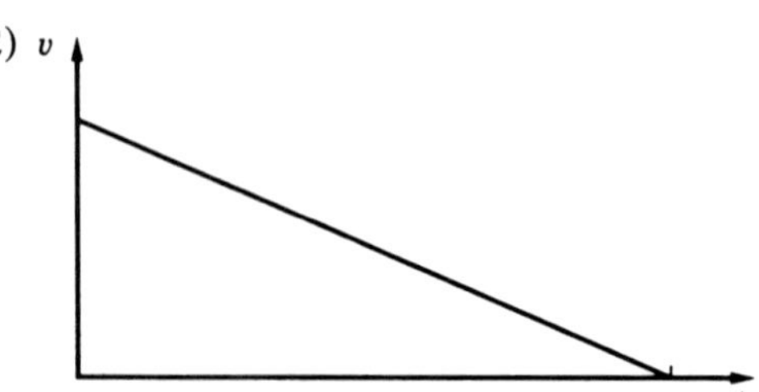

3) $F = m \cdot a = 1{,}2 \cdot 10^3\ \text{kg}\ (-2\ \text{ms}^{-2})$

$F = -2{,}4$ kN

2/09 Luftwiderstand

Ein Körper mit der Masse m fällt nahe der Erdoberfläche.

1) Welche Kräfte greifen unter Beachtung des Luftwiderstandes am Körper an, und welche Wirkung haben sie?
2) Zeigen Sie, daß die Beschleunigung unter dieser Bedingung mit der Gleichung $a=\left(1-\frac{F_L}{F_G}\right)\cdot g$ (1) berechnet wird!
3) Für den Luftwiderstand gilt folgende Gleichung:
$$F_L = f(v) = \frac{1}{2}\rho_L c_W A v^2 \qquad (2)$$
Dabei ist ρ_L die Dichte der Luft, c_W ein Faktor, der von der Form des Körpers abhängt, A die Querschnittsfläche des Körpers senkrecht zur Bewegungsrichtung und v die Geschwindigkeit des Körpers.
Interpretieren Sie jetzt die Gleichung (1)! Unter welcher Bedingung hat die Beschleunigung ihr Maximum bzw. ihr Minimum? (Beachten Sie dabei Gleichung (2)!)
4) Beschreiben Sie den Bewegungsablauf des fallenden Körpers!
5) Bestimmen Sie für eine Holzkugel (Dichte ρ = 0,8 kg dm^{-3}; d = 10 cm) die maximale Geschwindigkeit, die sie beim Fallen erreichen kann! (ρ_L = 1,29 kgm^{-3}, c_W = 0,4)
6) Aus welcher Höhe müßte die Kugel mindestens fallen, um die unter 5) berechnete Geschwindigkeit zu erreichen? (Vernachlässigen Sie dazu den Luftwiderstand!)
7) Skizzieren Sie für den freien Fall und den Fall im luftgefüllten Raum ein v-t-Diagramm!

1) F_G hat beschleunigende, F_L verzögernde Wirkung.

2) $F = F_G - F_L \qquad m\cdot a = m\cdot g - F_L$
$$a = g - \frac{F_L}{m}$$
$$a = \left(1-\frac{F_L}{F_G}\right)g$$

3) $a_{max} = g$ für $F_L = 0$, also für $v = 0$
$a_{min} = 0$ für $F_L = F_G$, was v = konst. bedeutet

4) Am Beginn der Fallbewegung ($v = 0$) wirkt $a = g$, mit zunehmender Geschwindigkeit wächst F_L, und es verringert sich damit a (ungleichmäßig beschleunigte Bewegung). Wenn die Geschwindigkeit so groß ist, daß $F_L = F_G$ gilt, wird der Körper nicht weiter beschleunigt, er fällt also mit konstanter Geschwindigkeit weiter.

5) $F_L = F_G \qquad \frac{1}{2}\rho_L c_W A\cdot v^2 = m\cdot g \qquad m = \rho\cdot V$
$$\frac{1}{2}\rho_L c_W\cdot\frac{\pi}{4}\cdot d^2\cdot v^2 = \rho\cdot\frac{\pi}{6}\cdot d^3\cdot g$$
$$v = \sqrt{\frac{4\cdot\rho\cdot g\cdot d}{3\rho_L\cdot c_W}} = \sqrt{\frac{4\cdot 0{,}8\cdot 10^3\ \text{kgm}^{-3}\cdot 9{,}81\ \text{ms}^{-2}\cdot 0{,}1\ \text{m}}{3\cdot 1{,}29\ \text{kg}\cdot\text{m}^{-3}\cdot 0{,}4}}$$
$\mathbf{v = 45\ ms^{-1} = 160\ kmh^{-1}}$

6) $s = \frac{a}{2}t^2, \quad v = at \;\rightarrow\; t = \frac{v}{a} \;\rightarrow\; s = \frac{v^2}{2a}$
$$h = \frac{v^2}{2g} = \frac{(45\ \text{ms}^{-1})^2}{2\cdot 9{,}81\ \text{ms}^{-2}}$$
$\mathbf{h = 103\ m}$

Da der Luftwiderstand vernachlässigt wurde, gilt in Wirklichkeit $h \gg 103$ m.

7)

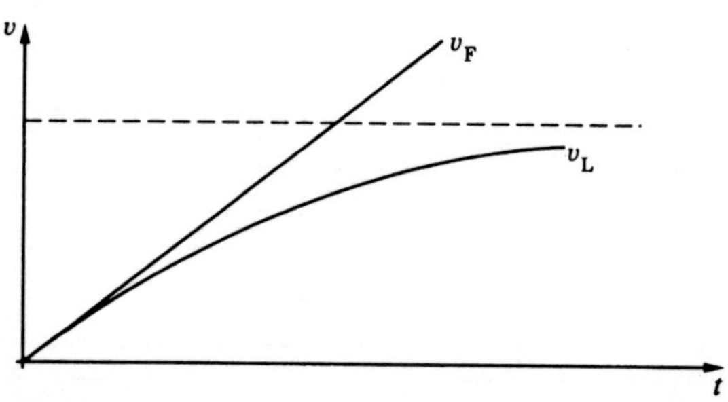

2/10 Beschleunigende Kraft; Kinematik

Auf einer vereisten Straße gerät ein Fahrzeug von 1,2 t außer Kontrolle und prallt mit einer Geschwindigkeit von 40 kmh^{-1} an einen Baum am Straßenrand. Dabei wird der Motorraum um 40 cm zusammengequetscht. Der Fahrgastraum bleibt im wesentlichen unbeschädigt.

1) Berechnen Sie die beim Aufprall auftretende Beschleunigung, und vergleichen Sie den berechneten Wert mit der Fallbeschleunigung!
2) Welche Kraft wirkt auf einen angeschnallten Fahrer der Masse m = 73 kg?
Anleitung: Die am Fahrzeug auftretende Verformung entspreche dem Bremsweg einer gleichmäßig verzögerten Bewegung.
3) Beschreiben Sie den Bewegungsablauf während des Aufpralls und dessen Folgen für einen Fahrzeuginsassen, der nicht angeschnallt ist!
4) Aus welcher Höhe müßte der Wagen frei fallen, damit die gleiche Wirkung eintritt?

1) Die Deformation des Motorraumes kann als „Bremsweg" angesehen werden.

$s = -\frac{a}{2}t^2 + v_0 t$
$v = -at + v_0$

Gesucht wird die Beschleunigung, die für den gegebenen Wert für s die Geschwindigkeit auf null verringert, t wird eleminiert.

$0 = -at + v_0 \;\rightarrow\; t = \frac{v_0}{a}$
$$s = -\frac{a}{2}\left(\frac{v_0}{a}\right)^2 + v_0\frac{v_0}{a} = \frac{v_0^2}{2a} \;\rightarrow\; a = \frac{v_0^2}{2s}$$
$$a = \frac{v_0^2}{2s} = \frac{\left(\frac{40}{3{,}6}\ \text{ms}^{-1}\right)^2}{2\cdot 0{,}4\ \text{m}} = 150\ \text{ms}^{-2}$$
$\mathbf{a = 150\ ms^{-2}} \qquad \mathbf{a \approx 16g}$

2) $F = m\cdot a = 73\ \text{kg}\cdot 150\ \text{ms}^{-2}$
$\mathbf{F = 11\ kN}$ ($\hat{=}\ F_G$ bei m = 1,1 t)

3) Während der Wagen abgebremst wird, bewegt sich die nichtangeschnallte Person mit v = 40 kmh^{-1} durch den Innenraum des Fahrzeuges, bis sie z. B. auf das Armaturenbrett prallt. Dort wird die Person auf wenigen Zentimetern (Verformung) abgebremst, wodurch noch höhere Beschleunigungen (Kräfte) auftreten.

4) $W_{kin} = W_{pot}$ $\qquad \frac{m}{2} v^2 = m \cdot g \cdot h$

$$h = \frac{v^2}{2g} = \frac{\left(\frac{40}{3{,}6}\ \mathrm{ms}^{-1}\right)^2}{2 \cdot 9{,}81\ \mathrm{ms}^{-2}} \qquad \boldsymbol{h = 6{,}3\ \mathrm{m}}$$

2/11 Kraft; geneigte Ebene

Ein Auto der Masse 1,7 t fährt eine Straße mit einer Steigung von 8 % hinauf.

Welche Antriebskraft muß der Motor mindestens aufbringen, wenn das Auto

1) mit einer konstanten Geschwindigkeit von 50 kmh^{-1} ,
2) mit einer konstanten Beschleunigung von 0,5 ms^{-2} fährt?
3) Berechnen Sie nun die Antriebskraft, wenn das Auto die Straße hinabfährt (Bedingungen wie unter 1) und 2))!
4) Wie ändern sich die berechneten Werte, wenn man berücksichtigt, daß Reibung auftritt?

1)

$\tan \alpha = 0{,}08$

$(\alpha = 4{,}57\ °)$

$F_H = F_G \cdot \sin \alpha$

$\quad = m \cdot g \cdot \sin \alpha$

$\quad = 1{,}7 \cdot 10^3\ \mathrm{kg} \cdot 9{,}81\ \mathrm{ms}^{-2} \cdot \sin 4{,}57°$

$\boldsymbol{F_H = 1{,}3\ \mathrm{kN}}$

Wird die Reibung vernachlässigt, muß der Motor gerade diese Kraft „überwinden“.

2) $F = F_H + m \cdot a = 1{,}3\ \mathrm{kN} + 1{,}7 \cdot 10^3\ \mathrm{kg} \cdot 0{,}5\ \mathrm{ms}^{-2}$

$\boldsymbol{F = 2{,}2\ \mathrm{kN}}$

3) $F_{1)} = F_H$, jedoch entgegengesetzt gerichtet (Bremskraft)

$F_{2)} = F_H - m \cdot a = 1{,}3\ \mathrm{kN} - 1{,}7 \cdot 10^3\ \mathrm{kg} \cdot 0{,}5\ \mathrm{ms}^{-2}$

$\boldsymbol{F_{2)} = +0{,}45\ \mathrm{kN}}$

Da F_H größer als die zur Beschleunigung nötige Kraft ist, handelt es sich ebenfalls um eine Bremskraft.

4) Die bei 1) und 2) berechneten Kräfte müssen erhöht werden, dagegen genügen infolge der Reibung bei 3) geringere Bremskräfte.

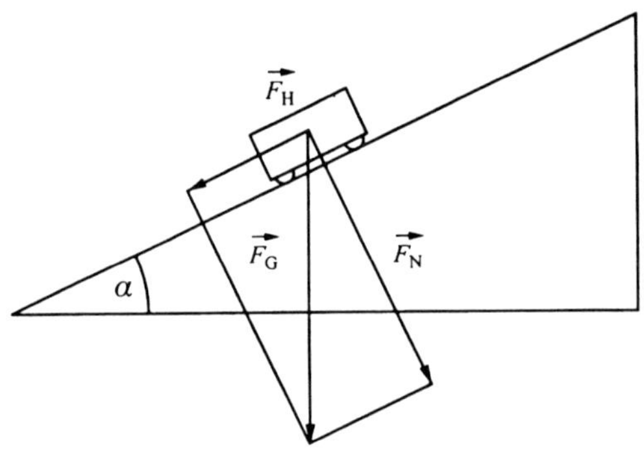

2/12 Trägheitskräfte

Matthias und Roland wollen ein Beispiel aus dem Physikunterricht überprüfen. Sie benutzen dazu eine Personenwaage, deren Masse vernachlässigbar sein soll.

Matthias stellt sich in einem Fahrstuhl auf die Waage. Solange der Fahrstuhl steht, liest Roland auf der Waage 65 kg ab, während des Anfahrens jedoch 72 kg.

1) Fahren sie nach oben oder nach unten? Begründen Sie Ihre Antwort!
2) Mit welcher (konstanten) Beschleunigung fährt der Fahrstuhl an?
3) Diskutieren Sie, welche Werte mit einer Balkenwaage (Dezimalwaage) unter den gleichen Bedingungen ermittelt werden würden!
4) Wie groß ist während des Anfahrens nach oben die Zugkraft im Tragseil, wenn der leere Fahrstuhl eine Masse von 400 kg hat? (m_R = 74 kg)
5) Unterscheiden Sie die Begriffe Trägheit und Trägheitskraft!

   Warum existieren Trägheitskräfte nur für einen Beobachter, der sich selbst im beschleunigt bewegten Bezugssystem befindet?

Im beschleunigten Bezugssystem tritt eine Trägheitskraft F_T auf, die stets entgegengesetzt zur beschleunigenden Kraft wirkt.

1) $F = F_G + F_T > F_G$

F_G und F_T sind gleichgerichtet, weshalb es sich um eine beschleunigte Bewegung nach oben handelt.

2) Eine Personenwaage nutzt die Gewichtskraft zur Bestimmung der Masse, ihre Anzeige ist also proportional zur wirkenden Kraft gemäß $F_G = m \cdot g$. Daraus folgt $m' = \frac{F}{g}$, auch wenn sich eigentlich die Beschleunigung ändert, während die Masse eine Konstante ist.

$F = m' \cdot g = mg + ma$

$$a = g\frac{m' - m}{m} = 9{,}81\ \mathrm{ms}^{-2}\,\frac{72\ \mathrm{kg} - 65\ \mathrm{kg}}{65\ \mathrm{kg}} \qquad \boldsymbol{a = 1{,}1\ \mathrm{ms}^{-2}}$$

3) Beide Waagschalen werden der gleichen Beschleunigung unterworfen, weshalb keine Abweichung von 65 kg auftritt.

4) $F = F_G + F_T = m(a+g) = (m_R + m_M + m_F)(a+g)$

$F = (74\ \mathrm{kg} + 65\ \mathrm{kg} + 400\ \mathrm{kg})(1{,}1\ \mathrm{ms}^{-2} + 9{,}81\ \mathrm{ms}^{-2})$

$\boldsymbol{F = 5{,}9\ \mathrm{kN}}$

2/13 Trägheitskräfte; Kinematik

Anne wohnt in der fünften Etage eines achtstöckigen Hauses. Sie steigt in den Fahrstuhl, um ihren Freund, der im gleichen Haus wohnt, zu besuchen.

Würde sie auf einer Personenwaage stehen, könnte sie während der Fahrt in den ersten zwei Sekunden 54 kg, während der nächsten fünfeinhalb Sekunden 60 kg und während der letzten zwei Sekunden 66 kg ablesen.

1) Wohnt ihr Freund im Erdgeschoß oder im achten Stock? Begründen Sie Ihre Antwort!
2) Wie hoch ist das Gebäude mindestens?
3) Wie alt ist ihr Freund?

1) Da $F = F_G + F_T < F_G = 60$ kg gilt, fährt der Fahrstuhl nach unten (Erdgeschoß).

2) $F = m' \cdot g = mg + ma$ (Vgl. 2/12)

$$a_1 = g\frac{m_1' - m}{m} = 9{,}81\ \mathrm{ms^{-2}}\,\frac{54\ \mathrm{kg} - 60\ \mathrm{kg}}{60\ \mathrm{kg}} = -1{,}0\ \mathrm{ms^{-2}}$$

$$a_2 = g\frac{m_2' - m}{m} = 9{,}81\ \mathrm{ms^{-2}}\,\frac{66\ \mathrm{kg} - 60\ \mathrm{kg}}{60\ \mathrm{kg}} = 1{,}0\ \mathrm{ms^{-2}}$$

$$s_1 = \frac{a}{2}t^2 = \frac{-1{,}0\ \mathrm{ms^{-2}}}{2}(2\ \mathrm{s})^2 = -2\ \mathrm{m}$$

$$v(2\ \mathrm{s}) = at = -1{,}0\ \mathrm{ms^{-2}} \cdot 2\ \mathrm{s} = -2\ \mathrm{ms^{-1}}$$

$$s_2 = v \cdot t = -2\ \mathrm{ms^{-1}} \cdot 5{,}5\ \mathrm{s} = -11\ \mathrm{m}$$

$$s_3 = \frac{a}{2}t^2 + v_0 t = \frac{1\ \mathrm{ms^{-2}}}{2}(2\ \mathrm{s})^2 - 2\ \mathrm{ms^{-1}} \cdot 2\ \mathrm{s} = -2\ \mathrm{ms^{-1}}$$

$s = s_1 + s_2 + s_3 = -15$ m (für 5 Etagen)

Das achtstöckige Gebäude ist **mindestens 24 m** hoch.

3) „Kapitänsaufgabe“!

2/14 Trägheitskräfte

Mit der abgebildeten Anordnung kann man mit Hilfe eines Fadenpendels die Beschleunigung eines anfahrenden Zuges bestimmen.

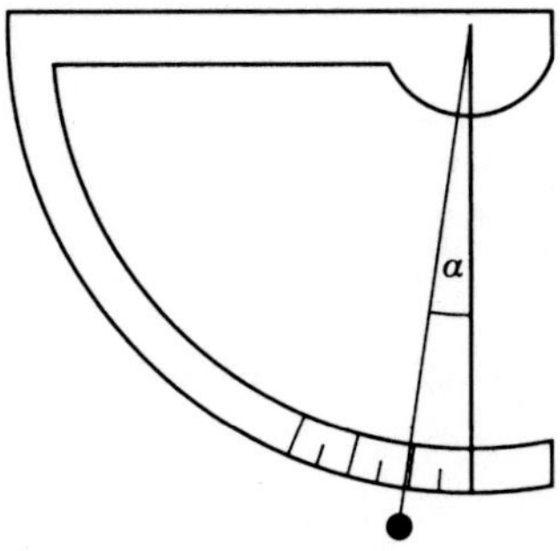

1) Geben Sie die Funktionsgleichung $a = a(\alpha)$ für den Auslenkwinkel an!
2) Welcher Winkel tritt bei einer Beschleunigung von 2 $\mathrm{ms^{-2}}$ auf?

1) Die Kraft im Faden setzt sich aus der Gewichtskraft F_G der Kugel und der infolge der Beschleunigung des Zuges auftretenden Trägheitskraft F_T zusammen ($\vec{F}_G \perp \vec{F}_T$).

$$\tan\alpha = \frac{F_T}{F_G} = \frac{m \cdot a}{m \cdot g} = \frac{a}{g}$$

$$\boldsymbol{a = g \cdot \tan\alpha}$$

2) $$\tan\alpha = \frac{a}{g} = \frac{2\ \mathrm{ms^{-2}}}{9{,}81\ \mathrm{ms^{-2}}} = 0{,}20$$

$$\boldsymbol{\alpha = 12°}$$

2/15 Trägheitskräfte

Carsten möchte messen, wie groß seine Armkraft zur Ausführung eines Liegestützes sein muß. Dazu legt er im Liegestütz seine Hände auf eine Personenwaage.

1) Schätzen Sie, welche Anzeige er abliest, wenn seine Masse etwa 80 kg beträgt!
2) Carsten führt nun Liegestütze aus. Dabei steigt die Anzeige der Federwaage kurzzeitig bis auf 65 kg an.

   Bei welcher Bewegungsrichtung wächst bzw. fällt die Anzeige der Waage?
3) Bestimmen Sie die hervorgerufene Beschleunigung, wenn bei seinem Mitschüler Steffen in Ruhe 35 kg, in der Bewegung dagegen bis zu 50 kg angezeigt werden!

1) Der Schwerpunkt liegt bei etwa 2/3, von den Füßen ab gemessen. Die Anzeige wird etwa 50 kg betragen.

2) Wenn Carsten mit der Aufwärtsbewegung beginnt und wenn er die Abwärtsbewegung abbremst, steigt die Anzeige.

3) $F = F_G' + F_T$ (Vgl. 2/12)

$$m''g = m'g + m'a$$

$$a = g\frac{m'' - m'}{m'}$$

$$= 9{,}81\ \mathrm{ms^{-2}}\,\frac{50\ \mathrm{kg} - 35\ \mathrm{kg}}{35\ \mathrm{kg}}$$

$$\boldsymbol{a = 4{,}2\ \mathrm{ms^{-2}}}$$

2/16 Kräfte bei der Kreisbewegung; Radialkraft

Welche Radialkraft wäre nötig, um ein Teilchen von 1 mg Masse, das sich in 25 mm Entfernung von der Drehachse des Rotors einer Ultrazentrifuge befindet, bei einer Drehzahl von $5 \cdot 10^5\ \text{min}^{-1}$ auf seiner Bahn zu halten?
Dem Wievielfachen der auf das Teilchen wirkenden Gewichtskraft entspräche das?

$$F_r = m \cdot a_r = m \cdot \omega^2 \cdot r$$

$$F_r = 10^{-6}\ \text{kg} \cdot \left(2\pi \cdot 5 \cdot 10^5 \cdot \frac{1}{60\ \text{s}}\right)^2 \cdot 2{,}5 \cdot 10^{-2}\ \text{m}$$

$$\boldsymbol{F_r = 69\ \text{N}}$$

$$\frac{F_r}{F_G} = \frac{m \cdot a_r}{m \cdot g} = \frac{\omega^2 \cdot r}{g} \qquad \frac{F_r}{F_G} = \frac{(2\pi \cdot 5 \cdot 10^5)^2 \cdot 2{,}5 \cdot 10^{-2}\ \text{m}}{(60\ \text{s})^2 \cdot 9{,}81\ \text{ms}^{-2}}$$

$$\boldsymbol{\frac{F_r}{F_G} = 7 \cdot 10^6}$$

2/17 Kräfte bei der Kreisbewegung

Auf einem Stab befinden sich zwei Körper, die durch eine Schnur verbunden sind und auf dem Stab reibungsfrei gleiten können. Der Stab rotiert um eine dazu senkrechte Drehachse, die sich zwischen den Körpern befindet.

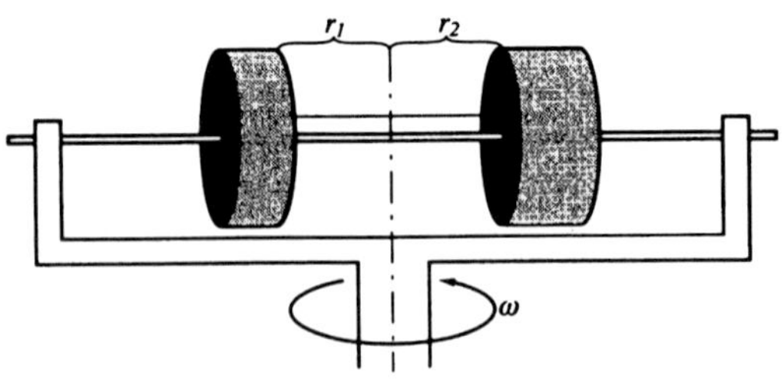

1) Wie müssen sich die Abstände r_1 und r_2 der Körper von der Drehachse zueinander verhalten, wenn diese bei der Winkelgeschwindigkeit ω einander das Gleichgewicht halten sollen?
   Gilt diese Bedingung für jede beliebige Drehzahl?
2) Was geschieht, wenn sich einer der Körper ein wenig verschiebt?

1) $F_1 = F_2$

$$m_1 \cdot \omega^2 \cdot r_1 = m_2 \cdot \omega^2 \cdot r_2$$

$$m_1 \cdot r_1 = m_2 \cdot r_2 \qquad \text{oder} \qquad r_1 : r_2 = m_2 : m_1$$

Die Abstände von der Drehachse müssen im umgekehrten Verhältnis zu den Massen stehen. Diese Gesetzmäßigkeit ist drehzahlunabhängig.

2) Dann wird das (labile) Gleichgewicht gestört, und der Körper, auf den die größere Zentrifugalkraft wirkt, gleitet nach außen.

2/18 Kräfte bei der Kreisbewegung

Eine Lokomotive mit einer Masse von 100 t durchfährt eine Kurve von 92 m Krümmungsradius mit einer Geschwindigkeit von $65\ \text{kmh}^{-1}$

1) Fertigen Sie eine Skizze für die Kraftzerlegung bei Kurvenüberhöhung an!
2) Berechnen Sie die benötigte Radialkraft!
3) Wie groß sollte der Winkel der Überhöhung in der beschriebenen Kurve für einen Zug mit dieser Geschwindigkeit sein?
4) Diskutieren Sie, was gegebenenfalls geschieht, wenn ein Zug diese Kurve mit der dreifachen Geschwindigkeit durchfährt!

1)

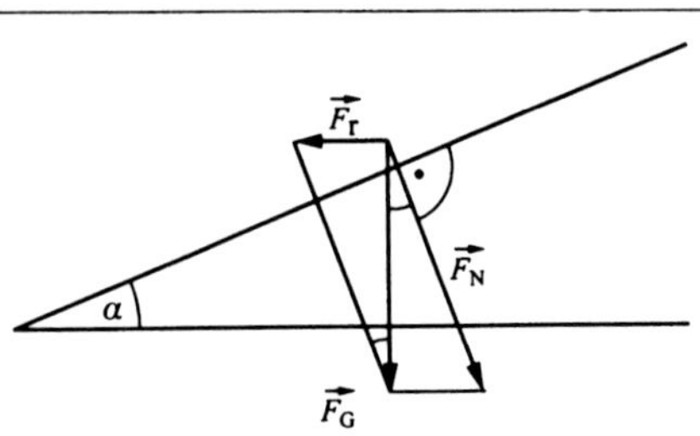

2) $F_r = m \cdot \dfrac{v^2}{r}$

$$= 10^5\ \text{kg} \cdot \frac{(65\ \text{ms}^{-1})^2}{3{,}6^2 \cdot 92\ \text{m}}$$

$$\boldsymbol{F_r = 3{,}5 \cdot 10^5\ \text{N}}$$

3) $\tan\alpha = \dfrac{F_r}{F_G} = \dfrac{m \cdot v^2}{r \cdot m \cdot g} = \dfrac{v^2}{r \cdot g}$

$$\tan\alpha = \frac{(65\ \text{ms}^{-1})^2}{3{,}6^2 \cdot 92\ \text{m} \cdot 9{,}81\ \text{ms}^{-2}} = 0{,}36$$

$$\boldsymbol{\alpha = 20°}$$

4) Zug entgleist oder/und kippt um!
   (Dreifache Geschwindigkeit bedeutet, daß die neunfache Radialkraft aufgebracht werden muß ... Dazu wäre ein Winkel der Kurvenüberhöhung von 73° nötig.)

2/19 Kurvenfahrt; Reibung

Ein Auto von 1,4 t durchfährt eine Kurve, deren Krümmungsradius 150 m beträgt.

1) Berechnen Sie die mögliche Höchstgeschwindigkeit, wenn bei trockenem Wetter zwischen Reifen und Straße ein Haftreibungskoeffizient von 0,65 vorliegt!
2) Bestimmen Sie nun die maximalen Geschwindigkeiten, wenn die Straße naß ($\mu_H = 0{,}35$) bzw. vereist ($\mu_H = 0{,}10$) ist!
3) Was bewirkt eine Überhöhung der Kurve?
4) Welchen Winkel müßte man für die Kurvenüberhöhung wählen, wenn auf dieser Straße 100 kmh^{-1} erlaubt sind?

1) $F_R = F_r \qquad \mu_H \cdot m \cdot g = \frac{m \cdot v^2}{r}$

$v = \sqrt{\mu_H \cdot g \cdot r} = \sqrt{0{,}65 \cdot 9{,}81\ \text{ms}^{-2} \cdot 150\ \text{m}}$

$\mathbf{v = 31\ ms^{-1} = 110\ kmh^{-1}}$

2) $v_n = \sqrt{\mu_H \cdot g \cdot r} = \sqrt{0{,}35 \cdot 9{,}81\ \text{ms}^{-2} \cdot 150\ \text{m}}$

$\mathbf{v_n = 82\ kmh^{-1}}$

$v_v = \sqrt{\mu_H \cdot g \cdot r} = \sqrt{0{,}10 \cdot 9{,}81\ \text{ms}^{-2} \cdot 150\ \text{m}}$

$\mathbf{v_v = 44\ kmh^{-1}}$

3) In einer überhöhten Kurve wirkt zusätzlich zur Reibung eine Komponente der Gewichtskraft als Radialkraft.
Darüber hinaus wird die Normalkraft und damit die Reibungskraft vergrößert.

4) $\tan\alpha = \frac{F_r}{F_G} = \frac{v^2}{r \cdot g}$

$\tan\alpha = \frac{(100\ \text{ms}^{-1})^2}{3{,}6^2 \cdot 150\ \text{m} \cdot 9{,}81\ \text{ms}^{-2}} = 0{,}52$

$\boldsymbol{\alpha = 28°}$

2/20 Kräfte bei der Kreisbewegung

Die Abbildung zeigt einen Fliehkraftregler, wie er z. B. bei Dampfmaschinen zur Regelung der Drehzahl verwendet wurde.

1) Skizzieren Sie die Kraftzerlegung!
2) Ermitteln Sie eine Beziehung zwischen dem Winkel α und der Drehzahl n!
3) Welcher Winkel α stellt sich bei einer Drehzahl von 100 min^{-1} ein, wenn die Länge l = 120 mm beträgt?

1)

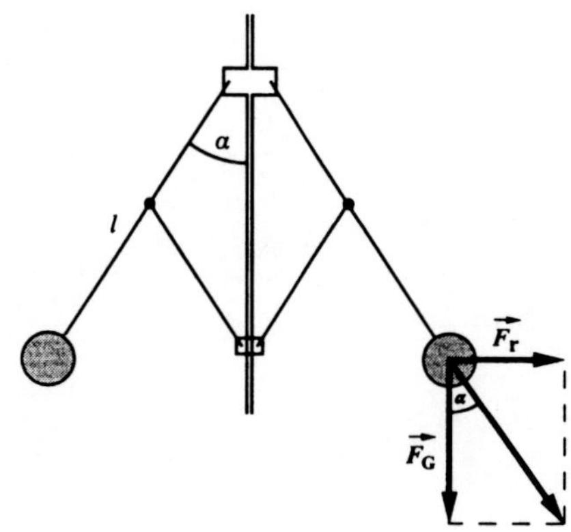

2) $\tan\alpha = \frac{F_r}{F_G} = \frac{m \cdot \omega^2 \cdot r}{m \cdot g} \qquad \textit{mit}\ \omega = 2\pi n;\ r = l \cdot \sin\alpha$

$\tan\alpha = \frac{4\pi^2 \cdot n^2 \cdot l \cdot \sin\alpha}{g} = \frac{\sin\alpha}{\cos\alpha}$

$\boldsymbol{\cos\alpha = \frac{g}{4\pi^2 \cdot n^2 \cdot l}}$

3) $\cos\alpha = \frac{9{,}81\ \text{ms}^{-2}}{4 \cdot \pi^2 \cdot \left(\frac{100}{60}\ \text{s}^{-1}\right)^2 \cdot 0{,}120\ \text{m}} = 0{,}745 \qquad \boldsymbol{\alpha = 42°}$

2/21 Gewichtskraft ≠ Gravitationskraft

Genau betrachtet ist die auf der Erde auf einen Körper wirkende Gewichtskraft nicht mit der Gravitationskraft identisch. Infolge der Erdrotation wirkt auf jeden Körper außerdem eine Zentrifugalkraft, die ebenfalls eine Komponente der Gewichtskraft ist.

1) Überlegen Sie, wie diese Kräfte zusammenwirken, und skizzieren Sie den Zusammenhang für verschiedene Orte!
2) Wovon hängt die Zentrifugalkraft ab? Wo ist ihre Wirkung am größten?
3) Berechnen Sie die am Äquator auf einen Körper von 1 kg Masse wirkende Zentrifugalkraft, und vergleichen Sie Ihr Ergebnis mit der Gewichtskraft!
4) Wie schnell müßte die Erde rotieren, damit am Äquator die Gewichtskraft verschwindet?

1)

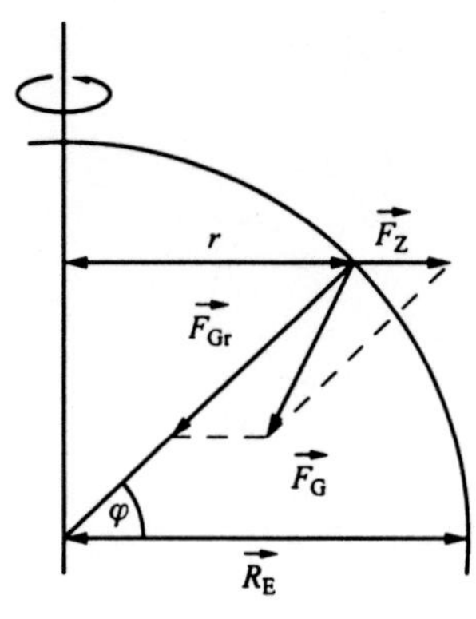

2) Bei konstanter Winkelgeschwindigkeit hängt die Zentrifugalkraft nur vom Abstand r von der Drehachse ab. Am Äquator ist sie am größten.

3) $F_Z = m \cdot \omega^2 \cdot r = m \cdot \left(\frac{2\pi}{r}\right)^2 \cdot r_Ä = \frac{1\,\text{kg} \cdot 4\pi^2 \cdot 6{,}378 \cdot 10^6\,\text{m}}{(86400\,\text{s})^2}$

$\mathbf{F_Z = 0{,}0337\,N}$

$F_G = m \cdot g_Ä = 1\,\text{kg} \cdot 9{,}78\,\text{ms}^{-2}$

$\mathbf{F_G = 9{,}78\,N}$

$\frac{F_G}{F_Z} = \frac{F_G - F_Z}{F_Z} = \frac{9{,}78\,\text{N}}{0{,}0337\,\text{N}}$

$\mathbf{F_G : F_Z = 290:1}$

4) Zentrifugalkraft = Gravitationskraft

$F_{Z4} = m \cdot \omega^2 \cdot r_Ä = F_G + F_Z$

$m \cdot 4\pi^2 n^2 \cdot r_Ä = F_G + F_Z$

$n = \frac{1}{2\pi}\sqrt{\frac{F_G + F_Z}{m \cdot r_Ä}}$

$n = \frac{1}{2\pi}\sqrt{\frac{g_Ä}{r_Ä}} = \frac{1}{2\pi}\sqrt{\frac{9{,}78\,\text{ms}^{-2}}{6{,}378 \cdot 10^6\,\text{m}}} = 1{,}97 \cdot \text{s}^{-1} \cdot 10^{-4}$

$\mathbf{n = 17\,d^{-1}}$

2/22 Kräfte bei der Kreisbewegung

Ein Junge wirbelt einen Stein von 150 g Masse an einer 90 cm langen Schnur horizontal im Kreis herum. Sein Freund hat für 20 Umdrehungen eine Zeit von 8,0 s gemessen.

1) Welche Radialkraft wirkt unter den genannten Bedingungen in der Schnur?
2) Bei welcher Drehzahl reißt die Schnur, wenn ihre Zugfestigkeit höchstens 66 N beträgt?
3) Wie ändert sich die benötigte Radialkraft, wenn man die Drehzahl verdoppelt?
4) Stellen Sie den Zusammenhang zwischen der Drehzahl n und der Radialkraft F_r in einem Diagramm dar! Bestimmen Sie dafür mindestens vier Punkte!

1) $F_r = m \cdot \omega^2 \cdot r \qquad \omega = 2\pi n$

$F_r = 4\pi^2 \cdot m \cdot n^2 \cdot r$

$= 4\pi^2 \cdot 0{,}15\,\text{kg} \cdot \left(\frac{20}{8\,\text{s}}\right)^2 \cdot 0{,}9\,\text{m}$

$\mathbf{F_r = 33\,N}$

2) $n = \frac{1}{2\pi}\sqrt{\frac{F_r}{m \cdot r}}$

$= \frac{1}{2\pi}\sqrt{\frac{66\,\text{N}}{0{,}15\,\text{kg} \cdot 0{,}9\,\text{m}}}$

$\mathbf{n = 3{,}5 \cdot s^{-1}}$

3) $F_{r1} = m \cdot r \cdot 4\pi^2 \cdot n_1^2 \qquad n_1 = 2n_1$

$F_{r2} = m \cdot r \cdot 4\pi^2 \cdot (2n_1)^2$

$= 4 \cdot m \cdot r \cdot 4\pi^2 \cdot n_1^2$

$\mathbf{F_{r2} = 4F_{r1}}$

4)

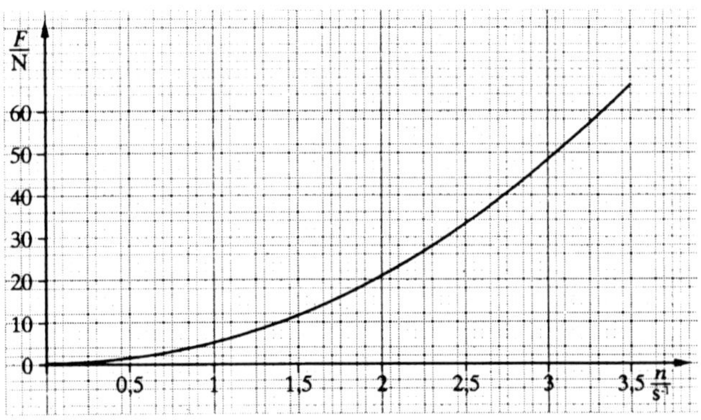

2/23 Kräfte bei der Kreisbewegung

Eine Kugel der Masse 1 kg ist an einem Seil von 1 m Länge befestigt und bewegt sich auf einer waagerechten Kreisbahn mit konstanter Winkelgeschwindigkeit. Dabei bildet das Seil mit der Senkrechten einen Winkel von 20°.

1) Skizzieren Sie die Kraftzerlegung!
2) Bestimmen Sie die Umlaufzeit der Kugel!
3) Wie groß ist die Bahngeschwindigkeit bei dieser Bewegung!
4) Berechnen Sie die Zugkraft im Seil und die auftretende Radialkraft!

1)

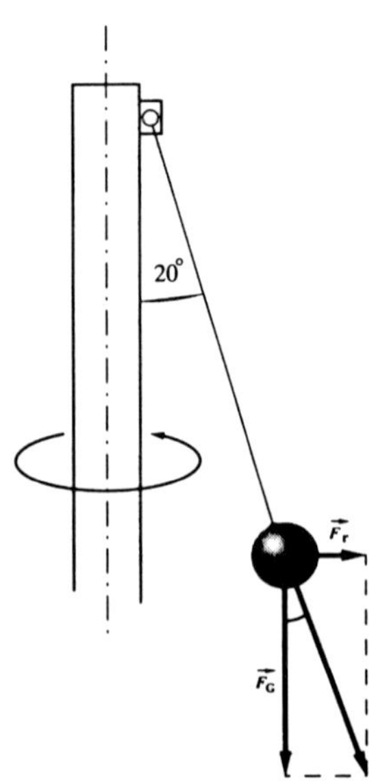

2) $F_r = F_G \cdot \tan\alpha \qquad r = l \cdot \sin\alpha$

$m \cdot \omega^2 \cdot r = m \cdot g \cdot \tan\alpha$

$\left(\frac{2\pi}{T}\right)^2 \cdot l \cdot \sin\alpha = g \cdot \tan\alpha$

$T = 2\pi\sqrt{\frac{l \cdot \sin\alpha}{g \cdot \tan\alpha}} = 2\pi\sqrt{\frac{l \cdot \cos\alpha}{g}}$

$T = 2\pi\sqrt{\frac{1\,\text{m} \cdot \cos 20°}{9{,}81\,\text{m} \cdot \text{s}^{-2}}}$

$\boldsymbol{T = 1{,}9\ \text{s}}$

3) $m\frac{v^2}{r} = m \cdot g \cdot \tan\alpha$

$v = \sqrt{r \cdot g \cdot \tan\alpha} = \sqrt{l \cdot \sin\alpha \cdot g \cdot \tan\alpha} = \sin\alpha\sqrt{\frac{l \cdot g}{\cos\alpha}}$

$= \sin 20°\sqrt{\frac{1\,\text{m} \cdot 9{,}81\,\text{ms}^{-2}}{\cos 20°}}$

$\boldsymbol{v = 1{,}1\ \text{ms}^{-1}}$

4) $F_s = \frac{F_G}{\cos\alpha} = \frac{m \cdot g}{\cos\alpha} = \frac{1\,\text{kg} \cdot 9{,}81\,\text{ms}^{-2}}{\cos 20°}$

$\boldsymbol{F_s = 10\ \text{N}}$

$F_r = m \cdot g \cdot \tan\alpha = 1\,\text{kg} \cdot 9{,}81\,\text{ms}^{-2} \cdot \tan 20°$

$\boldsymbol{F_r = 3{,}6\ \text{N}}$

2/24 Kräfte bei der Kreisbewegung

Über eine nach oben gewölbte (kreisbogenförmige) Brücke fährt ein Auto von 1,0 t Masse mit einer Geschwindigkeit von 36 kmh^{-1}. Im höchsten Punkt beträgt die Druckkraft des Autos auf die Brücke 7,81 kN.

1) Warum stimmt diese Kraft nicht mit der Gewichtskraft des Autos überein?
2) Bestimmen Sie den Krümmungsradius der Brücke!
3) Welche Druckkraft übt das Auto auf die Brücke aus, wenn es sich um einen Winkel von 30° gegenüber der Senkrechten weiterbewegt hat? Welchen Weg hat es zurückgelegt?
4) Bei welcher Geschwindigkeit wäre das Auto in der Brükkenmitte schwerelos? Welche Folgen hätte diese Geschwindigkeit für die Bewegung des Autos?

1) Es tritt infolge der Trägheit eine der Gewichtskraft entgegenwirkende Zentrifugalkraft auf.

2) $F_Z = F_G - F_{Br} \qquad \frac{m \cdot v^2}{r} = m \cdot g - F_{Br}$

$r = \frac{m \cdot v^2}{m \cdot g - F_{Br}} = \frac{10^3\,\text{kg} \cdot (10\,\text{m} \cdot \text{s}^{-1})^2}{10^3\,\text{kg} \cdot 9{,}81\,\text{ms}^{-2} - 7{,}81 \cdot 10^3\,\text{N}}$

$\boldsymbol{r = 50\ \text{m}}$

3) $F_{Br} = F_N - F_Z = m \cdot g \cdot \cos\alpha - m\frac{v^2}{r}$

$F_{Br} = 10^3\,\text{kg}\left(9{,}81\,\text{ms}^{-2} \cdot \cos 30° - \frac{(10\,\text{ms}^{-1})^2}{50\,\text{m}}\right)$

$\boldsymbol{F_{Br} = 6{,}5\ \text{kN}}$

$s = r \cdot \alpha \cdot \frac{\pi}{180°} = 50\,\text{m} \cdot 30° \cdot \frac{\pi}{180°}$

$\boldsymbol{s = 26\ \text{m}}$

4) $F_Z = F_G \qquad \frac{m \cdot v^2}{r} = m \cdot g$

$v = \sqrt{r \cdot g} = \sqrt{50\,\text{m} \cdot 9{,}81\,\text{ms}^{-2}} = 22{,}1\,\text{ms}^{-1}$

$\boldsymbol{v = 80\ \text{kmh}^{-1}}$

2/25 Kräfte bei der Kreisbewegung; Energiesatz

Eine Kugel von 200 g wird an einem Faden von 75 cm Länge auf einer vertikalen Kreisbahn bewegt.

1) Bestimmen Sie die Mindestgeschwindigkeit, die die Kugel im Punkt A haben muß, damit sie die Kreisbahn nicht verläßt!
2) Wie groß ist dann die Geschwindigkeit der Kugel in den Punkten B bzw. C!
3) Welche Kräfte wirken in den Punkten A, B und C im Faden?

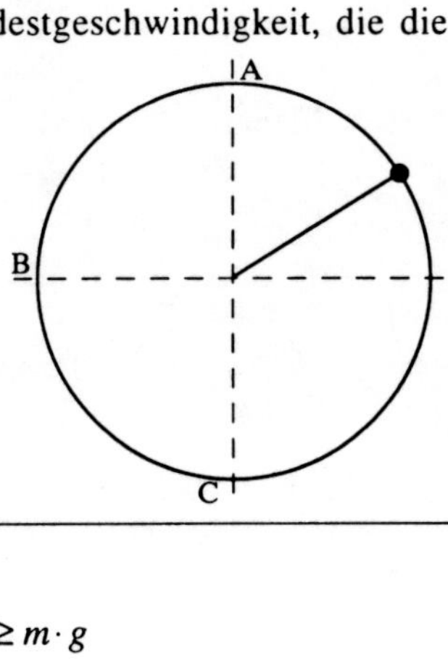

1) $F_Z \geq F_G \qquad \frac{m \cdot v_A^2}{r} \geq m \cdot g$

$v_A \geq \sqrt{r \cdot g} = \sqrt{0{,}75\,\text{m} \cdot 9{,}81\,\text{ms}^{-2}}$

$\boldsymbol{v_A \geq 2{,}7\ \text{ms}^{-1}}$

2) Annahme:
reibungslose Bewegung → Energiesatz der Mechanik

$E_A = E_B = E_C$

$E_A = \frac{1}{2}mv_A^2 + mg2r = \frac{1}{2}mrg + mg^2r = \frac{5}{2}mrg$

$E_B = \frac{5}{2}mrg = \frac{1}{2}mv_B^2 + mgr$

$v_B = \sqrt{3rg} = \sqrt{3 \cdot 0{,}75\,\text{m} \cdot 9{,}81\,\text{ms}^{-2}}$

$\boldsymbol{v_B = 4{,}7\ \text{ms}^{-1}}$

$E_C = \frac{5}{2}mrg = \frac{1}{2}mv_C^2 + mg \cdot 0$

$v_C = \sqrt{5rg} = \sqrt{5 \cdot 0{,}75\,\text{m} \cdot 9{,}81\,\text{ms}^{-2}}$

$\boldsymbol{v_C = 6{,}1\ \text{ms}^{-1}}$

3) Punkt A: $\vec{F}_Z = -\vec{F}_G$ $\quad$ $\boldsymbol{F_A = 0\,N}$

Punkt B: $\vec{F}_Z \perp \vec{F}_G \quad \rightarrow \quad F_B = F_Z = \dfrac{mv_3^2}{r}$

$$F_B = \frac{0{,}2\,\text{kg} \cdot 4{,}7^2\,\text{m}^2\text{s}^{-2}}{0{,}75\,\text{m}}$$

$\boldsymbol{F_B = 5{,}9\,N}$

Punkt C: $\vec{F}_C = \vec{F}_Z + \vec{F}_G \quad \rightarrow \quad F_C = m\left(\dfrac{v_3^2}{r} + g\right)$

$$F_C = 0{,}2\,\text{kg}\left(\frac{6{,}1^2\,\text{m}^2\text{s}^{-2}}{0{,}75\,\text{m}} + 9{,}81\,\text{ms}^{-2}\right)$$

$\boldsymbol{F_C = 12\,N}$

2/26 Kräfte bei der Kreisbewegung

Bei einem Kettenkarussell mit einem Durchmesser von 10 m werden die an 5 m langen Ketten hängenden Sitze bei voller Fahrt um 4 m nach außen gezogen.

1) Skizzieren Sie die auf eine Person wirkenden Kräfte!
2) Zeigen Sie, daß alle Sitze um den gleichen Winkel ausgelenkt werden, unabhängig von den mitfahrenden Personen!
3) Mit wieviel Umdrehungen pro Minute rotiert das Karussell?
4) Welche Geschwindigkeit hat ein Mitfahrender dann?
5) Beschreiben Sie die bei einer Karussellfahrt wirksamen Kräfte zunächst vom Standpunkt eines außerhalb wartenden Beobachters und dann für einen mitfahrenden Beobachter!

1)

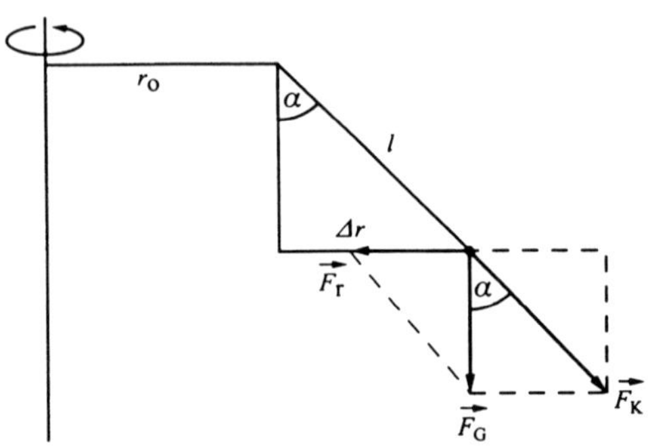

2) $\tan\alpha = \dfrac{F_r}{F_G} = \dfrac{m\omega^2 r}{mg} = \dfrac{\omega^2 r}{g}$ $\qquad$ mit $r = r_0 + \Delta r$

Der Winkel α ist unabhängig von der Masse der Person.

3) $\omega^2 = (2\pi \cdot n)^2 = \dfrac{g \cdot \tan\alpha}{r}$

$$\tan\alpha = \frac{\Delta r}{\sqrt{l^2 - \Delta r^2}} \quad \text{(Pythagoras)}$$

$$n = \frac{1}{2\pi}\sqrt{\frac{g \cdot \Delta r}{r \cdot \sqrt{l^2 - \Delta r^2}}}$$

$$= \frac{1}{2\pi}\sqrt{\frac{9{,}81\,\text{ms}^{-2} \cdot 4\,\text{m}}{9\,\text{m} \cdot \sqrt{(5\,\text{m})^2 - (4\,\text{m})^2}}} = 0{,}19\,\text{s}^{-1}$$

$\boldsymbol{n = 11{,}5\,min^{-1}}$

4) $v = \omega r = 2\pi \cdot n \cdot r = 2\pi \cdot 0{,}19\,\text{s}^{-1} \cdot 9\,\text{m}$

$\boldsymbol{v = 11\,ms^{-1} = 39\,kmh^{-1}}$

5) Auf jeden Sitz wirkt eine nach innen gerichtete Kraft, die ihn in eine Kreibahn zwingt: Zentripetalkraft.

Da die Sitze nach außen gedrückt werden, gibt es eine dorthin gerichtete Kraft: Zentrifugalkraft.

2/27 Federkraft; Hookesches Gesetz

Für die Verlängerung einer Feder gilt das folgende Diagramm:

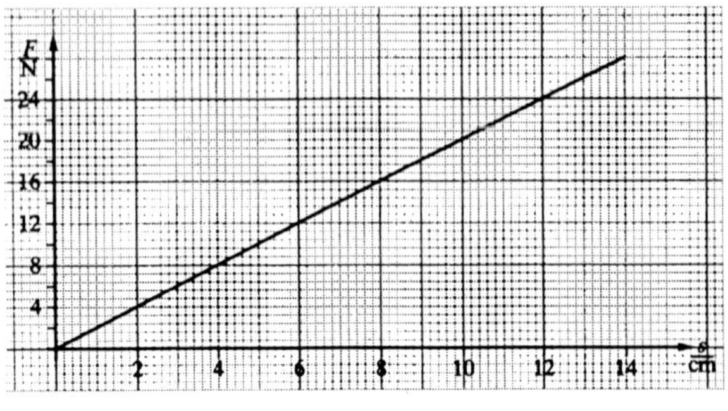

1) Bestimmen Sie mit Hilfe des Graphen die Federkonstante!
2) Bestimmen Sie aus dem Diagramm die Verlängerung der Feder bei einer Kraft von 15 N!
3) Welche Masse müßte an die Feder angehängt werden, um eine Verlängerung von 25 cm zu bewirken?

   Unter welcher Voraussetzung ist diese Aufgabe lösbar?

1) $D = \dfrac{F}{s} = \dfrac{20\,\text{N}}{10\,\text{cm}}$

$\boldsymbol{D = 2\,Ncm^{-1}}$

2) $\boldsymbol{s_2 = 7{,}5\,cm}$

3) $F = m \cdot g = D \cdot s$

$$m = \frac{D \cdot s}{g} = \frac{2\,\text{Ncm}^{-1} \cdot 25\,\text{cm}}{9{,}81\,\text{ms}^{-1}}$$

$\boldsymbol{m = 5{,}1\,kg}$

Diese Lösung setzt voraus, daß sich die Feder bei einer Verlängerung von 25 cm noch im elastischen Bereich (Gültigkeit des HOOKEschenGesetzes) befindet.

2/28 Federkraft; geneigte Ebene; Reibung

An eine Schraubenfeder wird ein Körper, auf den eine Gewichtskraft von 15 N wirkt, angehängt, so daß sich die Feder um 12 cm verlängert.

1) Berechnen Sie die Federkonstante!
2) Um wieviel cm verlängert sich die Feder, wenn sie mit der gleichen Masse belastet eine schiefe Ebene mit einem Neigungswinkel von 30° gleichförmig hinaufgezogen wird?
Die Reibung wird zunächst vernachlässigt.
3) Berechnen Sie die Verlängerung unter Beachtung der auftretenden Reibung für einen Reibungskoeffizienten von $\mu = 0{,}35$!
Das Eigengewicht der Feder wird vernachlässigt.

1) $D = \frac{F}{s_1} = \frac{15\,\text{N}}{12\,\text{cm}}$ $\quad$ $\mathbf{D = 1{,}25\ Ncm^{-1}}$

2) $F_H = F_G \cdot \sin\alpha$ $\quad$ $\sin 30° = 0{,}5$

$F_H = 0{,}5 \cdot F_G$ $\quad$ $s_2 = 0{,}5 \cdot s_1 = 0{,}5 \cdot 12\,\text{cm}$ $\quad$ $\mathbf{s_2 = 6\ cm}$

3) $F_N = F_G \cdot \cos\alpha$ $\quad$ $\cos 30° = \frac{1}{2}\sqrt{3}$ $\quad$ $F_R = \mu \cdot F_N$

$F_R = \mu \cdot F_G \cdot \cos\alpha = 0{,}35 \cdot 15\,\text{N} \cdot \frac{1}{2}\sqrt{3} = 4{,}5\,\text{N}$

$F = F_H + F_R = 7{,}5\,\text{N} + 4{,}5\,\text{N} = 12\,\text{N}$

$s_3 = \frac{F}{D} = \frac{12\,\text{N}}{1{,}25\,\text{Ncm}^{-1}}$ $\quad$ $\mathbf{s_3 = 9{,}6\ cm}$

2/29 Kombinationen von 2 Federn

Zwei Federn gleicher Länge mit den Federkontanten D_1 und D_2 werden miteinander verbunden (s. Abb.).

Bestätigen Sie rechnerisch die folgenden Gleichungen, und erläutern Sie Ihren Lösungsansatz!

1) $D_{ges} = \frac{D_1 D_2}{D_1 + D_2}$

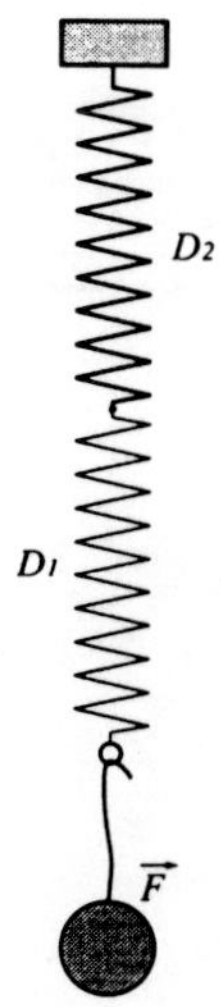

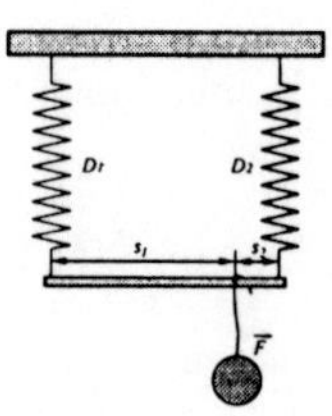

2) Die Kraft F wirkt nun so, daß beide Federn um die gleiche Länge gedehnt werden. Bestätigen Sie die Gleichung: $D_{ges} = D_1 + D_2$
3) Bestimmen Sie das Verhältnis $s_1 : s_2$, wenn die bei 2) genannte Bedingung erfüllt ist!

1) Auf beide Federn, die als masselos angenommen werden, wirkt die gleiche Kraft F, was zur Auslenkung

$s = s_1 + s_2 = \frac{F}{D_1} + \frac{F}{D_2}$ führt. Diese Größe wird in $D_{ges} = \frac{F}{s}$

eingesetzt: $D_{ges} = \frac{F}{\frac{F}{D_1} + \frac{F}{D_2}} = \frac{1}{\frac{D_2 + D_1}{D_1 \cdot D_2}} = \frac{D_1 \cdot D_2}{D_1 + D_2}$

2) Die Kraft teilt sich auf beide Federn auf, die gleichweit gedehnt werden: $F = F_1 + F_2$

$$s = \frac{F_1}{D_1} = \frac{F_2}{D_2} = \frac{F}{D_{ges}}$$

$$D_{ges} = \frac{F}{s} = \frac{F_1 + F_2}{s} = \frac{F_1}{s} + \frac{F_2}{s} = D_1 + D_2$$

3) Die Drehmomente auf den Stab der Länge $(s_1 + s_2)$ bzgl. seiner Endpunkte werden betrachtet.

linker Endpunkt: $F \cdot s_1 = F_2 \cdot (s_1 + s_2)$

$D_{ges} \cdot s \cdot s_1 = D_1 \cdot s \cdot (s_1 + s_2)$ $\quad$ $D_{ges} \cdot s_1 = D_1 \cdot (s_1 + s_2)$

rechter Endpunkt analog: $D_{ges} \cdot s_2 = D_1 \cdot (s_1 + s_2)$

$\frac{s_1}{D_2} = \frac{(s_1 + s_2)}{D_{ges}} = \frac{s_2}{D_1}$ $\quad$ $\mathbf{s_1 : s_2 = D_2 : D_1}$

2/30 Reibung

Auf dem Rangierbahnhof wird ein Güterzug zusammengestellt. Man geht von einem Reibungskoeffizienten von 0,005 und von einer horizontal liegenden Anlage aus.

Wie weit kann unter diesen Bedingungen ein Güterwagen rollen, wenn er von der Rangierlok mit einer Geschwindigkeit von 4,5 ms^{-1} abgestoßen wird?

$F_N = F_G = mg$ $\quad$ $F_R = m \cdot a = \mu \cdot m \cdot g$ $\quad$ $a = \mu \cdot g$

$s = -\frac{1}{2}at^2 + v_0 t$

$v = -at + v_0$

Gesucht wird derjenige Weg s, für den $v = 0$ gilt.

$0 = -at + v_0 \quad \rightarrow \quad t = \frac{v_0}{a}$

$s = -\frac{1}{2}a\left(\frac{v_0}{a}\right)^2 + v_0 \frac{v_0}{a} = \frac{v_0^2}{2a}$

$s = \frac{v_0}{2\mu \cdot g} = \frac{(4{,}5\,\text{ms}^{-1})^2}{2 \cdot 0{,}005 \cdot 9{,}81\,\text{ms}^{-2}}$ $\quad$ $\mathbf{s = 210\ m}$

Bemerkung: Über eine Betrachtung der Bewegungsenergie und der Bremsarbeit folgt $s = \frac{v_0^2}{2\mu g}$ unmittelbar $\Delta E_{Kin} = W_{Br.}$

$$\frac{m}{2} v_0^2 = F_{Br.} \cdot s = \mu \cdot m \cdot g \cdot s$$

2/31 Reibung; Extremwertaufgabe

Ein Körper der Masse m wird durch eine Zugkraft F gleichförmig auf einer horizontalen Ebene verschoben. Der Koeffizient der Gleitreibung beträgt 0,2.

1) Skizzieren Sie die Kraftzerlegung am Körper!
2) Welchen Winkel bildet die Zugkraft F mit der Horizontalen, wenn sie ihren kleinsten Wert annimmt?

1)

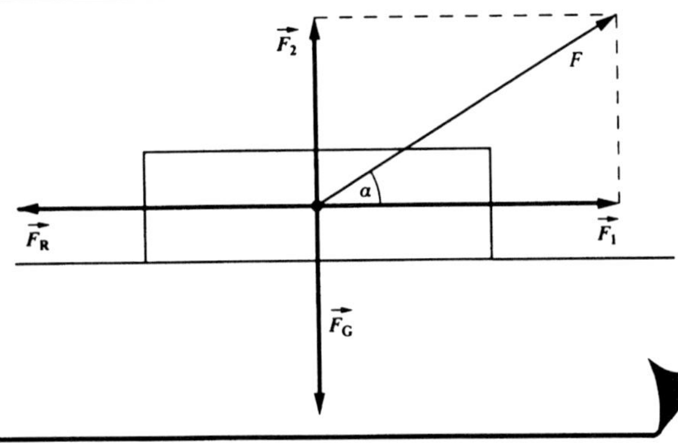

2) $F_1 = F \cdot \cos\alpha \qquad F_2 = F \cdot \sin\alpha$

$$F_1 = F_R = \mu \cdot F_N = \mu(F_G - F_2)$$

$$F = \frac{F_1}{\cos\alpha} = \frac{\mu(mg - F \cdot \sin\alpha)}{\cos\alpha}$$

$$F = f(\alpha) = \frac{\mu \cdot mg}{\cos\alpha + \mu \cdot \sin\alpha}$$

Bestimmung von Extremwertaufgaben:

$$f'(\alpha) = -\mu mg \frac{-\sin\alpha + \mu \cdot \cos\alpha}{(\cos\alpha + \mu \cdot \sin\alpha)^2}$$

$$f'(\alpha_E) = 0 \quad \rightarrow \quad -\sin\alpha_E + \mu\cos\alpha_E = 0$$

$$\tan\alpha_E = \mu = 0{,}2$$

$$\boldsymbol{\alpha_E = 11^\circ}$$

$$f''(\alpha) = \mu mg \frac{(\cos\alpha + \mu \cdot \sin\alpha)^2 + 2(-\sin\alpha + \mu \cdot \cos\alpha)^2}{(\cos\alpha + \mu \cdot \sin\alpha)^3}$$

$f''(\alpha_E) > 0 \quad \rightarrow \quad f(\alpha)$ hat für $\alpha_E = 11^\circ$ ein Minimum.

2/32 Reibung auf geneigter Ebene

Ein Körper der Masse m befindet sich auf einer geneigten Ebene mit dem Neigungswinkel α.

1) Mit welcher Kraft zieht man den Körper gleichförmig nach oben?
2) Wie groß muß der Neigungswinkel der Ebene sein, damit der Körper ohne äußere Einwirkung gleichförmig nach unten gleiten kann?
3) Bestimmen Sie Betrag und Richtung der Kraft, unter deren Wirkung sich der Körper gleichförmig nach unten bewegt, wenn der in Aufgabe 2) berechnete Grenzwinkel über- bzw. unterschritten wird!

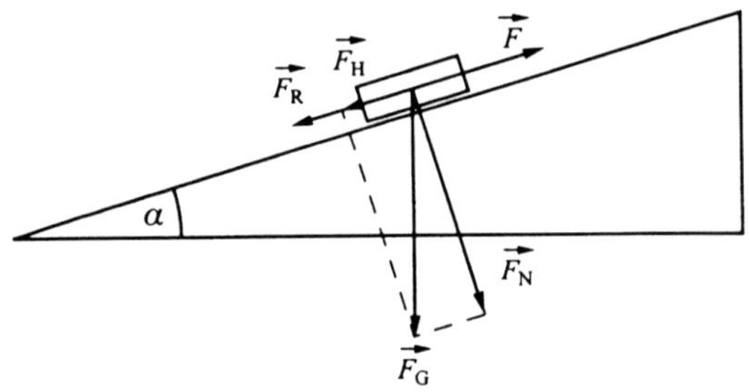

1) Bei gleichförmiger Bewegung ist die antreibende Kraft F gleich der Summe der entgegengesetzt wirkenden Kräfte F_H und F_R.

$$F = F_H + F_R = mg \cdot \sin\alpha + \mu_{Gl} \cdot mg \cdot \cos\alpha$$

$$\boldsymbol{F = mg \cdot (\sin\alpha + \mu_{Gl} \cdot \cos\alpha)}$$

2) $F_H = F_R \qquad mg \cdot \sin\alpha_{Gl} = \mu_{Gl} \cdot mg \cdot \cos\alpha$

$$\boldsymbol{\tan\alpha_{Gl} = \mu_{Gl}}$$

3) $\alpha > \alpha_{Gl}$ $\quad$ $\boldsymbol{F = F_H - F_R}$
parallel zur Ebene nach oben gerichtet

$\alpha < \alpha_{Gl}$ $\quad$ $\boldsymbol{F = F_R - F_H}$
parallel zur Ebene nach unten gerichtet

2/33 Fahrwiderstand; geneigte Ebene

Ein Motorrad der Masse 250 kg soll innerhalb von 4,2 s aus dem Stand auf 100 kmh^{-1} beschleunigt werden.
Wie groß ist die erforderliche Antriebskraft, wenn der Beschleunigungsvorgang unter Beachtung einer Fahrwiderstandszahl von 0,03

1) auf horizontaler Straße und
2) bei einer Fahrt bergauf mit 12 % Steigung erfolgt?

1) $F = F_B + F_R = ma + \mu mg \qquad$ gleichm. Beschl. $a = \frac{v}{t}$

$$F = m\left(\frac{v}{t} + \mu g\right) = 250\text{ kg}\left(\frac{100\text{ ms}^{-1}}{3{,}6 \cdot 4{,}2\text{ s}} + 0{,}03 \cdot 9{,}81\text{ ms}^{-2}\right)$$

$$\boldsymbol{F = 1{,}7\text{ kN}}$$

2) $F = F_B + F_R + F_H$

$$\sin\alpha = \frac{12}{\sqrt{100^2 + 12^2}} = 0{,}119$$

$$\cos\alpha = \frac{100}{\sqrt{100^2 + 12^2}} = 0{,}993$$

$$F = m\left(\frac{v}{t} + \mu g \cdot \cos\alpha + g \cdot \sin\alpha\right)$$

$$= 250\text{ kg}\left(\frac{100\text{ ms}^{-1}}{3{,}6 \cdot 4{,}2\text{ s}} + 0{,}03 \cdot 9{,}81\text{ ms}^{-2} \cdot 0{,}993 + 9{,}81\text{ ms}^{-2} \cdot 0{,}119\right)$$

$$\boldsymbol{F = 2{,}0\text{ kN}}$$

2/34		Gleitreibung; Kinematik	

Matthias spielt mit Freunden auf einem zugefrorenen See Eishockey. Als er den Puck mit 7 ms^{-1} so in die gegnerische Hälfte schießt, daß er am Tor vorbei geht, folgt ihm Matthias sofort.
Wie weit muß er laufen, um den Puck, der inzwischen zum Stillstand gekommen ist, wieder ins Spielfeld schlagen zu können? ($\mu_G = 0{,}08$)

Die Reibungskraft F_R ist gleich der verzögernden Kraft F.

$F_{Gl} = F \qquad \mu \cdot m \cdot g = m \cdot a \qquad a = \mu \cdot g$

$s = -\frac{a}{s} t^2 + v_0 t$

$v = -at + v_0$

Gesucht ist der Weg s, für den $v = 0$ gilt.

$0 = -at + v_0 \quad \rightarrow \quad t = \frac{v_0}{a} \quad \rightarrow \quad s = -\frac{a}{2}\left(\frac{v_0}{a}\right)^2 + v_0\left(\frac{v_0}{a}\right)$

$s = \frac{v_0^2}{2\mu \cdot g} = \frac{(7\ \text{ms}^{-1})^2}{2 \cdot 0{,}08 \cdot 9{,}81\ \text{ms}^{-2}}$

$\mathbf{s = 31\ m}$

(vgl. Bemerkung zu 2/30)

2/35		Bremswege bei Haft- bzw. Gleitreibung	

Bei Autotests fährt ein Wagen von 1,4 t Masse zuerst auf trockener ($\mu_H = 0{,}8$; $\mu = 0{,}6$), dann auf nasser ($\mu_H = 0{,}5$; $\mu = 0{,}2$) und zuletzt auf vereister Fahrbahn ($\mu_H = 0{,}2$; $\mu = 0{,}05$) mit einer Geschwindigkeit von 50 kmh^{-1}, um dann möglichst schnell zum Stehen gebracht zu werden.

1) Berechnen Sie die wirkenden Bremskräfte und die benötigten Bremswege, wenn zunächst so stark gebremst wird, daß die Räder blockieren!
(Hinweis: „Blockierte Räder" rollen nicht mehr, sondern sie gleiten.)
2) Weisen Sie nach, daß in jedem Fall der Bremsweg kürzer ist, wenn so gebremst wird, daß die Räder noch rollen!
3) Welche Schlußfolgerungen ziehen Sie daraus für „richtiges" Bremsen?
Begründen Sie die erhöhte Sicherheit in einem Wagen mit ABS (Anti-Blockier-System)!

Die Reibungskraft F_R ist gleich der verzögernden Kraft F.

$F_R = F \qquad \mu \cdot m \cdot g = m \cdot a \qquad a = \mu \cdot g$

$s = -\frac{a}{s} t^2 + v_0 t$

$v = -at + v_0$

Gesucht ist der Weg s, für den $v = 0$ gilt. Dazu wird t eleminiert.

$0 = -at + v_0 \rightarrow t = \frac{v_0}{a} \rightarrow s = -\frac{a}{2}\left(\frac{v_0}{a}\right)^2 + v_0\left(\frac{v_0}{a}\right) = \frac{v_0^2}{2\mu \cdot g}$

(vgl. Bemerkung zu 2/30)

1/2)	Gleitreibung		Haftreibung	
	Bremskraft	Bremsweg	Bremskraft	Bremsweg
trockene F.	**8,2 kN**	**16 m**	**11,0 kN**	**12 m**
nasse F.	**2,7 kN**	**49 m**	**6,9 kN**	**20 m**
vereiste F.	**0,69 kN**	**200 m**	**2,7 kN**	**49 m**

3) „Richtiges" Bremsen muß sich dadurch auszeichnen, daß die Räder nicht blockieren. Sollte dies eintreten, gehört etwas Überwindung dazu, die Bremse wieder zu lösen und sie unmittelbar darauf erneut zu betätigen usw. („Stotterbremsen"). ABS nimmt dies dem Fahrzeugführer ab.

2/36		Haft-, Gleitreibung (Kippen)	

Ein Schrank von 85 kg Masse, 1,90 m Höhe und 1,20 m Breite soll durch eine horizontal wirkende Kraft seitlich verschoben werden. Zwischen Fußboden und Schrank gelten die Reibungskoeffizienten 0,5 für die Haft- und 0,3 für die Gleitreibung.

1) In welcher Höhe darf die Kraft höchstens angreifen, so daß der Schrank nicht kippt?
2) Berechnen Sie die zum Anschieben benötigte Kraft!
3) Welche Kraft wird gebraucht, um den rutschenden Schrank weiterzuschieben?
4) Begründen Sie, daß die Kraft beim gleitenden Schrank weiter oben angreifen darf, ohne daß das Möbelstück kippt!

1) Die angreifende Kraft F erzeugt auch ein Drehmoment M_F (Kippmoment), das dem von der Gewichtskraft erzeugten M_G entgegengesetzt ist. Sind beide gleichgroß, beginnt der Körper zu kippen. F muß aber auch größer als die Haftreibungskraft sein.

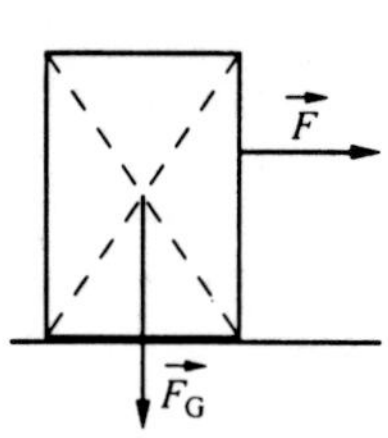

1) $M_F = F \cdot h \qquad M_G = F_G \cdot \frac{b}{2}$

b Breite des Schrankes, Schwerpunkt in der Mitte

$M_F = M_G \quad$ und $\quad F > \mu \cdot F_G$

$F \cdot h = F_G \cdot \frac{b}{2} \qquad \mu \cdot F_G \cdot h \le F_G \cdot \frac{b}{2} \qquad h \le \frac{b}{2\mu}$

$h = \frac{b}{2\mu} = \frac{1{,}2\ \text{m}}{2 \cdot 0{,}5} = 1{,}2\ \text{m}$

$\mathbf{h = 1{,}2\ m}$

2) $F = \mu \cdot F_G = \mu \cdot m \cdot g = 0{,}5 \cdot 85\ \text{kg} \cdot 9{,}81\ \text{ms}^{-2}$

$\mathbf{F = 420\ N}$

3) $F_{Gl} = \mu_{Gl} \cdot F_G = \mu_{Gl} \cdot m \cdot g = 0{,}3 \cdot 85\ \text{kg} \cdot 9{,}81\ \text{ms}^{-2}$

$\mathbf{F_{Gl} = 250\ N}$

4) $h \le \frac{b}{2\mu_{Gl}} = \frac{1{,}2\ \text{m}}{2 \cdot 0{,}3} = \mathbf{2\ m}$

Da der Schrank nur 1,9 m hoch ist, kann sogar in beliebiger Höhe geschoben werden.

2/37 Reibungswinkel

Beschreiben Sie, wie man mit Hilfe einer geneigten Ebene mit variablem Neigungswinkel den Koeffizienten der Haftreibung bestimmen kann!
Definieren Sie den Begriff „Reibungswinkel"!

Durch Vergrößern der Neigung der Ebene wird derjenige Winkel α bestimmt, bei dem der Körper zu gleiten beginnt. Unmittelbar davor sind Haftreibungskraft F_R und Hangabtriebskraft F_H gleichgroß.

$$F_R = F_H$$

$$F_R = \mu_H \cdot F_N = \mu_H \cdot F_G \cdot \cos\alpha$$

$$F_H = F_G \cdot \sin\alpha$$

$$\mu_H \cdot \cos\alpha = \sin\alpha$$

$$\mu_H = \frac{\sin\alpha}{\cos\alpha}$$

$$\mu_H = \tan\alpha$$

Dieser Winkel $\alpha = \arctan \mu_H$ wird als Reibungswinkel bezeichnet.

2/38 Reibung; Reibungswinkel

Ein Körper mit der Gewichtskraft F_G befindet sich auf einer geneigten Ebene mit dem Neigungswinkel α.

1) Welche horizontal wirkende Kraft F muß am Körper angreifen, damit er gleichförmig nach oben bewegt wird?
2) Wie ändert sich das Ergebnis bei einer Bewegung nach unten?
3) In welchen Grenzen kann sich die horizontal angreifende Kraft verändern, ohne daß sich ein 4 N schwerer Körper bei einem Reibungswinkel von 11° auf einer um 30° geneigten Ebene in Bewegung setzen läßt?

1)

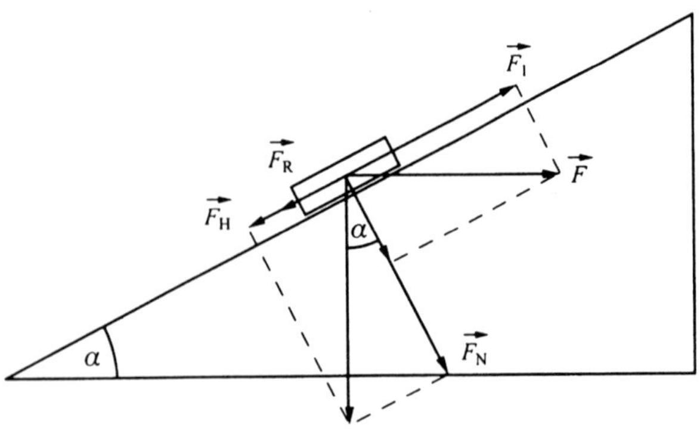

Die Kraft F muß mit ihrer Komponente F_1 die Hangabtriebskraft sowie die Reibungskraft (die durch F erhöht wird) kompensieren.

$$F_1 = F_H + F_R$$

$$F \cdot \cos\alpha = F_G \cdot \sin\alpha + \mu \cdot F_N$$
$$= F_G \cdot \sin\alpha + \mu \cdot (F_G \cdot \cos\alpha + F \cdot \sin\alpha)$$

$$F \cdot \cos\alpha - F \cdot \mu \cdot \sin\alpha = F_G \cdot \sin\alpha + \mu \cdot F_G \cdot \cos\alpha$$

$$F = F_G \cdot \frac{\sin\alpha \cdot \mu \cdot \cos\alpha}{\cos\alpha - \mu \cdot \sin\alpha}$$

$$\mathbf{F = F_G \cdot \frac{\tan\alpha + \mu}{1 - \mu \cdot \tan\alpha}}$$

2) $F_1 = F_H - F_R \quad \rightarrow \quad \mathbf{F = F_G \cdot \frac{\tan\alpha - \mu}{1 + \mu \cdot \tan\alpha}}$

3) $F_0 \leq F_G \qquad \mu = \tan\alpha_R = \tan 11° = 0{,}190$

noch keine Bewegung nach oben:

$$F_0 \leq F_G \cdot \frac{\tan\alpha + \mu}{1 - \mu \cdot \tan\alpha} = 4\ \text{N} \cdot \frac{\tan 30° + \tan 11°}{1 - \tan 11° \cdot \tan 30°}$$

$$\mathbf{F_0 \leq 3{,}5\ N}$$

keine Bewegung nach unten mehr:

$$F_0 \geq F_G \cdot \frac{\tan\alpha - \mu}{1 + \mu \cdot \tan\alpha} = 4\ \text{N} \cdot \frac{\tan 30° - \tan 11°}{1 + \tan 11° \cdot \tan 30°}$$

$$\mathbf{F_0 \geq 1{,}4\ N}$$

2/39 Haft- und Gleitreibung

Bitte probieren Sie einmal, einen Zeigestock oder Besenstiel in horizontaler Lage auf einem Finger zu balancieren! Dazu legen Sie den Zeigestock zunächst auf die Zeigefinger der ausgebreiteten Hände. Bewegen Sie nun die Finger (nicht zu schnell) aufeinander zu!
Was beobachten Sie? Erklären Sie möglichst detailliert, warum das Experiment in dieser Weise abläuft!

Es gleitet immer nur ein Finger, denn Haft- und Gleitreibungskräfte wirken wechselweise. Angenommen, der linke Zeigefinger haftet am Stock. Dann gleitet der rechte zur Mitte, und zwar solange, wie die Gleitreibungskraft rechts kleiner ist als die Haftreibungskraft links. Dann haftet der rechte, und der linke Zeigefinger beginnt zu gleiten ...

Die (Normal-)Kräfte auf die Finger, deren Summe so groß ist wie die Gewichtskraft, wachsen jeweils beim gleitenden und sinken beim ruhenden Finger, bis sie sich am Schwerpunkt treffen.

2/40 Haft- und Gleitreibung

Zwei Körper mit den Massen m_1 und m_2 befinden sich auf geneigten Ebenen (s. Abb.). Der Haftreibungskoeffizient beträgt 0,4, der Gleitreibungskoeffizient 0,3.

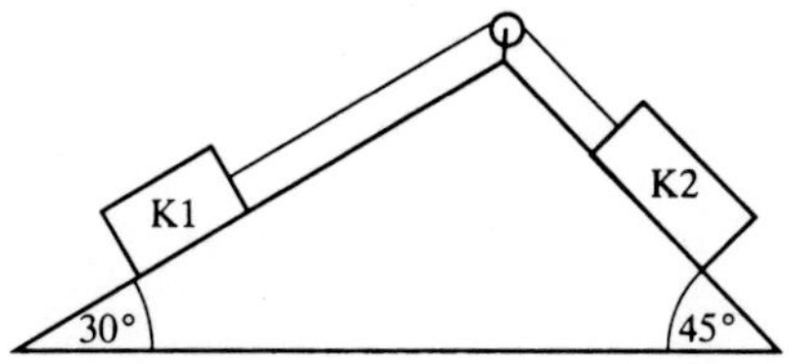

1) Unter welcher Bedingung beginnen K_1 bzw. K_2 jeweils nach unten zu gleiten?
2) Der Körper K_1 gleitet mit konstanter Geschwindigkeit nach unten. Welches Massenverhältnis besteht dann zwischen K_1 und K_2?
3) Mit welcher Beschleunigung gleiten die Körper, wenn $m_1 : m_2 = 5 : 1$ gilt?

1) K_1 gleitet nach unten:

$$F_{H1} - F_{R1} \geq F_{H2} - F_{R2}$$

$$F_{G1}(\sin 30° - \mu_H \cdot \cos 30°) \geq F_{G2}(\sin 45° + \mu_H \cdot \cos 45°)$$

$$F_{G1} \geq \frac{\sin 45° + \mu_H \cdot \cos 45°}{\sin 30° - \mu_H \cdot \cos 30°} \cdot F_{G2} = \frac{\frac{\sqrt{2}}{2} + 0{,}4 \cdot \frac{\sqrt{2}}{2}}{\frac{1}{2} - 0{,}4 \cdot \frac{\sqrt{3}}{2}} \cdot F_{G2}$$

$$F_{G1} \geq 6{,}45 \cdot F_{G2}$$

$\rightarrow$ $\boldsymbol{m_1 \geq 6{,}45 \cdot m_2}$

K_2 gleitet nach unten:

$$F_{G2} \geq \frac{\sin 30° + \mu_H \cdot \cos 30°}{\sin 45° - \mu_H \cdot \cos 45°} \cdot F_{G1} = \frac{\frac{1}{2} + 0{,}4 \cdot \frac{\sqrt{3}}{2}}{\frac{\sqrt{2}}{2} - 0{,}4 \cdot \frac{\sqrt{2}}{2}} \cdot F_{G1}$$

$$F_{G2} \geq 2{,}00 \cdot F_{G1}$$

$\rightarrow$ $\boldsymbol{m_2 \geq 2{,}00 \cdot m_1}$

2) $F_{H1} - F'_{R1} \geq F_{H2} - F'_{R2}$ Gleitreibungskräfte F'_{R1} und F'_{R2}

$$F_{G1} = \frac{\sin 45° + \mu_{Gl} \cdot \cos 45°}{\sin 30° - \mu_{Gl} \cdot \cos 30°} \cdot F_{G2} = \frac{\frac{\sqrt{2}}{2} + 0{,}3 \cdot \frac{\sqrt{2}}{2}}{\frac{1}{2} - 0{,}3 \cdot \frac{\sqrt{3}}{2}} \cdot F_{G1}$$

$$F_{G1} = 3{,}83 \cdot F_{G2}$$

$\rightarrow$ $\boldsymbol{m_1 = 3{,}83 \cdot m_2}$ oder: $\boldsymbol{m_1 : m_2 = 3{,}83 : 1}$

3) F sei die beschleunigende Kraft, $m_1 = 5\, m_2$, $m_{ges} = 6\, m_2$.

$$F = m_{ges} \cdot a = F_{H1} - F'_{R1} - F_{H1} - F'_{R2}$$

$$a = \frac{1}{m_{ges}}[m_1 g(\sin 30° - \mu_{Gl} \cdot \cos 30°) - m_2 g(\sin 45° + \mu_{Gl} \cdot \cos 45°)]$$

$$= \frac{g}{6}[5(\sin 30° - \mu_{Gl} \cdot \cos 30°) - (\sin 45° + \mu_{Gl} \cdot \cos 45°)]$$

$$= \frac{g}{6}\left[5\left(\frac{1}{2} - 0{,}3 \cdot \frac{\sqrt{3}}{2}\right) - \left(\frac{\sqrt{2}}{2} + 0{,}2 \cdot \frac{\sqrt{2}}{2}\right)\right]$$

$\boldsymbol{a = 0{,}46\ \mathrm{ms}^{-2}}$

2/41 Haft- und Gleitreibung; Trägheit

Wenn die zunächst ruhenden Körper K_1 und K_2 durch die Kraft F beschleunigt werden, kann der Körper K_2 unter bestimmten Bedingungen herunterfallen.
In welche Richtung bewegt sich K_2 in diesem Fall?

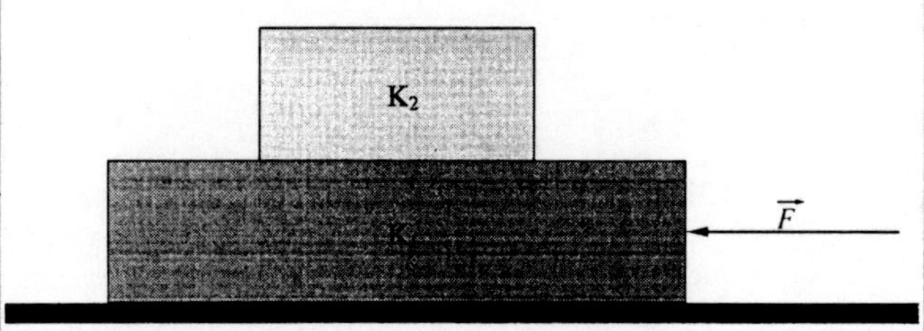

1) Geben Sie die Bedingung für F an, wenn die Körper gleich große Massen haben und die Reibung zwischen K_1 und Unterlage vernachlässigbar klein ist.
2) Beantworten Sie die Fragen nun für den Fall, daß die Körper auf der Unterlage gleiten und dann durch F abgebremst werden!

1) Auf den Körper K_1 wirkt nur derjenige Anteil der Kraft F, der der (Haft-)Reibungskraft entspricht.
Für $F_2 > F_{HR}$ kommt K_2 ins Rutschen:

$$F_2 = m_2 \cdot a > \mu \cdot m_2 \cdot g = F_{HR} \quad \rightarrow \quad a > \mu \cdot g$$

$$F = (m_1 + m_2)a$$

$$\boldsymbol{F > (m_1 + m_2) \cdot \mu \cdot g}$$

2) Wegen der Relativität der Bewegung gilt für diesen Vorgang die gleiche Beziehung; jedoch rutscht der Körper K_2 in Bewegungsrichtung.

Ein Anziehungspunkt für Touristen in der hessischen Landeshauptstadt Wiesbaden ist die 1888 in Betrieb genommene Nerobergbahn, denn diese Bahn „ist ein sehr lebendiges Stückchen Stadtgeschichte". Weder an der Tal- noch an der 83 m höher gelegenen Bergstation stört Motorenlärm die Nostalgie.

Dieses Rätsels Lösung sind am Wagenboden befestigte, bis zu 7 m^3 fassende Wassertanks, die leer bzw. gefüllt die mit einem Seil über eine feste Rolle in der Bergstation gekoppelten Wagen bewegen.

1) Beschreiben Sie die der Funktionsweise zugrunde liegenden physikalischen Vorgänge!
2) Welche maximale Zuladung könnte über die 438 m Gleise nach oben befördert werden (ohne Beladung des talwärts fahrenden Wagens), wenn das „Wagengewicht" 7 600 kg beträgt und ein Reibungskoeffizient von 0,012 angenommen wird?
3) Welche Kraft wirkt im Seil, wenn nach oben und unten je 50 Personen mit durchschnittlich 75 kg fahren und 7,0 m^3 Wasser eingelassen wurden?
4) Bestimmen Sie in diesem Fall die Leistung des talwärts fahrenden Wagens, wenn eine Fahrt 3 min 25 s dauert!
5) Die „Seiltragkraft" wird mit 54970 kg angegeben.

   Bestimmen Sie die „Sicherheit", d. h. das Verhältnis von maximal zulässiger und maximal auftretender Kraft im Seil!
   (Werte und Zitate aus einem Prospekt der Stadtwerke Wiesbaden)

1) Die potentielle Energie des oben eingelassenen Wassers treibt den oberen Wagen bergab und zieht über die feste Rolle gleichzeitig den unteren Wagen bergauf.

2) Durchschnittliche Neigung:

$$\sin\alpha = \frac{h}{l} = \frac{83\ \text{m}}{438\ \text{m}} = 0{,}189 \qquad (\alpha = 10{,}9°)$$

$$\cos\alpha = \frac{\sqrt{l^2 - h^2}}{l} = 0{,}982$$

$$F_R = \mu \cdot F_N = \mu \cdot F_G \cdot \cos\alpha$$

m_Z Masse der Zuladung

Die „obere" Kraft muß die „untere" übertreffen:

$$F_{ob} = F_{H_{ob}} - F_{R_{ob}} = F_{G_{ob}} \cdot \sin\alpha - \mu \cdot F_{G_{ob}} \cdot \cos\alpha = F_{G_{ob}} (\sin\alpha - \mu \cdot \cos\alpha)$$

$$F_{unt} = F_{H_{unt}} + F_{R_{unt}} = F_{G_{unt}} \cdot \sin\alpha + \mu \cdot F_{G_{unt}} \cdot \cos\alpha = F_{G_{unt}} (\sin\alpha + \mu \cdot \cos\alpha)$$

$$F_{ob} \geq F_{unt}$$

$$(m_W + m_{H_2O})(\sin\alpha - \mu \cdot \cos\alpha) = (m_W + m_Z)(\sin\alpha + \mu \cdot \cos\alpha)$$

$$m_Z = \frac{m_{H_2O} \cdot (\sin\alpha - \mu \cdot \cos\alpha) - 2 m_W \cdot \mu \cdot \cos\alpha}{\sin\alpha + \mu \cdot \cos\alpha} = \frac{7\,\text{t} \cdot (0{,}189 - 0{,}012 \cdot 0{,}982) - 2 \cdot 7{,}6\,\text{t} \cdot 0{,}012 \cdot 0{,}982}{0{,}189 + 0{,}012 \cdot 0{,}982}$$

$$\mathbf{m_Z = 5{,}3\ t}$$

3) Die Kraft wird durch den oberen (schwereren) Wagen bestimmt.
(Für konstante Geschwindigkeit sorgen Bremsen.)

$$F = F_{H_{ob}} = F_G \cdot \sin\alpha = g \cdot (m_W + m_{H_2O} + m_{Pers.}) \cdot \sin\alpha$$

$$= 9{,}81 \cdot \text{ms}^{-2} \cdot (7{,}6 \cdot 10^3\ \text{kg} + 7 \cdot 10^3\ \text{kg} + 50 \cdot 75\ \text{kg}) \cdot 0{,}189$$

$$\mathbf{F = 34\ kN}$$

4) Antreibende Kraft: Hangabtriebskraft des Wassers

$$P = \frac{F_H \cdot s}{t} = \frac{m_{H_2O} \cdot g \cdot \sin\alpha \cdot l}{t} = \frac{7 \cdot 10^3\ \text{kg} \cdot 9{,}81\ \text{ms}^{-2} \cdot 0{,}189 \cdot 438\ \text{m}}{205\ \text{s}} = 27 \cdot 10^3\ \text{Nms}^{-1}$$

$$\mathbf{P = 27\ kW}$$

5) $F(54970\ \text{kg}) = m \cdot g = 54970\ \text{kg} \cdot 9{,}81\ \text{ms}^{-2} = 539\ \text{kN}$

Daraus folgt für die „Sicherheit" $\frac{539\ \text{kN}}{34\ \text{kN}} = \mathbf{16 : 1}$.

2/43		Kraft; Gegenkraft		

Pi und Rho beobachten, wie ein Auto bremst und schließlich anhält.
„Wieso hält das Auto?" – „Du willst mich wohl provozieren?" reagiert Rho, „die Bremsen sind es!"
„Also hält das Auto von selbst, so wie sich auch Münchhausen am eigenen Zopf aus dem Sumpf gezogen hat?" Rho muß nachdenken.

Kinetische Energie wird in Wärmeenergie umgewandelt.
Verwandtes Thema: Abgeschlossenheit eines Systems.

2/44		„actio"; „reactio"		

Theta berichtet: „Neulich wurde die Meinung vertreten, daß wegen actio gleich reactio ein Traktor einen stehenden Wagen eigentlich überhaupt nicht von der Stelle bewegen können sollte."
„Er kann es aber offensichtlich", bemerkt Rho spitz.
„Und was ist, wenn man den Traktor vor ein festes Haus spannt?" wirft Pi ein. „Ich denke, Kräfte sind gleich, wenn sie gleiche Wirkungen haben? Also heben actio und reactio einander auf!"
„Und er bewegt sich doch." Theta lächelt.

Die Kraft des Traktors greift am Hänger an, die Gegenkraft am Traktor.

Der Hänger bewegt sich, sobald die Zugkraft größer wird als sein Reibungswiderstand.

Ist der Hänger zu schwer beladen, blockiert oder der Untergrund schlammig, kann es sein, daß es zu keiner Bewegung kommt.

2/45		Kreisbewegung; Trägheit		

„Daß man nichts von der großen Geschwindigkeit bemerkt, mit der wir uns infolge der Erdrotation bewegen", wundert sich Rho.
„Und dabei ist es sogar eine beschleunigte Bewegung", ergänzt Pi.
„Wartet nur, wenn die Erde plötzlich nicht mehr rotiert, wie Geschosse fliegen wir alle in den Weltraum!" warnt Theta.
„Da müssen wir uns eben gut festhalten!"

Die Bewegung hat zwar eine hohe Geschwindigkeit. Deren Komponente in Richtung der Bahn ist jedoch konstant, solange man auf dem gleichen Breitenkreis bleibt.

Verwandte Themen:
Die möglichen Folgen eines plötzlichen Endes der Rotation der Erde
Lufthülle und Erdrotation
Veränderung der Bahngeschwindigkeit bei Reisen nach Nord bzw. Süd

3 Arbeit, Energie und Leistung

3.1 Arbeit

3/01		Arten der mechanischen Arbeit

1) Stellen Sie in den folgenden Diagrammen die jeweilige Arbeit dar, die durch die Wirkung ihrer charakteristischen Kraft längs des entsprechenden Weges verrichtet wird!

a)

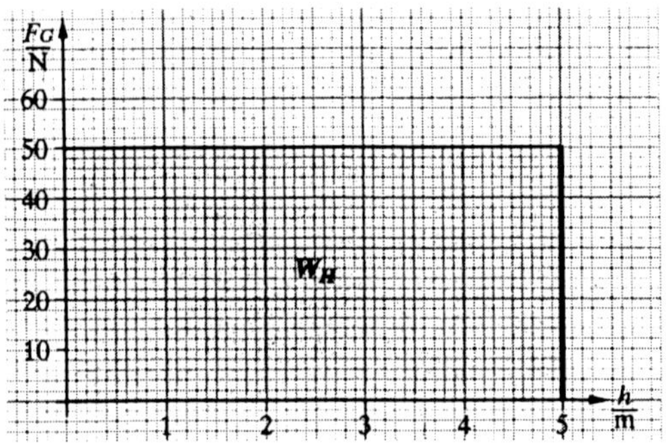

b)

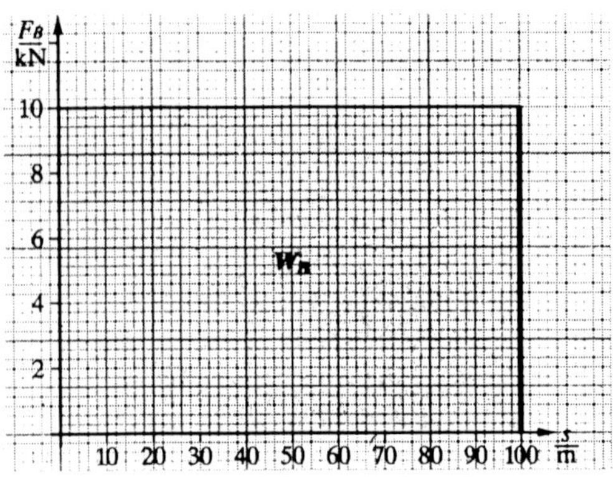

c)

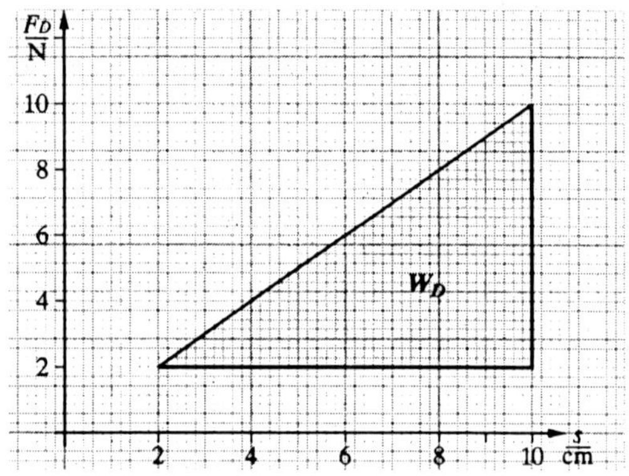

2) Charakterisieren Sie diese verschiedenen Arbeiten, und geben Sie ihre Funktionsgleichungen an!

3) Berechnen Sie die Arbeiten!

Hubarbeit: zu 2) $W_H = F_G h = mgh$

zu 3) $\mathbf{W_H} = 50\,\text{N} \cdot 5\,\text{m} = \mathbf{250\,J}$

Beschleunigungsarbeit: zu 2) $W_B = F_B s = \frac{1}{2} m v^2$

zu 3) $\mathbf{W_B} = 10 \cdot 10^3\,\text{N} \cdot 100\,\text{m} = \mathbf{10^6\,J}$

Federspannarbeit: zu 2) $W_D = \frac{1}{2} F_D \Delta x = \frac{1}{2} D \Delta x^2$

zu 3) $W_D = \frac{1}{2}(F_{D2} - F_{D1})(x_2 - x_1)$

$\mathbf{W_D} = \frac{1}{2} 8\,\text{N} \cdot 9 \cdot 10^{-2}\,\text{m} = \mathbf{0{,}36\,J}$

3/02		Hubarbeit; Beschleunigungsarbeit

Ein Seilakrobat klettert mit konstanter Geschwindigkeit innerhalb von 10 s mit seiner um ein Drittel leichteren Partnerin auf den Schultern eine 15 m hohe Strickleiter empor. Dabei verrichtet er eine Arbeit von 23 kJ.

1) Berechnen Sie die Masse der Partnerin!
2) Zeichnen Sie das W_H-h-Diagramm!
3) Auf welche Geschwindigkeit könnte der Artist einen stehenden PKW der Masse 1 t bei Vernachlässigung der Reibung beschleunigen, wenn er unter sonst identischen Bedingungen die gleiche Arbeit verrichten würde?

1) $W_H = mgh \qquad m = m_A + m_P \qquad m_A = \frac{3}{2} m_P$

$W_H = \frac{5}{2} m_P g h$

$m_P = \frac{2 w_H}{5 g h} \qquad m_P = \frac{2 \cdot 23 \cdot 10^3\,\text{J}}{5 \cdot 9{,}81\,\text{ms}^{-2} \cdot 15\,\text{m}}$

$\mathbf{m_P = 62\,kg}$

2)

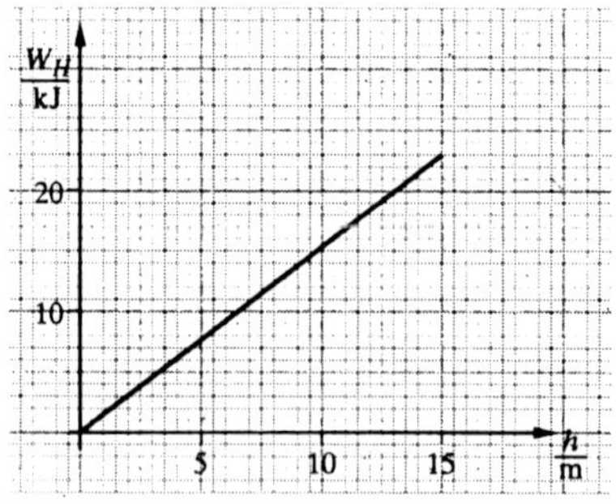

3) $W_B = \frac{1}{2} m v^2 \qquad W_H = W_B$

$v = \sqrt{\frac{2 W_H}{m}} \qquad v = \sqrt{\frac{2 \cdot 23 \cdot 10^3\,\text{J}}{10^3\,\text{kg}}}$

$\mathbf{v = 6{,}8\,ms^{-1}}$

3/03 Hubarbeit

Schierke ist ein reizvoller Kurort im Harz. Während einer Klassenfahrt unternehmen Gymnasiasten eine Wanderung auf den 1142 m hohen Brocken.
Der Weg hat einen mittleren Anstieg von 7 %. Auf halbem Wege wird eine Rast von 7 Minuten eingelegt. Bei einer durchschnittlichen Wandergeschwindigkeit von 2,9 kmh^{-1} erreichen sie nach 2:35 h den Gipfel des Berges.
Lars, der eine Masse von 65 kg hat und neben der Fotoausrüstung noch einige Sachen seiner Freunde im Rucksack trägt, steigt mit 10 kg Gepäck den Berg hinauf.
Welche Arbeit verrichtet er dabei?

$W_H = mgh \qquad m = m_L + m_G$

$h = s \cdot \sin\alpha \qquad \tan\alpha = 0{,}07 \;\rightarrow\; \alpha = 4°$

$s = vt \qquad t = t_g - t_p$

$$W_H = (m_L + m_G)gv(t_g - t_p)\sin\alpha$$

$$W_H = (65\,kg + 10\,kg)9{,}81\,ms^{-2}\,\frac{2{,}9\,ms^{-1}}{3{,}6}(155\cdot 60\,s - 7\cdot 60\,s)\sin 4°$$

$$\mathbf{W_H = 370\,kJ}$$

3/04 Hubarbeit

„Wer arbeitet mehr?"
Philipp (25 kg) und Julia (25 kg) tragen Bücher (je 650 g) in ein zwei Stockwerke höher gelegenes Klassenzimmer und legen sie auf den 80 cm hohen Schulbänken ab. Die Etagenhöhe beträgt 2,80 m.
Um schneller fertig zu sein, trägt Philipp zehn Bücher, Julia hingegen nur acht Bücher auf einmal nach oben. Dafür benötigt sie allerdings nur 25 s, 5 s weniger als Philipp. Für den Rückweg brauchen beide 20 s.
Nach 30 Minuten sind alle Bücher nach oben transportiert.
Stellen Sie die physikalische Arbeit von Philipp und Julia in einem *F*-*s*-Diagramm dar!

$F_1 = (m_i + n_i m_B)g \qquad h_1 = 2h_E \frac{t_g}{t_i}$

$F_2 = n_i m_B g \qquad h_2 = h_T \frac{t_g}{t_i}$

$F_{P_1} = (25\,kg + 10\cdot 0{,}65\,kg)9{,}81\,ms^{-2} \qquad h_{P_1} = 2\cdot 2{,}80\,m\frac{30\cdot 60\,s}{50\,s}$

$\mathbf{F_{P_1} = 310\,N} \qquad \mathbf{h_{P_1} = 200\,m}$

$F_{P_2} = 10\cdot 0{,}65\,kg\cdot 9{,}81\,ms^{-2} \qquad h_{P_2} = 0{,}80\,m\frac{30\cdot 60\,s}{50\,s}$

$\mathbf{F_{P_2} = 65\,N} \qquad \mathbf{h_{P_2} = 30\,m}$

$F_{J_1} = (25\,kg + 8\cdot 0{,}65\,kg)9{,}81\,ms^{-2} \qquad h_{J_1} = 2\cdot 2{,}80\,m\frac{30\cdot 60\,s}{45\,s}$

$\mathbf{F_{J_1} = 300\,N} \qquad \mathbf{h_{J_1} = 220\,m}$

$F_{J_2} = 8\cdot 0{,}65\,kg\cdot 9{,}81\,ms^{-2} \qquad h_{J_2} = 0{,}80\,m\frac{30\cdot 60\,s}{45\,s}$

$\mathbf{F_{J_2} = 50\,N} \qquad \mathbf{h_{J_2} = 30\,m}$

$W_i = k_i(m_1 g h_1 + m_2 g h_2) \qquad m_1 = m_i \quad m_2 = n_i m_B$

$h_1 = 2h_E \quad h_2 = 2h_E + h_T$

$k_i = \frac{t_g}{t_i}$

$$W_i = \frac{t_g}{t_i}g[2m_i h_E + n_i m_B(2h_E + h_T)]$$

$$W_p = \frac{30\cdot 60\,s}{50\,s}9{,}81\,ms^{-2}[2\cdot 25\,kg\cdot 2{,}80\,m + 10\cdot 0{,}65\,kg(2\cdot 2{,}80\,m + 0{,}80\,m)]$$

$$\mathbf{W_p = 64\,kJ}$$

$$W_J = \frac{30\cdot 60\,s}{45\,s}9{,}81\,ms^{-2}[2\cdot 25\,kg\cdot 2{,}80\,m + 8\cdot 0{,}65\,kg(2\cdot 2{,}80\,m + 0{,}80\,m)]$$

$$\mathbf{W_J = 68\,kJ}$$

Julia arbeitet mehr.

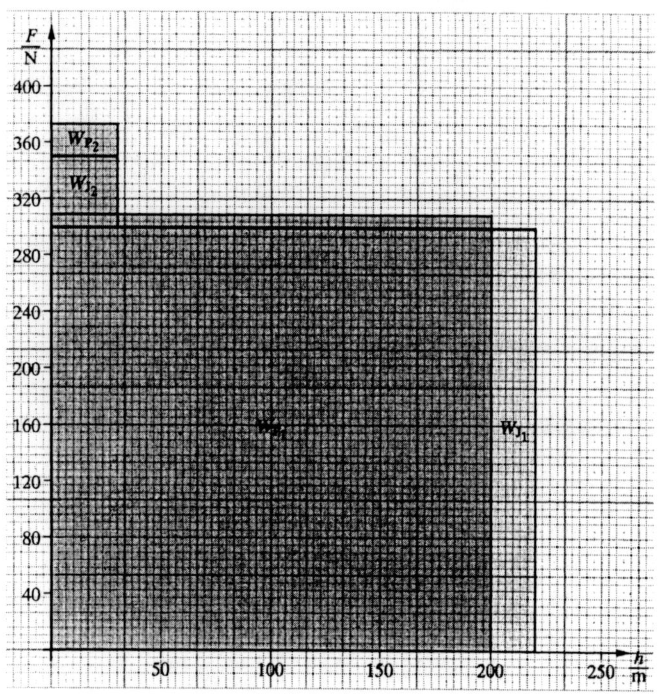

3/05 Hubarbeit; Gravitation

Passagierflugzeuge legen größere Strecken meist in einer Höhe von 10 000 m über der Erdoberfläche zurück.

1) Berechnen Sie für eine Boing 737 (m = 62 t) die für das Aufsteigen notwendige Hubarbeit
   a) ohne Beachtung und
   b) unter Beachtung der Abhängigkeit der Gewichtskraft von der Höhe des Flugzeuges über der Erdoberfläche!
2) Stellen Sie beide Abhängigkeiten in einem W-h-Diagramm dar! Was bemerken Sie?

1) $W_H = mg(h)h \qquad g(h) = \gamma \dfrac{m_E}{(r_E + h)^2}$

a) $W_H = mgh$

$W_H = 62 \cdot 10^3 \text{ kg} \cdot 9{,}81 \text{ ms}^{-2} \cdot 10000 \text{ m}$

$\mathbf{W_H = 6{,}08 \cdot 10^9 \text{ J}}$

b) $W_H = m\gamma \dfrac{m_E}{(r_E + h)^2} h$

$W_H = 62 \cdot 10^3 \text{ kg} \cdot 6{,}67 \cdot 10^{-11} \text{ Nm}^2\text{kg}^{-2} \cdot \dfrac{5{,}979 \cdot 10^{24} \text{ kg}}{(6{,}371 \cdot 10^6 \text{ m} + 10000 \text{ m})^2} 10000 \text{ m}$

$\mathbf{W_H = 6{,}07 \cdot 10^9 \text{ J}}$

2)

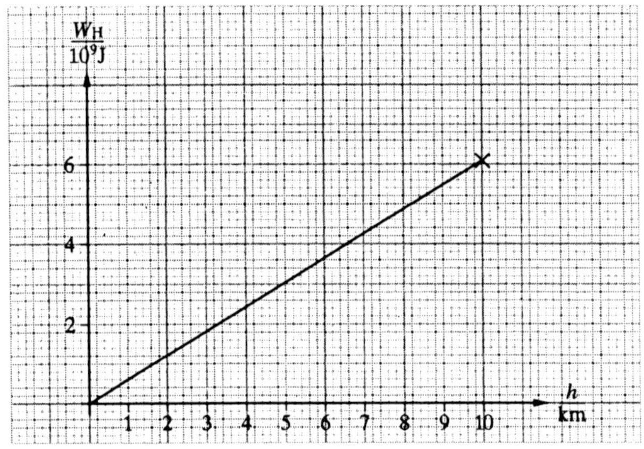

3/06 Hub-, Reibungsarbeit (geneigte Ebene)

Um sein Auto (m = 1,2 t) bequem auch von unten reparieren zu können, hat sich Herr K. auf seinem Grundstück vor der Garage eine Rampe gebaut, an deren oberem Teil ein Motor (M) befestigt ist, der gegebenenfalls auch ein Hochziehen des PKW ermöglichen würde.

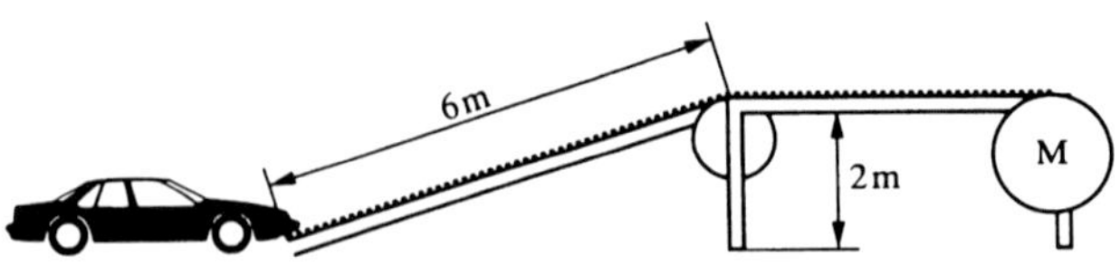

1) Berechnen Sie die verrichtete Arbeit während der gleichförmigen Aufwärtsbewegung des Wagens unter Beachtung eines Reibungskoeffizienten von 0,03!
2) Wie groß ist der prozentuale Anteil der Reibungsarbeit?
3) Stellen Sie die verrichtete Arbeit in einem F-s-Diagramm dar! Kennzeichnen Sie den Anteil der Reibungsarbeit!
4) Bestimmen Sie die verrichtete Arbeit aus dem Diagramm, und vergleichen Sie das Ergebnis mit dem in der Aufgabe 1) berechneten Wert!

1) $W_g = W_H + W_R \qquad W_H = mgh$

$W_R = F_R \cdot s \qquad F_R = \mu F_N = \mu F_G \cos\alpha$

$\cos\alpha = \dfrac{l}{s} = \dfrac{\sqrt{s^2 - h^2}}{s}$

$W_g = mg\left(h + \mu\sqrt{s^2 - h^2}\right)$

$W_g = 1{,}2 \cdot 10^3 \text{ kg} \cdot 9{,}81 \text{ ms}^{-2}\left(2 \text{ m} + 0{,}03\sqrt{(6 \text{ m})^2 - (2 \text{ m})^2}\right)$

$\mathbf{W_g = 26 \text{ kJ}}$

2) $x = \dfrac{W_R \cdot 100\,\%}{W_g}$

$x = \dfrac{\mu mg\sqrt{s^2 - h^2} \cdot 100\,\%}{W_g}$

$x = \dfrac{0{,}03 \cdot 1{,}2 \cdot 10^3 \text{ kg} \cdot 9{,}81 \text{ ms}^{-2}\sqrt{(6 \text{ m})^2 - (2 \text{ m})^2} \cdot 100\,\%}{26 \cdot 10^3 \text{ J}}$

$\mathbf{x = 7{,}7\,\%}$

3)

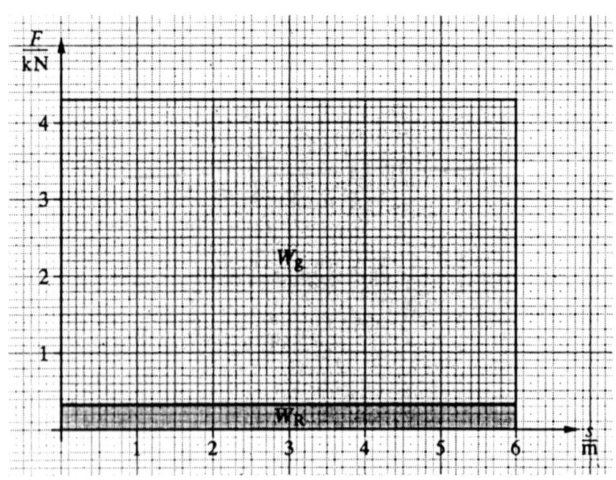

$F_R = \mu mg \dfrac{\sqrt{s^2 - h^2}}{s}$

$F_R = 0{,}03 \cdot 1{,}2 \cdot 10^3 \text{ kg} \cdot 9{,}81 \text{ ms}^{-2} \dfrac{\sqrt{(6 \text{ m})^2 - (2 \text{ m})^2}}{6 \text{ m}}$

$\mathbf{F_R = 330 \text{ N}}$

$$F = F_{Ha} + F_R \qquad F_{Ha} = mg\sin\alpha = mg\frac{h}{s}$$

$$F = mg\frac{h}{s} + F_R$$

$$F = 1{,}2\cdot 10^3\ \text{kg}\cdot 9{,}81\ \text{ms}^{-2}\,\frac{2\ \text{m}}{6\ \text{m}} + 330\ \text{N}$$

$$\mathbf{F = 4{,}3\cdot 10^3\ N = 4{,}3\ kN}$$

4) $\mathbf{W_g} = 4{,}3\cdot 10^3\ \text{N}\cdot 6\ \text{m} = \mathbf{26\ kJ}$

$\mathbf{W_R} = 330\ \text{N}\cdot 6\ \text{m} = \mathbf{2\ kJ}$

$\mathbf{W_H} = (4{,}3\cdot 10^3\ \text{N} - 330\ \text{N})6\ \text{m} = \mathbf{24\ kJ}$

3/07		**Arbeit (geneigte Ebene)**		

Ein Körper der Masse 2,00 kg befindet sich zur Zeit t_0 in der Höhe h auf einer geneigten Ebene ($\alpha = 30°$; $v_0 = 0$). Beim Hinuntergleiten benötigt er 0,30 s, um vom Punkt B zum Punkt A zu gelangen. Dabei verdoppelt sich die kinetische Energie des Körpers. Wie weit sind die Punkte A und B vom Ausgangspunkt der Bewegung entfernt, wenn ein Reibungskoeffizient von 0,3 auftritt?

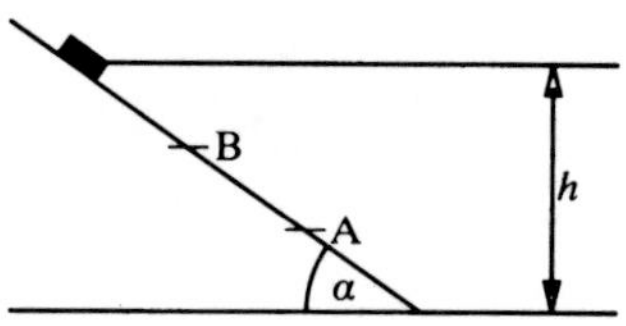

$$2E_{Kin\,B} = E_{Kin\,A} \quad \rightarrow \quad 2v_B^2 = v_A^2$$

$$s_A = \frac{a}{2}t_A^2 \qquad s_B = \frac{a}{2}t_B^2$$

$$v_A = at_A \qquad v_B = at_B$$

$$v_A = at_{AB} + v_B \qquad v_B = \frac{at_{AB}}{\sqrt{2}-1}$$

$$s_A = \frac{v_B^2}{a} = \frac{at_{AB}^2}{\left(\sqrt{2}-1\right)^2} \qquad s_B = \frac{v_B^2}{2a} = \frac{at_{AB}^2}{2\left(\sqrt{2}-1\right)^2}$$

$$F = F_{Ha} - F_R \quad \rightarrow \quad a = g(\sin\alpha - \mu\cos\alpha)$$

$$s_A = \frac{g(\sin\alpha - \mu\cos\alpha)t_{AB}^2}{\left(\sqrt{2}-1\right)^2}$$

$$s_A = \frac{9{,}81\ \text{ms}^{-2}(\sin 30° - 0{,}3\cdot\cos 30°)(0{,}3\ \text{s})^2}{\left(\sqrt{2}-1\right)^2}$$

$$\mathbf{s_A = 1{,}24\ m}$$

$$s_B = \frac{g(\sin\alpha - \mu\cos\alpha)t_{AB}^2}{2\left(\sqrt{2}-1\right)^2}$$

$$s_B = \frac{9{,}81\ \text{ms}^{-2}(\sin 30° - 0{,}3\cdot\cos 30°)(0{,}3\ \text{s})^2}{2\left(\sqrt{2}-1\right)^2}$$

$$\mathbf{s_B = 0{,}62\ m}$$

3/08		**Hub-, Reibungsarbeit (geneigte Ebene)**		

Auf einer geneigten Ebene mit dem Neigungswinkel 15° befindet sich ein Körper mit einer Gewichtskraft von 1000 N. Die Reibungskoeffizienten sind $\mu_H = 0{,}5$ und $\mu = 0{,}2$.

1) Fertigen Sie eine Skizze an, und tragen Sie alle wirkenden Kräfte sowie die gegebenen Größen ein!
2) Bestätigen Sie, daß der Körper ohne Einwirkung äußerer Kräfte auf der Ebene liegen bleibt!
3) Bei welchem Winkel beginnt der Körper zu rutschen?
4) Welche Arbeit ist auf der gegebenen Ebene erforderlich, um den Körper auf eine Höhe von 2 m zu ziehen?

1)

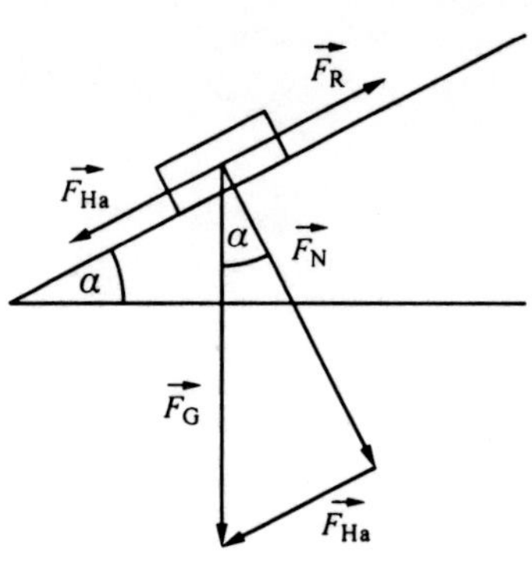

2) $F_{Ha} \leq F_{R\max} \qquad \sin\alpha \leq \mu_H\cos\alpha \quad \rightarrow \quad \tan\alpha \leq \mu_H$

tan 15° ≤ 0,5 w. A. → K. verbleibt auf der Ebene

3) $\tan\alpha > \mu_H$

$\tan\alpha > 0{,}5$

$\boldsymbol{\alpha > 27°}$

4) $W_g = W_H + W_R \qquad W_H = F_G h \qquad W_R = \mu F_G\cos\alpha\,\frac{h}{\sin\alpha}$

$W_g = F_G h(1 + \mu\cot\alpha)$

$W_g = 1000\ \text{N}\cdot 2\ \text{m}(1 + 0{,}2\cot 15°)$

$\mathbf{W_g = 3{,}5\ kJ}$

3/09 Verschiebungsarbeit ($F \nparallel s$)

Ein Junge zieht einen Schlitten der Masse 5 kg auf ebener Erde mit konstanter Geschwindigkeit.
Auf dem Schlitten sitzt sein 25 kg schwerer Freund.

1) Wie groß ist die Kraft, mit der der Junge den Schlitten zieht, unter der Bedingung, daß der schneebedeckte Boden mit einer Kraft von 280 N von unten auf Schlitten und Freund wirkt?
2) Berechnen Sie die Verschiebungsarbeit, wenn der Junge den Schlitten zu einem 250 m entfernten Rodelberg zieht!
3) Der Junge vergrößert seine Zugkraft um 10 N.
   a) Erklären Sie, was geschieht!
   b) Weisen Sie die Richtigkeit Ihrer Überlegungen durch Rechnung nach!

1) $\sin\alpha = \dfrac{F}{F_Z} \qquad F = (m_J + m_S)g - F_B$

$F_Z = \dfrac{(m_J + m_S)g - F_B}{\sin\alpha} = \dfrac{(25\text{ kg} + 5\text{ kg})9{,}81\text{ ms}^{-2} - 280\text{ N}}{\sin 30°}$

$\mathbf{F_Z = 29\ N}$

2) $W = F_Z s \cos\alpha$

$W = 29\text{ N} \cdot 250\text{ N} \cdot \cos 30°$

$\mathbf{W = 6{,}3\ kJ}$

3a) Durch die Vergrößerung der Zugkraft wird der Schlitten beschleunigt.

b)

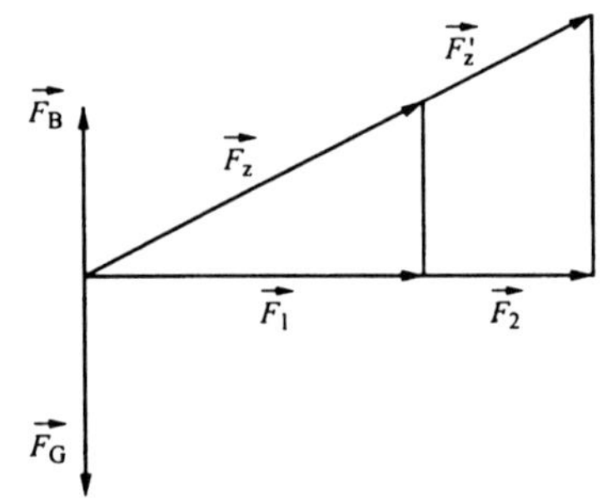

$F_Z = (m_J + m_S)a$

$\cos\alpha = \dfrac{F_1}{F_Z} = \dfrac{F_1 + F_2}{F_Z + F_Z'}$

$F_1 = F_Z \cos\alpha$

$\rightarrow F_2 = (F_Z + F_Z')\cos\alpha - F_Z\cos\alpha$

$a = \dfrac{F_Z' \cos\alpha}{m_J + m_S}$

$a = \dfrac{10\text{ N} \cdot \cos 30°}{25\text{ kg} + 5\text{ kg}}$

$\mathbf{a = 0{,}3\ ms^{-2}}$

3/10 Arbeit ($F \nparallel s$; geneigte Ebene)

(Fortsetzung der Aufgabe 3/09)

Am Berg steigt der Freund ab, und beide ziehen den Schlitten den 100 m langen Weg bis zur Spitze hinauf. Dabei legen sie einen Höhenunterschied von 10 m zurück, und es wirkt, aufgrund des sehr nassen Schnees, ein Reibungskoeffizient von 0,15.

1) Mit welcher Kraft muß jeder Junge am Schlitten ziehen, damit er mit konstanter Geschwindigkeit bewegt wird?
2) Welche Arbeit wird von den Jungen verrichtet?

1) $F = \dfrac{F_Z}{2} \qquad F_Z = \dfrac{F_1}{\cos\alpha} \qquad F_1 = F_{Ha} + F_R$

$F_{Ha} = m_S g \sin\beta \qquad \sin\beta = \dfrac{h}{s}$

$F_R = \mu_G m_S g \cos\beta \qquad \cos\beta = \dfrac{\sqrt{s^2 - h^2}}{s}$

$F = \dfrac{m_S g \dfrac{h}{s} + \mu_G m_S g \dfrac{\sqrt{s^2 - h^2}}{s}}{2\cos\alpha}$

$F = \dfrac{m_S g \left(h + \mu_G \sqrt{s^2 - h^2}\right)}{2s\cos\alpha}$

$F = \dfrac{5\text{ kg} \cdot 9{,}81\text{ ms}^{-2}\left(10\text{ m} + 0{,}15\sqrt{(100\text{ m})^2 - (10\text{ m})^2}\right)}{2 \cdot 100\text{ m} \cdot \cos 30°}$

$\mathbf{F = 7\ N}$

2) $W = 2Fs\cos\alpha$

$W = 2 \cdot 7\text{ N} \cdot 100\text{ m} \cdot \cos 30°$

$\mathbf{W = 1{,}2\ kJ}$

3/11 Verformungsarbeit; beschleunigte Bewegung

Bei einem Verkehrsunfall ermittelt die Polizei eine Bremsspur von 30 m und schließt auf eine Bremsbeschleunigung von 4,6 ms^{-2}. Die Masse des PKW beträgt 1 t.

1) Berechnen Sie die Geschwindigkeit des Fahrzeuges unmittelbar vor Beginn des Bremsvorganges!
2) Wie lange dauerte das Bremsmanöver?
3) Welche Verformungsarbeit wird am Auto verrichtet, wenn der Bremsvorgang bereits nach 20 m durch einen Betonmast endet?

1) $v_E = 0 = -at_1 + v_0 \quad \rightarrow \quad t_1 = \frac{v_0}{a} \qquad s_1 = -\frac{a}{2}t_1^2 + v_0 t_1$

$v_0 = \sqrt{2as_1}$

$v_0 = \sqrt{2 \cdot 4{,}6\ \text{ms}^{-2} \cdot 30\ \text{m}}$

$\mathbf{v_0 = 17\ ms^{-1} \approx 60\ kmh^{-1}}$

2) $t_1 = \frac{v_0}{a} \qquad t_1 = \frac{17\ \text{ms}^{-1}}{4{,}6\ \text{ms}^{-2}} \qquad \mathbf{t_1 = 4\ s}$

3) $W = \frac{m}{2}v^2$

$v = -at_2 + v_0 \quad \rightarrow \quad t_2 = \frac{v_0 - v}{a} \qquad s_2 = -\frac{a}{2}t_2^2 + v_0 t_2$

$v^2 = v_0^2 - 2as_2$

$W = \frac{m}{2}(v_0^2 - 2as_2)$

$W = \frac{10^3\ \text{kg}}{2}\left[(17\ \text{ms}^{-1})^2 - 2 \cdot 4{,}6\ \text{ms}^{-2} \cdot 20\ \text{m}\right]$

$\mathbf{W = 52\ kJ}$

3/12 Federspannarbeit; Hookesches Gesetz

Durch Anhängen eines Körpers der Masse 100 g wird eine Schraubenfeder um 10 cm gedehnt. Wird ein zweiter Körper angehängt, verrichtet er an der Feder eine Arbeit von 2 J.

1) Bestimmen Sie die Federkonstante!
2) Stellen Sie die beiden Vorgänge im *F*-*s*-Diagramm dar!

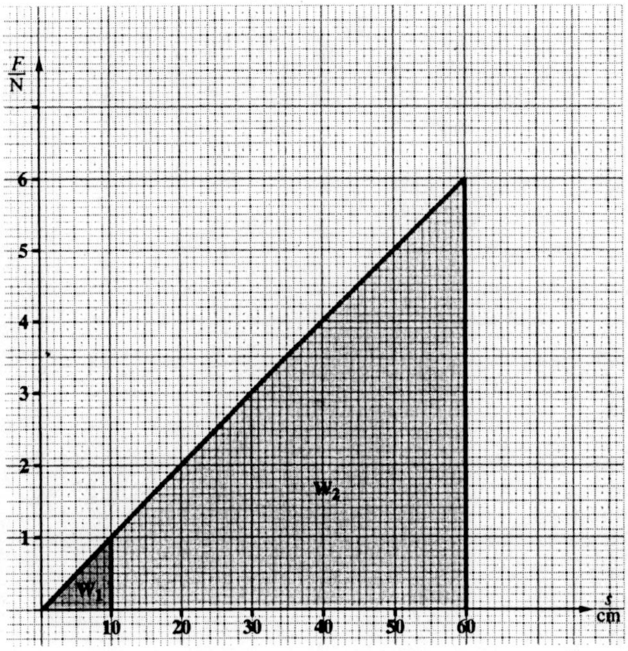

3) Berechnen Sie die vom ersten Körper verrichtete Arbeit!
4) Markieren Sie nun die von den Körpern verrichteten Arbeiten!

1) $F_1 = Ds_1 \qquad F_1 = m_1 g$

$D = \frac{m_1 g}{s_1} \qquad D = \frac{100 \cdot 10^{-3}\ \text{kg} \cdot 9{,}81\ \text{ms}^{-2}}{10 \cdot 10^{-2}\ \text{m}} \qquad \mathbf{D = 9{,}8\ Nm^{-1}}$

2) $F_1 = m_1 g \qquad F_1 = 100 \cdot 10^{-3}\ \text{kg} \cdot 9{,}81\ \text{ms}^{-2} \qquad \mathbf{F_1 = 1\ N}$

$\mathbf{s_1 = 10\ cm}$

$W_2 = \frac{1}{2}Ds_2^2$

$s_2 = \sqrt{\frac{2W_2}{D}} \qquad s_2 = \sqrt{\frac{2 \cdot 2\ \text{J}}{9{,}8\ \text{Nm}^{-1}}} \qquad \mathbf{s_2 = 0{,}6\ m = 60\ cm}$

$F_2 = Ds_2 \qquad F_2 = 9{,}8\ \text{Nm}^{-1} \cdot 0{,}6\ \text{m} \qquad \mathbf{F_2 = 6\ N}$

3)

$W_1 = \frac{1}{2}F_1 s_1 = \frac{1}{2}m_1 g s_1$

$W_1 = \frac{1}{2}100 \cdot 10^{-3}\ \text{kg} \cdot 9{,}81\ \text{ms}^{-2} \cdot 10 \cdot 10^{-2}\ \text{m}$

$\mathbf{W_1 = 0{,}05\ J}$

3/13 Federspannarbeit (Integral); Hookesches Gesetz

Für eine Feder wurde folgende Meßreihe aufgenommen:

F in N	0	1	2	3	4	5	6
s in cm	0	0,6	1,3	2,1	2,8	3,2	4,0
F in N	7	8	9	10	11	12	13
s in cm	4,7	5,2	6,1	6,8	7,3	7,9	8,7
F in N	14	15	16	17	18	19	20
s in cm	9,3	10,1	10,7	11,2	12,1	12,6	13,3

1) Zeichnen Sie das F-s-Diagramm!
2) Bestimmen Sie aus dem Diagramm die Verlängerung der Feder, wenn eine Kraft von 4,5 N wirkt!
3) Kennzeichnen Sie im Diagramm die Arbeit, die man verrichten muß, um die Feder von $s_1 = 3$ cm auf $s_2 = 8$ cm zu dehnen!
4) Berechnen Sie diese Dehnungsarbeit mit dem bestimmten Integral!
5) Wie groß muß die Masse eines Körpers sein, der, an die bereits mit 7 N belastete Feder gehängt, eine Verlängerung von 2 cm bewirkt?

1)

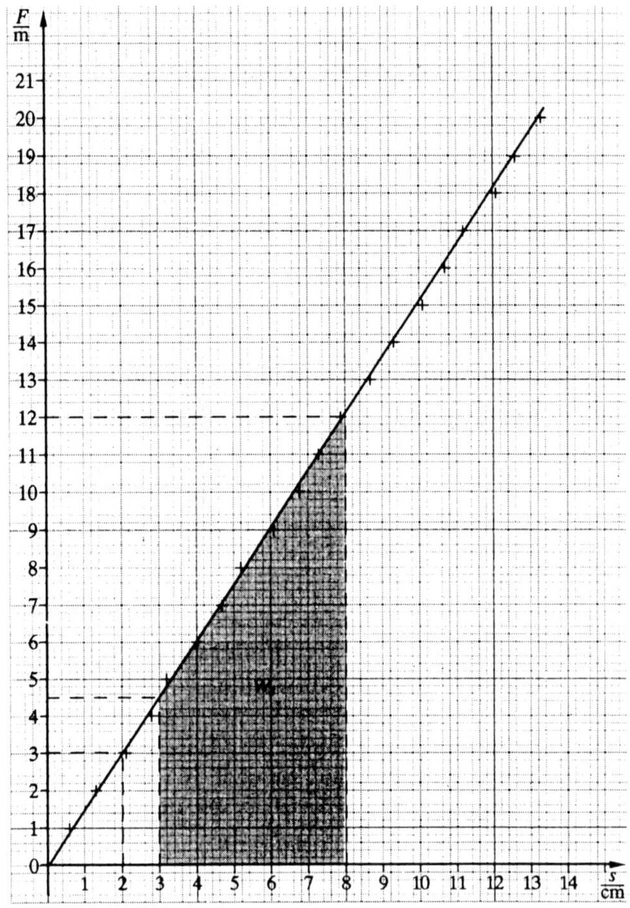

2) $F_2 = 4{,}5\text{ N} \rightarrow \mathbf{s_2 = 3\text{ cm}}$

4) $W_3 = \int_{s_3}^{s_4} F\,\mathrm{d}s = D\int_{s_3}^{s_4} s\,\mathrm{d}s = \frac{1}{2}D(s_4^2 - s_3^2) \qquad D = \frac{F_2}{s_2}$

$$W_3 = \frac{F_2}{2s_2}(s_4^2 - s_3^2)$$

$$W_3 = \frac{4{,}5\text{ N}}{2\cdot 3\cdot 10^{-2}\text{ m}}\left[(8\cdot 10^{-2}\text{ m})^2 - (3\cdot 10^{-2}\text{ m})^2\right]$$

$$\mathbf{W_3 = 0{,}4\text{ J}}$$

5) $m = \frac{F}{g} \qquad F = 3\text{ N}$ für $\Delta s = 2$ cm

$$m = \frac{3\text{ N}}{9{,}81\text{ ms}^{-2}}$$

$$\mathbf{m = 0{,}3\text{ kg} = 300\text{ g}}$$

3/14 Federspann-, Hubarbeit

Eine Feder hat eine Länge von 80 cm. Durch die Einwirkung einer Kraft von 20 N wird die Feder um 5 cm gedehnt.

1) Welche Arbeit wird verrichtet, wenn die Feder auf ihre zweifache Länge gedehnt wird? (Die Kraft sei der Ausdehnung proportional.)
2) Wie hoch müßte man einen 10 kg schweren Körper heben, um die gleiche Arbeit zu verrichten?

1) $W_D = \frac{1}{2}Ds_2^2 \qquad D = \frac{F_1}{s_1} \qquad s_2 = 2l$

$$W_D = \frac{2F_1 l^2}{s_1}$$

$$W_D = \frac{2\cdot 20\text{ N}(80\cdot 10^{-2}\text{ m})^2}{5\cdot 10^{-2}\text{ m}}$$

$$\mathbf{W_D = 510\text{ J}}$$

2) $W_H = mgh \qquad W_H = W_D$

$$h = \frac{W_D}{mg}$$

$$h = \frac{510\text{ J}}{10\text{ kg}\cdot 9{,}81\text{ ms}^{-2}}$$

$$\mathbf{h = 5{,}2\text{ m}}$$

3/15 Arbeit; Bewegungsarten

Ein Aufzug (m = 1,3 t) wird innerhalb von 2 s auf eine Geschwindigkeit von 1,5 ms^{-1} gleichmäßig aus dem Stillstand heraus beschleunigt. Danach fährt der Aufzug gleichförmig nach oben weiter.

1) Berechnen Sie die vom Motor während des Beschleunigungsvorganges verrichtete Arbeit, wenn man von einer Reibungskraft ausgehen muß, die einem Zwanzigstel der Gewichtskraft des Fahrstuhls entspricht!
2) Wie groß ist die Arbeit in Abhängigkeit von der erreichten Höhe während der Fahrt mit konstanter Geschwindigkeit?

1) $W = W_B + W_H + W_R$

$W_B = \frac{1}{2}mv^2$

$W_H = mgh \qquad h = \frac{a}{2}t^2 \quad v = at \quad \rightarrow \quad h = \frac{vt}{2}$

$W_R = F_R h \qquad F_R = \frac{1}{20}mg$

$W_R = \frac{1}{40}mgvt$

$W = mv\left(\frac{1}{2}v + \frac{21}{40}gt\right)$

$W = 1{,}3 \cdot 10^3\ \text{kg} \cdot 1{,}5\ \text{ms}^{-1}\left(\frac{1}{2}1{,}5\ \text{ms}^{-1} + \frac{21}{40}9{,}81\ \text{ms}^{-2} \cdot 2\ \text{s}\right)$

$\mathbf{W = 22\ kJ}$

2) $W(h) = W_H + W_R$

$\mathbf{W(h) = \frac{21}{20}mgh}$

3/16 Arbeit; Bewegungsarten

Ein Fahrzeug mit einer Masse von 1000 kg fährt gleichmäßig beschleunigt aus dem Stand an. Nachdem es sich dann eine Teilstrecke gleichförmig bewegt hat, wird es erneut gleichmäßig beschleunigt. Für die Bewegung des Fahrzeuges liegt folgendes Diagramm vor:

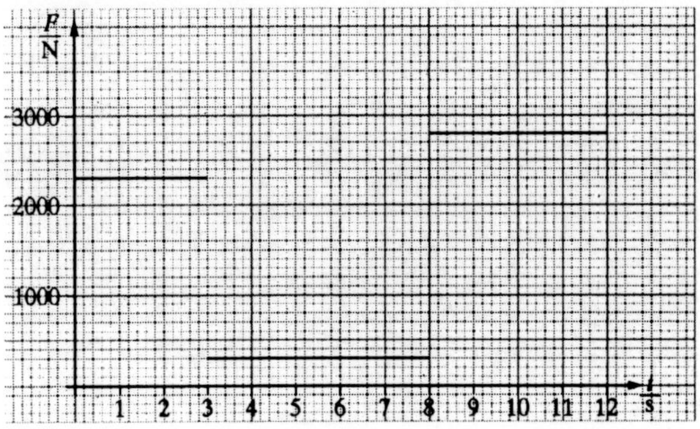

1) Wie groß ist die wirkende Reibungskraft?
2) Mit welcher Geschwindigkeit bewegt sich das Fahrzeug gleichförmig?
3) Berechnen Sie die Beschleunigungsarbeit für die dritte Teilbewegung!
4) Zeichnen Sie das F-s-Diagramm!
5) Bestimmen Sie aus dem Diagramm die vom Fahrzeug verrichtete Arbeit während der 12 s dauernden Bewegung!

1) $\mathbf{F_R = 300\ N}$

2) $v_2 = a_1 t_1 \qquad F = ma_1 = F_1 - F_R$

Aus dem Diagramm folgt:

$F_1 = 2300\ \text{N} \qquad t_1 = 3\ \text{s}$

$F_3 = 2800\ \text{N} \qquad t_3 = 4\ \text{s}$

$v_2 = \frac{F_1 - F_R}{m}t_1$

$v_2 = \frac{2300\ \text{N} - 300\ \text{N}}{1000\ \text{kg}}3\ \text{s}$

$\mathbf{v_2 = 6\ ms^{-1} \approx 22\ kmh^{-1}}$

3) $W_3 = (F_3 - F_R)s_3 \qquad s_3 = \frac{a_3}{2}t_3^2 + v_2 t_3 \qquad F_3 - F_R = ma_3$

$W_3 = (F_3 - F_R)\left[\frac{F_3 - F_R}{2m}t_3^2 + v_2 t_3\right]$

$W_3 = (2800\,\text{N} - 300\,\text{N})$

$\cdot\left[\frac{2800\,\text{N} - 300\,\text{N}}{2 \cdot 1000\,\text{kg}}(4\,\text{s})^2 + 6\,\text{ms}^{-1} \cdot 4\,\text{s}\right]$

$\mathbf{W_3 = 110\ kJ}$

Anderer Ansatz möglich:

$W_3 = \frac{m}{2}(v_3^2 - v_2^2) \quad \text{mit} \quad v_3 = \frac{F_3 - F_R}{m}t_3 + v_2$

4)

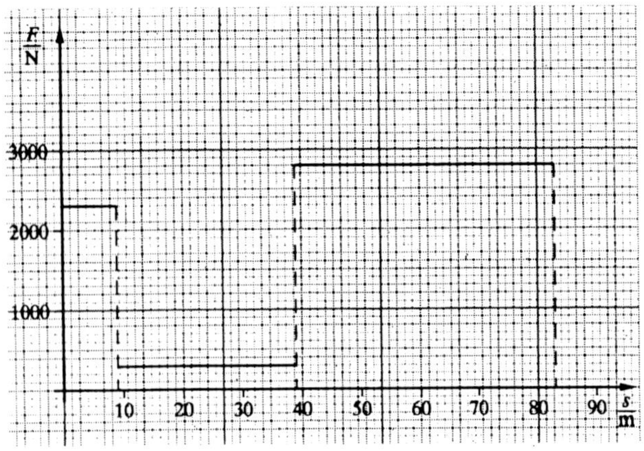

$$s_1 = \frac{a_1}{2} t_1^2 = \frac{F_1 - F_R}{2m} t_1^2$$

$$s_2 = v_2 t_2$$

$$s_3 = \frac{F_3 - F_R}{2m} t_3^2 + v_2 t_3$$

$\frac{F}{N}$	$\frac{s}{m}$
2300	9
300	30
2800	44

5) $W = F_1 s_1 + F_2 s_2 + F_3 s_3$

$W = 2300\ \text{N} \cdot 9\ \text{m} + 300\ \text{N} \cdot 30\ \text{m} + 2800\ \text{N} \cdot 44\ \text{m}$

$\mathbf{W = 150\ kJ}$

3/17		**Beschleunigungsarbeit (schiefer Wurf)**		

Bei einer Leichtathletik-Meisterschaft erreicht ein Kugelstoßer eine Weite von 21,23 m. Die Kugel besitzt eine Masse von 7,25 kg und verläßt die Hand des Sportlers unter einem Winkel von 36° zur Horizontalen.

1) Berechnen Sie die Abwurfgeschwindigkeit, wenn der Abwurfpunkt 1,80 m über der Erdoberfläche liegt!
2) Wie groß ist die beschleunigende Kraft unter der Annahme, daß die Bewegung der Kugel in der Hand bis zum Abwurf gleichmäßig beschleunigt verläuft und 0,2 s dauert?
3) Welche Arbeit wird dabei verrichtet?

1) Allg. Bewegungsgleichungen mit Anfangsbedingungen

$$x = v_0 t \cos\alpha \quad \rightarrow \quad t = \frac{x}{v_0 \cos\alpha}$$

$$y = -\frac{g}{2} t^2 + v_0 t \sin\alpha + h$$

$$y = -\frac{g x^2}{2 v_0^2 \cos^2\alpha} + x \tan\alpha + h = 0$$

$$v_0 = \sqrt{\frac{g x^2}{2 \cos^2\alpha (x \tan\alpha + h)}}$$

$$v_0 = \sqrt{\frac{9{,}81\ \text{ms}^{-2} (21{,}23\ \text{m})^2}{2 \cos^2 36° (21{,}23\ \text{m} \tan 36° + 1{,}80\ \text{m})}}$$

$\mathbf{v_0 = 14\ ms^{-1}}$

2) $F = ma \qquad v = at$

$F = m\frac{v}{t} \qquad F = 7{,}25\ \text{kg} \frac{14\ \text{ms}^{-1}}{0{,}2\ \text{s}} \qquad \mathbf{F = 510\ N}$

3) $W = Fs \qquad s = \frac{a}{2} t^2 = \frac{vt}{2}$

$W = F\frac{vt}{2} \qquad W = 510\ \text{N} \frac{14\ \text{ms}^{-1} \cdot 0{,}2\ \text{s}}{2} \qquad \mathbf{W = 710\ J}$

3.2 Energie

3/18		Energieerhaltungssatz	

Auf Grund der unangemessenen Geschwindigkeit von 60 kmh^{-1} kommt bei eisglatter Straße ein PKW von der Fahrbahn ab und prallt gegen einen Baum.
Bestimmen Sie die Höhe, aus der das Auto frei fallen müßte, um mit der gleichen Geschwindigkeit aufzuschlagen!

$E_{kin} = E_{pot} \qquad E_{kin} = \frac{m}{2}v^2 \qquad E_{pot} = mgh$

$h = \frac{v^2}{2g}$

$h = \left(\frac{60}{3{,}6}\ ms^{-1}\right)^2 \frac{1}{2 \cdot 9{,}81\ ms^{-2}}$

$\mathbf{h = 14\ m}$

3/19		Kinetische Energie; Relativgeschwindigkeit	

Ein PKW mit der Masse m = 1,2 t fährt im Punkt A zur Zeit t_0 aus dem Stand los und erreicht nach t_1 = 10 s eine Geschwindigkeit von 80 kmh^{-1}. Genau in diesem Moment befindet sich im Punkt B ein mit konstanter Geschwindigkeit und in gleicher Richtung fahrender Kleintransporter, der die dreifache Masse und die gleiche kinetische Energie wie der PKW besitzt. Die Punkte A und B haben einen Abstand von 1,15 km.

1) Berechnen Sie die Geschwindigkeit des Kleintransporters!
2) Wie groß ist der Abstand zwischen den beiden Autos nach Beendigung der Beschleunigungsphase des PKW?
3) Nach welcher Zeit hat der PKW den Transporter erreicht?

1) $\frac{m_1}{2}v_1^2 = \frac{m_2}{2}v_2^2 \qquad 3m_1 = m_2$

$v_2 = \frac{v_1}{\sqrt{3}}$

$v_2 = \frac{80\ kmh^{-1}}{\sqrt{3}}$

$\mathbf{v_2 = 46\ kmh^{-1}}$

2) $s = s_{AB} - s_1 \qquad s_1 = \frac{a}{2}t_1^2 \qquad v_1 = at_1$

$s = s_{AB} - v_1 \frac{t_1}{2}$

$s = 1{,}15 \cdot 10^3\ m - \frac{80}{3{,}6}\ ms^{-1} \frac{10\ s}{2}$

$\mathbf{s = 1040\ m = 1{,}04\ km}$

3) $t = \frac{s}{v_r} \qquad v_r = v_1 - v_2$

$t = s\frac{1}{v_1 - v_2}$

$t = 1040\ m \frac{3{,}6}{(80-46)\ ms^{-1}}$

$\mathbf{t = 110\ s}$

3/20		Energie; Beschleunigungsarbeit; Kraft	

Martin fährt mit dem Zug zu seinem Freund und will seinen 20 kg schweren Koffer in der Gepäckablage (h = 1,80 m) unterbringen. Er bewegt ihn zunächst gleichmäßig beschleunigt nach oben. Danach hat der Koffer soviel Schwung, daß er ohne Martins Anstrengung die letzten 30 cm bis in die Gepäckablage gelangt.

1) Bestimmen Sie die dafür erforderliche Beschleunigung!
2) Welche Kraft wendet Martin auf, und welche Arbeit wird verrichtet?

1) EES

$E_{kin_1} = W_B = E_{pot_2}$

$\frac{1}{2}mv_1^2 = mah_1 = mgh_2$

$h_1 = h - h_2$

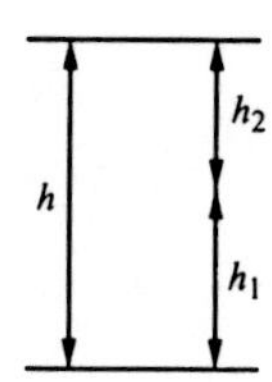

$a = g\frac{h_2}{h - h_2}$

$a = 9{,}81\ ms^{-2} \frac{30 \cdot 10^{-2}\ m}{1{,}80\ m - 30 \cdot 10^{-2}\ m}$

$\mathbf{a = 1{,}96\ ms^{-2}}$

Kinematik

$h_2 = -\frac{g}{2}t_2^2 + v_1 t_2 \qquad 0 = -gt_2 + v_1 \quad \rightarrow \quad v_1^2 = 2gh_2$

$h_1 = \frac{a}{2}t_1^2 \qquad v_1 = at_1 \quad \rightarrow \quad h_1 = \frac{v_1^2}{2a}$

$h_1 = h - h_2$

2) $F = F_a + F_G \qquad F_a = ma \qquad F_G = mg$

$F = m(a+g)$

$F = 20\text{ kg}(1{,}96\text{ ms}^{-2} + 9{,}81\text{ ms}^{-2})$

$\boldsymbol{F = 235\text{ N}}$

$W = F(h - h_2)$

$W = 235\text{ N}(1{,}80\text{ m} - 30 \cdot 10^{-2}\text{ m})$

$\boldsymbol{W = 353\text{ J}}$

$W = E_{pot} = mgh$

$W = 20\text{ kg} \cdot 9{,}81\text{ ms}^{-2} \cdot 1{,}80\text{ m}$

$\boldsymbol{W = 353\text{ J}}$

3/21 Potent. Energie; Reibung; Goldene Regel der Mechanik

Eine Kiste (m = 50 kg) soll auf eine Höhe von 1 m transportiert werden.

1) Beschreiben Sie dafür mindestens zwei Möglichkeiten!
2) Berechnen Sie die für Ihre Beispiele aufzuwendenden Kräfte! Beachten Sie ggf. die auftretende Reibung ($\mu_G = 0{,}35$)! Die Luftreibung ist vernachlässigbar.
3) Welche Arbeit wird jeweils verrichtet?
4) Vergleichen Sie die an der Kiste aufgewendeten Arbeiten mit den Energiebeträgen, die die Kiste nach erfolgtem Heben besitzt!
Erklären Sie Ihr Ergebnis!

→ Schüler sollen sich geeignete Werte überlegen

1 a) „Heben" unter $\alpha = 90°$

b) Geneigte Ebene ($0° < \alpha < 90°$) z. B. $\alpha = 30°$; $\mu_G = 0{,}35$

c) Rollensysteme

2a) $F_1 = mg \qquad F_1 = 50\text{ kg} \cdot 9{,}81\text{ ms}^{-2} \qquad \boldsymbol{F_1 = 490\text{ N}}$

b) $F_2 = F_{Ha} + F_R = mg(\sin\alpha + \mu\cos\alpha)$

$F_2 = 50\text{ kg} \cdot 9{,}81\text{ ms}^{-2}(\sin 30° + 0{,}35 \cdot \cos 30°)$

$\boldsymbol{F_2 = 390\text{ N}}$

3a) $W_1 = F_1 h$

$W_1 = 490\text{ N} \cdot 1\text{ m}$

$\boldsymbol{W_1 = 490\text{ J}}$

b) $W_2 = F_2 s = F_2 \frac{h}{\sin\alpha}$

$W_2 = 390\text{ N}\frac{1\text{ m}}{\sin 30°}$

$\boldsymbol{W_2 = 780\text{ J}}$

4) $E = mgh$

$E = 50\text{ kg} \cdot 9{,}81\text{ ms}^{-2} \cdot 1\text{ m}$

$\boldsymbol{E = 490\text{ J}}$

$E = W_1$ da Luftreibung vernachlässigbar
$E < W_2$ da Reibungsverluste auftreten

3/22 Energieerhaltungssatz; Reibung (geneigte Ebene)

In der dargestellten Anordnung soll die Kugel (m = 1 kg), nachdem sie die geneigte Ebene mit dem Neigungswinkel 30° verlassen hat, gerade soviel kinetische Energie besitzen, daß sie das Ende des 1,4 m langen Tisches erreichen kann.

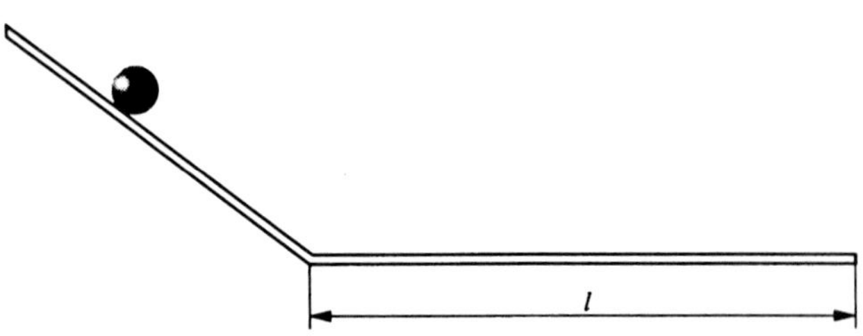

Aus welcher Höhe muß die Kugel abrollen, wenn die Reibungszahl 0,07 beträgt?

$E_{pot} = W_{R_1} + W_{R_2} \qquad W_{R_1} = \mu_R mg\cos\alpha\frac{h}{\sin\alpha}$

$W_{R_2} = \mu_R mgs_2$

$h = \frac{\mu_R s_2}{(1 - \mu_R\cot\alpha)}$

$h = \frac{0{,}07 \cdot 1{,}4\text{ m}}{1 - 0{,}07\cot 30°}$

$\boldsymbol{h = 0{,}11\text{ m} = 11\text{ cm}}$

3/23 Energieerhaltungssatz; Reibung (geneigte Ebene)

Ein Körper bewegt sich eine geneigte Ebene mit dem Neigungswinkel 15° hinauf. Im Fußpunkt A der Ebene besitzt er die Geschwindigkeit $v_A = 15\ \mathrm{ms^{-1}}$. Die Gleitreibungszahl auf der geneigten Ebene beträgt 0,12.

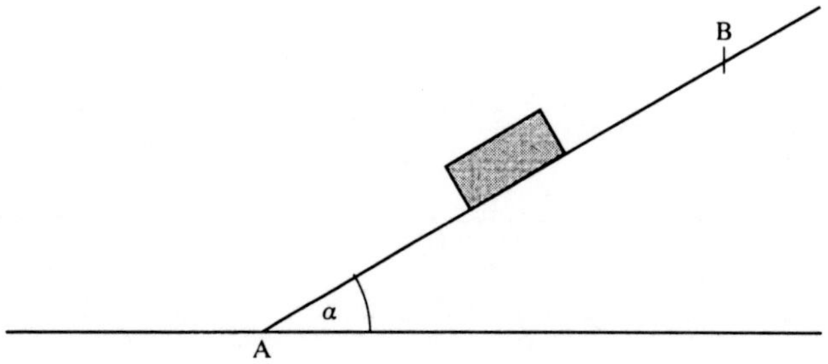

1) Welche maximale Höhe erreicht der Körper?
2) Wie lange dauert es, bis er den höchsten Punkt B erreicht hat?
3) Nach welcher Zeit besitzt er nur noch die Hälfte der kinetischen Energie, die er im Punkt A hatte, und welchen Weg hat er bis dahin zurückgelegt?
4) Nun gleitet der Körper wieder abwärts.
   Welche Geschwindigkeit v_A' hat er am Fußpunkt A der geneigten Ebene?
5) Wie weit gleitet der Körper bei gleichem Reibungskoeffizienten dann auf der Horizontalen?
6) Wie lange dauert es, bis der Körper auf der Horizontalen zur Ruhe kommt?

1) $E_{K_A} = E_{P_B} + W_R \qquad E_A = \frac{1}{2}mv_A^2 \qquad E_{P_B} = mgh_B$

$W_R = \mu_G F_N s \qquad F_N = mg\cos\alpha \qquad s = \frac{h}{\sin\alpha}$

$$h_B = \frac{v_A^2}{2g(1+\mu_G\cot\alpha)}$$

$$h_B = \frac{(15\ \mathrm{ms^{-1}})^2}{2\cdot 9{,}81\ \mathrm{ms^{-2}}(1+0{,}12\cot 15°)} \qquad \mathbf{h_B = 7{,}9\ m}$$

2) $0 = -at_1 + v_A \qquad a = g(\sin\alpha + \mu_G\cos\alpha)$

$$t_1 = \frac{v_A}{g(\sin\alpha+\mu_G\cos\alpha)}$$

$$t_1 = \frac{15\ \mathrm{ms^{-1}}}{9{,}81\ \mathrm{ms^{-2}}(\sin 15°+0{,}12\cos 15°)} \qquad \mathbf{t_1 = 4{,}1\ s}$$

3) $v = -at + v_A \qquad E_{kin} = \frac{1}{2}E_{K_A} \quad \rightarrow v^2 = \frac{1}{2}v_A^2$

$$t = \frac{v_A(\sqrt{2}-1)}{\sqrt{2}g(\sin\alpha+\mu_G\cos\alpha)}$$

$$t = \frac{15\ \mathrm{ms^{-1}}(\sqrt{2}-1)}{\sqrt{2}\cdot 9{,}81\ \mathrm{ms^{-2}}(\sin 15°+0{,}12\cos 15°)} \qquad \mathbf{t = 1{,}2\ s}$$

$$s = -\frac{a}{2}t^2 + v_A t = -\frac{g(\sin\alpha+\mu_G\cos\alpha)}{2}t^2 + v_A t$$

$$s = -\frac{9{,}81\ \mathrm{ms^{-2}}(\sin 15°+0{,}12\cos 15°)}{2}(1\ \mathrm{s})^2 + 15\ \mathrm{ms^{-1}}\cdot 1\ \mathrm{s}$$

$\mathbf{s = 13\ m}$

4) $E_{P_B} = E'_{K_A} + W_R \qquad E_{P_B} = mgh_B \qquad E'_{K_A} = \frac{1}{2}mv_A'^2$

$W_R = \mu_G mg\cos\alpha\cdot s_B \qquad s_B = \frac{h_B}{\sin\alpha}$

$$v_A' = \sqrt{2gh_B(1-\mu_G\cot\alpha)}$$

$$v_A' = \sqrt{2\cdot 9{,}81\ \mathrm{ms^{-2}}\cdot 7{,}9\ \mathrm{m}\,(1-0{,}12\cot 15°)}$$

$\mathbf{v_A' = 9{,}3\ ms^{-1}}$

5) $E'_{K_A} = W'_R \qquad W'_R = \mu_G mgs'$

$$s' = \frac{v_A'^2}{2\mu_G g} = \frac{(9{,}3\ \mathrm{ms^{-1}})^2}{2\cdot 0{,}12\cdot 9{,}81\ \mathrm{ms^{-2}}} \qquad \mathbf{s' = 37\ m}$$

6) $0 = -a't' + v_A' \qquad a' = \mu_G g$

$$t' = \frac{v_A'}{\mu_G g} = \frac{9{,}3\ \mathrm{ms^{-1}}}{0{,}12\cdot 9{,}81\ \mathrm{ms^{-2}}} \qquad \mathbf{t' = 7{,}9\ s}$$

3/24 Energieerhaltungssatz; Reibung (geneigte Ebene)

Ein Körper, der am Ende eines 1,0 m langen Brettes liegt, beginnt bei einseitigem Anheben des Brettes zu gleiten, sobald er eine Höhe von 25 cm erreicht.

1) Wie groß ist die Haftreibungszahl?
2) Berechnen Sie die beim Reibungswinkel wirkende Beschleunigung, die der Körper erfährt, wenn die Haftreibungszahl doppelt so groß wie die Gleitreibungszahl ist?
3) Welche Geschwindigkeit erreicht der Körper am Fußpunkt der geneigten Ebene?

1) $F_{Ha} = F_{R_H} \qquad F_{Ha} = mg\sin\alpha; \quad F_R = \mu_H mg\cos\alpha$

$\sin\alpha = \frac{h}{s} \quad \rightarrow \quad \alpha = 14{,}5°$

$\mu_H = \tan\alpha \qquad \mu_H = \tan 14{,}5° \qquad \mathbf{\mu_H = 0{,}26}$

2) $F = F_{Ha} - F_{R_G} \qquad F_1 = ma$

$F_{R_G} = \mu_G mg\cos\alpha \qquad \mu_G = \frac{1}{2}\mu_H$

$$a = g(\sin\alpha - \frac{1}{2}\mu_H\cos\alpha)$$

$$a = 9{,}81\ \mathrm{ms^{-2}}(\sin 14{,}5° - \frac{1}{2}0{,}26\cos 14{,}5°)$$

$\mathbf{a = 1{,}2\ ms^{-2}}$

3) $E_{pot} = E_{kin} + W_R \qquad E_{pot} = mgh; \quad E_{kin} = \frac{m}{2}v^2$

$W_R = \mu_G mg\cos\alpha\cdot s$

$$v = \sqrt{2g\left(h - \frac{1}{2}\mu_H\cos\alpha\cdot s\right)}$$

$$v = \sqrt{2\cdot 9{,}81\ \mathrm{ms^{-2}}(25\cdot 10^{-2}\ \mathrm{m} - \frac{1}{2}0{,}26\cos 14{,}5°\cdot 1\ \mathrm{m}}$$

$\mathbf{v = 1{,}6\ ms^{-1}}$

3/25		Energieerhaltungssatz (senkrechter, waagerechter Wurf)	

1) Leiten Sie die Gleichung für die Steighöhe beim senkrechten Wurf nach oben aus dem Energieerhaltungssatz her!
2) Zeigen Sie mit Hilfe des Energieerhaltungssatzes, daß für die Endgeschwindigkeit beim horizontalen Wurf gilt:

$$v = \sqrt{v_0^2 + 2gh}$$

1) $E_{kin_1} = E_{pot_2}$

$$\rightarrow \quad \boldsymbol{h = \frac{v_0^2}{2g}}$$

2) $E_{pot_1} + E_{kin_1} = E_{kin_2}$

$$\rightarrow \quad \boldsymbol{v = \sqrt{v_0^2 + 2gh}}$$

Vereinfachung des Rechenweges vieler Aufgaben durch Anwendung des Energieerhaltungssatzes

3/26		Energieerhaltungssatz (freier Fall)	

Ein Körper der Masse m wird aus der Höhe h fallengelassen.

1) Geben Sie die Gleichung zur Berechnung der maximalen Geschwindigkeit des Körpers an!
Verwenden Sie zur Herleitung den Energieerhaltungssatz!
2) Weisen Sie ausschließlich mit kinematischen Gesetzen nach, daß der Körper die gleiche Endgeschwindigkeit erreicht, wenn er aus gegebener Höhe eine geneigte Ebene mit dem Neigungswinkel α reibungsfrei hinabgleitet!
3) Gilt dieser Zusammenhang auch für Bewegungen mit einer Anfangsgeschwindigkeit v_0?
Begründen Sie Ihre Antwort!

1) $E_{pot} = E_{kin}$ $\qquad E_{pot} = mgh$ $\qquad E_{kin} = \frac{1}{2}mv^2$

$\boldsymbol{v = \sqrt{2gh}}$

2) $v = at$ $\qquad s = \frac{a}{2}t^2$ $\qquad a = g\sin\alpha$

$v = \sqrt{2gs\sin\alpha}$ $\qquad h = s\sin\alpha$

$\boldsymbol{v = \sqrt{2gh}}$

3) $E_{P_1} + E_{K_1} = E_{K_2}$ $\qquad E_{K_1} = \frac{1}{2}mv_0^2$ $\qquad \boldsymbol{v = \sqrt{v_0^2 + 2gh}}$

$v = at + v_0$ $\qquad s = \frac{a}{2}t^2 + v_0 t$ $\qquad a = g\sin\alpha$

$s = \dfrac{v^2 - v_0^2}{2g\sin\alpha}$ $\qquad h = s \cdot \sin\alpha$

$\boldsymbol{v = \sqrt{v_0^2 + 2gh}}$

3/27		Energieerhaltungssatz (Wurf, freier Fall)	

Ein Ball (m = 200 g) wird auf eine Höhe h_0 gehoben und anschließend mit einer Geschwindigkeit von 6 ms^{-1} senkrecht nach oben geworfen. Wenn er seine maximale Höhe erreicht, besitzt er genau die doppelte potentielle Energie wie im Abwurfpunkt. Die Reibung soll vernachlässigt werden.

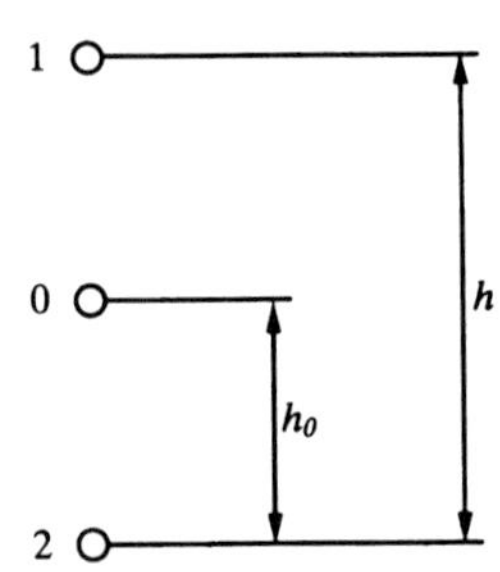

1) Welche physikalische Arbeit wird am Ball verrichtet?
2) Aus welcher Höhe über der Erdoberfläche wird der Ball geworfen?
3) Welche Strecke legt der Ball bis zum Umkehrpunkt zurück?
4) Welche maximale Geschwindigkeit wird erreicht?

1) $W = E_{pot_0} + E_{kin_0} = E_{pot_1}$

$E_{pot_1} = mgh_1$

$E_{kin_0} = E_{pot_1} - E_{pot_0} = \frac{1}{2}E_{pot_0} \quad \rightarrow \quad h_1 = \frac{v_0^2}{g}$

$W = mv_0^2$

$W = 200 \cdot 10^{-3}\ \text{kg}(6\ \text{ms}^{-1})^2$

$\boldsymbol{W = 7{,}2\ J}$

2) $E_{pot_0} = \frac{1}{2}E_{pot_1} \quad \rightarrow \quad h_0 = \frac{1}{2}h_1$

$h_0 = \frac{1}{2}\frac{v_0^2}{g}$

$h_0 = \dfrac{(6\ \text{ms}^{-1})^2}{2 \cdot 9{,}81\ \text{ms}^{-2}}$

$\boldsymbol{h_0 = 1{,}8\ m}$

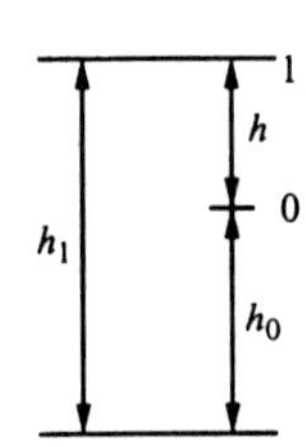

3) $h_0 = \frac{1}{2}h_1 \quad \rightarrow \quad h_0 = h$

$\boldsymbol{h = 1{,}8\ m}$

4) $E_{pot_1} = E_{kin_m}$ $\qquad E_{pot_1} = 2mgh_0;\ \ E_{kin_m} = \frac{m}{2}v_m^2$

$v_m = 2\sqrt{gh_0}$

$v_m = 2\sqrt{9{,}81\ \text{ms}^{-2} \cdot 1{,}8\ \text{m}}$

$\boldsymbol{v_m = 8{,}4\ ms^{-1}}$

3/28 Energieerhaltungssatz; Radialkraft

Eine Super-Achterbahn besitzt vor der Einfahrt zum Looping ($r = 40$ m) ein Gefälle von 60 %.

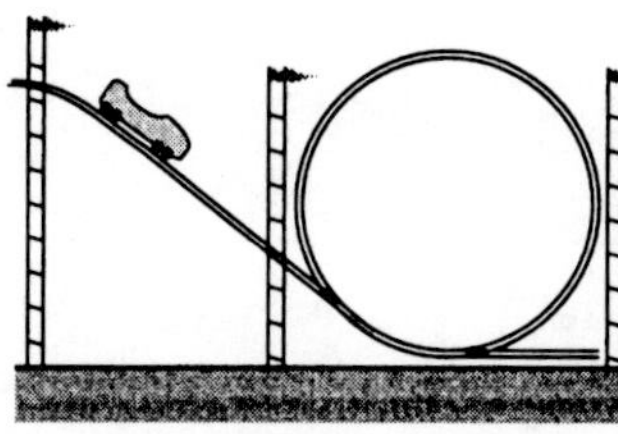

1) Wie hoch muß die Rampe mindestens sein, damit der Wagen am höchsten Punkt der Loopingbahn nicht abstürzt?
2) Welche Geschwindigkeit würde der Wagen dann am Fußpunkt besitzen?
3) Aus welcher Höhe müßte der Wagen mindestens herabfahren, um eine Geschwindigkeit von 110 kmh^{-1} zu erreichen?

1) $E_{\text{pot}_A} = E_{\text{kin}_B}$

(1) $E_{\text{kin}_B} = E_{\text{pot}_C} + E_{\text{kin}_C}$

$$\frac{m}{2}v_B^2 = 2mgr + \frac{m}{2}v_C^2 \qquad F_{R_C} = F_G \quad \rightarrow \quad v_C^2 = rg$$

$$v_B^2 = 5rg$$

$$h_A = \frac{5}{2}r \qquad h_A = \frac{5}{2}40\text{ m} \qquad \boldsymbol{h_A = 100\text{ m}}$$

2) Aus (1) folgt:

$$v_B = \sqrt{2gh_A} \qquad v_B = \sqrt{2 \cdot 9{,}81\text{ ms}^{-2} \cdot 100\text{ m}}$$

$$\boldsymbol{v_B = 44\text{ ms}^{-1} \approx 160\text{ kmh}^{-1}}$$

3) $$h'_A = \frac{v'^2_B}{2g} \qquad h'_A = \left(\frac{110}{3{,}6}\text{ ms}^{-1}\right)^2 \frac{1}{2 \cdot 9{,}81\text{ ms}^{-2}}$$

$$\boldsymbol{h'_A = 48\text{ m}}$$

3/29 Energieerhaltungssatz; Reibungskraft (geneigte Ebene)

Ein Sportler ($F_G = 730$ N) fährt auf seinem Snowboard 150 m einen Hang mit 40prozentigem Gefälle hinunter. Im tiefsten Punkt der Bahn angekommen, fährt er sofort wieder den

gleich geneigten Gegenhang hinauf. Während der gesamten Bewegung wirkt ein Reibungskoeffizient von 0,01.
Wie weit gleitet der Sportler nach oben?

$$E_{\text{pot}_2} = E_{\text{pot}_1} - W_{R_1} - W_{R_2}$$

$$E_{\text{pot}_2} = F_G s_2 \sin\alpha \qquad \tan\alpha = 0{,}4 \quad \rightarrow \quad \alpha = 22°$$

$$E_{\text{pot}_1} = F_G s_1 \sin\alpha$$

$$W_{R_1} = \mu_G F_G s_1 \cos\alpha$$

$$W_{R_2} = \mu_G F_G s_2 \cos\alpha$$

$$s_2 \sin\alpha = s_1 \sin\alpha - \mu_G s_1 \cos\alpha - \mu_G s_2 \cos\alpha$$

$$s_2 = \frac{s_1(\sin\alpha - \mu_G \cos\alpha)}{\sin\alpha + \mu_G \cos\alpha}$$

$$s_2 = \frac{150\text{ m}(\sin 22° - 0{,}01\cos 22°)}{\sin 22° + 0{,}01\cos 22°}$$

$$\boldsymbol{s_2 = 143\text{ m}}$$

3/30 Energieerhaltungssatz (Pendel)

Ein Fadenpendel der Länge 1 m wird um den Winkel α ausgelenkt und losgelassen, so daß es reibungsfrei um seine Nulllage schwingen kann. Während dieser Bewegung erreicht der Pendelkörper eine maximale Geschwindigkeit von 2 ms^{-1}.

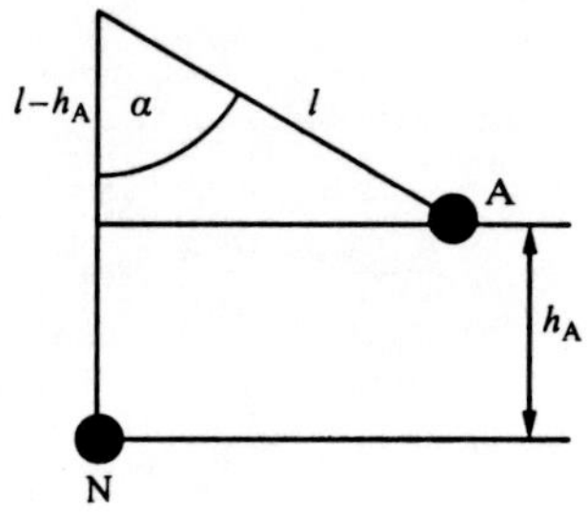

1) Berechnen Sie den Winkel α!

Im Punkt B hat der Körper nur halb so viel potentielle Energie im Vergleich mit dem Ausgangspunkt der Bewegung.

2) Wie groß ist der zugehörige Winkel β?

1) $$\cos\alpha = \frac{l - h_A}{l}$$

$$\rightarrow \quad h_A = l(1 - \cos\alpha)$$

$$E_{\text{pot}_A} = E_{\text{kin}_N}$$

$$E_{\text{pot}_A} = mgh_A = mgl(1 - \cos\alpha)$$

$$E_{\text{kin}_N} = \frac{m}{2}v_m^2$$

$$\cos\alpha = 1 - \frac{v_m^2}{2gl}$$

$$\cos\alpha = 1 - \frac{(2\ \text{ms}^{-1})^2}{2 \cdot 9{,}81\ \text{ms}^{-2} \cdot 1\ \text{m}}$$

$$\boldsymbol{\alpha = 37°}$$

2) $E_{pot_B} = \frac{1}{2} E_{pot_A} \quad \rightarrow \quad h_B = \frac{1}{2} h_A = \frac{1}{2} l(1-\cos\alpha)$

$$h_B = l(1-\cos\beta)$$

$$\cos\beta = \frac{1}{2}(1+\cos\alpha) \qquad \cos\beta = \frac{1}{2}(1+\cos 37°)$$

$$\boldsymbol{\beta = 26°}$$

3/31 Energieerhaltungssatz (Pendel); waagerechter Wurf

Ein Fadenpendel der Länge l = 50 cm wird um 60° ausgelenkt und dann losgelassen. Im tiefsten Punkt P der Bahn trifft der Pendelkörper zentral auf eine Stahlkugel mit der gleichen Masse und gibt seine gesamte mechanische Energie an die Kugel ab. In welcher Entfernung trifft die Kugel auf dem Boden auf, wenn ihre Höhe in P einen Meter beträgt?
(Der Luftwiderstand wird vernachlässigt.)

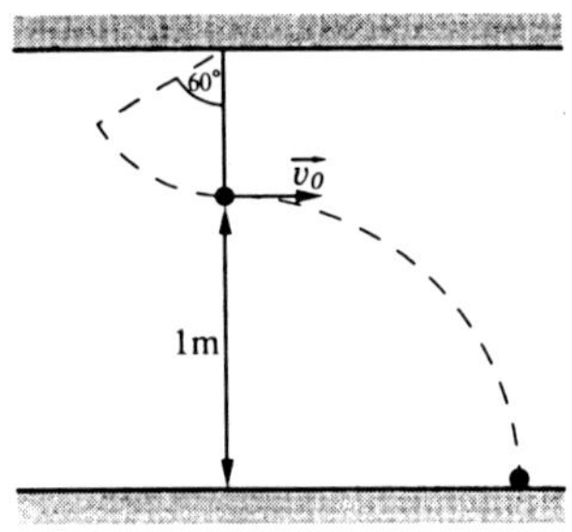

$$E_{pot_1} = E_{kin_2}$$

$$E_{pot_1} = mgh$$

$$h_1 = l(1-\cos\alpha)$$

$$E_{kin_2} = \frac{m}{2} v^2$$

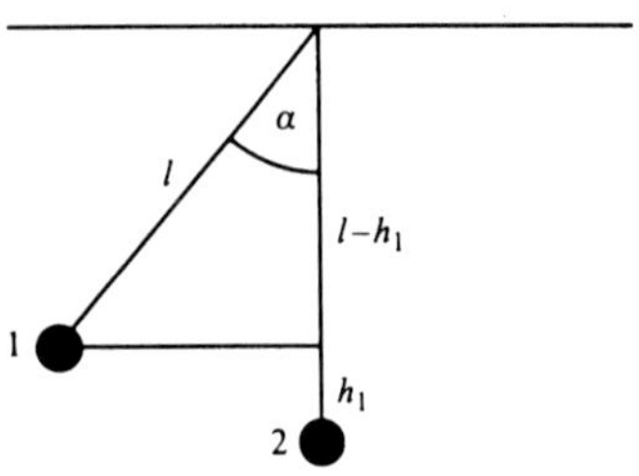

$$v^2 = 2gl(1-\cos\alpha)$$

Waagerechter Wurf:

$$x = \frac{a_x}{2} t^2 + v_{0x} t + x_0 \qquad y = \frac{a_y}{2} t^2 + v_{0y} t + y_0$$

Anfangsbedingungen:

$$a_x = 0; \quad v_{0x} = v; \quad x_0 = 0 \qquad a_y = -g; \quad v_{0y} = 0; \quad y_0 = h_0$$

$$x = vt \qquad y = -\frac{g}{2} t^2 + h_0$$

$$y = -\frac{g}{2} \frac{x^2}{v^2} + h_0$$

$$0 = -\frac{g}{2} \frac{x^2}{v^2} + h_0 = -\frac{x^2}{4l(1-\cos\alpha)} + h_0$$

$$x = 2\sqrt{h_0 l(1-\cos\alpha)}$$

$$x = 2\sqrt{1\ \text{m} \cdot 50 \cdot 10^{-2}\ \text{m}(1-\cos 60°)}$$

$$\boldsymbol{x = 1\ \text{m}}$$

3/32 Energien beim vertikalen Federschwinger

Ein Körper wird an eine Schraubenfeder mit der Federkonstanten 20 Ncm^{-1} gehängt und losgelassen. Nachdem die auftretende Schwingung abgeklungen ist, wird eine Verlängerung der Schraubenfeder von 50 mm gemessen.

1) Berechnen Sie die in der Feder gespeicherte Energie!
2) Wie groß ist die von der Gewichtskraft verrichtete Arbeit?
3) Vergleichen Sie die berechneten Werte in den Aufgaben 1) und 2)! Wodurch kommt die Differenz zustande?
4) Stellen Sie die verrichtete mechanische Arbeit und die in der Feder gespeicherte Energie in einem F-s-Diagramm dar!

1) $E_{pot} = \frac{1}{2} D s^2$

$$E_{pot} = \frac{20 \cdot 10^2\ \text{Nm}^{-1} (50 \cdot 10^{-3}\ \text{m})^2}{2}$$

$$\boldsymbol{E_{pot} = 2{,}5\ \text{Nm}}$$

2) $W_H = F_G \Delta h$

$$W_H = Ds\Delta h$$

$$W_H = 20 \cdot 10^2\ \text{Nm}^{-1} \cdot 50 \cdot 10^{-3}\ \text{m} \cdot (-50 \cdot 10^{-3}\ \text{m})$$

$$\boldsymbol{W_H = -5\ \text{Nm}}$$

3) $\Delta E_{mech} = W_H + E_{pot}$

$$= -5\ \text{Nm} + 2{,}5\ \text{Nm}$$

$$\boldsymbol{\Delta E_{mech} = -2{,}5\ \text{Nm}}$$

Das System hat relativ zum Anfangszustand nach Abklingen der Schwingung eine mechanische Gesamtenergie, die um 2,5 Nm geringer ist. Dieser Anteil an mechanischer Energie wird während des Schwingungsvorganges „verbraucht", d. h. durch Reibung in Wärmeenergie umgewandelt.

4)

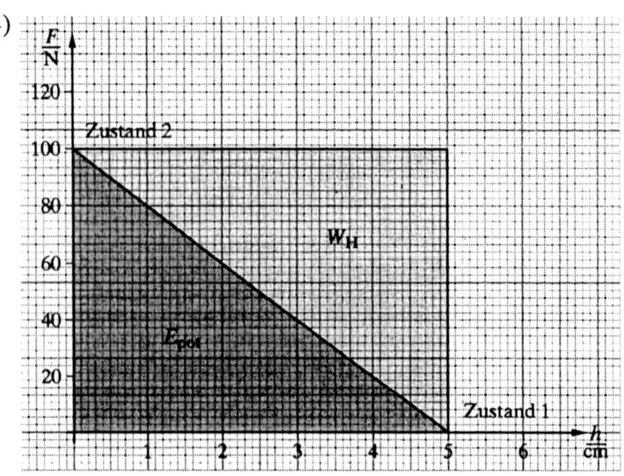

3/33 Energieerhaltungssatz (Feder)

An einem als masselos betrachteten Stab von 60 cm Länge ist eine 200 g schwere Kugel befestigt, die sich reibungsfrei auf einer vertikalen Kreisbahn bewegt.

1) Bestimmen Sie die Mindestgeschwindigkeit, die die Kugel im Punkt A haben muß, damit sie ihre höchste Lage in B gerade erreicht!
2) Im Punkt B soll die Kugel auf eine entspannte Feder mit der Federkonstante $D = 8\ \text{Ncm}^{-1}$ treffen, die dadurch um 5cm zusammengedrückt wird. Wie groß muß dafür die Geschwindigkeit der Kugel im Punkt A mindestens sein?

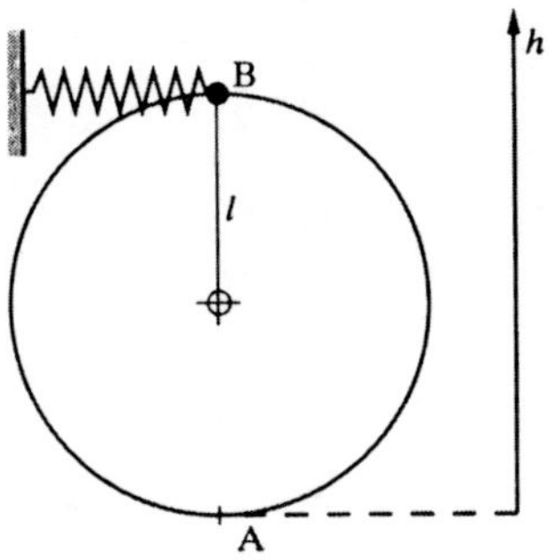

1) $E_{\text{kin}_A} = E_{\text{pot}_B}$ $\qquad E_{\text{kin}_A} = \frac{1}{2} m v_A^2$

$E_{\text{pot}_B} = mgh = 2mgl$

$v_A = 2\sqrt{gl}$

$v_A = 2\sqrt{9{,}81\ \text{ms}^{-2} \cdot 60 \cdot 10^{-2}\ \text{m}}$

$\mathbf{v_A = 4{,}8\ ms^{-1}}$

2) $E_{\text{kin}_A} = E_{\text{kin}_B} + E_{\text{pot}} = E_{\text{pot}_F} + E_{\text{pot}}$ $\qquad E_{\text{pot}_F} = \frac{1}{2} D s^2$

$v_A = \sqrt{\frac{Ds^2}{m} + 4lg}$

$v_A = \sqrt{\frac{8 \cdot 10^2\ \text{Nm}^{-1}(5 \cdot 10^{-2}\ \text{m})^2}{200 \cdot 10^{-3}\ \text{kg}} + 4 \cdot 60 \cdot 10^{-2}\ \text{m} \cdot 9{,}81\ \text{ms}^{-2}}$

$\mathbf{v_A = 5{,}8\ ms^{-1}}$

3/34 Energieerhaltungssatz; Hubarbeit; Leistung

Ein Flugzeug zu bauen mit Antrieb aus menschlicher Körperkraft, vergleichbar der Leistung des sagenhaften Ikarus, erwies sich als außerordentlich schwierig und gelang erst vor wenigen Jahren mit dem Einsatz sehr leichter hoch belastbarer Werkstoffe. Ein Grund dafür ist die vergleichsweise geringe physikalische Leistung eines Menschen.

1) Bestimmen Sie die mechanische Arbeit, die eine Person ($m = 82$ kg) beim Treppensteigen in den 26. Stock des Leipziger Universitätshochhauses verrichtet! Dieses Stockwerk liegt etwa 135 m über der Eingangshöhe.
2) Unter Aufbietung der ganzen körperlichen Kondition wurde dies in 4 min 25 s geschafft. Wie groß war die mittlere physikalische Leistung?

1) $W_H = mgh$

$W_H = 82\ \text{kg} \cdot 9{,}81\ \text{ms}^{-2} \cdot 135\ \text{m}$

$\mathbf{W_H = 109\ kJ}$

2) $\overline{P} = \frac{W_H}{t}$

$\overline{P} = \frac{109 \cdot 10^3\ \text{J}}{4 \cdot 60\ \text{s} + 25\ \text{s}}$

$\mathbf{\overline{P} = 410\ W}$

3/35 Energieerhaltungssatz; Verformungsarbeit

Bei Dreharbeiten zu einer Kriminalserie soll ein Auto mit einer Geschwindigkeit von 60 kmh^{-1} effektvoll durch eine Glasscheibe preschen. Danach kommt es unter der Wirkung einer Bremskraft von 5 kN nach 15 m zum Stehen.
Wie groß war die physikalische Arbeit bei der Zerstörung der Glasscheibe, wenn der Wagen 0,9 t Masse hat?

$E_{\text{kin}_1} = W + E_{\text{kin}_2}$ $\qquad E_{\text{kin}_1} = \frac{m}{2} v_1^2$

$E_{\text{kin}_2} = F_B s$

$W = \frac{m}{2} v_1^2 - F_B s$

$W = \frac{0{,}9 \cdot 10^3\ \text{kg}}{2} \left(\frac{60}{3{,}6}\ \text{ms}^{-1} \right)^2 - (5 \cdot 10^3\ \text{N} \cdot 15\ \text{m})$

$\mathbf{W = 50\ kJ}$

3/36 Energiebedarf des Menschen

Der Mensch führt seinem Körper notwendige Energie durch die Aufnahme chemischer Energie in Form von Nahrungsmitteln zu.
Die in seiner Nahrung enthaltenen Kohlenhydrate und Fette werden zu H_2O und CO_2 verbrannt. Bei dieser Reaktion werden pro Gramm Kohlenhydrat etwa 20 kJ und pro Gramm Fett 40 kJ Energie freigesetzt.
Diese Energie kann in der Muskulatur zu 25 % in mechanische Energie umgewandelt werden.
In Ruhe braucht der Mensch eine Leistung von etwa 90 W und bei einem Dauerlauf ca. 300 W zusätzlich.

1) Wieviel Gramm Kohlenhydrate muß der Mensch bei einem Dauerlauf von 2 h zu sich nehmen, wenn die Energiebilanz ausgeglichen sein soll?
2) Wieviel Gramm körpereigenes Fett werden abgebaut, wenn der Mensch in dieser Zeit nichts zu sich nimmt?
3) Wieviel Gramm körpereigenes Fett werden im Zustand der Ruhe pro Stunde verbraucht?
4) Diskutieren Sie im Zusammenhang mit dem Übergewicht vieler Menschen die Problematik Nahrungsaufnahme und Energiebedarf!

1) $\frac{1}{4}W = Pt \quad \rightarrow \quad W = 4Pt$

$20\ \text{kJ} \mathrel{\hat{=}} 1\ \text{g}$

$4Pt \mathrel{\hat{=}} x_1$

$$x_1 = \frac{1\ \text{g} \cdot 4Pt}{20\ \text{kJ}}$$

$$x_1 = \frac{1\ \text{g} \cdot 4 \cdot 390\ \text{W} \cdot 2 \cdot 3600\ \text{s}}{20 \cdot 10^3\ \text{J}}$$

$\mathbf{x_1 = 560\ g}$

2) $40\ \text{kJ} \mathrel{\hat{=}} 1\ \text{g}$

$4Pt \mathrel{\hat{=}} x_2$

$$x_2 = \frac{1\ \text{g} \cdot 4Pt}{40\ \text{kJ}}$$

$$x_2 = \frac{1\ \text{g} \cdot 4 \cdot 390\ \text{W} \cdot 2 \cdot 3600\ \text{s}}{40\ \text{kJ}}$$

$\mathbf{x_2 = 280\ g}$

3) $W = pt \qquad x_3 = \frac{1\ \text{g} \cdot Pt}{40 \cdot 10^3\ \text{J}}$

$$x_3 = \frac{1\ \text{g} \cdot 90\ \text{W} \cdot 3600\ \text{s}}{40 \cdot 10^3\ \text{J}}$$

$\mathbf{x_3 = 8\ g}$

3/37 Energie und Bezugssysteme

Pi hat ein Problem: „Wenn man einen Körper in einem fahrenden Zug mit der Geschwindigkeit v_1 nach vorn wirft, so erhält er die kinetische Energie $\frac{1}{2}mv_1^2$. Dazu kommt noch die kinetische Energie $\frac{1}{2}mv_2^2$, die der Körper durch den fahrenden Zug erhält."
„Und worin besteht nun dein Problem?" Theta wird ungeduldig.
„Von der Erde aus gesehen, hat der Körper aber die Energie $\frac{1}{2}m(v_1+v_2)^2$, und die ist größer."
Theta überlegt: „Und wie verhält es sich dann, wenn man einen Körper nach hinten wirft?"

Auch die kinetische Energie ist abhängig vom Bezugssystem. In bezug auf die Erde hat der Gegenstand im Zug die Geschwindigkeit $v_1 + v_2$.

3/38 Energiesatz

„Wir haben doch gelernt", beginnt Rho, „daß die mechanische Arbeit Null ist, wenn die wirkende Kraft senkrecht auf dem Weg steht."
„Stimmt!" wirft Theta ein.
„Wieso wird dann aber Benzin verbraucht, wenn das Auto mit konstanter Geschwindigkeit auf ebener Straße fährt?"
„Denk an die Umgebung", empfiehlt Theta.

Das verbrauchte Benzin dient der Erhöhung der inneren Energie des Autos und der Umgebung.

3/39		Definition der Energie		

„Mich ärgert das Durcheinander bei den Formulierungen zur Energie!“ meint Pi.
„Zum einen kann man weder Energie erzeugen noch vernichten, zum anderen aber kann man die potentielle Energie eines Körpers durch Anheben desselben vergrößern. Was stimmt denn nun?“
Theta antwortet etwas provozierend: „Ein Kraftwerk erzeugt Wärmeenergie, in einem anderen Bezugssystem hat ein Körper eine andere Energie.“
Rho ergänzt: „Im gleichen System stimmen aber die Bilanzen.“

Erörterung des Begriffs „abgeschlossenes System“.

Historischer Exkurs zu den Begriffen Energie und Arbeit und den Irrtümern dabei.

Erörterung zu **Energieänderung = Arbeit**.

3/40		Länge-Zeit-Beziehung		

Theta erkundigt sich: „Du willst wohl das Faß mit Wasser füllen? Das kann ja lange dauern.“
„Etwa 23 Minuten“, entgegnet Pi.
„Woher willst du das wissen? Du weißt ja gar nicht, wie schnell das Wasser aus dem Schlauch fließt! Und eine Uhr hast du auch nicht!“
„Aber ein Lineal!“

Man braucht erstens einen Vorgang, bei dem Länge und Zeit gesetzmäßig und meßbar zusammenhängen: z. B. Fallzeit – Fallhöhe; Zeit – Bewegung der Sonne.

Man bestimmt, wieviel Prozent des Fasses in der Zeiteinheit gefüllt werden können.

3.3 Leistung

3/41 Leistung; Hubarbeit

Beim Neubau eines Hauses muß während der Schachtarbeiten Grundwasser abgepumpt werden. Zu diesem Zweck verwendet man Pumpen mit einer Leistung von 260 W, die 10 h täglich eingesetzt werden und das Wasser aus einer Tiefe von 8 m fördern.
Wieviel Liter Wasser können am Tag mit einer Pumpe abgesaugt werden?

$W_H = mgh \qquad m = \rho v \qquad W_H = Pt$

$$V = \frac{Pt}{\rho g h}$$

$$V = \frac{260\ \text{W} \cdot 10 \cdot 3600\ \text{s}}{10^3\ \text{kgm}^{-3} \cdot 9{,}81\ \text{ms}^{-2} \cdot 8\ \text{m}}$$

$$\mathbf{V = 120\ m^3 = 1{,}2 \cdot 10^5\ l}$$

3/42 Leistung; kinetische Energie (freier Fall)

Im Pumpspeicherwerk Hohenwarte II fallen in einer Sekunde 121 m^3 Wasser aus einer Höhe von 300 m auf die Turbinen.

1) Welche maximale elektrische Leistung könnte gewonnen werden?
2) Warum ist es aber in der Praxis nicht möglich, diese Leistung zu erhalten?
3) Berechnen Sie die kinetische Energie eines einzelnen Wassertropfens (m = 1 g) beim Aufprall aus dieser Höhe!

1) $P = \frac{W_H}{t} \qquad W_H = mgh = \rho V g h$

$$P = \frac{\rho V g h}{t}$$

$$P = \frac{10^3\ \text{kgm}^{-3} \cdot 121\ \text{m}^3 \cdot 9{,}81\ \text{ms}^{-2} \cdot 300\ \text{m}}{1\ \text{s}}$$

$$\mathbf{P = 3{,}56 \cdot 10^8\ W = 356\ MW}$$

2) Durch Reibung wird ein Teil der mechanischen Energie in Wärme umgewandelt.

3) $E_{kin} = E_{pot} = mgh$

$$E_{kin} = 10^{-3}\ \text{kg} \cdot 9{,}81\ \text{ms}^{-2} \cdot 300\ \text{m}$$

$$\mathbf{E_{kin} = 2{,}9\ J}$$

3/43 Leistung; Hubarbeit

Kennen Sie das Sprichwort: *„Der Faule trägt sich mit einem Male lahm."*?

1) Diskutieren Sie den Wahrheitsgehalt des Sprichworts, indem Sie zwei geeignete Beispiele auswählen und anschließend die verrichtete physikalische Arbeit vergleichen!
2) Vergleichen Sie auch die physikalische Leistung, die in Ihren Beispielen auftritt!

1) Transport von z. B. 4 Kisten durch 2 Personen nach oben
   1. Person: trägt auf einmal 2 Kisten
   geht einmal nach oben
   2. Person: trägt auf einmal nur eine Kiste
   geht zweimal den Weg nach oben

Unter sonst gleichen Bedingungen gilt also:

$m_1 = 2m \qquad m_2 = m$

$h_1 = h \qquad h_2 = 2h$

$W_1 = m_1 g h_1 = 2mgh \qquad W_2 = m_2 g h_2 = 2mgh$

$$\mathbf{W_1 = W_2}$$

→ Das Sprichwort ist falsch, da beide Personen die gleiche Arbeit verrichten.
→ Goldene Regel der Mechanik

2) $P_1 = \frac{W_1}{t_1} \qquad P_2 = \frac{W_2}{t_2}$

$$\mathbf{W_1 = W_2}$$

$$\mathbf{t_1 < t_2}$$

$$\rightarrow \mathbf{P_1 > P_2}$$

3/44 Verschiebungsarbeit; Reibung (geneigte Ebene)

Mit Hilfe einer Winde wird eine Steinplatte, deren Masse 0,5 t beträgt, 10 m über eine horizontale Ebene ($\mu_H = 0{,}69$, $\mu_G = 0{,}49$) gezogen.

1) Bei welcher Zugkraft beginnt sich die Steinplatte zu bewegen?
2) Welche mechanische Arbeit wird beim Transport der Platte verrichtet?
3) Welche Leistung muß aufgebracht werden, wenn für den gesamten Weg zwei Minuten gebraucht werden?
4) Wie groß wäre die Leistung, wenn die Platte mit der gleichen Geschwindigkeit eine um 15° geneigte und 10 m lange Ebene hinaufgezogen wird?

1) $F_{Z1} = F_{H_{max}} \qquad F_{H_{max}} = \mu_H F_N = \mu_H mg$

$$F_{Z1} = \mu_H mg$$

$$F_{Z1} = 0{,}69 \cdot 0{,}5 \cdot 10^3\ \text{kg} \cdot 9{,}81\ \text{ms}^{-2}$$

$$\mathbf{F_{Z1} = 3{,}4\ kN}$$

2) $W_1 = F_{Z2}s \qquad F_{Z2} = \mu_G mg$

$W_1 = \mu_G mgs$

$W_1 = 0{,}49 \cdot 0{,}5 \cdot 10^3\ \text{kg} \cdot 9{,}81\ \text{ms}^{-2} \cdot 10\ \text{m}$

$\mathbf{W_1 = 24\ kJ}$

3) $P_1 = \frac{W_1}{t}$

$P_1 = \frac{2{,}4 \cdot 10^4\ \text{J}}{2 \cdot 60\ \text{s}}$

$\mathbf{P_1 = 200\ W}$

4) $P_2 = \frac{W_2}{t} \qquad W_2 = F_Z s$

$F_Z = F_{Ha} + F_R = mg(\sin\alpha + \mu_G \cos\alpha)$

$P_2 = \frac{mgs(\sin\alpha + \mu_G \cos\alpha)}{t}$

$P_2 = \frac{0{,}5 \cdot 10^3\ \text{kg} \cdot 9{,}81\ \text{ms}^{-2} \cdot 10\ \text{m}(\sin 15° + 0{,}49 \cos 15°)}{2 \cdot 60\ \text{s}}$

$\mathbf{P_2 = 300\ W}$

3/45 Wirkungsgrad; PS; Bewegungsarten

Ein Motorrad der Masse $m = 250$ kg wird auf horizontaler Straße aus dem Stand gleichmäßig beschleunigt und erreicht nach 100 m eine Geschwindigkeit von 100 kmh^{-1}.
Der Wirkungsgrad des Motors liege bei 45 %.
Wie groß muß mindestens die Leistung des Motors sein?

$\eta = \frac{P_{ab}}{P_{zu}} \qquad P_{ab} = \frac{W_B}{t} = \frac{mv^2}{2t} \qquad s = \frac{a}{2}t^2;\ v = at \rightarrow t = \frac{2s}{v}$

$P_{zu} = \frac{mv^3}{4s\eta}$

$P_{zu} = \frac{250\ \text{kg}}{4 \cdot 100\ \text{m} \cdot 0{,}45}\left(\frac{100}{3{,}6}\ \text{ms}^{-1}\right)^3$

$\mathbf{P_{zu} = 30\ kW = 30 \cdot 1{,}36\ PS = 41\ PS}$

3/46 Momentan-, Durchschnittsleistung

Für die Bewegung eines Fahrzeuges der Masse $m = 1000$ kg aus dem Stand heraus unter der Wirkung einer Reibungskraft von 300 N liegt folgendes Diagramm vor:

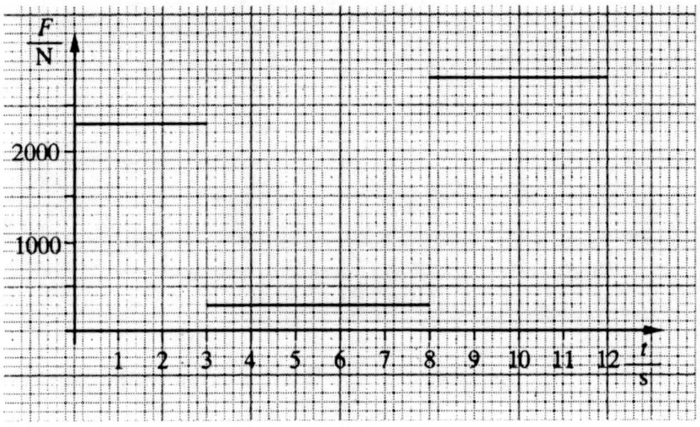

1) Diskutieren Sie die Zeitabhängigkeit der Leistung für die einzelnen Bewegungsabschnitte!
2) Zeichnen Sie das P-t-Diagramm für die Bewegung des Fahrzeuges!
3) Berechnen Sie die Durchschnittsleistung für die Teilabschnitte der Bewegung!
   Stellen Sie die Durchschnittsleistung für den ersten Bewegungsabschnitt im P-t-Diagramm dar!
4) Berechnen Sie aus dem Diagramm die vom Motor verrichtete Arbeit für die letzte Teilbewegung !

1) $P_1(t)$: $\quad P_1 = k_1 t$

$P_2(t)$: $\quad P_2 = \text{konst.}$

$P_3(t)$: $\quad P_3 = k_3 t \qquad k_1; k_2 = \text{konst.}$

2) $P_1(t)$: $\quad P_1 = \frac{W_1}{t} = \frac{F_1 s_1}{t} = F_1 v_1(t)$

$v_1 = a_1 t = \frac{F_{B1}}{m} t$

$\mathbf{P_1 = F_1 \frac{F_{B1}}{m} t}$

$P_2(t)$: $\quad P_2 = F_R v_1 \qquad v_1 = a_1 t_1 = \frac{F_{B1}}{m} t_1$

$\mathbf{P_2 = F_R \frac{F_{B1}}{m} t_1}$

$P_3(t)$: $\quad P_3 = F_3 v_3(t) \qquad v_3 = a_3 t + v_1 = \frac{F_{B3}}{m} t + \frac{F_{B1}}{m} t_1$

$\mathbf{P_3 = \frac{F_3}{m}(F_{B3} t + F_{B1} t_1)}$

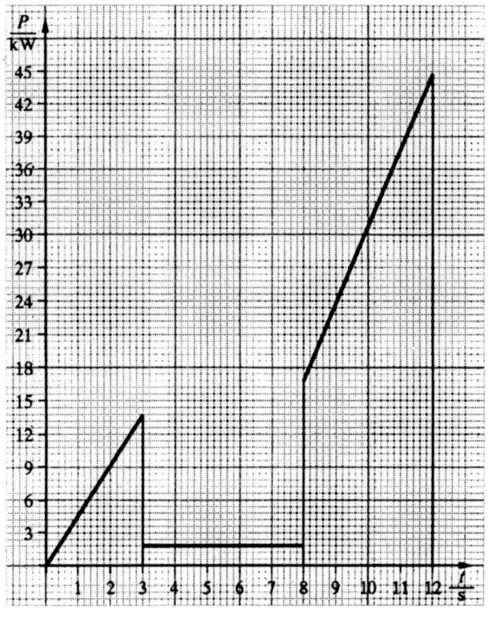

$\frac{t}{s}$	$\frac{P}{kW}$
0	0
1	4,6
2	9,2
3	13,8
4.-8.	1,8
8	16,8
9	23,8
10	30,8
11	37,8
12	44,8

3) $\overline{P}_1 = \frac{\Delta W_1}{\Delta t_1} = \frac{F_1 \Delta s_1}{\Delta t_1}$ $\quad \Delta s_1 = \frac{a_1}{2} \Delta t_1^2 = \frac{F_{B1}}{2m} \Delta t_1^2$

$\overline{P}_1 = \frac{F_{B1} F_1 \Delta t_1}{2m}$

$\overline{P}_1 = \frac{2000\ \text{N} \cdot 2300\ \text{N} \cdot 3\ \text{s}}{2 \cdot 1000\ \text{kg}}$

$\overline{P}_1 = \mathbf{6{,}9\ kW}$

$\overline{P}_2 = P_2 = \mathbf{1{,}8\ kW}$

$\overline{P}_3 = \frac{\Delta s_3 F_3}{\Delta t_3}$ $\quad \Delta s_3 = \frac{a_3}{2} \Delta t_3^2 + v_1 \Delta t_3 = \frac{F_{B3}}{2m} \Delta t_3^2 + \frac{F_{B1}}{m} t_1 \Delta t_3$

$\overline{P}_3 = \frac{F_3}{m} \left(\frac{F_{B3}}{2} \Delta t_3 + F_{B1} t_1 \right)$

$\overline{P}_3 = \frac{2800\ \text{N}}{1000\ \text{kg}} \left(\frac{2500\ \text{N}}{2} 4\ \text{s} + 2000\ \text{N} \cdot 3\ \text{s} \right)$

$\overline{P}_3 = \mathbf{30{,}8\ kW}$

4) $W_3 = \overline{P}_3 \Delta t_3$

$W_3 = 30{,}8 \cdot 10^3\ \text{W} \cdot 4\ \text{s}$

$W_3 = \mathbf{123\ kJ}$

3/47 Leistung; Energie (Luftwiderstand)

Aus der Dynamik kennen Sie die Gleichung für die Berechnung des Luftwiderstandes: $F_L = \frac{1}{2} \rho_L c_W \cdot A \cdot v^2$

Leiten Sie die Gleichung her, indem Sie folgende Hinweise nutzen:

1) Betrachten Sie eine kleine Luftmenge Δm vor einem mit konstanter Geschwindigkeit v fahrenden Auto! Stellen Sie Δm in Abhängigkeit von v dar!

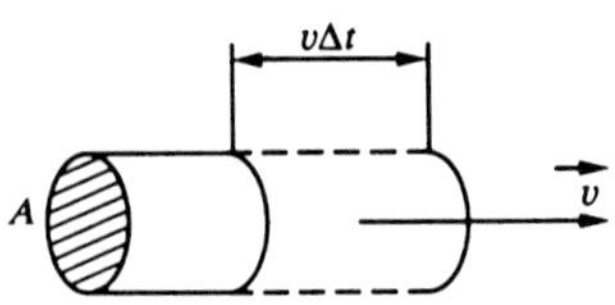

2) Durch den fahrenden Wagen bekommt die kleine Luftmenge in der Zeit Δt eine bestimmte kinetische Energie. Berechnen Sie diese Energie!
3) Bestimmen Sie jetzt die vom Fahrzeug abgegebene Leistung infolge des Luftwiderstandes!
4) Leiten Sie aus dieser Beziehung die Gleichung in der o.g. Form für den Luftwiderstand ab! (c_w ist ein von der Form des Körpers abhängiger Faktor)
5) Interpretieren Sie die Gleichung für den Luftwiderstand!
6) Berechnen Sie den Luftwiderstand eines Fahrzeuges mit einer effektiven Querschnittsfläche von einem Quadratmeter und einer konstanten Geschwindigkeit von 50 kmh^{-1} bei Windstille!

1) $\Delta m = \rho v \qquad v = Al \qquad l = s = vt$

$\Delta m = \rho A v \Delta t$

2) $\Delta E_{kin} = \frac{1}{2} \Delta m v^2 = \frac{1}{2} \rho A v^3 \Delta t$

3) $P = \frac{W}{t} = \frac{Fs}{t} = Fv$

4) $\frac{\Delta E_{kin}}{\Delta t} = \frac{1}{2} \rho A v^3 = Fv$

$F_L = \frac{1}{2} \rho_L A v^2$

Hinweis:

Kuhn, Physik Bd. 2, Kl. 11, S. 42-43: $F_L = \frac{1}{2} \rho c_w A v^2$

→ c_w ... der Luftwiderstandsbeiwert (abhängig von der Form der wirksamen Querschnittsfläche, die besonders bei Fahrzeugen eine Rolle spielt)

5) $F \sim A$ $\quad (\rho_L;\ v = \text{konst.})$ Kleine Querschnittsfläche anstreben.

$F \sim v^2$ $\quad (\rho_L;\ A = \text{konst.})$ Hohe Geschwindigkeiten haben hohen Energieverbrauch zur Folge.

6) $F_L = \frac{1}{2} 1{,}29\ \text{kgm}^{-3}\ 1\ \text{m}^2 \left(\frac{50}{3{,}6}\ \text{ms}^{-1} \right)^2$

$F_L = \mathbf{125\ N}$

4 Impuls

4/01 Elastischer/unelastischer Stoß

Eine Kugel mit der Masse 1 kg hat eine Geschwindigkeit von 9 ms^{-1}. Sie stößt auf eine ruhende Kugel, deren Masse 2 kg beträgt.
Berechnen Sie die Geschwindigkeiten nach dem Stoß, wenn beide Kugeln

1) (vollkommen) elastisch und
2) (vollkommen) unelastisch zusammenstoßen!

(Die Rotation der Kugeln bleibe unberücksichtigt.)

1) $u_1 = \dfrac{(m_1 - m_2)v_1 + 2m_2 \cdot v_2}{m_1 + m_2}$, $\quad v_2 = 0$

$u_1 = \dfrac{-1\,\text{kg} \cdot 9\,\text{ms}^{-1}}{3\,\text{kg}}$ $\qquad$ $\mathbf{u_1 = -3\,ms^{-1}}$

analog: $u_2 = \dfrac{2 \cdot 1\,\text{kg} \cdot 9\,\text{ms}^{-1}}{3\,\text{kg}}$ $\qquad$ $\mathbf{u_2 = 6\,ms^{-1}}$

2) $u_1 = u_2 = u$

$u = \dfrac{m_1 v_1 + m_2 v_2}{m_1 + m_2} = \dfrac{1\,\text{kg} \cdot 9\,\text{ms}^{-1}}{3\,\text{kg}}$ $\qquad$ $\mathbf{u = 3\,ms^{-1}}$

4/02 Elastischer Stoß

Zwei elastische Scheiben laufen auf einem Luftkissentisch mit gleicher Geschwindigkeit geradlinig aufeinander zu und stoßen elastisch zusammen. Eine Scheibe bleibt nach dem Stoß in Ruhe.

1) Wie groß ist die Masse der nach dem Stoß ruhenden Scheibe?
2) Mit welcher Geschwindigkeit bewegt sich die andere Scheibe?

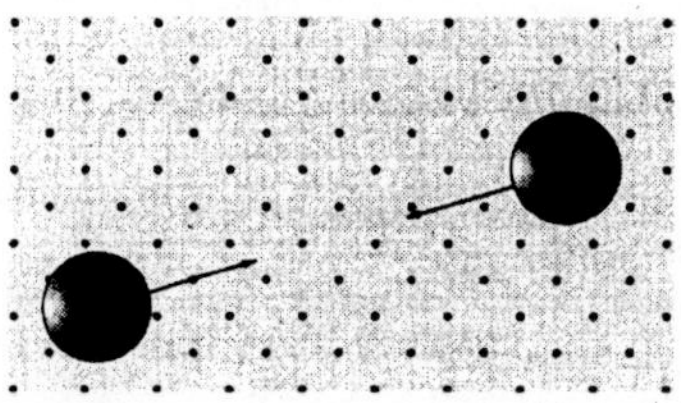

1) $u_1 = \dfrac{(m_1 - m_2)v_1 + 2m_2 v_2}{m_1 + m_2}$, $\quad v_2 = -v_1 \quad u_1$ sei null.

$0 = (m_1 - m_2)v_1 + 2m_2(-v_1) \qquad 0 = m_1 - 3m_2$

$\mathbf{m_1 = 3\,m_2}$

2) $u_2 = \dfrac{(m_2 - m_1)v_2 + 2m_1 v_1}{m_1 + m_2} = \dfrac{(-2m_2)(-v_1) + 6m_2 v_1}{4m_2}$

$\mathbf{u_2 = 2v_1 = -2v_2}$

4/03 Unelastischer Stoß; Energie

Eine Kugel aus Blei hat die Masse 300 g. Sie stößt mit der Geschwindigkeit 1,5 ms^{-1} gegen eine ruhende Kugel des gleichen Materials, die aber die vierfache Masse hat.

1) Berechnen Sie die gemeinsame Geschwindigkeit der beiden Kugeln nach dem Stoß!
2) Geben Sie die kinetische Energie der Kugeln vor bzw. nach dem Stoß an!
3) Wodurch kommt die Differenz der beiden Größen zustande? Stellen Sie für diesen Vorgang eine Energiebilanz auf!
4) Vergleichen Sie die Energien prozentual!

1) $m_1 v_1 + m_2 v_2 = (m_1 + m_2)u \quad$ mit $m_2 = 4m_1$ und $v_2 = 0$

$u = \dfrac{m_1 v_1}{m_1 + 4m_1} = \dfrac{v_1}{5} = \dfrac{1{,}5\,\text{m} \cdot \text{s}^{-1}}{5}$ $\qquad$ $\mathbf{u = 0{,}3\,ms^{-1}}$

2) vor dem Stoß:

$W_{\text{kin}_1} = \dfrac{1}{2} m_1 v_1^2 + \dfrac{1}{2} m_2 v_2^2 = \dfrac{1}{2} \cdot 0{,}3\,\text{kg} \cdot (1{,}5\,\text{ms}^{-1})^2$

$\mathbf{W_{kin_1} = 0{,}34\,Nm}$

nach dem Stoß:

$W_{\text{kin}_2} = \dfrac{1}{2} \cdot (m_1 + m_2) \cdot u^2 = \dfrac{1}{2} \cdot (0{,}3\,\text{kg} + 1{,}2\,\text{kg}) \cdot (0{,}3\,\text{ms}^{-1})^2$

$\mathbf{W_{kin_2} = 0{,}07\,Nm}$

3) Es wird ein Teil in Wärmeenergie W_W umgewandelt.

$W_W = W_{\text{kin}_1} - W_{\text{kin}_2}$

$\mathbf{W_W = 0{,}27\,Nm}$

4) Prozentualer Anteil der Wärmeenergie bezüglich der Energie vor dem Stoß:

$p = \dfrac{W_W \cdot 100\,\%}{W_{\text{kin}_1}} = \dfrac{0{,}27\,\text{Nm}}{0{,}34\,\text{Nm}} \cdot 100\,\%$ $\qquad$ $\mathbf{p = 79\,\%}$

4/04 Kraftstoß

Ein am Strand beliebtes Ballspiel besteht aus einer Art Tennisball mit fasriger Umhüllung und zwei Fangtellern, die mit einem Widerhakengewebe ähnlich dem eines Klettverschlusses überzogen sind.
Beim Spielen spürt man in der fangenden Hand sowohl Impuls als auch kinetische Energie des Balles.
Welche Armkraft ist nötig, das System Ball/Fangteller/Hand bei einem scharfem Schuß in 0,1 s abzubremsen, wenn der 60 g schwere Ball mit etwa 70 kmh^{-1} auftrifft und für das genannte System 3 kg geschätzt werden? Interpretieren Sie Ihr Ergebnis!

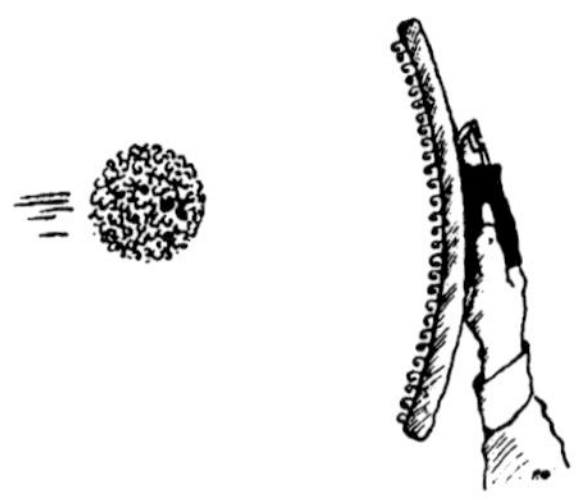

$F\cdot\Delta t = m_{ges}\cdot u \qquad m_{ges}\cdot u = m_1\cdot v_1 + m_2\cdot v_2 \quad$ mit $v_2 = 0$

$= m_1\cdot v_1$

$$F = \frac{m_1\cdot v_1}{\Delta t} = \frac{60\,\text{g}\cdot 70\,\text{ms}^{-1}}{0{,}1\,\text{s}\ \ 3{,}6}$$

$\mathbf{F = 12\,N}$

Die Masse von Ball, Fangteller und Hand geht (überraschend) nicht ein.
Energiebetrachtungen können dies verständlicher werden lassen:

$$u = \frac{m_1 v_1}{m_{ges}}, \qquad W_{kin_2} = \frac{1}{2} m_{ges}\cdot u^2 = \frac{1}{2}\frac{m_1^2}{m_{ges}}\cdot v_1^2;$$

$$W_{kin_2} = F\Delta s \quad \rightarrow \quad \Delta s = \frac{m_1 v_1\cdot\Delta t}{2\cdot m_{ges}} = 1{,}9\,\text{cm}$$

Der „Abfangsweg" ist (bei kleiner Masse eines Balles) umgekehrt proportional zur Masse des fangenden Systems, aber proportional zum Impuls des Balles, was mit der Erfahrung (Fangen eines Medizinballes!) übereinstimmt.

4/05 Impulsänderung

Eine Lore hat eine Masse von 0,95 t. Sie bewegt sich mit einer Geschwindigkeit von 1,1 ms^{-1}. Dabei fällt senkrecht von oben Abraum in die Lore. Die Geschwindigkeit der Lore mit dem Abraum verringert sich auf 0,57 ms^{-1}.
Wie groß ist die Masse des Abraums?

$m_1 v_1 + m_2 v_2 = (m_1 + m_2)u \quad$ (in Bewegungsrichtung gilt $v_2 = 0$)

$$m_2 = \frac{m_1(v_1 - u)}{u} = \frac{0{,}95\,\text{t}\,(1{,}1\,\text{ms}^{-1} - 0{,}57\,\text{ms}^{-1})}{0{,}57\,\text{ms}^{-1}}$$

$\mathbf{m_2 = 0{,}88\,t}$

4/06 Unelastischer Stoß

Ein Modellbahnwagen mit der Masse $m_1 = 25$ g der Spurweite H0 (1 : 87) rollt eine abschüssige Strecke hinab und trifft mit $v_1 = 35$ cms^{-1} auf einen einzeln stehenden Wagen ($m_2 = 32$ g), wobei die Kupplung sofort einklinkt.
Mit welcher gemeinsamen Geschwindigkeit fahren die gekoppelten Wagen weiter?

$m_1 v_1 + m_2 v_2 = (m_1 + m_2)u \qquad v_2 = 0$

$$u = \frac{m_1 v_1 + m_2 v_2}{m_1 + m_2} = \frac{25\,\text{g}\cdot 35\,\text{cms}^{-1}}{25\,\text{g} + 32\,\text{g}}$$

$\mathbf{u = 15\,cms^{-1}}$

4/07 Elastischer/unelastischer Stoß

Ein Güterwagen der Masse 18 t fährt mit einer Geschwindigkeit von 4 ms^{-1} auf einen ruhenden Güterwagen, der eine Masse von 21 t besitzt, auf.
Geben Sie die Geschwindigkeit beider Wagen nach dem Stoß an, wenn

1) die Kupplung zwischen beiden Wagen sofort nach dem Stoß einklinkt,
2) der Stoß der beiden Wagen infolge der Federn in den Puffern als elastisch betrachtet werden kann!
3) Berechnen Sie jeweils die kinetische Energie der einzelnen Wagen vor und nach dem Stoß!
4) Welche Situation liegt unter praktischen Bedingungen vor?

1) $m_1 v_1 = (m_1 + m_2)u$

$$u = \frac{m_1 v_1}{m_1 + m_2} = \frac{18\,\text{t}\cdot 4\,\text{ms}^{-1}}{18\,\text{t} + 21\,\text{t}} \qquad \mathbf{u = 1{,}8\,ms^{-1}}$$

2) $m_1 v_1 = m_1 u_1 + m_2 u_2$

$$\frac{1}{2} m_1 v_1^2 = \frac{1}{2} m_1 u_1^2 + \frac{1}{2} m_2 u_2^2$$

$$u_1 = \frac{v_1(m_1 - m_2)}{m_1 + m_2} = \frac{4\,\text{ms}^{-1}(18\,\text{t} - 21\,\text{t})}{18\,\text{t} + 21\,\text{t}} \qquad \mathbf{u_1 = -0{,}31\,ms^{-1}}$$

$$u_2 = \frac{2m_1\cdot v_1}{m_1 + m_2} = \frac{2\cdot 18\,\text{t}\cdot 4\,\text{ms}^{-1}}{18\,\text{t} + 21\,\text{t}} \qquad \mathbf{u_2 = 3{,}7\,ms^{-1}}$$

3) vor dem Stoß in beiden Fällen:

$$W_{kin} = \frac{1}{2}m_1v_1^2 = \frac{1}{2}\cdot 18\cdot 10^3\ \text{kg}\cdot(4\ \text{ms}^{-1})^2$$

$$\mathbf{W_{kin} = 1{,}4\cdot 10^5\ Nm}$$

nach dem unelastischen Stoß:

$$W_{kin_1} = \frac{1}{2}m_1u^2 = \frac{1}{2}\cdot 18\cdot 10^3\ \text{kg}\cdot(1{,}8\ \text{ms}^{-1})^2$$

$$\mathbf{W_{kin_1} = 2{,}9\cdot 10^4\ Nm}$$

$$W_{kin_2} = \frac{1}{2}m_2u^2 = \frac{1}{2}\cdot 21\cdot 10^3\ \text{kg}\cdot(1{,}8\ \text{ms}^{-1})^2$$

$$\mathbf{W_{kin_2} = 3{,}4\cdot 10^4\ Nm}$$

nach dem elastischen Stoß:

$$W_{kin_1} = \frac{1}{2}m_1v_1^2 = \frac{1}{2}\cdot 18\cdot 10^3\ \text{kg}\cdot(-0{,}31\ \text{ms}^{-1})^2$$

$$\mathbf{W_{kin_1} = 8{,}6\cdot 10^2\ Nm}$$

$$W_{kin_2} = \frac{1}{2}m_2v_2^2 = \frac{1}{2}\cdot 21\cdot 10^3\ \text{kg}\cdot(3{,}7\ \text{ms}^{-1})^2$$

$$\mathbf{W_{kin_2} = 1{,}4\cdot 10^5\ Nm}$$

Bemerkung: Bei formal exakter Rechnung ergibt sich die vor dem Stoß vorliegende Energie.

4) Die Puffer wirken als Stoßdämpfer, so daß bei nichteinklinkender Kupplung weder ein elastischer noch ein (vollkommen) unelastischer Stoß auftritt.

4/08 Elastischer Stoß

In einem Güterbahnhof stoßen beim Rangieren zwei Güterwagen elastisch zusammen. Der erste Wagen ($m_1 = 17$ t) trifft mit einer Geschwindigkeit von $v_1 = 5\ \text{ms}^{-1}$ auf den stehenden zweiten Wagen, der durch den Stoß eine Geschwindigkeit von $u_2 = 4{,}5\ \text{ms}^{-1}$ erhält.

1) Berechnen Sie die Masse des zweiten Wagens!
2) Mit welcher Geschwindigkeit bewegt sich der erste Wagen nach dem Stoß?

1) $$u_2 = \frac{2m_1v_1 + (m_2 - m_1)v_2}{m_1 + m_2},\quad v_2 = 0 \qquad u_2 = \frac{2m_1v_1}{m_1 + m_2}$$

$$m_2 = m_1\left(\frac{2v_1}{u_2} - 1\right) = 17\ \text{t}\left(\frac{2\cdot 5\ \text{ms}^{-1}}{4{,}5\ \text{ms}^{-1}} - 1\right)$$

$$\mathbf{m_2 = 21\ t}$$

2) $$u_1 = \frac{2m_2v_2 + (m_1 - m_2)v_1}{m_1 + m_2} = \frac{(17\ \text{t} - 21\ \text{t})\cdot 5\ \text{ms}^{-1}}{17\ \text{t} + 21\ \text{t}}$$

$$\mathbf{u_1 = -0{,}5\ ms^{-1}}$$

4/09 Unelastischer Stoß; Energie

An einer unübersichtlichen Stelle in einem Wohngebiet stoßen ein Kleinbus von $m_1 = 2{,}5$ t Masse (Geschwindigkeit $v_1 = 30\ \text{kmh}^{-1}$) und ein entgegenkommender Personenwagen frontal zusammen, der eine Masse $m_2 = 1000$ kg und ebenfalls eine Geschwindigkeit $|v_2| = 30\ \text{kmh}^{-1}$ hat.

1) Wie groß ist die Geschwindigkeit der Fahrzeuge nach dem Crash?
2) Was können Sie über die Geschwindigkeitsänderung der beiden Fahrzeuge aussagen?
3) Berechnen Sie die kinetische Energie, die beim Zusammenstoß wirksam wird!

1) $$m_1v_1 + m_2v_2 = u(m_1 + m_2)$$ v_2 ist bzgl. v_1 entgegengesetzt gerichtet: $v_2 = -30\ \text{kmh}^{-1}$

$$u = \frac{m_1v_1 + m_2v_2}{m_1 + m_2}$$

$$u = \frac{2500\ \text{kg}\cdot\frac{30}{3{,}6}\ \text{m}\cdot\text{s}^{-1} + 1000\ \text{kg}\left(-\frac{30}{3{,}6}\ \text{m}\cdot\text{s}^{-1}\right)}{2500\ \text{kg} + 1000\ \text{kg}}$$

$$\mathbf{u = 3{,}6\ ms^{-1}\ (= 13\ kmh^{-1})}$$

2) $$\mathbf{v_1 - u = 17\ kmh^{-1}}$$

$$\mathbf{v_2 - u = -43\ kmh^{-1}}$$

3) $$E_{kin} = \frac{1}{2}mv^2$$

$$E_{kin_{11}} = \frac{1}{2}\cdot 2500\ \text{kg}\cdot\left(\frac{30}{3{,}6}\right)^2\ \text{m}^2\text{s}^{-2} = 8{,}7\cdot 10^4\ \text{Nm}$$

$$E_{kin_{12}} = \frac{1}{2}\cdot 1000\ \text{kg}\cdot\left(\frac{30}{3{,}6}\right)^2\ \text{m}^2\text{s}^{-2} = 3{,}5\cdot 10^4\ \text{Nm}$$

$$E_{kin_2} = \frac{1}{2}\cdot 3500\ \text{kg}\cdot 3{,}6^2\ \text{m}^2\text{s}^{-2} = 2{,}3\cdot 10^4\ \text{Nm}$$

$$\Delta E = 8{,}7\cdot 10^4\ \text{Nm} + 3{,}5\cdot 10^4\ \text{Nm} - 2{,}3\cdot 10^4\ \text{Nm}$$

$$\mathbf{\Delta E = 9{,}9\cdot 10^4\ Nm}$$

4/10 Unelastischer Stoß

Ein Junge ($m_J = 27$ kg) steht auf seinem Skateboard ($m_S = 3{,}1$ kg) seinem Freund ($m_F = 22$ kg) gegenüber.

1) Berechnen Sie, mit welcher Geschwindigkeit sich das Skateboard unter Vernachlässigung der Reibung auf den Freund zubewegt, wenn der Junge mit einer horizontalen Geschwindigkeit von $v_J = 1{,}5\ \text{ms}^{-1}$ vom Brett springt!
2) Als das Skateboard den Freund erreicht, springt dieser mit einer Geschwindigkeit von $v_F = 1{,}0\ \text{ms}^{-1}$ in Fahrtrichtung auf das Brett auf, ohne es vorher abzubremsen. Wie groß ist nun die Geschwindigkeit?

1) $m_J \cdot v_J + m_S \cdot v_S = 0$

$$v_S = -\frac{m_J \cdot v_J}{m_S} = -\frac{27\ \text{kg} \cdot 1{,}5\ \text{ms}^{-1}}{3{,}1\ \text{kg}} = -13\ \text{ms}^{-1}$$

$\mathbf{v_S = 13\ ms^{-1}}$ (entgegengesetzt zu v_J)

2) unelastischer Stoß mit unterschiedlichen, aber gleichgerichteten Geschwindigkeiten:

$$m_S \cdot v_S + m_F \cdot v_F = (m_S + m_F) \cdot u$$

$$u = \frac{m_S v_S + m_F v_F}{m_S + m_F} = \frac{3{,}1\ \text{kg} \cdot 13\ \text{ms}^{-1} + 22\ \text{kg} \cdot 1{,}0\ \text{ms}^{-1}}{3{,}1\ \text{kg} + 22\ \text{kg}}$$

$\mathbf{u = 2{,}5\ ms^{-1}}$

4/11 Unelastischer Stoß; Energie

Katrin und Claus haben sich ein Wurfspiel gekauft und wollen es gleich ausprobieren. Sie befestigen deshalb an der Zielscheibe (Masse m_S) einen Faden der Länge l und hängen die Scheibe im Abstand r von der Abwurfstelle an einen Ast.
Katrin schießt zuerst auf die freihängende Scheibe. Ihr Pfeil der Masse m_P trifft auch gleich ins Schwarze und bleibt in der Wurfscheibe stecken.

1) Um welchen Winkel wird die Zielscheibe ausgelenkt, wenn Katrin den Pfeil mit der Anfangsgeschwindigkeit v_P wirft? (Der Luftwiderstand wird vernachlässigt.)
2) Claus hat weniger Glück. Zwar trifft sein Pfeil ebenfalls ins Schwarze, bleibt aber nicht in der Scheibe stekken und fällt senkrecht nach unten.
Bestimmen Sie die Abwurfgeschwindigkeit des Pfeils, wenn die Scheibe um den Winkel α ausgelenkt wird!

1) $m_P \cdot v_P = (m_P + m_S)\,u \qquad u = \dfrac{m_P \cdot v_P}{m_P + m_S} \qquad (1)$

$$E_{kin} = \frac{1}{2}(m_P + m_S)\,u^2$$

Die kinetische Energie E_{kin} „hebt" die Scheibe um Δh.

$$E_{pot} = E_{kin}; \quad (m_P + m_S) \cdot g \cdot \Delta h = \frac{1}{2}(m_P + m_S)\,u^2$$

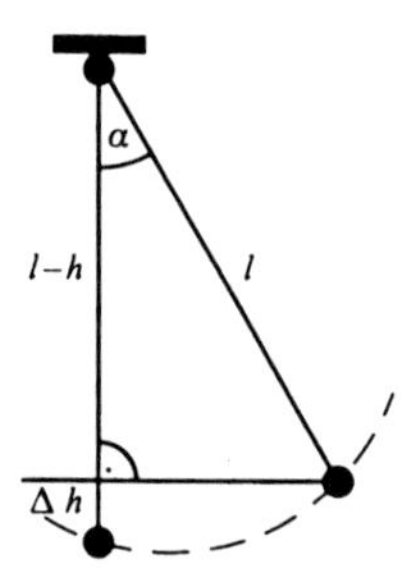

$$\Delta h = \frac{u^2}{2g} \qquad (2)$$

$$\cos\alpha = \frac{l - \Delta h}{l} = 1 - \frac{\Delta h}{l} \qquad (3)$$

(1) und (2) in (3):

$$\mathbf{\cos\alpha = 1 - \frac{m_P^2 \cdot v_P^2}{2(m_P + m_S)^2 \cdot g \cdot l}}$$

2) Pfeil gibt Impuls an Scheibe ab ($v_S = 0$, $u_P = 0$).

$m_P \cdot v_P = m_S \cdot u_S$

(2) folgt hier aus $E_{kin} = \frac{1}{2} m_S \cdot u_S^2$ und $E_{pot} = m_S \cdot g \cdot \Delta h$,

aus (3): $\Delta h = l(1 - \cos\alpha)$

aus (1): $v_P = \dfrac{m_S \cdot u_S}{m_P} \qquad \mathbf{v_P = \dfrac{m_S}{m_P} \cdot \sqrt{2g \cdot l\,(1 - \cos\alpha)}}$

4/12 Unelastischer Stoß

Ein Vater läuft mit seinem Sohn auf einer spiegelglatten Eisfläche Schlittschuh. Um die Wirkung des Impulses zu testen, werfen sie einander einen 1 kg schweren Ball zu.

1) Berechnen Sie, mit welcher Geschwindigkeit sich der Vater bewegt, wenn er den Ball aus dem Stand mit einer horizontalen Geschwindigkeit von $6\ \text{ms}^{-1}$ seinem Sohn zuwirft! Der Vater hat eine Masse von 75 kg. (Es wird eine reibungsfreie Bewegung angenommen.)
2) Mit welcher Geschwindigkeit bewegt sich der 25 kg schwere Sohn, nachdem er den Ball aufgefangen hat?

1) $m_V \cdot v_V + m_B \cdot v_B = 0$

$$v_V = \frac{-m_B \cdot v_B}{m_V} = \frac{-1\ \text{kg} \cdot 6\ \text{ms}^{-1}}{75\ \text{kg}} \qquad \mathbf{v_V = -0{,}08\ ms^{-1}}$$

2) $m_B \cdot v_B + m_S \cdot v_S = (m_B + m_S)\,u \qquad v_S = 0$

$$u = \frac{m_B \cdot v_B}{m_S + m_B} = \frac{1\ \text{kg} \cdot 6\ \text{ms}^{-1}}{25\ \text{kg} + 1\ \text{kg}} \qquad \mathbf{u = 0{,}23\ ms^{-1}}$$

4/13 Unelastischer Stoß

Zwei gleichgroße Säcke werden bis zur Hälfte mit Sand gefüllt und geeignet auf Wagen gelegt (s. Abb.).
Geben Sie die Gleichungen für die Geschwindigkeit der beiden Sandsäcke nach einem Zusammenstoß und die beim Stoß entstehende Wärmeenergie an, wenn man folgende Anfangsbedingungen annimmt:

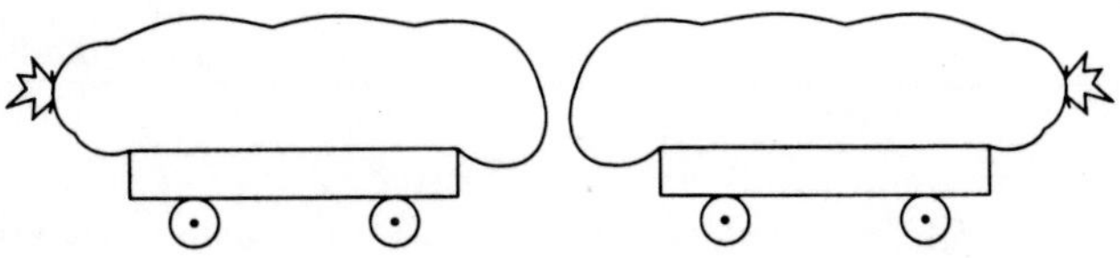

1) Ein Sandsack befindet sich vor dem Stoßvorgang in Ruhe.
2) Beide Säcke bewegen sich mit gleicher Geschwindigkeit aufeinander zu.
3) Ein Sack wird nun vollständig mit Sand gefüllt. Außerdem bewegt er sich nur halb so schnell wie der erste Sandsack auf diesen zu.
4) Formulieren Sie eine allgemeine Gleichung für den unelastischen Stoß zweier Körper, die sich aufeinander zu bewegen und deren Massen sich wie die reziproken Werte ihrer Geschwindigkeiten verhalten!

$m_1 v_1 + m_2 v_2 = (m_1 + m_2)u$ (unelastischer Stoß)

$$u = \frac{m_1 v_1 + m_2 v_2}{m_1 + m_2} \qquad (1)$$

Energievergleich:

$$\Delta E_{\text{kin}} = W_{\text{Wä}} = \frac{1}{2}(m_1 v_1^2 + m_2 v_2^2) - \frac{1}{2}(m_1 + m_2)u^2$$

(1) einsetzen:

$$W_{\text{Wä}} = \frac{m_1 \cdot m_2 (v_1^2 - 2v_1 v_2 + v_2^2)}{2(m_1 + m_2)}$$

1) $\left.\begin{array}{l} v_2 = 0 \\ m_2 = m_1 \end{array}\right\}$ $\rightarrow u = \frac{m_1 v_1}{2m_1}$ $\qquad \mathbf{u = \frac{1}{2} v_1}$

$\rightarrow W_{\text{Wä}} = \frac{m_1^2 v_1^2}{4m_1}$ $\qquad \mathbf{W_{Wä} = \frac{1}{4} m_1 v_1^2}$

2) $\left.\begin{array}{l} m_2 = m_1 \\ v_2 = -v_1 \end{array}\right\}$ $\rightarrow \mathbf{u = 0}$

$\rightarrow W_{\text{Wä}} = \frac{m_1^2 (v_1^2 + 2v_1^2 + v_1^2)}{4m_1}$ $\qquad \mathbf{W_{Wä} = m_1 v_1^2}$

3) $\left.\begin{array}{l} m_2 = 2m_1 \\ v_2 = -\frac{1}{2} v_1 \end{array}\right\}$ $\rightarrow \mathbf{u = 0}$

$\rightarrow W_{\text{Wä}} = \frac{2m_1^2 \left(v_1^2 + v_1^2 + \frac{1}{4} v_1^2\right)}{6m_1}$

$\mathbf{W_{Wä} = \frac{3}{4} m_1 v_1^2}$

Das stimmt – auch unmittelbar ablesbar aus $u = 0$ – mit der Gesamtenergie vor dem Stoß überein.

4) $\left.\begin{array}{l} m_2 = \mathrm{k} m_1 \\ v_2 = -\frac{1}{\mathrm{k}} v_1 \\ \mathrm{k} > 0 \end{array}\right\}$ $\rightarrow u = \frac{m_1 v_1 + \mathrm{k} m_1 \left(-\frac{1}{\mathrm{k}} v_1\right)}{m_1 + \mathrm{k} m_1}$ $\qquad \mathbf{u = 0}$

$\rightarrow W_{\text{Wä}} = \frac{\mathrm{k} m_1^2 \left[v_1^2 - 2v_1\left(-\frac{1}{\mathrm{k}} v_1\right) + \frac{1}{\mathrm{k}^2} v_1^2\right]}{m_1 + \mathrm{k} m_1}$

$\mathbf{W_{Wä} = \frac{1}{2} m_1 v_1^2 \cdot \frac{k+1}{k}}$

4/14 Unelastischer Stoß; Reibung

Eine Kugel, die an einem 1,50 m langen Faden hängt, wird unter einem Winkel von 45° zur Vertikalen ausgelenkt und losgelassen. Im tiefsten Punkt ihrer Bahn trifft die Kugel auf einen Körper, der auf einer horizontalen Ebene ruht.

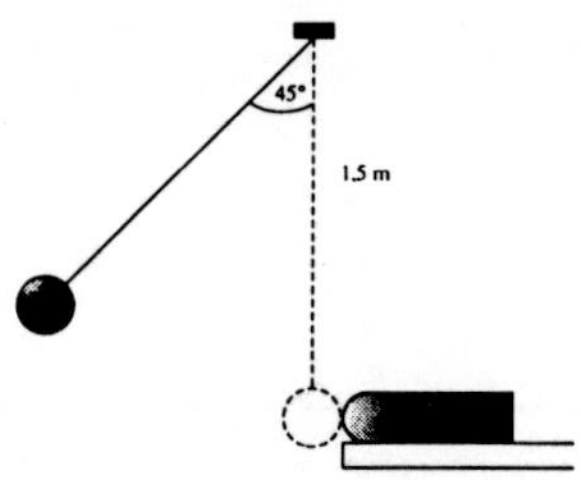

1) Welche Geschwindigkeit hat die Kugel, wenn sie mit dem Körper zusammenstößt?
2) Berechnen Sie die Geschwindigkeiten der beiden Körper nach dem Stoß, der als vollkommen elastisch betrachtet werden kann! Die Masse des Körpers hat den dreifachen Wert der Kugelmasse.
3) Welche Höhe erreicht die Kugel nach dem Stoß wieder? Wie groß ist dann der Winkel zwischen dem Faden und der Vertikalen?
4) Berechnen Sie den Weg, den der Körper auf der Ebene zurücklegt, bis er zur Ruhe kommt ($\mu = 0{,}2$)!

1) $\cos\alpha = \frac{l-h}{l}$

$\rightarrow h = l(1 - \cos\alpha)$

$h_1 = 1{,}5\ \text{m}\ (1 - \cos 45°)$

$\mathbf{h_1 = 0{,}44\ m}$

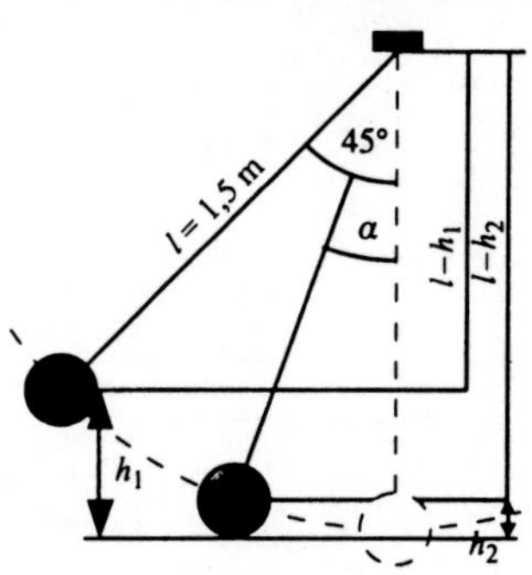

$v = \sqrt{2g \cdot h_1}$

$= \sqrt{2 \cdot 9{,}81\ \text{ms}^{-2} \cdot 0{,}44\ \text{m}}$

$\mathbf{v = 2{,}94\ ms^{-1}}$

2) $u_1 = \frac{(m_1 - m_2)v_1 + 2m_2 v_2}{m_1 + m_2}$ $\qquad u_2 = \frac{(m_2 - m_1)v_2 + 2m_1 v_1}{m_1 + m_2}$

$m_2 = 3m_1;\quad v_2 = 0$

$u_1 = \frac{(m_1 - 3m_1)v_1}{m_1 + 3m_1}$ $\qquad u_2 = \frac{2m_1 v_1}{m_1 + 3m_1}$

$= -\frac{1}{2} v_1$ $\qquad = +\frac{1}{2} v_1$

$\mathbf{u_1 = -1{,}47\ ms^{-1}}$ $\qquad \mathbf{u_2 = 1{,}47\ ms^{-1}}$

3) $h_2 = \frac{v^2}{2g} = \frac{1{,}47^2 \cdot m^2s^{-2}}{2 \cdot 9{,}81\ ms^{-2}}$

$\mathbf{h_2 = 0{,}11\ m}$

$\cos\alpha = \frac{1{,}5\ m - 0{,}11\ m}{1{,}5\ m} = 0{,}927$

$\boldsymbol{\alpha = 22°}$

4) Die beschleunigende (verzögernde) Kraft F ist die Reibungskraft:

$$F = F_R = \mu \cdot F_N = \mu \cdot F_G = \mu \cdot m \cdot g$$

$$m \cdot a = \mu \cdot m \cdot g$$

$$a = \mu \cdot g$$

$$s = \frac{v^2}{2a} = \frac{v^2}{2\mu \cdot g} = \frac{1{,}47^2\ m^2s^{-2}}{2 \cdot 0{,}2 \cdot 9{,}81\ ms^{-2}} \qquad \mathbf{s = 0{,}55\ m}$$

4/15 Unelastischer Stoß; Energie

Ein Pfahl, der an einem Ende angespitzt ist, soll in den Erdboden gerammt werden. Dazu benutzt man einen Rammbär. Dieser besitzt eine Masse von 2,5 t. Er wird durch eine spezielle Vorrichtung auf eine Höhe von 3,0 m gehoben und fällt dann auf den Pfahl (m = 500 kg) .

1) Berechnen Sie die Geschwindigkeit und die kinetische Energie des Rammbärs im Moment des Auftreffens!
2) Wie groß ist die Geschwindigkeit der beiden Körper unmittelbar nach dem Stoß?
3) Geben Sie den Energieverlust (Deformation, Wärme) an!
4) Wie groß ist der „Wirkungsgrad" des Rammbärs, und wie könnte er verbessert werden?

1) $m_1 \cdot g \cdot h = \frac{1}{2} m_1 \cdot v_1^2 \quad \rightarrow \quad v_1 = \sqrt{2gh}$

$v_1 = \sqrt{2 \cdot 9{,}81\ ms^{-2} \cdot 3\ m}$

$\mathbf{v_1 = 7{,}7\ ms^{-1}}$

$E_{kin_1} = E_{pot} = m \cdot g \cdot h = 2{,}5 \cdot 10^3\ kg \cdot 9{,}81\ ms^{-2} \cdot 3\ m$

$\mathbf{E_{kin_1} = 7{,}4 \cdot 10^4\ Nm}$

2) Wird ein (vollkommen) unelastischer Stoß angenommen, folgt:

$m_1 v_1 = (m_1 + m_2)u$

$u = \frac{m_1 v_1}{m_1 + m_2} = \frac{2{,}5 \cdot 10^3\ kg \cdot 7{,}7\ ms^{-1}}{2{,}5 \cdot 10^3\ kg + 500\ kg}$

$\mathbf{u = 6{,}4\ ms^{-1}}$

(Für einen [vollkommen] elastischen Stoß ergäbe sich $u_1 = 5{,}1\ ms^{-1}$ und $u_2 = 12{,}8\ ms^{-1}$. Da letzlich die gesamte Bewegungsenergie umgewandelt wird, ist ein unelastischer Stoß zu bevorzugen.)

3) $W_{Wä} = E_{kin_1} - E_{kin_2} = E_{kin_1} - \frac{1}{2} u^2 (m_1 + m_2)$

$= 7{,}4 \cdot 10^4\ Nm - \frac{1}{2} \cdot 6{,}39^2\ m^2s^{-2}(2{,}5 \cdot 10^3\ kg + 500\ kg)$

$\mathbf{W_{Wä} = 1{,}3 \cdot 10^4\ Nm}$

4) $\eta = \frac{E_{kin_2}}{E_{kin_1}} = \frac{1{,}3 \cdot 10^4\ Nm}{7{,}4 \cdot 10^4\ Nm}$

$\boldsymbol{\eta = 0{,}82}$ **(≙ 82 %)**

Allgemein gilt:

$$\eta = \frac{\frac{1}{2}(m_1 + m_2)\frac{m_1^2 \cdot 2 \cdot g \cdot h}{(m_1 + m_2)^2}}{m_1 \cdot g \cdot h} = \frac{m_1}{m_1 + m_2}$$

Die Masse m_1 muß möglichst groß gegenüber m_2 sein, d. h., es muß ein schwerer Hammer verwendet werden. (Das stimmt mit der Alltagserfahrung des Einschlagens eines Nagels überein.)

4/16 elastischer Stoß; Energie

Carsten ist begeisterter Tennisspieler. Als er in der Physikstunde eingehend über den Impulserhaltungssatz nachdenkt, erscheint ihm folgendes als großer Widerspruch:
Bei einem harten ersten Aufschlag setzt der Sportler seinen ganzen Körper ein, um den kleinen Ball von nahe 0 kmh^{-1} auf Spitzengeschwindigkeiten über 200 kmh^{-1} zu bringen.
Dagegen gelingt es seinem Partner mitunter mühelos, den dann etwa 140 kmh^{-1} schnellen Ball zu returnieren. Das entspricht aber einer Geschwindigkeitsänderung von 280 kmh^{-1}.
Können Sie Carstens Widerspruch lösen?

Während der Ball beim Aufschlag die gesamte Bewegungsenergie aufnimmt, tritt beim Return nur eine kurzzeitige Energieumwandlung (Deformation von Ball und Bespannung des Schlägers) auf, die aber lediglich zu einer Umkehr der Bewegungsrichtung ohne größere Verluste an Bewegungsenergie führt.

Der Sportler nimmt mit dem Schläger nur den entsprechenden Impuls auf.

4/17 Kraftstoß; Kraft

Eine hohe Geschwindigkeit des Tennisballes beim ersten Aufschlages führt häufig zu Fehlern des Gegners. Die Anfangsgeschwindigkeit wird bei größeren Turnieren für die Zuschauer sichtbar angezeigt.

1) Welcher Kraftstoß wurde auf den Ball (m = 57 g) übertragen, wenn seine Geschwindigkeit 212 kmh^{-1} beträgt und man aus Zeitlupenaufnahmen weiß, daß sich der Ball etwa 5 ms in Kontakt mit dem Schläger befindet?
2) Welche mittlere Kraft wirkt auf den Ball?

1) Es kann von einer anfänglichen Geschwindigkeit des Balles nahe null ausgegangen werden.

$\Delta p = F\Delta t = mv$

$$\Delta p = 0{,}057\ \text{kg} \cdot \frac{212}{3{,}6}\ \text{ms}^{-1} \qquad \boldsymbol{\Delta p = 3{,}36\ \text{Ns}}$$

2) Für die mittlere Kraft F gilt:

$$F = \frac{p}{\Delta t} = \frac{3{,}36\ \text{Ns}}{5 \cdot 10^{-3}\ \text{s}} \qquad \boldsymbol{F = 670\ \text{N}}$$

4/18 Unelastischer Stoß; Reibung

Auf der Suche nach PKW, die den Insassen ein Höchstmaß an passiver Sicherheit bieten, wurden bereits in den 50er Jahren Sicherheitsfahrgastzelle und Knautschzone entwikkelt. Die Sicherheitsbedingungen werden mit Hilfe sogenannter Dummies in Crashtests analysiert, bei denen die Autos kontrolliert auf Betonhindernisse prallen.

1) Berechnen Sie die Verformungsarbeit bei einem Crashtest, wenn das Fahrzeug (m = 2000 kg) mit einer Geschwindigkeit von 60 kmh^{-1} gegen den fest verankerten Block fährt!
2) Begründen Sie, daß diese Form der Sicherheitsüberprüfung ausreicht, um zahlreiche Eventualitäten eines Verkehrsunfalls durchzuchecken! Vergleichen Sie in diesem Zusammenhang die Verformungsarbeit beim Crashtest mit denen, die bei folgenden Unfällen mit Frontalaufprall verrichtet werden!

   Das Crashfahrzeug kollidiert frontal

   a) bei einer Geschwindigkeit von ebenfalls 60 kmh^{-1} mit einem parkenden PKW der gleichen Masse,
   b) bei 30 kmh^{-1} mit dem ihm mit gleicher Geschwindigkeit entgegenkommenden PKW,
   c) bei einer Geschwindigkeit von 40 kmh^{-1} mit dem ihm entgegenfahrenden Fahrzeug, das 20 km in der Stunde fährt.
3) Trotz vieler Sicherheitsmaßnahmen an den Fahrzeugen schreibt die Straßenverkehrsordnung vor, daß sich die Fahrgäste im Auto angurten. Begründen Sie die Notwendigkeit dieser Verordnung, indem Sie die Bewegung einer angeschnallten mit der einer nicht angeschnallten Person vergleichen!
4) Wie groß ist die Auffahrgeschwindigkeit eines Crashfahrzeuges, wenn es durch einen Frontalaufprall ein mit angezogener Handbremse geparktes Fahrzeug der Masse 975 kg 20 m weit verschiebt (μ = 0,4)?

1) $\Delta E = E_{\text{kin}} = \frac{1}{2} m v_1^2 = \frac{1}{2} \cdot 2000\ \text{kg} \cdot \frac{60}{3{,}6}\ \text{m}^2\text{s}^{-2}$

$\boldsymbol{\Delta E = 2{,}8 \cdot 10^5\ \text{Nm}}$

2) Man sehe die Unfälle als unelastische Stöße zweier Körper gleicher Masse an:

$m_1 v_1 + m_2 v_2 = (m_1 + m_2) u$

$$m_2 = m_1 \quad \rightarrow \quad m_1(v_1 + v_2) = 2m_1 \cdot u \qquad \boldsymbol{u = \frac{v_1 + v_2}{2}}$$

$$\Delta E_{\text{kin}} = \frac{1}{2} m_1 v_1^2 + \frac{1}{2} m_2 v_2^2 - \frac{1}{2}(m_1 + m_2) u^2$$

$$= \frac{1}{2} m_1 (v_1^2 + v_2^2) - m_1 \left(\frac{v_1 + v_2}{2}\right)^2$$

$$\boldsymbol{\Delta E_{\text{kin}} = \frac{1}{4} m_1 (v_1 - v_2)^2}$$

a) $u = \frac{1}{2} \cdot 60\ \text{kmh}^{-1} = 30\ \text{kmh}^{-1}$

$$\Delta E_{\text{kin}} = \frac{1}{4} \cdot 2000\ \text{kg} \cdot (60\ \text{kmh}^{-1})^2 = \boldsymbol{1{,}4 \cdot 10^5\ \text{Nm}}$$

b) $u = \frac{1}{2} \cdot (30\ \text{kmh}^{-1} - 30\ \text{kmh}^{-1}) = 0$

$$\Delta E_{\text{kin}} = \frac{1}{4} \cdot 2000\ \text{kg} \cdot (30\ \text{kmh}^{-1} - [-30\ \text{kmh}^{-1}])^2$$

$$= \boldsymbol{1{,}4 \cdot 10^5\ \text{Nm}}$$

c) $u = \frac{1}{2} \cdot (40\ \text{kmh}^{-1} - 20\ \text{kmh}^{-1}) = 10\ \text{kmh}^{-1}$

$$\Delta E_{\text{kin}} = \frac{1}{4} \cdot 2000\ \text{kg} \cdot (40\ \text{kmh}^{-1} - [-20\ \text{kmh}^{-1}])^2$$

$$= \boldsymbol{1{,}4 \cdot 10^5\ \text{Nm}}$$

In den genannten Fällen ist die **umgesetzte Energie** jeweils nur **halb so groß** wie beim Crashtest.

3) Der Gurt „bremst" die Bewegung eines Insassen innerhalb eines etwas größeren Zeitintervalls. Deshalb sind die Beschleunigungen und damit die Verletzungen geringer als z. B. beim direkten Aufschlag auf das Armaturenbrett oder die Frontscheibe.

4) $m_1 v_1 = (m_1 + m_2) u \quad \rightarrow \quad u = \frac{m_1 v_1}{m_1 + m_2}$

$$s = -\frac{a}{2} t^2 + v_0 t; \quad v = -at + v_0$$

$$v_0 = u, \quad v = 0 \quad \rightarrow \quad s = -\frac{a}{2} t^2 + ut$$

$$0 = -at + u \quad \rightarrow \quad t = \frac{u}{a}$$

Reibungskraft ist beschleunigende Kraft:

$$m \cdot a = \mu \cdot F_N = \mu \cdot m \cdot g \quad \rightarrow \quad a = \mu \cdot g$$

$$s = -\frac{a}{2} \cdot \frac{u^2}{a^2} + u \cdot \frac{u}{a} = -\frac{m_1^2 v_1^2}{2(m_1 + m_2)^2 \cdot \mu \cdot g}$$

$$v_1 = \frac{\sqrt{2s(m_1 + m_2)^2 \cdot \mu \cdot g}}{m_1}$$

$$v_1 = \frac{\sqrt{2 \cdot 20\ \text{m} \cdot (2000\ \text{kg} + 975\ \text{kg})^2 \cdot 0{,}4 \cdot 9{,}81\ \text{ms}^{-2}}}{2000\ \text{kg}}$$

$$\boldsymbol{v_1 = 67\ \text{kmh}^{-1}}$$

4/19		Unelastischer Stoß	

Ein Personenkraftwagen stößt mit einem ruhenden Fahrzeug, dessen Masse $m_2 = 900$ kg beträgt, zusammen. Eine Analyse insbesondere der Spuren blockierter Räder ergab, daß beide Fahrzeuge unmittelbar nach dem Zusammenstoß die gemeinsame Geschwindigkeit $u = 9\ \text{ms}^{-1}$ hatten.
Berechnen Sie die Geschwindigkeit des PKW vor dem Stoß, wenn seine Masse $m_1 = 1100$ kg beträgt!

$$m_1 v_1 + m_2 v_2 = (m_1 + m_2) u \qquad v_1 = 0$$

$$v_1 = \frac{(m_1 + m_2) u}{m_1} = \frac{(1100\ \text{kg} + 900\ \text{kg}) \cdot 9\ \text{ms}^{-1}}{1100\ \text{kg}} = 16{,}4\ \text{ms}^{-1}$$

$$\boldsymbol{v_1 = 59\ \text{kmh}^{-1}}$$

4/20		Beschleunigte Bewegung; unelastischer Stoß	

Ein kleiner Junge ($m_j = 23$ kg) ist mit seinem großen Bruder ($m_ä = 30$ kg) auf einen Berg mit einer Steigung von 20 % gelaufen. Er setzt sich auf den mitgebrachten Schlitten ($m_s = 2$ kg) und will den 150 m langen Hang ($\mu = 0{,}1$) hinunterrodeln. Dazu schiebt ihn sein Bruder 2s lang mit einer konstanten Kraft von 50 N an, springt dann selbst mit einer Geschwindigkeit von $4{,}5\ \text{ms}^{-1}$ auf, und beide Jungen rodeln gemeinsam den Hang hinunter.
Unten angekommen, können sie einem im Auslauf stehenden Schlitten, auf dem ein Mädchen sitzt, nicht mehr ausweichen. Beim Zusammenstoß verkeilen sich beide Schlitten und rutschen gemeinsam mit einer Geschwindigkeit von $10\ \text{ms}^{-1}$ auf ebener Strecke weiter.

1) Berechnen Sie die Geschwindigkeit, die der kleinere Junge mit seinem Schlitten maximal erreicht!
2) Wie weit fährt der Junge allein auf dem Schlitten?
3) Geben Sie die Geschwindigkeit an, mit der die Jungen kurz nach dem Aufsprung des Bruders fahren!
4) Wie lange brauchen die Jungen, um den restlichen Hang hinunterzufahren?
5) Welche Masse haben der im Weg stehende Schlitten und das Mädchen zusammen?
6) Welche Strecke legen beide Schlitten gemeinsam zurück?

1) Kraftstoß: $F \cdot t = (m_{jg} + m_s) \cdot v$

$$v = \frac{F \cdot t}{m_{jg} + m_s} = \frac{50\ \text{N} \cdot 2\ \text{s}}{23\ \text{kg} + 2\ \text{kg}} \qquad \boldsymbol{v = 4\ \text{ms}^{-1}}$$

2) $s = v_{\text{mittl.}} \cdot t = \frac{4\ \text{ms}^{-1}}{2} \cdot 2\ \text{s} \qquad \boldsymbol{s = 4\ \text{m}}$

3) $(m_{jg} + m_s) v + m_ä \cdot v_ä = (m_{jg} + m_s + m_ä) u$

$$u = \frac{(m_{jg} + m_s) \cdot v + m_ä \cdot v_ä}{m_{jg} + m_s + m_ä}$$

$$u = \frac{(23\ \text{kg} + 2\ \text{kg}) \cdot 4\ \text{ms}^{-1} + 30\ \text{kg} \cdot 4{,}5\ \text{ms}^{-1}}{23\ \text{kg} + 2\ \text{kg} + 30\ \text{kg}} \qquad \boldsymbol{u = 4{,}3\ \text{ms}^{-1}}$$

4) Für die beschleunigende Kraft F gilt:

$$F = F_H - F_R \qquad ma = mg \cdot \sin\alpha - mg \cdot \mu \cdot \cos\alpha$$

$$a = g(\sin\alpha - \mu \cdot \cos\alpha) \quad \text{mit} \quad \tan\alpha = 0{,}20 \quad \rightarrow \quad \alpha = 11{,}3°$$

$$a = 9{,}81\ \text{ms}^{-2} \cdot (\sin 11{,}3° - 0{,}1 \cdot \cos 11{,}3°) = 0{,}96\ \text{ms}^{-2}$$

$$s = \frac{a}{2} t^2 + v_0 t + s_0; \quad s_0 = 4\ \text{m},\ v_0 = u$$

$$t^2 + \frac{2u}{a} t + \frac{2(s_0 - s)}{a} = 0$$

$$t_{1/2} = -\frac{u}{a} \pm \sqrt{\frac{u^2}{a^2} - \frac{2(s_0 - s)}{a}} = \frac{1}{a}\left(-u \pm \sqrt{u^2 - 2a[s_0 - s]}\right)$$

$$= \frac{1}{0{,}96\ \text{ms}^{-2}} \cdot \left(-4{,}3\ \text{ms}^{-1} \pm \sqrt{(4{,}3\ \text{ms}^{-1})^2 - 2 \cdot 0{,}96\ \text{ms}^{-2}(-146\ \text{m})}\right)$$

$\boldsymbol{t_1 = 13{,}5\ \text{s}} \qquad t_2 < 0 \quad$ entfällt

5) $v_J = a t_1 + v_0$

$$v_J = 0{,}96\ \text{ms}^{-2} \cdot 13{,}5\ \text{s} + 4{,}3\ \text{ms}^{-1} = 17{,}3\ \text{ms}^{-1}$$

$$m_J \cdot v_J = u'_{ges}(m_J + m_M)$$

$$m_M = \frac{m_J \cdot v_J}{u_{ges}} - m_J = \frac{55\ \text{kg} \cdot 17{,}3\ \text{ms}^{-1}}{10\ \text{ms}^{-1}} - 55\ \text{kg}$$

$$\boldsymbol{m_M = 40\ \text{kg}}$$

6) $s = -\frac{1}{2} a t^2 + u_{ges} \cdot t \qquad F = F_R \quad m \cdot a = \mu \cdot m \cdot g$

$v = -a \cdot t + u_{ges} \qquad a = \mu \cdot g$

Gesucht ist der Weg, für den $v = 0$ gilt (t eleminieren):

$$t = \frac{u_{ges}}{a} \qquad s = -\frac{u^2_{ges}}{2\mu g} + \frac{u^2_{ges}}{\mu g} = \frac{u^2_{ges}}{2\mu g}$$

$$s = \frac{(10\ \text{ms}^{-1})^2}{2 \cdot 0{,}1 \cdot 9{,}81\ \text{ms}^{-2}} \qquad \boldsymbol{s = 51\ \text{m}}$$

4/21 Energie und Impuls

Ein Körper fällt in der Nähe der Erdoberfläche frei, d. h., auch die Luftreibung bleibt unberücksichtigt.

1) Aus welcher Höhe muß er fallen, wenn er am Boden einen Impuls von 20 $kgms^{-1}$ und die kinetische Energie 100 Nm haben soll?
2) Welche Masse haben Körper, die diese beiden Bedingungen erfüllen können ?
3) Wie ändern sich kinetische Energie und Impuls eines beliebigen Körpers, wenn die Fallhöhe vervierfacht wird?

1) $E_{pot} = m \cdot g \cdot h \qquad E_{kin} = \frac{1}{2} mv^2 \qquad E_{pot} = E_{kin} = E$

Beide Gleichungen werden multipliziert:

$$E^2 = \frac{1}{2} h \cdot g \cdot m^2 \cdot v^2 = \frac{1}{2} h \cdot g \cdot p^2$$

$$h = \frac{2E^2}{g \cdot p^2} = \frac{2 \cdot (100\ \text{Nm})^2}{9{,}81\ \text{ms}^{-2} \cdot (20\ \text{kg} \cdot \text{ms}^{-1})^2} \qquad \boldsymbol{h = 5{,}1\ \text{m}}$$

2) $$m = \frac{E_{pot}}{g \cdot h} = \frac{100\ \text{Nm}}{9{,}81\ \text{ms}^{-2} \cdot 5{,}1\ \text{m}} \qquad \boldsymbol{m = 2\ \text{kg}}$$

3) $E_{pot} = mgh \quad (= E_{kin}) \qquad \boldsymbol{E_{kin} \sim h}$

$$mg \cdot h = \frac{m}{2} v^2$$

$$h = \frac{v^2}{2g} = \frac{m^2 v^2}{2m^2 g} = \frac{p^2}{2m^2 \cdot g} \qquad \boldsymbol{h \sim p^2}$$

Eine vierfache Fallhöhe **vervierfacht die** (kinetische) **Energie**, sie führt aber zum **16fachen Impuls**.

4/22 Kraftstoß; Kraft

Ein Jagdgewehr hat eine Masse von 3,5 kg. 12 g schwere Projektile verlassen den Lauf mit einer Geschwindigkeit von 700 ms^{-1}.

1) Welcher Kraftstoß wirkt auf den Schützen zurück?
2) Man nehme an, daß sich der Prozeß in 0,05 s vollzieht. Welche mittlere Kraft wirkt kurzzeitig?

1) Der Gesamtimpuls von Gewehr und Projektil bleibt erhalten und ist gleich null.

$$m_G \cdot u_G + m_P \cdot u_P = 0$$

$$\Delta p_G = F\Delta t = m_G \cdot u_G = -m_P \cdot u_P$$

$$F\Delta t = -0{,}012\ \text{kg} \cdot 700\ \text{ms}^{-1}$$

$$\boldsymbol{F\Delta t = -8{,}4\ \text{Ns}}$$

2) $$F = \frac{\Delta p_G}{\Delta t} = \frac{-8{,}4\ \text{Ns}}{0{,}05\ \text{s}}$$

$$\boldsymbol{F = -170\ \text{N}}$$

(Die negativen Werte kennzeichnen die Richtung.)

4/23 Unelastischer Stoß; Energie

Eine Gewehrkugel mit der Masse $m_1 = 9{,}85$ g wird abgeschossen. Sie trifft auf einen Holzklotz, der bifilar aufgehängt ist, und bleibt stekken. Der Holzklotz hat eine Masse von 6,12 kg.
Welche Geschwindigkeit hatte die Kugel unmittelbar vor dem Klotz, wenn dieser nach ihrem Eindringen 6,1 cm gehoben wird?

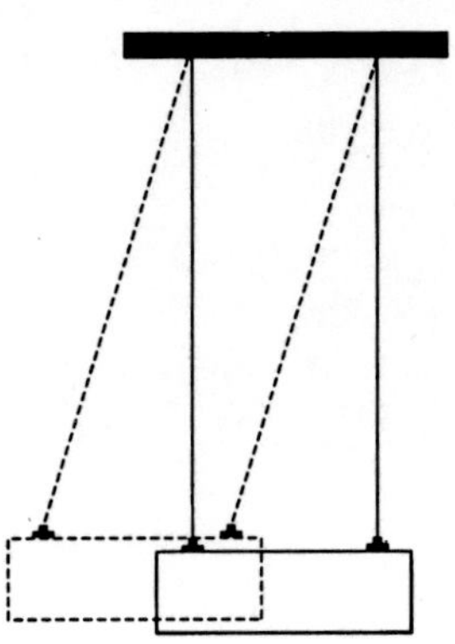

Damit das Pendel 6,1 cm hoch schwingt, muß es samt Gewehrkugel auf die Geschwindigkeit u beschleunigt werden.

$$E_{pot} = E_{kin}$$

$$mgh = \frac{1}{2} m \cdot u^2$$

$$u = \sqrt{2g \cdot h}$$

$$= \sqrt{2 \cdot 9{,}81\ \text{ms}^{-2} \cdot 0{,}061\ \text{m}} = 1{,}09\ \text{ms}^{-1}$$

Vollkommen unelastischer Stoß:

$$m_1 v_1 = (m_1 + m_2) u$$

$$v_1 = \frac{(9{,}85\ \text{g} + 6120\ \text{g}) \cdot 1{,}09\ \text{ms}^{-1}}{9{,}85\ \text{g}}$$

$$\boldsymbol{v_1 = 680\ \text{ms}^{-1}}$$

4/24 Kraftstoß; waagerechter Wurf

Die Burg Königstein, 1241 erstmals urkundlich erwähnt, thront auf dem 360 m hohen gleichnamigen Berg im Elbsandsteingebirge.
1589 wurde der Ausbau der Burg zur stärksten sächsischen Festung begonnen. Das sich heute in der Festung befindliche Museum zeigt u.a. eine stattliche Waffensammlung mit zahlreichen Kanonen unterschiedlichen Kalibers.
Eine solche Kanone besitzt eine Masse von 650 kg. Ein 10 kg-Geschoß verläßt das Rohr mit einer Geschwindigkeit von 380 ms^{-1}.

1) Berechnen Sie die Rücklaufgeschwindigkeit des Rohres!
2) Welche mittlere Kraft ist erforderlich, um den Rücklauf auf einem Wege von 0,6 m abzubremsen?
3) Das den Berg Königstein umgebene Gebiet befindet sich 129 m über dem Meeresspiegel. In welcher Entfernung vom Berg Königstein trifft die Kanonenkugel bei waagerechtem Abschuß auf die Erde?

1) Der Gesamtimpuls von Kanone und Kugel bleibt erhalten und ist null.

$$m_K \cdot u_K + m_G \cdot u_G = 0$$

$$u_K = -\frac{m_G \cdot u_G}{m_K}$$

$$u_K = -\frac{10\ \text{kg} \cdot 380\ \text{ms}^{-1}}{650\ \text{kg}}$$

$$\mathbf{|u_K| = 5{,}8\ ms^{-1}}$$

2) $F = m_K \cdot a \qquad s = -\frac{1}{2}at^2 + v_0 t \qquad v = -at + v_0$

Gesucht ist der Weg s für $v = 0$ (t eleminieren)

$$t = \frac{v_0}{a} \quad \rightarrow \quad s = -\frac{1}{2}a\frac{v_0^2}{a^2} + v_0\frac{v_0}{a} = \frac{v_0^2}{2a}$$

$$a = \frac{v_0^2}{2s}$$

$$F = m_K \cdot \frac{u_K^2}{2\,s}$$

$$F = 650\ \text{kg} \cdot \frac{(-5{,}8\ \text{ms}^{-1})^2}{2 \cdot 0{,}6\ \text{m}}$$

$$\mathbf{F = 18\ kN}$$

3) Aus den Bewegungsgleichungen für x- und y-Komponente mit den Anfangsbedingungen $v_x = u_G$, $v_y = 0$ und $v_0 = \Delta h$ folgt

$$x = v_x t$$

$$y = -\frac{1}{2}gt^2 + v_0 t + y_0 \qquad 0 = -\frac{1}{2}gt^2 + y_0 \qquad t = +\sqrt{\frac{2y_0}{g}}$$

$$x = v_x\sqrt{\frac{2y_0}{g}} = u_G\sqrt{\frac{2\Delta h}{g}}$$

$$x = 380\ \text{ms}^{-1}\sqrt{\frac{2(360\ \text{m} - 129\ \text{m})}{9{,}81\ \text{ms}^{-2}}}$$

$$\mathbf{x = 2{,}6\ km}$$

4/25 Impulserhaltung; abgeschlossenes System

Auf einer horizontalen Ebene befinden sich drei Körper, deren Massen 200 g, 300 g und 400 g betragen. Die Körper sind durch Federn verbunden, die beim plötzlichen Entspannen die Körper in Bewegung setzen.
Die Geschwindigkeiten der beiden Massen m_1 und m_2 schließen einen Winkel von 75° ein und betragen 8 ms^{-1} und 5 ms^{-1}.
Bestimmen Sie graphisch und rechnerisch die Geschwindigkeit des dritten Körpers!

Der Gesamtimpuls bleibt konstant und ist gleich null.

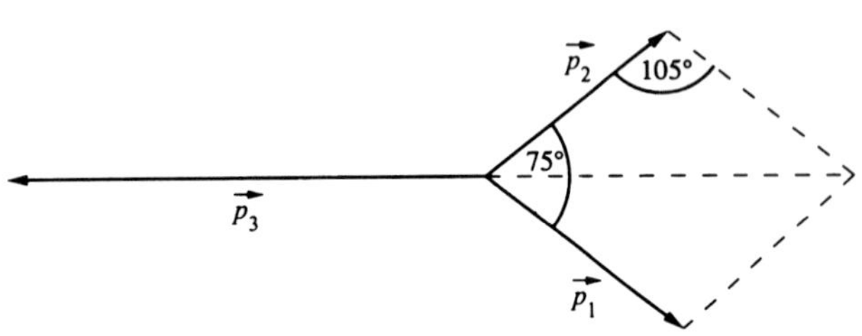

$$p_1 = m_1 v_1 = 200\ \text{g} \cdot 8\ \text{ms}^{-1} = 1{,}6\ \text{kgms}^{-1}$$

$$p_2 = m_2 v_2 = 300\ \text{g} \cdot 5\ \text{ms}^{-1} = 1{,}5\ \text{kgms}^{-1}$$

$$p_3^2 = p_1^2 + p_2^2 - 2p_1p_2\cos\alpha$$

$$\alpha = 105°$$

$$v_3 = \frac{1}{m_3}\sqrt{p_1^2 + p_2^2 - 2p_1p_2\cos\alpha}$$

$$= \frac{1}{400\ \text{g}}\sqrt{(1{,}6\ \text{kgms}^{-1})^2 + (1{,}5\ \text{kgms}^{-1})^2 - 2 \cdot 1{,}5\ \text{kgms}^{-1} \cdot 1{,}6\ \text{kgms}^{-1} \cdot \cos 105°}$$

$$\mathbf{v_3 = 6\ ms^{-1}}$$

4/26		**Impulserhaltung; abgeschlossenes System**	

Bei einem Experiment zum Impulssatz liegen drei gleich große und gleich schwere Schwebekörper auf einem Luftkissentisch, so daß sie reibungsfrei gleiten können. Durch das Wirken von inneren Kräften (z. B. durch sich entspannende Federn) werden die Körper auseinandergetrieben.
Welche Schlußfolgerungen können Sie aus den folgenden Aussagen ziehen? Zeichnen Sie zu jeder Aussage eine Skizze!

1) Alle drei Körper erhalten eine Geschwindigkeit vom gleichen Betrag.
2) Zwei der Körper bewegen sich mit gleichen Geschwindigkeiten senkrecht voneinander weg.
3) Zwei der Körper bewegen sich mit gleichen Geschwindigkeiten in entgegengesetzte Richtungen.
4) Die Massen von drei anderen Körpern verhalten sich wie 1:2:3. Sie erhalten Geschwindigkeiten, die paarweise miteinander Winkel von 120° einschließen.

Bestimmen Sie graphisch und rechnerisch die Geschwindigkeit des dritten Körpers!

1) Impulsvektoren müssen „ein gleichseitiges Dreieck" bilden.

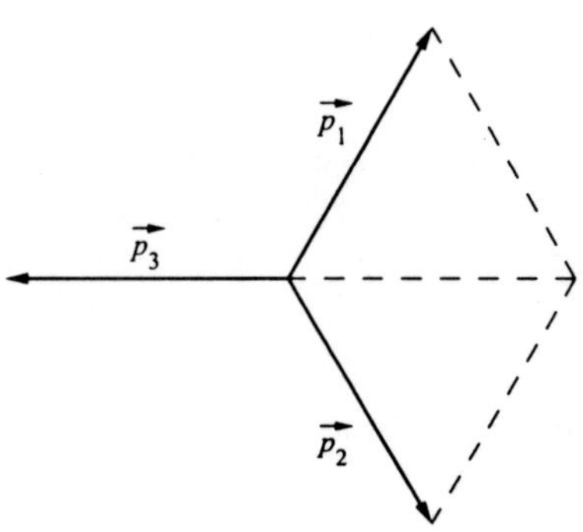

2) $|\vec{p}_1|^2 + |\vec{p}_2|^2 = |\vec{p}_3|^2$ (Satz des Pythagoras) und

$|\vec{p}_1| = |\vec{p}_2| \quad \rightarrow \quad |\vec{p}_3| = \sqrt{2}|\vec{p}_1| = \sqrt{2}|\vec{p}_2|$

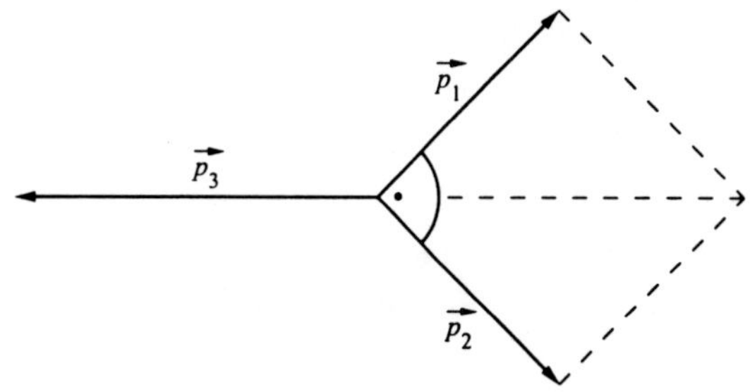

3) $\vec{p}_1 = -\vec{p}_2$ und $\vec{p}_1 + \vec{p}_2 = -\vec{p}_3 \quad \rightarrow \quad |\vec{p}_3| = 0$

4) Die Impulsvektoren sind betragsmäßig gleich.

$p_1 = p_2 = p_3 \qquad m_1 v_1 = m_2 v_2 = m_3 v_3$

$m_1 v_1 = 2 m_1 v_2 = 3 m_3 v_3$

$v_2 = \frac{1}{2} v_1 \qquad v_3 = \frac{1}{3} v_1$

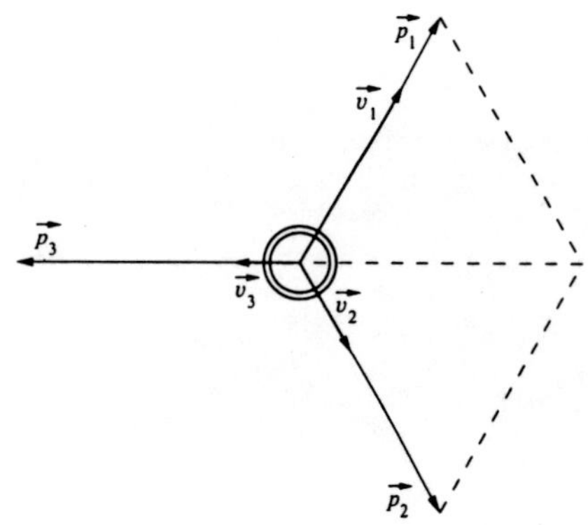

4/27		**Elastischer und unelastischer Stoß**	

In den folgenden Diagrammen sind zentrale, gerade Stoßvorgänge zwischen zwei Körpern dargestellt.

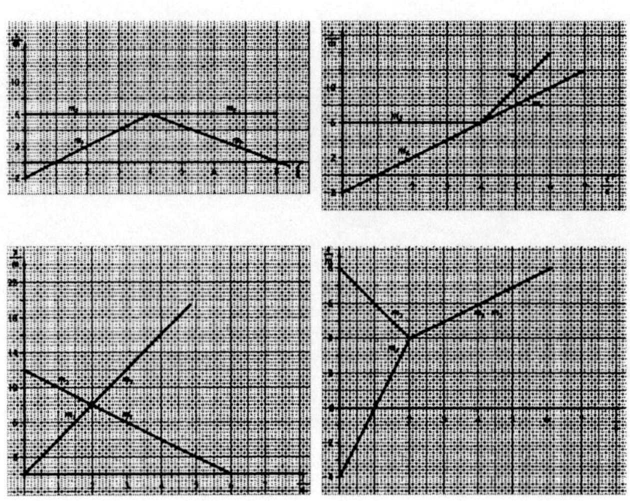

1) Welche Geschwindigkeiten haben die Körper vor und nach dem Stoß?
2) Was für Stöße werden in den Diagrammen dargestellt?
3) Welche Schlußfolgerung können Sie für das Verhältnis der beiden stoßenden Massen ziehen?
4) Beschreiben Sie nun die einzelnen Stoßvorgänge! Beachten Sie dabei die Richtungen und Beträge der Geschwindigkeiten sowie das Massenverhältnis!
5) Nennen Sie je ein praktisches Beispiel!

① 1) $\boldsymbol{v_1 = 2\ ms^{-1}}$ $\qquad$ $\boldsymbol{v_2 = 0\ ms^{-1}}$
$\boldsymbol{u_1 = -2\ ms^{-1}}$ $\qquad$ $\boldsymbol{u_2 = 0\ ms^{-1}}$

2) **elastischer Stoß**

3) $\boldsymbol{m_2 \gg m_1}$

4) Körper K_1 bewegt sich gleichförmig auf Körper K_2 zu und wird in die gleiche Richtung „reflektiert", d. h., er bewegt sich ebenso gleichförmig zurück.

5) Tischtennisball trifft zentral auf Fußball.

② 1) $v_1 = 2\ \mathrm{ms^{-1}}$ $\quad v_2 = 0\ \mathrm{ms^{-1}}$

$u_1 = 2\ \mathrm{ms^{-1}}$ $\quad u_2 = 4\ \mathrm{ms^{-1}}$

2) **elastischer Stoß**

3) $m_2 \ll m_1$

4) K_1 trifft auf den ruhenden K_2, der sich anschließend mit doppelter Geschwindigkeit von K_1 wegbewegt. (vgl. ① bzgl. eines anderen Bezugssystems).

5) TT-Schläger auf TT-Ball (ohne Effet)

③ 1) $v_1 = 4\ \mathrm{ms^{-1}}$ $\quad v_2 = -2\ \mathrm{ms^{-1}}$

$u_1 = -2\ \mathrm{ms^{-1}}$ $\quad u_2 = 4\ \mathrm{ms^{-1}}$

3) Aus $v_1 = u_2$ und $v_2 = u_1$ und dem Impulserhaltungssatz folgt $m_2 = m_1$.

2) **elastischer Stoß**

4) Da es sich um einen zentralen Stoß handelt, laufen die beiden Körper geradlinig aufeinander zu und nach dem Stoß in entgegengesetzter Richtung wieder voneinander weg.

5) Billardkugeln laufen zentral aufeinander zu.

④ 1) $v_1 = 4\ \mathrm{ms^{-1}}$ $\quad v_2 = -2\ \mathrm{ms^{-1}}$

$u_1 = u_2 = u = 1\ \mathrm{ms^{-1}}$

2) **unelastischer Stoß**

3) Aus dem Impulserhaltungssatz folgt $m_2 = m_1$.

4) Zwei Körper unterschiedlicher Geschwindigkeit laufen aufeinander zu und haften nach dem Stoß aneinander, wobei sie sich in Richtung des schnelleren weiterbewegen.

5) Fahrzeuge, die aus entgegengesetzten Richtungen kommen und sich nach einem Crash verkeilen.

4/28 Unelastischer Stoß; schiefer Wurf

Wie seit G. A. Bürgers Überlieferung (1786) allgemein bekannt, packte Baron von Münchhausen siegessicher die aus der Kanone abgefeuerte Kugel und ritt auf ihr ins feindliche Lager.

Welchen Teil des Weges mußte er noch laufen, wenn die Kugel ohne Reiter gerade die Stellungen des Feindes erreicht hätte? Sein Gewicht entspricht dem Dreifachen der Kugel. Durch das Aufsitzen werde keine Änderung der Schußrichtung hervorgerufen.

Für die Reichweite x eines „schrägen Wurfes“ gilt bei einem Abschußwinkel α und einer Anfangsgeschwindigkeit v_0.

$$x = \frac{v_0^2}{g} \cdot \sin 2\alpha, \quad \text{kurz} \quad x \sim v_0^2$$

Das Aufsitzen kann als unelastischer Stoß betrachtet werden:

$$m_1 v_1 = u(m_1 + m_2)$$

$$m_1 v_1 = u \cdot 4m_1 \qquad u = \frac{1}{4} v_1$$

$$\rightarrow \quad \frac{x_1}{x_2} = \frac{v_1^2}{u^2} = \frac{v^1}{\left(\frac{1}{4} v_1\right)} = 16 \qquad x_2 = \frac{1}{16} x_1$$

Der Baron muß also $\mathbf{\frac{15}{16}}$ des Weges laufen. Oder ist die Geschichte doch gelogen?

4/29 Elastischer Stoß; Energie

Wie müssen zwei Körper K_1 und K_2 beschaffen sein, wenn K_1 bei einem elastischen Stoß auf den ruhenden Körper K_2 nur
1) 25%
2) 64%
seiner Energie behält, die restliche Energie also (vollständig) von K_2 aufgenommen wird?

1) Aus dem Energieerhaltungssatz folgt:

für K_1: $\frac{25}{100} \cdot \frac{1}{2} m_1 v_1^2 = \frac{1}{2} m_1 u_1^2$

$\rightarrow \quad u_{11} = \frac{1}{2} v_1 \quad$ und $\quad u_{12} = -\frac{1}{2} v_1$

für K_2: $\frac{75}{100} \cdot \frac{1}{2} m_1 v_1^2 = \frac{1}{2} m_2 u_2^2 \quad \rightarrow \quad u_{21} = \frac{1}{2}\sqrt{\frac{3m_1}{m_2}}\, v_1$

(Die Lösung $u_{22} = -\frac{1}{2}\sqrt{\frac{3m_1}{m_2}}\, v_1$ ist physikalisch nicht sinnvoll.)

Aus dem Impulserhaltungssatz folgt ($v_2 = 0$):

$$m_1 v_1 = m_1 u_{11} + m_2 u_{21} \quad \rightarrow \quad \frac{m_1}{m_2} = 3 \quad \text{und}$$

$$m_1 v_1 = m_1 u_{12} + m_2 u_{21} \quad \rightarrow \quad \frac{m_1}{m_2} = \frac{1}{3}$$

Der stoßende Körper muß dreifach schwerer sein als der sich in Ruhe befindliche, angestoßene Körper oder nur $\frac{1}{3}$ so schwer.

2) Aus dem Energieerhaltungssatz folgt:

für K_1: $\frac{64}{100} \cdot \frac{1}{2} m_1 v_1^2 = \frac{1}{2} m_1 u_1^2$

$\rightarrow \quad u_{11} = \frac{4}{5} v_1 \quad$ und $\quad u_{12} = -\frac{4}{5} v_1$

für K_2: $\frac{36}{100} \cdot \frac{1}{2} m_1 v_1^2 = \frac{1}{2} m_2 u_2^2 \quad \rightarrow \quad u_{21} = \frac{3}{5} \sqrt{\frac{3 m_1}{m_2}} v_1$

Analog folgen die beiden Lösungen $\frac{m_1}{m_2} = 9$ und $\frac{m_1}{m_2} = \frac{1}{9}$.
Der stoßende Körper muß neunfach schwerer sein als der sich in Ruhe befindliche, angestoßene Körper oder nur $\frac{1}{9}$ so schwer.

4/30 Unelastischer Stoß; Energie

Lösen Sie Aufgabe 4/29 für den (vollkommen) unelastischen Stoß!

$u_1 = u_2 = u$ (unelastischer Stoß) $\qquad v_2 = 0$

$m_1 v_1 = m_1 u + m_2 u \quad \rightarrow \quad u = \frac{m_1}{(m_1 + m_2) v_1}$

1) daraus für die Energie von K_1:

$$\frac{25}{100} \cdot \frac{1}{2} m_1 v_1^2 = \frac{1}{2} m_1 u^2$$

$$\frac{25}{100} m_1 v_1^2 = m_1 \left(\frac{m_1 v_1}{m_1 + m_2} \right)^2$$

$$\frac{1}{4} = \left(\frac{m_1}{m_1 + m_2} \right)^2 \quad \rightarrow \quad \boldsymbol{m_1 = m_2}$$

Stoßender und gestoßener Körper müssen gleichschwer sein.

2) daraus für die Energie von K_1:

$$\frac{64}{100} \cdot \frac{1}{2} m_1 v_1^2 = \frac{1}{2} m_1 u^2$$

$$\frac{64}{100} m_1 v_1^2 = m_1 \left(\frac{m_1 v_1}{m_1 + m_2} \right)^2$$

$$\frac{64}{100} = \left(\frac{m_1}{m_1 + m_2} \right)^2 \quad \rightarrow \quad \boldsymbol{\frac{m_1}{m_2} = 4}$$

Der stoßende Körper muß vierfach schwerer sein als der angestoßene Körper.

4/31 Elastischer Stoß; Energie

Ein Körper K_1 stößt elastisch und gerade auf einen ruhenden Körper K_2. Dabei gibt er einen Teil seiner kinetischen Energie an K_2 ab.
Das Diagramm gibt die relative Restenergie $\eta = (W_1 - W_2)/W_1$ von K_1 als Funktion des Massenverhältnisses $\mu = m_1/m_2$ an.

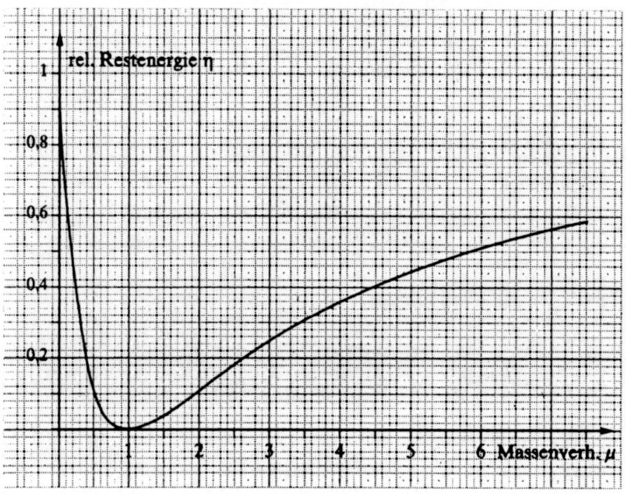

1) Lesen Sie ab, bei welchem Massenverhältnis der stoßende Körper K_1 keine bzw. die gesamte Energie abgibt!
2) Geben Sie die Massenverhältnisse für einen Energieverlust von K_1 von 60 % an!
3) Erklären Sie, weshalb zu jedem Energieverhältnis außer den in 1) genannten Fällen zwei Massenverhältnisse gehören!
4) Die zum Graphen gehörende Funktionsgleichung lautet
$$\eta = f(\mu) = \frac{\mu^2 - 2\mu + 1}{\mu^2 + 2\mu + 1}.$$
Zeigen Sie, daß es für die „relative Restenergie" von K_1 gleichgültig ist, ob die Massen der Körper K_1 und K_2 im Verhältnis $\mu = m_1/m_2$ oder im reziproken Verhältnis $\mu_r = m_2/m_1$ stehen!

1) Wenn $m_2 \gg m_1$ gilt, also $\mu \approx 0$ ist, gibt K_1 keine Energie ab. Ist dagegen $m_1 = m_2$, verliert K_1 die gesamte Energie.

2) $\mu_1 = 0{,}2$, $\mu_2 = 4{,}4$

3) Gilt $m_1 < m_2$, so bewegt sich K_1 nach dem Stoß entgegengesetzt, ansonsten in die gleiche Richtung.

4) $$\eta' = f\left(\frac{1}{\mu}\right) = \frac{\frac{1}{\mu^2} - \frac{2}{\mu} + 1}{\frac{1}{\mu^2} + \frac{2}{\mu} + 1} = \frac{\frac{1 - 2\mu + \mu^2}{\mu^2}}{\frac{1 + 2\mu + \mu^2}{\mu^2}} = \frac{1 - 2\mu + \mu^2}{1 + 2\mu + \mu^2}$$
$$= f(\mu) = \eta$$

4/32 Unelastischer Stoß; Energie

Ein Körper K_1 stößt auf einen ruhenden Körper K_2. Dabei gibt er einen Teil seiner kinetischen Energie an K_2 ab. Geben Sie für den Fall eines vollkommen unelastischen Stoßes die relative Restenergie $\eta = (W_1\text{-}W_2)/W_1$ als Funktion des Massenverhältnisses $\mu = m_1/m_2$

1) in Form der Funktionsgleichung $\eta = f(\mu)$ und
2) als Graph an!
3) Diskutieren Sie den Verlauf des Graphen (lokale, globale Extrema, Verhalten im Unendlichen, d. h. für ein sehr großes Verhältnis m_1/m_2)!
4) Vergleichen Sie die Graphen von elastischem und (vollkommen) unelastischem Stoß!

1) $m_1 v_1 = (m_1 + m_2) \cdot u \qquad u = \dfrac{m_1 v_1}{m_1 + m_2}$

$$\eta \frac{m_1}{2} v_1^2 = \frac{1}{2} m_1 u^2$$

$$\eta = \frac{(m_1 v_1)^2}{v_1^2 (m_1 + m_2)^2} = \frac{m_1^2}{(m_1 + m_2)^2} \qquad m_1 = \mu \cdot m_2$$

$$\eta = \frac{\mu^2 \cdot m_2^2}{[(\mu + 1) \cdot m_2]^2} \qquad \boldsymbol{\eta = f(\mu) = \frac{\mu^2}{(\mu + 1)^2}}$$

2)

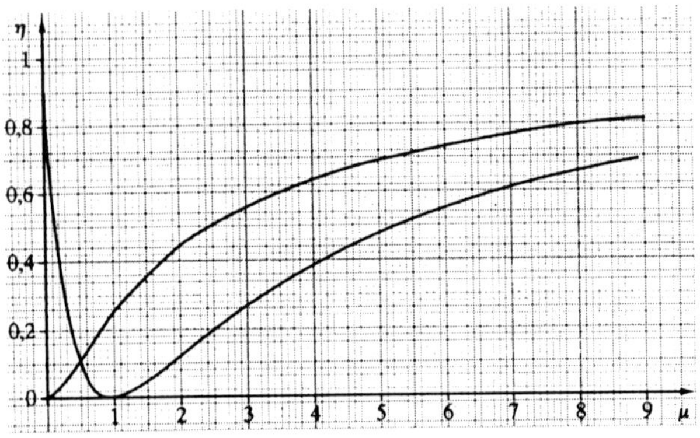

3) $$\eta' = \frac{2\mu \cdot (\mu + 1)^2 - \mu^2 \cdot 2(\mu + 1)}{(\mu + 1)^4} = \frac{2\mu}{(\mu + 1)^3}$$

$$\eta'' = \frac{2(1 - 2\mu)}{(\mu + 1)^4}$$

$$\eta' = 0 = \frac{2\mu_E}{(\mu_E + 1)^3} \qquad \boldsymbol{\mu_E = 0} \qquad \eta''(0) > 0$$

Die Funktion $\eta(\mu)$ hat bei $\mu = 0$ ein lokales Minimum, das wegen $0 \leq \mu$ auch globales Minimum ist. (Ein Körper stößt unelastisch auf einen viel größeren. Beide bleiben danach in Ruhe.)

$$\lim_{\mu \to \infty} \frac{\mu^2}{\mu^2 + 1} = \lim_{\mu \to \infty} \frac{\mu^2}{\mu^2 \left(1 + \frac{1}{\mu^2}\right)} \qquad \boldsymbol{\lim_{\mu \to \infty} f(\mu) = 1}$$

(Ein Körper, der unelastisch auf einen viel leichteren trifft, bewegt sich unverändert weiter.)

4) Hat K_1 mehr als 45 % Masse von K_2, ist die Restenergie nach einem unelastischen Stoß größer als nach einem elastischen. Eine vollständige „Energieübergabe" ist (abgesehen von einem Grenzfall) nur bei einem elastischen Stoß möglich.

Für sehr große Massenverhältnisse nähern sich beide Graphen $\eta = 1$, d. h., es wird unerheblich, ob ein elastischer oder unelastischer Stoß vorliegt.

4/33 Impulserhaltung; abgeschlossenes System

Durch schnelles Entspannen einer Feder werden zwei ruhende Wagen mit den Massen $m_1 = 180$ g und $m_2 = 420$ g in entgegengesetzter Richtung auseinanderbewegt.

1) Welche Geschwindigkeiten v_1 und v_2 erhalten sie, wenn die Feder beim Entspannen eine Energie von 10 Nm abgibt?
2) Welche Geschwindigkeit erhält der Wagen m_1, wenn der Wagen m_2 festgehalten wird (und umgekehrt)?
3) Widersprechen die unterschiedlichen Ergebnisse der Teilaufgabe 2) dem Impulserhaltungssatz?

1) Der Gesamtimpuls bleibt erhalten und ist null.

$$p_1 + p_2 = 0 \qquad m_1 v_1 + m_2 v_2 = 0 \qquad v_2 = -\frac{m_1 v_1}{m_2}$$

$$E = \frac{1}{2} m_1 v_1^2 + \frac{1}{2} m_2 v_2^2 = \frac{1}{2} m_1 v_1^2 + \frac{m_1^2 v_1^2}{2 m_2}$$

$$v_1 = +\sqrt{\frac{2E}{m_1 \left(1 + \frac{m_1}{m_2}\right)}} = \sqrt{\frac{2 \cdot 10\ \text{Nm}}{0{,}18\ \text{kg} \left(1 + \frac{0{,}18\ \text{kg}}{0{,}42\ \text{kg}}\right)}}$$

$\boldsymbol{v_1 = 8{,}8\ \text{ms}^{-1}}$

$$v_2 = -\frac{0{,}18\ \text{kg} \cdot 8{,}8\ \text{ms}^{-1}}{0{,}42\ \text{kg}} \qquad \boldsymbol{v_2 = -3{,}8\ \text{ms}^{-1}}$$

2) W_{m_1} wird festgehalten:

$$E = \frac{1}{2} m_2 v_2^2 \qquad v_2' = \sqrt{\frac{2E}{m_2}} = \sqrt{\frac{2 \cdot 10\ \text{Nm}}{0{,}42\ \text{kg}}} \qquad \boldsymbol{v_2' = 6{,}9\ \text{ms}^{-1}}$$

W_{m_2} wird festgehalten:

$$v_1' = \sqrt{\frac{2E}{m_1}} = \sqrt{\frac{2 \cdot 10\ \text{Nm}}{0{,}18\ \text{kg}}} \qquad \boldsymbol{v_1' = 10{,}5\ \text{ms}^{-1}}$$

3) $m_1 v_1' = 1{,}9$ Ns ; $m_2 v_2' = 2{,}9$ Ns

In beiden Fällen bleibt der Gesamtimpuls von Wagen *und Experimentiertisch* (Labor) erhalten.

4/34 Impulserhaltung; Federenergie

Auf einer Luftkissenschiene bewegen sich zwei Körper von je 100 g Masse gekoppelt über eine gespannte Druckfeder mit einer Geschwindigkeit von 0,2 ms^{-1}. Infolge der ferngesteuert ausgelösten plötzlichen Entspannung der Feder

1) kommt einer der Körper zum Stillstand,
2) bewegt sich einer der Körper mit gleichgroßer Geschwindigkeit entgegengesetzt.

Bestimmen Sie in beiden Fällen, welche Impulse die Körper nach dem Auslösen aufweisen, die Federkonstante und die dem System zugeführte Energie! (Die Feder sei jeweils um 2 cm zusammengedrückt worden und vernachlässigbar leicht.)

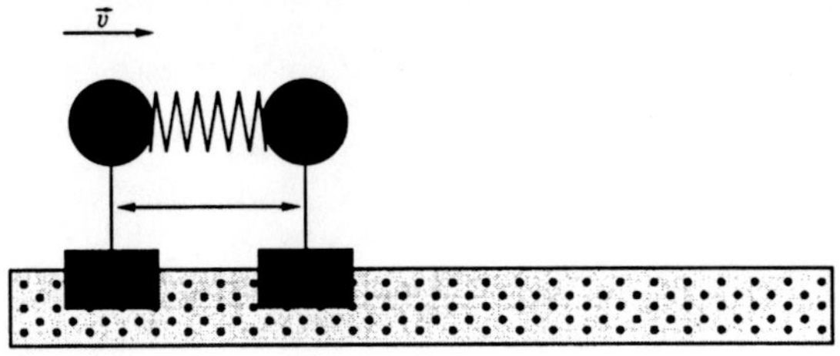

$$\left.\begin{array}{l} v_1 = v_2 = v \\ m_1 = m_2 = m \end{array}\right\} \quad 2mv = mu_1 + mu_2 \qquad 2v = u_1 + u_2$$

Berechnung der Impulse:

zu 1) $u_1 = 0 \qquad u_2 = 2v$

$\mathbf{p_1 = 0}$

$p_2 = mu_2 = 2mv = 2 \cdot 0{,}1\ \text{kg} \cdot 0{,}2\ \text{ms}^{-1}$ $\qquad \mathbf{p_2 = 0{,}04\ Ns}$

zu 2) $u_1 = -v \qquad u_2 = 3v$

$p_1 = mu_1 = -mv = -0{,}1\ \text{kg} \cdot 0{,}2\ \text{ms}^{-1}$ $\qquad \mathbf{p_1 = -0{,}02\ Ns}$

$p_2 = mu_2 = 3mv = 3 \cdot 0{,}1\ \text{kg} \cdot 0{,}2\ \text{ms}^{-1}$ $\qquad \mathbf{p_2 = 0{,}06\ Ns}$

Berechnung der zugeführten Energie E_F der Feder und der Federkonstanten:

zu 1) $2 \cdot \frac{1}{2} mv^2 + E_F = \frac{m}{2} u_2^2$

$$E_F = m\left(\frac{1}{2} u_2^2 - v^2\right) = mv^2$$

$E_F = 0{,}1\ \text{kg} \cdot (0{,}2\ \text{ms}^{-1})^2$ $\qquad \mathbf{E_F = 4 \cdot 10^{-3}\ Nm}$

$$E_F = \frac{1}{2} k \Delta x^2$$

$k = \frac{2E_F}{\Delta x^2} = \frac{2 \cdot 4 \cdot 10^{-3}\ \text{Nm}}{(2 \cdot 10^{-2}\ \text{m})^2}$ $\qquad \mathbf{k = 0{,}2\ Ncm^{-1}}$

zu 2) $2 \cdot \frac{1}{2} mv^2 + E_F = \frac{m}{2}(u_1^2 + u_2^2)$

$$E_F = m\left(\frac{1}{2} u_1^2 + \frac{1}{2} u_2^2 - v^2\right) = 4mv^2$$

$E_F = 4 \cdot 0{,}1\ \text{kg} \cdot (0{,}2\ \text{ms}^{-1})^2$ $\qquad \mathbf{E_F = 16 \cdot 10^{-3}\ Nm}$

$k = \frac{2E_F}{\Delta x^2} = \frac{2 \cdot 16 \cdot 10^{-3}\ \text{Nm}}{(2 \cdot 10^{-2}\ \text{m})^2}$ $\qquad \mathbf{k = 0{,}8\ Ncm^{-1}}$

4/35 Impulserhaltung; Bezugssystem

Ein Satellit, der durch einen Zusammenstoß mit einem Meteoriten abzustürzen droht, soll durch eine Sprengung in drei Bruchstücke geteilt werden. Dadurch wird verhindert, daß er in der Lufthülle nur unvollständig verglüht und beim Aufschlagen auf die Erde Zerstörungen verursacht. Zwei der Bruchstücke haben Massen von 84 kg und 58 kg. Sie bewegen sich mit Geschwindigkeiten von 12 ms^{-1} und 19 ms^{-1} unter einem Winkel von 65°.

1) Ermitteln Sie grafisch den Impuls des dritten Bruchstückes!
2) Bestimmen Sie die Masse des dritten Bruchstückes, wenn seine Geschwindigkeit 9 ms^{-1} beträgt!

Anleitung: Beachten Sie das Relativitätsprinzip, das schon bei Huygens' (1629 - 1695) Überlegungen besonders deutlich wird: Die Stoßvorgänge zweier gleichgroßer Kugeln, die mit Geschwindigkeiten gleichen Betrags, aber unterschiedlicher Richtung aufeinander treffen, verlaufen in einem Boot bzw. an Land in der gleichen Weise, auch wenn der ruhende Beobachter andere Absolutgeschwindigkeiten wahrnimmt (vgl. die Abbildung in seinem Buch *„De motu corporum ex percussione“*, erschienen 1703).

Die Aufgabe wird bzgl. des Systems gelöst, in dem sich der Schwerpunkt des Satelliten (vor und nach der Sprengung) in Ruhe befindet. Bezüglich eines ruhenden Beobachters müßte jeweils der (unbekannte) Impuls $\vec{p}_0$ addiert werden.

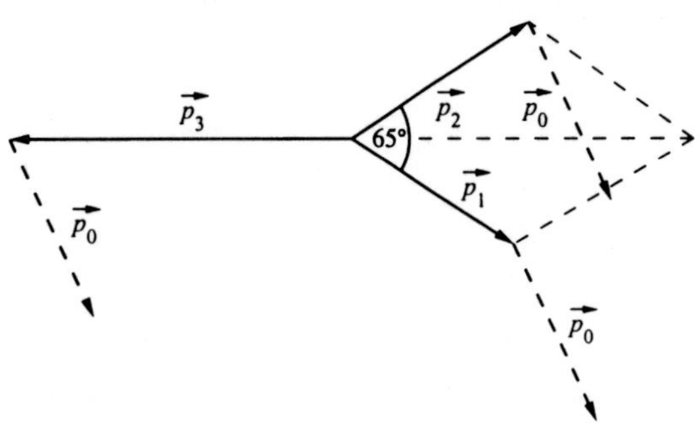

$p_1 = m_1 v_1 = 84\ \text{kg} \cdot 12\ \text{ms}^{-1} = 1{,}01 \cdot 10^3\ \text{Ns}$

$p_2 = m_2 v_2 = 58\ \text{kg} \cdot 19\ \text{ms}^{-1} = 1{,}10 \cdot 10^3\ \text{Ns}$

$p_3^2 = p_1^2 + p_2^2 - 2 p_1 p_2 \cos \sphericalangle(\vec{p}_1, \vec{p}_2) \qquad \sphericalangle(\vec{p}_1, \vec{p}_2) = 180° - 65°$

$p_3 = 10^3\ \text{Ns} \sqrt{1{,}01^2 + 1{,}10^2 - 2 \cdot 1{,}01 \cdot 1{,}10 \cdot \cos 115°}$

$p_3 = 1780\ \text{Ns} \qquad m_3 = \frac{p_3}{v_3} = \frac{1780\ \text{Ns}}{9\ \text{ms}^{-1}}$ $\qquad \mathbf{m_3 = 198\ kg}$

4/36 Pendelkette

Eine Pendelkette besteht aus elastischen Kugeln, die so aufgehängt sind, daß es zwischen den Kugeln zu zentralen und elastischen Stößen kommt.

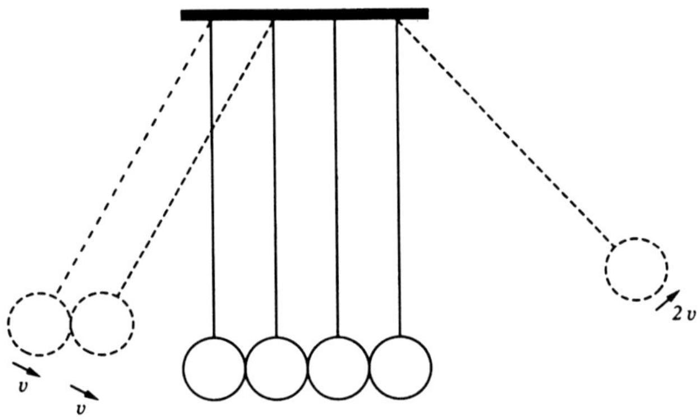

Begründen Sie, weshalb die dargestellte Situation nicht eintreten kann, obwohl gegen den Impulserhaltungssatz offensichtlich nicht verstoßen wird!

Die Kugel doppelter Geschwindigkeit hätte im Vergleich mit den beiden stoßenden Kugeln eine doppelt so große kinetische Energie:

$$\frac{m}{2}(2v^2) = 2mv^2 \quad \text{bzw.} \quad 2\frac{m}{2}v^2 = mv^2.$$

4/37 Pendelkette

Selbst für einen Betrachter, der die Effekte bei der Pendelkette schon durch Berechnungen näher untersucht hat, bleiben sie erstaunlich.

1) Erklären Sie, weshalb die regelmäßigen Schwingungen meist bald „aus der Ordnung“ geraten!
2) Was geschieht, wenn die stoßende Kugel doppelt so hoch ausgelenkt wird?
3) Was geschieht, wenn an einem Ende eine doppelt so schwere Kugel gleichen Materials geeignet aufgehängt wird und ausgelenkt auf die Kugelkette trifft?

1) Es handelt sich stets nur um annähernd elastische Stöße, die nicht exakt zentral sind.

2) Höhe h: $W_{pot} = m \cdot g \cdot h = \frac{1}{2}mv^2 \leftrightarrow v = \sqrt{2g \cdot h}$

$$p = \sqrt{2} \cdot \sqrt{g \cdot h}$$

Höhe $2h$: $W_{pot} = m \cdot g \cdot 2h = \frac{1}{2}mv'^2 \leftrightarrow v' = \sqrt{4g \cdot h}$

$$p' = 2\sqrt{g \cdot h} = \sqrt{2} \cdot p$$

Von Kugel zu Kugel wird ein $\sqrt{2}$ facher Impuls „weitergereicht“, der zu einer doppelt so hohen Auslenkung der letzten Kugel führt.

3) Unter der Annahme, daß der Impuls auf zwei abschwingende Kugeln aufgeteilt wird, folgt – in Übereinstimmung mit dem Fall zweier stoßender Kugeln einfacher Masse – aus Impuls- und Energiesatz, daß sich diese zwei Kugeln mit jeweils dem halben Impuls aus der Kette lösen.

Der Versuch widerlegt diese Annahme. Zur Erklärung betrachte man die stoßende (Masse m_1) und die *erste* gestoßene Kugel (Masse m_2). Mit $m_1 = 2m_2$ und $v_2 = 0$ folgt $u_1 = \frac{1}{3}v_1$ und $u_2 = \frac{4}{3}v_1$, d. h., die doppelt so schwere Kugel schwingt über die Ruhelage hinaus und bringt damit die Kette „in Unordnung“.

4/38 Impulserhaltung; Rakete

Berechnen Sie den Massestrom, den das Triebwerk einer Trägerrakete liefern muß, wenn die Verbrennungsgase eine Ausstoßgeschwindigkeit von 2,9 kms^{-1} haben und ein Startschub von 4,5 MN erreicht werden soll!

$$F\Delta t = m \cdot v$$

$$\frac{m}{\Delta t} = \frac{F}{v} = \frac{4{,}5 \cdot 10^6 \text{ kg} \cdot \text{m} \cdot \text{s}^{-2}}{2{,}9 \cdot 10^3 \text{ ms}^{-1}} = 1{,}6 \cdot 10^3 \text{ kgs}^{-1}$$

$$\boldsymbol{\frac{m}{\Delta t} = 1{,}6 \text{ t} \cdot \text{s}^{-1}}$$

4/39 Rakete; Hubarbeit

Eine einstufige Rakete mit einer Startmasse von 300 t wird senkrecht von der Erdoberfläche aus gestartet. Die Ausstoßgeschwindigkeit des Treibstoffs beträgt 2,8 kms^{-1}, seine Gesamtmasse 80 % der Startmasse. Der Luftwiderstand wird vernachlässigt.

1) Welche Geschwindigkeit erreicht die Rakete nach einer Gesamtbrenndauer von 60 s, wenn man die Wirkung der Gewichtskraft nicht berücksichtigt?
2) Welche Geschwindigkeit erreicht die Rakete nach dieser Zeit, wenn man zusätzlich eine konstante Gewichtskraft annimmt?
3) Berechnen Sie die auftretenden Beschleunigungen, wenn man einen konstanten Startschub annimmt!
4) Berechnen Sie die Höhen, die diese Rakete unter den Bedingungen von 1) bzw. 2) erreichen würde!
5) Bis zu welcher Höhe würde die Rakete nach Abschluß des Brennvorgangs noch steigen?

1) $v_{1)} = v_{\text{Gas}} \cdot \ln \dfrac{m_0}{m} \qquad m = 0{,}2 \cdot m_0 = 60\,\text{t} \quad (20\,\%\text{ von } m_0)$

$$v_{1)} = 2{,}8 \cdot 10^3\ \text{ms}^{-1} \cdot \ln \frac{300}{60}$$

$$\boldsymbol{v_{1)} = 4{,}5\ \text{kms}^{-1}}$$

2) $v_{2)} = v_{\text{Gas}} \cdot \ln \dfrac{m_0}{m} - g \cdot t_1 \qquad t_1$ Brenndauer

$$v_{2)} = 2{,}8 \cdot 10^3\ \text{ms}^{-1} \cdot \ln \frac{300}{60} - 9{,}81\ \text{ms}^{-2} \cdot 60\ \text{s}$$

$$\boldsymbol{v_{2)} = 3{,}9\ \text{kms}^{-1}}$$

3) konstanter Startschub → gleichmäßig beschleunigte Bewegung

$$a_{1)} = \frac{v_{1)}}{t_1} = \frac{4{,}5 \cdot 10^3\ \text{ms}^{-1}}{60\ \text{s}} \qquad \boldsymbol{a_{1)} = 75\ \text{ms}^{-2} \approx 7{,}6\ g}$$

$$a_{2)} = \frac{v_{2)}}{t_1} = \frac{3{,}9 \cdot 10^3\ \text{ms}^{-1}}{60\ \text{s}} \qquad \boldsymbol{a_{2)} = 65\ \text{ms}^{-2} \approx 6{,}6\ g}$$

4) $h_{1)} = \dfrac{1}{2} v_{1)} \cdot t_1 = \dfrac{1}{2} \cdot 4{,}5\ \text{kms}^{-1} \cdot 60\ \text{s} \qquad \boldsymbol{h_{1)} = 140\ \text{km}}$

$$h_{2)} = \frac{1}{2} v_{2)} \cdot t_1 = \frac{1}{2} \cdot 3{,}9\ \text{kms}^{-1} \cdot 60\ \text{s} \qquad \boldsymbol{h_{2)} = 120\ \text{km}}$$

5) Die Lösung ist nur bei Annahme 2) sinnvoll.

$$h_{\text{Ende}} = -\frac{1}{2} g t_2^2 + v_{2)} \cdot t_2 + h_{2)} \quad \text{mit } t_2 = \frac{v_{2)}}{g} \text{ (Abbremszeit)}$$

$$h_{\text{Ende}} = -\frac{v_{2)}^2}{2g} + \frac{v_{2)}^2}{g} + h_{2)} = \frac{v_{2)}^2}{2g} + h_{2)}$$

$$= \frac{(3{,}9\ \text{kms}^{-1})^2}{2 \cdot 9{,}81\ \text{ms}^{-2}} + 120\ \text{km} \qquad \boldsymbol{h_{\text{Ende}} = 900\ \text{km}}$$

Anmerkung: In 120 km Höhe hat sich die Erdbeschleunigung auf $g = 9{,}45\ \text{ms}^{-2}$ (um 4 %) veringert, bei 900 km sind es jedoch nur noch 7,53 ms^{-2} (um 23 % verringert). Deshalb sollte die Teilaufgabe 5 unter Beachtung der abnehmenden Gravitationskraft berechnet werden.

Die kinetische Energie der Rakete (60 t, $v_{2)} = 3{,}9\ \text{kms}^{-1}$) wird im Gravitationsfeld in potentielle Energie verwandelt.

$$F_{\text{Gr}} = \gamma \cdot \frac{m \cdot M_{\text{Erde}}}{(r_{\text{Erde}} + h)^2} \qquad E_{\text{kin}} = \frac{m_0}{s} v_{2)}^2$$

$$E_{\text{kin}} = W_{\text{pot}} = \int_{h_{2)}}^{h_{\text{Ende}}} F_{\text{Gr}}\,\mathrm{d}h = \gamma \cdot m \cdot M_{\text{Erde}} \int_{h_{2)}}^{h_{\text{Ende}}} \frac{\mathrm{d}h}{(r_{\text{Erde}} + h)^2}$$

$$E_{\text{kin}} = \gamma \cdot m \cdot M_{\text{Erde}} \left[-\frac{2}{r_{\text{Erde}} + h} \right]_{h_{2)}}^{h_{\text{Ende}}}$$

$$= \gamma \cdot m \cdot M_{\text{Erde}} \left(-\frac{1}{r_{\text{Erde}} + h_{\text{Ende}}} + \frac{1}{r_{\text{Erde}} + h_{2)}} \right)$$

$$h_{\text{Ende}} = \frac{1}{\dfrac{1}{r_{\text{Erde}} + h_{2)}} - \dfrac{E_{\text{kin}}}{\gamma \cdot m \cdot M_{\text{Erde}}}} - r_{\text{Erde}}$$

$$\boldsymbol{h_{\text{Ende}} = 1040\ \text{km}}$$

4/40 Rückstoßprinzip

Bei Arbeiten im freien Weltraum können die Kosmonauten oder Astronauten nur dann ihre momentane Bewegungsrichtung ändern, wenn sie sich an einem größeren Körper festhalten oder wenn sie das Rückstoßprinzip anwenden. Dazu dienen Gasbehälter, die unter hohem Druck stehen und aus denen gezielt Gas ausströmt.

1) Warum wirkt sich ein hoher Druck im Gasbehälter günstig aus? Welche Anforderungen sind an das Treibgas zu stellen?
2) Welche Bewegungsänderung erfährt der Weltraummonteur, der samt Ausrüstung eine Masse von 172,5 kg hat, wenn er innerhalb von 2 s 10 g Gas ausströmen läßt, das die Düse mit 1400 ms^{-1} verläßt.

1) Hoher Druck bewirkt hohe Austrittsgeschwindigkeit und damit relativ hohen Rückstoß. ein Gas hoher Dichte nimmt relativ weniger Volumen ein.

2) $m_1 v_1 + m_2 v_2 = 0$

$$v_2 = \frac{-m_1 v_1}{m_2} = \frac{-0{,}01\ \text{kg} \cdot 1400\ \text{ms}^{-1}}{172{,}5\ \text{kg}}$$

$$\boldsymbol{v_2 = -0{,}081\ \text{ms}^{-1}}$$

4/41		Raketengleichung; kosmische Geschwindigkeit	

Fremde Welten zu entdecken scheint insbesondere mit der heutigen Raketen-Antriebstechnik kaum möglich.

1) Wie groß müßte das Massenverhältnis einer einstufigen Rakete zum Verlassen des Gravitationsfeldes der Erde mindestens sein, wenn die Ausströmgeschwindigkeit des verbrannten Treibstoffs 5,35 kms^{-1} beträgt?
2) Welches Massenverhältnis hätte dagegen ein theoretisch vorstellbarer elektronengetriebener Flugkörper, der das Sonnensystem verlassen will und dessen Teilchenstrom eine Geschwindigkeit von 100 kms^{-1} erreicht?

1) zweite kosmische Geschwindigkeit: $v = 11{,}2\ \text{kms}^{-1}$

$$v = v_{Gas} = \ln\frac{m_0}{m} \qquad \ln\frac{m_0}{m} = \frac{v}{v_{Gas}} \qquad \frac{m_0}{m} = e^{\frac{v}{v_{Gas}}}$$

$$\frac{m}{m_0} = e^{\frac{11{,}2\ \text{kms}^{-1}}{5{,}35\ \text{kms}^{-1}}} \qquad \mathbf{\frac{m}{m_0} = 8{,}1}$$

2) dritte kosmische Geschwindigkeit: $v = 16{,}7\ \text{kms}^{-1}$

$$\frac{m}{m_0} = e^{\frac{v}{v_{Gas}}} = e^{\frac{16{,}7\ \text{kms}^{-1}}{100\ \text{kms}^{-1}}} \qquad \mathbf{\frac{m}{m_0} = 1{,}2}$$

4/42		Relativbewegungen	

„Hochspringen und warten, bis das Ziel auf der rotierenden Erde wieder vorbeikommt, wäre doch die billigste Art des Reisens", stellt Pi fest.
Rho lacht: „Da würde dir ganz schön der Wind um die Ohren wehen."
Theta meint. „Dann müßte man eben höher springen. Aber ich meine, daß Flugzeuge so prinzipiell nach Westen fliegen."

Beim Hochspringen bekommt man den Impuls der drehenden Erde mit. Also nach Osten.

Will ein Flugzeug nach Westen fliegen, muß es diesem Ostdrall entgegenwirken.

Man kann den Vorgang so beschreiben, wie im Dialog angedeutet.

4/43		Impulserhaltung	

Pi und Rho reparieren ihre Fahrräder.
„Wirf mir mal bitte einen 10er Ringschlüssel rüber!"
Nachdem Pi den Schlüssel sicher gefangen hat, meint er zufrieden: „Ein Glück, daß wir nicht im Weltraum schweben!"

Pi spielt auf den Impulserhaltungssatz und den im Weltraum unvermeidlichen Rückstoß an, der ihn unbegrenzt von seinem Freund entfernt hätte.

4/44		Kraftstoß	

Theta ist Sportschützin.
„Neulich habe ich die Waffe beim Abfeuern nicht gut festgehalten. Das tat weh", berichtet sie.
„So schlimm wird's doch nicht gewesen sein. Welche Masse hat denn ein Geschoß?" zweifelt Rho.
„Etwa 9,5 g; aber mir hat es trotzdem gereicht!"

Die Masse des Geschosses ist zwar klein, seine Geschwindigkeit beim Verlassen der Waffe aber ist groß. So wird der Rückstoß durchaus spürbar, wenn man nicht festhält.

5/01 Addition von Kräften und Drehmomenten

Welche Wirkung haben die in der Zeichenebene liegenden Kräfte auf folgende flache starre Körper? (Der Punkt D kennzeichnet die zur Ebene senkrechte Drehachse.)
Lösen Sie die Aufgaben graphisch, und begründen Sie Ihre Antworten!

1)

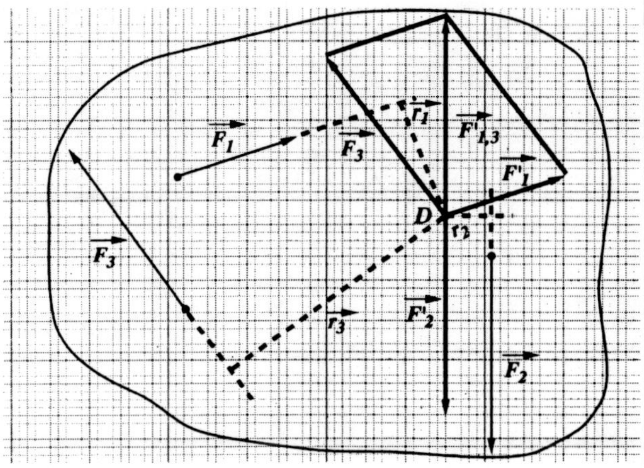

$\sum_{K=1}^{3} \vec{F}_K = 0$; $\sum_{K=1}^{3} \vec{M}_K \neq 0$

→ Drehbewegung im Uhrzeigersinn

2)

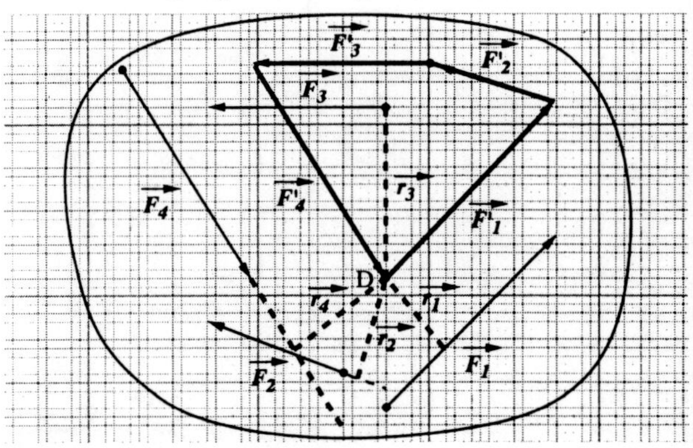

$\sum_{K=1}^{4} \vec{F}_K = 0$; $\sum_{K=1}^{4} \vec{M}_K \neq 0$

→ Drehbewegung gegen Uhrzeigersinn

3)

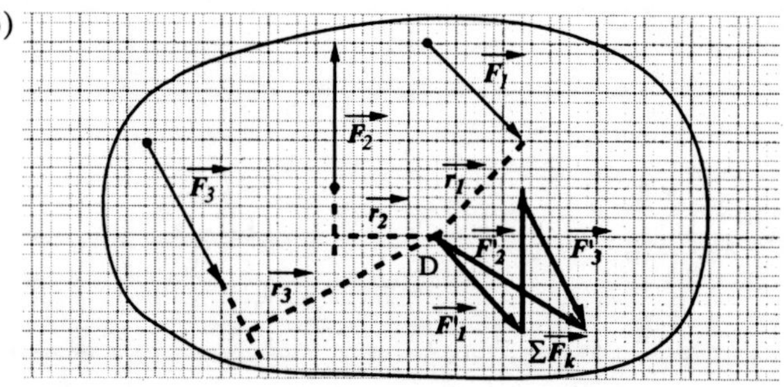

$\sum_{K=1}^{3} \vec{F}_K \neq 0$; $F_1 r_1 + F_2 r_2 - F_3 r_3 = 0$; $\sum_{K=1}^{3} \vec{M}_K = 0$

→ geradlinige beschleunigte Bewegung

4)

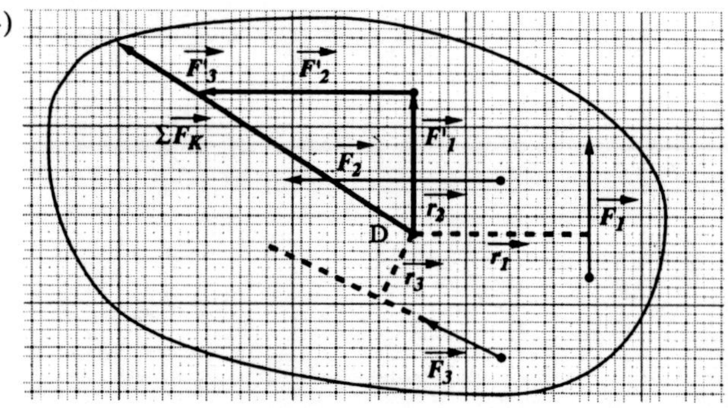

$\sum_{K=1}^{3} \vec{F}_K \neq 0$; $\sum_{K=1}^{3} \vec{M}_K \neq 0$

→ beschleunigte Translation + Rotation

Die Wirkung eines Systems von Kräften an einem starren Körper kann durch die Vektorsumme der Kräfte, die in einem Punkt (z. B. Punkt D) angreift, und die Vektorsumme der Drehmomente in bezug auf diesen Punkt ermittelt werden.

5/02 Rollenanordnung als Kraftwandler

Die Last $F_G = 800$ N soll mit der abgebildeten Rollenanordnung gehoben werden. Auf die kleinen Rollen wirkt eine Gewichtskraft von je 20 N, auf die große Rolle eine Gewichtskraft von 40 N.

1) Welche Kraft F ist dazu mindestens nötig?
2) Mit welcher Kraft wirkt die Person ($F_{G(P)} = 700$ N) dabei auf den Boden?
3) Im nächsten Arbeitsgang soll eine Last von 2060 N gehoben werden.
   Beantworten Sie die Fragen 1) und 2) für diesen Fall!
4) Beantworten Sie die Fragen 1) und 2) für den Fall, daß eine Last von $F_G > 2060$ N gehoben werden soll!

1) $F_1 = F_2 = F_3$

$F = F_3 = \dfrac{F_G + F_R}{3}$

$F = \dfrac{800\ \text{N} + 40\ \text{N}}{3}$

$\boldsymbol{F = 280\ \text{N}}$

2) $F_B = F_{G(P)} - F$

$F_B = 700\ \text{N} - 280\ \text{N}$

$\boldsymbol{F_B = 420\ \text{N}}$

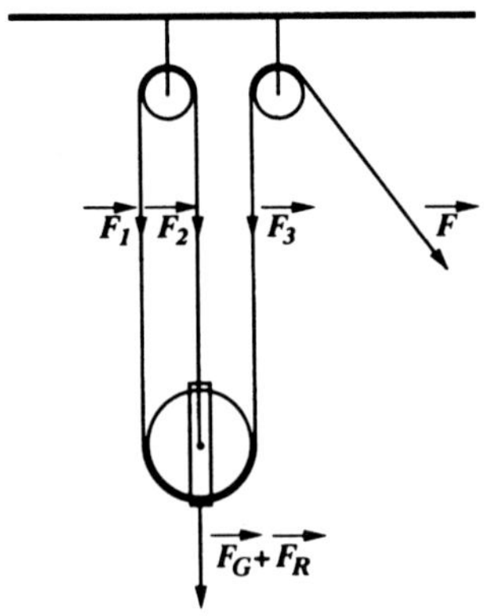

3) $F = \dfrac{2060\ \text{N} + 40\ \text{N}}{3}$

$\boldsymbol{F = 700\ \text{N}}$

$F_B = 700\ \text{N} - 700\ \text{N}$

$\boldsymbol{F_B = 0\ \text{N}}$

4) $F > 700\ \text{N} \;\rightarrow\; F > F_{G(P)}$

Die Person kann allein die Last nicht heben. Hängt sich die Person an das Seil, so verkleinert sich die Kraft, mit der die Last auf den Boden drückt.

5/03 Drehmoment

Wie groß ist das maximale Drehmoment, das mit einer Kraft $\vec{F}$ an einem rechtwinkligen Winkelhebel erzielt werden kann? Die Winkelarme des Hebels haben die Längen a und b.

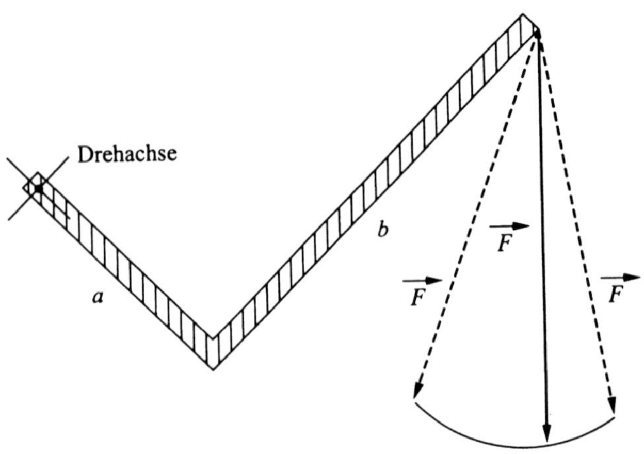

$M = Fr \cdot \sin\alpha$

$M = f(\alpha)$, da Fr konstant.

$\sin\alpha \leq 1$, Maximalwert für $\alpha = 90°$;

$M_{max} = Fr \cdot 1 \quad ; \quad r = \sqrt{a^2 + b^2}$

$\boldsymbol{M_{max} = F\sqrt{a^2 + b^2}}$

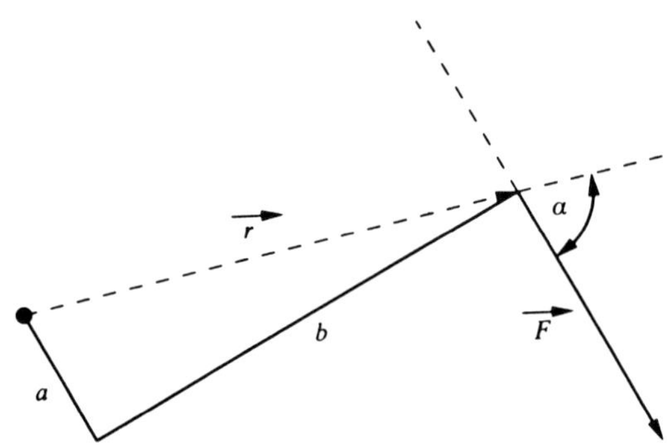

5/04 Drehmoment

Der Deckel eines rechteckigen Schachtes besteht aus einem gewinkelten, einheitlich starken Stahlblech. Der Querschnitt des Deckels ist ein Winkelhebel mit Hebelarmen von 1,74 m und 0,87 m, die einen Winkel von 120° bilden.

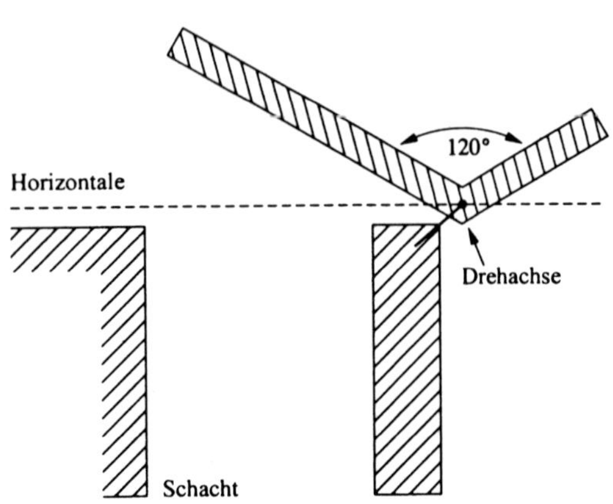

Wie groß muß der Neigungswinkel des kleineren Hebelarmes zur Horizontalen mindestens sein, damit der Deckel von selbst um die Drehachse kippt und den Schacht maximal öffnet?

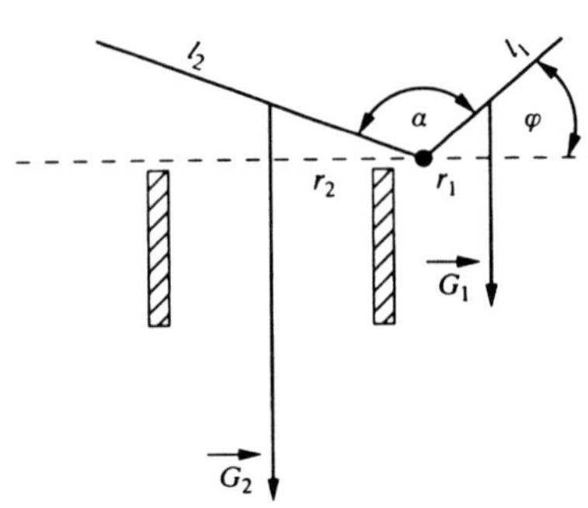

$l_1 = \dfrac{1}{2} l_2$

$F_{G_1} = \dfrac{1}{2} F_{G_2}$

Gleichgewicht liegt vor, wenn:

$F_{G_1} \cdot r_1 = F_{G_2} \cdot r_2$

$r_1 = \dfrac{l_1}{2}\cos\varphi \quad ; \quad r_2 = \dfrac{l_2}{2}\cos(180° - [120° + \varphi])$

$F_{G_1}\dfrac{l_1}{2}\cos\varphi = 2F_{G_1} l_1 \cos(60° - \varphi)$

$\dfrac{1}{4}\cos\varphi = \dfrac{1}{2}\cos\varphi + \dfrac{1}{2}\sqrt{3}\sin\varphi$

$\tan\varphi = -\dfrac{1}{2\sqrt{3}} \quad ; \quad \boldsymbol{\varphi = -16{,}1°}$

Der kleine Hebelarm des Deckels muß **mindestens 16,1°** unter der Horizontalen geneigt sein.

5/05 Trägheitsmoment

Gegeben ist ein Schleifstein von 40 mm Dicke mit einem Durchmesser von 14 cm. Die Dichte des Materials beträgt 4,2 gcm^{-3}. Bestimmen Sie

1) die Masse des Schleifsteines,
2) die auf ihn wirkende Gewichtskraft und
3) das Trägheitsmoment bzgl. seiner Drehachse!

1) $m = \rho \frac{\pi}{4} d^2 h$

$\boldsymbol{m = 2{,}6\ \text{kg}}$

2) $F_G = m \cdot g$

$\boldsymbol{F_G = 25\ \text{N}}$

3) $J = \frac{1}{2} m r^2$

$\boldsymbol{J = 6{,}3 \cdot 10^{-3}\ \text{kgm}^2}$

5/06 Drehmoment; Trägheitsmoment

Durch das Einwirken einer konstanten Kraft beginnt ein Schwungrad um seine feste Mittelpunktachse zu rotieren. Das Drehmoment der Kraft bezüglich der Achse ist 185 Nm. Die Drehzahl für den Dauerbetrieb wird nach 90 Sekunden erreicht und beträgt 220 min^{-1}.
Wie groß ist das Trägheitsmoment des Schwungrades?

$M = J \cdot \alpha; \qquad \alpha = \frac{\omega}{t} = \frac{2\pi n}{t}$

$J = \frac{M}{\alpha} = \frac{Mt}{2\pi n}$

$J = \frac{185\ \text{Nm} \cdot 90\ \text{s} \cdot 60}{2\pi \cdot 220\ \text{s}^{-1}}$

$\boldsymbol{J = 723\ \text{kgm}^2}$

5/07 Gleichmäßig beschleunigte Rotation

Das Trägheitsmoment eines Turbinenrades in bezug auf seine Drehachse beträgt 750 kgm^2. Die Turbine wird durch Wasser angetrieben, das ein konstantes Drehmoment von 180 Nm erzeugt.
Wie groß ist die Anlaufdauer der Turbine bis zu einer Drehzahl von 500 min^{-1}?

$M = J\alpha; \qquad \alpha = \frac{\omega}{\Delta t} = \frac{2\pi n}{\Delta t}$

$M = J \frac{2\pi n}{\Delta t}$

$\Delta t = 2\pi n \frac{J}{M}$

$\Delta t = \frac{2\pi \cdot 500\ \text{s}^{-1}\, 750\ \text{kgm}^2}{60 \quad 180\ \text{Nm}}$

$\boldsymbol{\Delta t = 218\ \text{s}}$

5/08 Gleichmäßig verzögerte Rotation

Ein kleines Schwungrad mit einem Durchmesser von 15 cm rotiert mit einer Drehzahl von 2000 min^{-1}. Sein Trägheitsmoment beträgt 0,53 kgm^2. Von außen wirkt am Umfang des Rades eine Bremskraft von 400 N.
Berechnen Sie die erforderliche Zeit bis zum Stillstand des Schwungrades!

$M = Fr = \alpha J; \qquad \alpha = \frac{2\pi n}{\Delta t}$

$Fr = \frac{2\pi n}{\Delta t} J$

$\Delta t = \frac{2\pi n J}{Fr}$

$\Delta t = \frac{2\pi \cdot 2 \cdot 10^3\ \text{s}^{-1} \cdot 5{,}3 \cdot 10^{-1}\ \text{kgm}^2}{60 \cdot 4 \cdot 10^2\ \text{kgms}^{-2} \cdot 7{,}5 \cdot 10^{-2}\ \text{m}}$

$\boldsymbol{\Delta t = 3{,}7\ \text{s}}$

5/09 Physikalische Größen der Rotation

Auf einer Kegelbahn rollt eine Kegelkugel mit einer Masse von 2,8 kg und einem Durchmesser von 16 cm.
Berechnen Sie folgende Größen für diese Kugel bei einer Geschwindigkeit von 7,8 ms^{-1}:

1) Translationsenergie,
2) Winkelgeschwindigkeit,
3) Trägheitsmoment,
4) Rotationsenergie,
5) gesamte kinetische Energie,
6) prozentualer Anteil der Rotationsenergie an der gesamten kinetischen Energie und
7) Drehimpuls!

1) $E_{\text{trans}} = \frac{1}{2} m v^2$

$E_{\text{trans}} = \frac{1}{2} \cdot 2{,}8\ \text{kg} \cdot (7{,}8\ \text{ms}^{-1})^2$

$\boldsymbol{E_{\text{trans}} = 85\ \text{Nm}}$

2) $\omega = \frac{v}{r}$

$\omega = \frac{7{,}8\ \text{ms}^{-1}}{8 \cdot 10^{-2}\ \text{m}}$

$\boldsymbol{\omega = 97{,}5\ \text{s}^{-1}}$

3) $J_{\text{Kugel}} = \frac{2}{5} m r^2$

$J_{\text{Kugel}} = \frac{2}{5} \cdot 2{,}8\ \text{kg} \cdot (8 \cdot 10^{-2}\ \text{m})^2$

$\boldsymbol{J_{\text{Kugel}} = 7{,}2 \cdot 10^{-3}\ \text{kgm}^2}$

4) $E_{\text{rot}} = \frac{1}{2} J_{\text{Kugel}} \omega^2$

$E_{\text{rot}} = \frac{1}{2} \cdot 7{,}2 \cdot 10^{-3}\ \text{kgm}^2 \cdot (97{,}5\ \text{s}^{-1})^2$

$\boldsymbol{E_{\text{rot}} = 34\ \text{Nm}}$

5) $E_{\text{kin}} = E_{\text{trans}} + E_{\text{rot}}$

$\boldsymbol{E_{\text{kin}} = 119\ \text{Nm}}$

6) $\boldsymbol{\frac{E_{\text{rot}}}{E_{\text{kin}}} \cdot 100\ \% = 28{,}6\ \%}$

7) $L = J_{\text{Kugel}} \omega$

$L = 7{,}2 \cdot 10^{-3}\ \text{kgm}^2 \cdot 97{,}5\ \text{s}^{-1}$

$\boldsymbol{L = 0{,}7\ \text{Nms}}$

5/10 Drehmoment und Trägheitsmoment

Ein zylindrischer Rotor einer Zentrifuge mit einer Masse von 15 kg und einem Durchmesser von 0,40 m wird von einem Motor in Rotation um seine Hauptachse versetzt. Während des Anlaufens wirkt auf den Rotor ein konstantes Drehmoment von 35 Nm.
Nach welcher Anlaufzeit erreicht der Rotor die Drehzahl $n = 25000\ \text{min}^{-1}$?

$M = \alpha J_{\text{Zyl}}; \qquad \alpha = \frac{\Delta\omega}{\Delta t} = \frac{2\pi \cdot n}{\Delta t}$

$J_{\text{Zyl}} = \frac{1}{2} m r^2$

$M = \frac{\pi n m r^2}{\Delta t}$

$\Delta t = \frac{\pi n m r^2}{M}$

$\Delta t = \frac{\pi \cdot 25 \cdot 10^3\ \text{s}^{-1} \cdot 15\ \text{kg} \cdot (0{,}20\ \text{m})^2}{60 \cdot 35\ \text{kgm}^2\text{s}^{-2}}$

$\boldsymbol{t = 22{,}4\ \text{s}}$

5/11 Translations- und Rotationsenergie

Eine Kugel der Masse m rollt reibungsfrei eine geneigte Ebene der Höhe h hinab.

1) Bestimmen Sie die Geschwindigkeit, die die Kugel nach Durchlaufen der Höhe h erreicht!
2) In welchem Verhältnis stehen die kinetische Gesamtenergie der Kugel und ihre Rotationsenergie, sowie die Translationsenergie und die Rotationsenergie?

1)

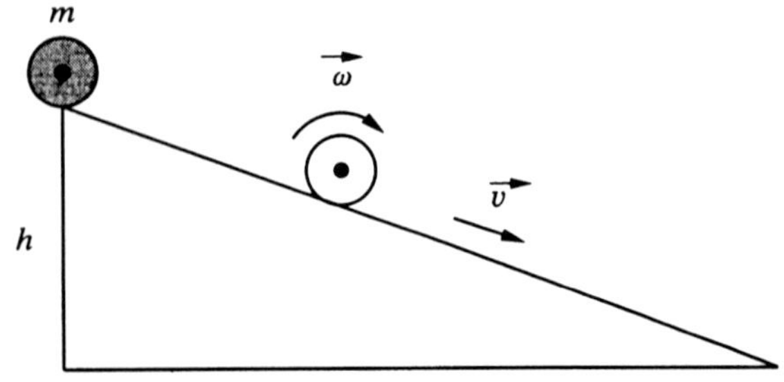

$E_{\text{ges}} = E_{\text{pot}_1} = E_{\text{trans}_2} + E_{\text{rot}_2}$

$mgh = \frac{1}{2}mv^2 + \frac{1}{2}J_K\omega^2$ $\quad J_K = \frac{2}{5}mr^2$

$\omega = \frac{v}{r}$

$mgh = \frac{1}{2}mv^2 + \frac{1}{5}mv^2$; $\quad mgh = \frac{7}{10}mv^2$

$v = \sqrt{\frac{10}{7}gh}$

2) $\frac{E_{\text{rot}}}{E_{\text{ges}}} = \frac{2}{7} \mathrel{\hat{=}} 28{,}6\ \%$; $\quad \frac{E_{\text{rot}}}{E_{\text{trans}}} = \frac{2}{5} \mathrel{\hat{=}} 40\ \%$

5/12 Gleichmäßig beschleunigte Rotation

In acht Sekunden erreicht die Trommel einer Wäscheschleuder bei konstanter Winkelbeschleunigung ihre höchste Drehzahl von 1500 min^{-1} für den Dauerbetrieb.

1) Wie groß ist während des Anlaufens die Winkelbeschleunigung der Trommel?
2) Beim Dauerbetrieb muß wegen des Verlustes von mechanischer Energie infolge verschiedener Reibungsvorgänge der Trommel Energie zugeführt werden.
   Berechnen Sie das Drehmoment zur Aufrechterhaltung der Drehzahl bei einer Motorleistung von 100 W!

1) $\alpha = \frac{\Delta\omega}{\Delta t} = \frac{2\pi n}{\Delta t}$

$\alpha = \frac{2\pi \cdot 1{,}5 \cdot 10^3\ \text{s}^{-1}}{8\ \text{s} \cdot 60}$ $\qquad \boldsymbol{\alpha = 19{,}6\ \text{s}^{-2}}$

2) Analogiebetrachtung:

$P_{\text{trans}} = Fv \quad \Leftrightarrow \quad P_{\text{rot}} = M\omega$

$M = \frac{P_{\text{rot}}}{\omega} = \frac{P_{\text{rot}}}{2\pi n}$

$M = \frac{100\ \text{W} \cdot 60}{2\pi \cdot 1{,}5 \cdot 10^{-3}\ \text{s}^{-1}}$ $\qquad \boldsymbol{M = 0{,}637\ \text{Nm}}$

5/13 Energieerhaltungssatz; Reibungsarbeit

Bei einer Geschwindigkeit von 60 kmh^{-1} auf horizontaler Strecke löst sich an einem Kraftfahrzeug ein Rad mit dem Durchmesser 65 cm. Seine Masse beträgt 18 kg, sein Trägheitsmoment 0,9 kgm^2.
Wie groß kann die maximale Rollstrecke des gelösten Rades sein, wenn die Reibungskraft, die die Rollbewegung abbremst, 3,7 % der Gewichtskraft beträgt, die auf das Rad wirkt?
(Hinweis: Die Lösung der Aufgabe ist mit Hilfe des Energiesatzes unter Einbeziehung der Reibungsarbeit möglich.)

$E_{\text{rot}} + E_{\text{trans}} = W_{\text{Reibung}}$

$\frac{1}{2}J\omega^2 + \frac{1}{2}mv^2 = F_R s$

$\frac{1}{2}J\frac{v^2}{r^2} + \frac{1}{2}mv^2 = F_R s$

$F_R = 0{,}037\,mg$

$s = \frac{v^2}{2} \cdot \frac{(Jr^{-2} + m)}{0{,}037\,mg}$

$s = \frac{1}{2}\left(\frac{60}{3{,}6}\ \text{ms}^{-1}\right)^2 \frac{0{,}9\ \text{kgm}^2 (0{,}65\ \text{m})^{-2} + 18\ \text{kg}}{0{,}037 \cdot 18\ \text{kg} \cdot 9{,}81\ \text{ms}^{-2}}$

$\boldsymbol{s \approx 430\ \text{m}}$

5/14 Gleichmäßig verzögerte Rotation

Ein Schwungrad mit Welle rotiert mit der Drehzahl 200 min^{-1} um die Mittelpunktachse. Bezüglich dieser Achse ist das Trägheitsmoment des Gesamtrotors 195 kgm^2. Durch konstant wirkende Reibungskräfte an der Welle kommt das Schwungrad 135 s nach dem Abschalten des elektrischen Stromes für die Energiezuführung zum Stillstand.
Berechnen Sie das Drehmoment, das durch die Reibungskräfte erzeugt wird!

Energiesatz: $\frac{1}{2}J\omega_0^2 = M_R\varphi$

$M_R = \frac{J\omega_0^2}{2\varphi}$; $\qquad \omega_0 + \alpha t = 0; \quad \alpha < 0$

$\alpha = -\frac{\omega_0}{t}$

$\varphi = \omega_0 t + \frac{1}{2}\alpha t^2$

$\varphi = \frac{1}{2}\omega_0 t$

$M_R = \frac{J\omega_0^2}{\omega_0 t} = \frac{J\omega_0}{t}$; $\qquad \omega_0 = 2\pi n$

$M_R = \frac{J 2\pi n}{t}$

$M_R = \frac{195\ \text{kgm}^2 \cdot 2\pi \cdot 2000\ \text{s}^{-1}}{135\ \text{s} \cdot 60}$

$\boldsymbol{M_R = 30{,}3\ \text{Nm}}$

5/15 Gleichmäßig verzögerte Rotation

Eine zylindrische Schleifscheibe vom Durchmesser 20 cm und der Masse 1250 g rotiert um die Zentralachse mit einer Drehzahl von 550 min^{-1}. Eine am Umfang der Scheibe angreifende Bremskraft von 0,5 N bringt sie zum Stillstand.

1) Wie groß ist die Bremsdauer?
2) Wieviel Umdrehungen führt die Schleifscheibe während des Bremsvorganges aus?

1) Energiesatz: $\frac{1}{2}J_z\omega_0^2 = M_R\varphi$

$$\varphi = \frac{J_z\omega_0^2}{2M_R}$$

$$\omega_0 + \alpha t = 0; \qquad \alpha < 0$$

$$\alpha = -\frac{\omega_0}{t}$$

$$\varphi = \omega_0 t + \frac{1}{2}\alpha t^2 \qquad \varphi = \frac{1}{2}\omega_0 t$$

$$\frac{J_z\omega_0^2}{2M_R} = \frac{1}{2}\omega_0 t$$

$$t = \frac{J_z\omega_0}{M_R}$$

$$J_z = \frac{1}{2}m_z r_z^2$$

$$M_R = r_z F_R$$

$$\omega_0 = 2\pi n$$

$$t = \frac{m_z r_z^2 2\pi n}{2r_z F_R}$$

$$t = \frac{\pi n m_z r_z}{F_R}$$

$$t = \frac{\pi \cdot 550\,\mathrm{s}^{-1} \cdot 1{,}25\,\mathrm{kg} \cdot 0{,}1\,\mathrm{m}}{60 \cdot 0{,}5\,\mathrm{N}}$$

$$\mathbf{t = 7{,}2\,s}$$

2) $\varphi = \frac{1}{2}\omega_0 t = \frac{2\pi n t}{2} = \pi n t$

Anzahl der Umdrehungen z: $z = \frac{\varphi}{2\pi} = \frac{nt}{2}$

$$z = \frac{550\,\mathrm{s}^{-1} \cdot 7{,}2\,\mathrm{s}}{2 \cdot 60}$$

$$\mathbf{z = 33}$$

5/16 Gleit- und Rollreibung

Beim Bowling kann man beobachten, daß die Kugel nach dem Auftreffen auf der Bahn zunächst ein Stück gleitet und erst danach zu rollen beginnt.

1) Worauf führen Sie diese Erscheinung zurück?
2) Welche Schlußfolgerung können Sie für die Geschwindigkeit der Kugel ziehen?

1) Beim Auftreffen auf die Bahn führt die Bowlingkugel nur eine Translation aus. Infolge der Reibungsarbeit der Gleitreibung wird die Translationsenergie kleiner. Die Rollreibung wird sichtbar wirksam; die Kugel beginnt zu rollen.
2) Die Verzögerung der Geschwindigkeit ist nach Einsetzen der Rotation infolge der zusätzlichen Umsetzung eines Teils der Translationsenergie in Rotationsenergie größer.

5/17 Masse, Trägheitsmoment, Energieerhaltungssatz

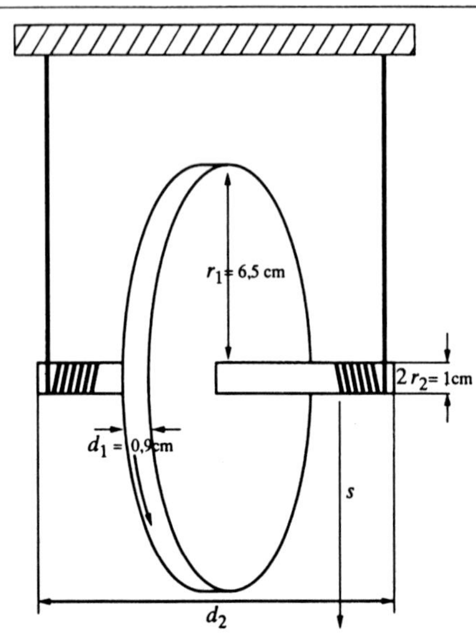

Ein Maxwellsches Rad aus Messing der Dichte $\rho = 8{,}5\,\mathrm{gcm}^{-3}$ (s. Abb.) rollt dank der zu beiden Seiten der Kreisscheibe auf der Achse gleichsinnig aufgewickelten Schnur gleichmäßig ab.
Welche Drehzahl erreicht das Maxwellsche Rad nach reibungslosem Abrollen einer Fallstrecke von 40 cm? (Die gemessenen physikalischen Größen sind der Abbildung zu entnehmen.)

$$E_{pot} = E_{trans} + E_{kin}$$

$$mgs = \frac{1}{2}mv^2 + \frac{1}{2}J\omega^2 \qquad J = J_1 + J_2 = \frac{1}{2}m_1 r_1^2 + \frac{1}{2}m_2 r_2^2$$

$$m_1 = \pi\rho r_1^2 d_1$$

$$m_2 = \pi\rho r_2^2(d_2 - d_1)$$

$$m = m_1 + m_2$$

$v = r_2\omega$, da der in der Zeit t durchlaufene Fallweg des Maxwellschen Rades gleich dem auf der Achse abgewickelten Schnurstück ist.

$$mgs = \frac{1}{2}mr_2^2\omega^2 + \frac{1}{4}m_1r_1^2\omega^2 + \frac{1}{4}m_2r_2^2\omega^2$$

$$\omega = \sqrt{\frac{4mgs}{2mr_2^2 + m_1r_1^2 + m_2r_2^2}}; \qquad \omega = 2\pi n$$

$$n = \frac{1}{2\pi}\sqrt{\frac{4mgs}{2mr_2^2 + m_1r_1^2 + m_2r_2^2}} \qquad m_1 = 1015\ \text{g}, \quad m_2 = 74\ \text{g}, \quad m = 1089\ \text{g}$$

$$n = \frac{1}{2\pi}\sqrt{\frac{4\cdot 1089\ \text{g}\cdot 981\ \text{cms}^{-2}\cdot 40\ \text{cm}}{2\cdot 1089\ \text{g}\cdot 0{,}5^2\,\text{cm}^2 + 1015\ \text{g}\cdot 6{,}5^2\,\text{cm}^2 + 74\text{g}\cdot 0{,}5^2\,\text{cm}^2}}$$

$$\boldsymbol{n \approx 10\ \text{s}^{-1}}$$

5/18 Energieerhaltungssatz; gleichm. beschleun. Bewegung

Eine Kugel mit einem Radius von 3,0 cm und einer Masse von 350 g beginnt auf einer 180 cm langen, geneigten Ebene hinabzurollen. Der Neigungswinkel der Ebene beträgt 15°.

1) Berechnen Sie die Geschwindigkeit der Kugel am Ende der geneigten Ebene unter der Voraussetzung eines reibungsfreien Bewegungsvorganges!
2) Wie groß ist die Beschleunigung der Kugel?

1) Anfangsgeschwindigkeit: $v_0 = 0$

Endgeschwindigkeit: v

Trägheitsmoment der Kugel: $J_K = \frac{2}{5}mr^2$

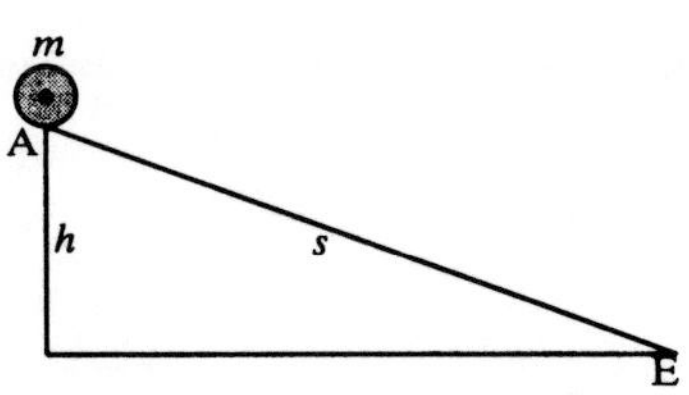

Energiesatz: $E_{pot} = E_{trans} + E_{rot}$

$$mgh = \frac{1}{2}mv^2 + \frac{1}{2}J_K\omega^2; \qquad v = \omega r$$

$$mgh = \frac{1}{2}mv^2 + \frac{1}{5}mv^2$$

$$gh = \frac{7}{10}v^2$$

$$v = \sqrt{\frac{10}{7}gh}; \qquad h = s\sin\alpha$$

$$v = \sqrt{\frac{10}{7}gs\sin\alpha} \qquad v = \sqrt{\frac{10}{7}\cdot 9{,}81\ \text{ms}^{-2}\cdot 1{,}8\ \text{m}\sin 15°}$$

$$\boldsymbol{v = 2{,}6\ \text{ms}^{-1}}$$

Interpretation des Ergebnisses:

Die Endgeschwindigkeit der rollenden Kugel $v = \sqrt{\frac{10}{7}gh}$ ist nur von der Höhe h der geneigten Ebene abhängig und kleiner als die Endgeschwindigkeit beim freien Fall aus gleicher Höhe $v = \sqrt{2gh}$, da ein Teil der potentiellen Energie der Kugel in Höhe h in Rotationsenergie umgesetzt wird.

2) Geschwindigkeit der Kugel bei gleichmäßig beschleunigter Bewegung:

$$v = at; \qquad s = \frac{1}{2}at^2$$

$$v = \sqrt{2as} = \sqrt{\frac{10}{7}gs\sin\alpha}\ ; \qquad \sqrt{2as} = \sqrt{\frac{10}{7}gs\sin\alpha}$$

$$a = \frac{5}{7}gs\sin\alpha\ ; \qquad a = \frac{5}{7}9{,}81\ \text{ms}^{-2}\sin 15°$$

$$\boldsymbol{a = 1{,}8\ \text{ms}^{-2}}$$

5/19 Trägheitsmoment eines Stabes

Ein homogener, hinreichend dünner Stab mit der Dichte ρ, dem Querschnitt A und der Länge l rotiert um eine Drehachse, die senkrecht durch einen Endpunkt des Stabes geht. Ermitteln Sie mit Hilfe dieser Größen die Gleichung zur Berechnung des Trägheitmoments des Stabes!

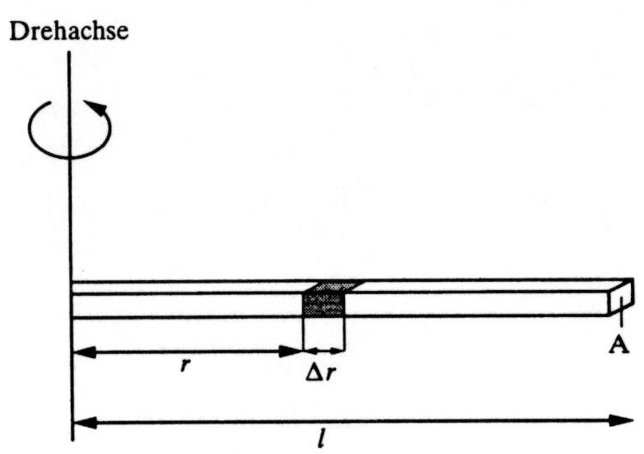

Masse des Stabes: $m = \rho V = \rho A l$.

Man denkt sich den Stab in Massenelemente zerlegt.

Massenelement im Abstand r von der Drehachse:

$$\Delta m = \rho A(r + \Delta r) - \rho A r$$

$$\Delta m = \rho\Delta r\cdot A$$

Trägheitsmoment des Elements: $\Delta J = r^2\Delta m = \rho A r^2\Delta r$

Das Trägheitsmoment des Stabes erhält man durch die Summe aller Trägheitsmomente der Elemente im Abstand r_i.

$$J_{Stab} = \sum_{i=1}^{\infty}\Delta J_i = \sum_{i=1}^{\infty} r_i^2\Delta m_i = \sum_{i=1}^{\infty}\rho A r_i^2\Delta r_i = \rho A\sum_{i=1}^{\infty} r_i^2\Delta r_i$$

Den Grenzwert der Summe ermittelt man mit Hilfe des bestimmten Integrals

$$J_{Stab} = \rho A\int_0^l r^2\,\mathrm{d}r$$

$$J_{Stab} = \rho A\left|\frac{1}{3}r^3\right|_0^l = \frac{1}{3}\rho A l^3 = \frac{1}{3}\rho A l\cdot l^2$$

$$\boldsymbol{J_{Stab} = \frac{1}{3}ml^2}$$

5/20 Trägheitsmoment eines Zylinders

Leiten Sie die Gleichung zur Berechnung des Trägheitsmomentes eines um seine Längsachse rotierenden homogenen Kreiszylinders her, wenn die Dichte ρ, die Höhe h und der Radius r gegeben sind!

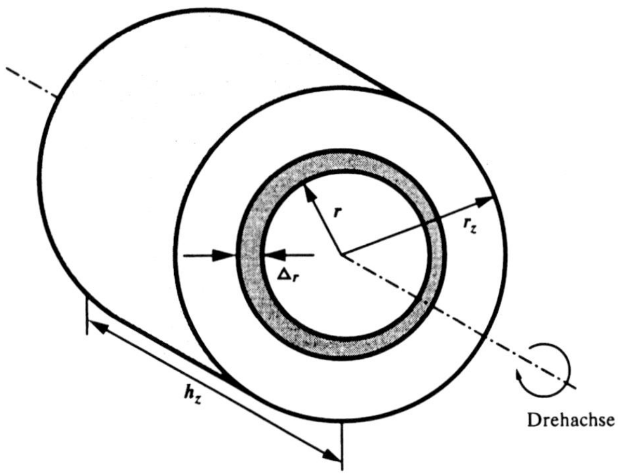

Masse des Zylinders: $m_z = \rho \cdot V_z$

$$m_z = \rho \pi h_z r_z^2$$

Man denkt sich den Zylinder in Massenelemente Δm zerlegt, die die Gestalt dünner koaxialer Hohlzylinder mit dem Innenradius r, dem Außenradius $r + \Delta r$ und die Höhe h_z haben:

$$\Delta m = \rho \pi h_z \left[(r+\Delta r)^2 - r^2\right] = \rho \pi h_z \left[2r\Delta r - \Delta^2 r\right].$$

Da Δr klein gegenüber den Größen ρ, h_z, r_z ist, kann man $\Delta^2 r$ vernachlässigen, also: $\Delta m = 2\rho \pi h_z r \Delta r$.

Das Trägheitsmoment des Massenelements ist:

$$\Delta J = \Delta m r^2$$

$$\Delta J = 2\pi \rho h_z r^3 \Delta r$$

Das Trägheitsmoment des Zylinders erhält man durch die Summe der Trägheitsmomente aller Massenelemente:

$$J_{\text{Zylinder}} = \sum_{i=1}^{\infty} \Delta J_i$$

$$J_Z = 2\pi \rho h_z \sum_{i=1}^{\infty} r_i^3 \Delta_i r$$

Den Grenzwert der Summe ermittelt man mit Hilfe des bestimmten Integrals:

$$J_Z = 2\pi \rho h_z \int_0^{r_z} r^3 \mathrm{d}r = 2\pi \rho h_z \frac{r_z^4}{4} = \frac{1}{2} \pi \rho h_z r_z^2 r_z^2$$

$$\boldsymbol{J_Z = \frac{1}{2} m_z r_z^2}$$

5/21 Trägheitsmoment der Kugel

Bestimmen Sie das Trägheitsmoment der um eine Mittelpunktachse rotierenden Kugel aus homogenem Material der Dichte ρ mit dem Radius r!

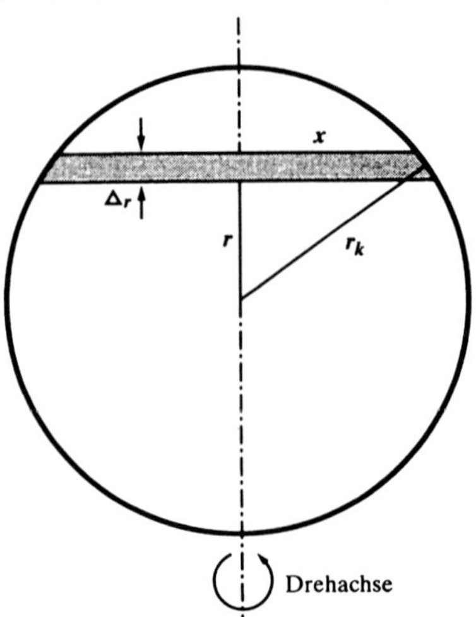

Masse der Kugel:

$$m_K = \rho \frac{4}{3} \pi r_K^3$$

Man denkt sich die Kugel in zylindrische Massenelemente Δm senkrecht zur Drehachse mit der Breite Δr und dem mittleren Radius x zerlegt:

$$\Delta m = \rho \pi x^2 \Delta r$$

$$\text{da} \quad x^2 = r_K^2 - r^2$$

$$\Delta m = \rho \pi (r_K^2 - r^2) \Delta r$$

Das Trägheitsmoment eines um seine Längsachse rotierenden Kreiszylinders ist $J_z = \frac{1}{2} m_z r_z^2$.

Für das Trägheitsmoment des zylindrischen Massenelements folgt daraus:

$$\Delta J = \frac{1}{2} \Delta m x^2 = \frac{1}{2} \rho \pi (r_K^2 - r^2)^2 \Delta r$$

Das Trägheitsmoment einer Halbkugel ist die Summe der Trägheitsmomente aller zylindrischen Massenelemente der Halbkugel:

$$J_{\text{Halbkugel}} = \sum_{i=1}^{\infty} \Delta J_i = \frac{1}{2} \rho \pi \sum_{i=1}^{\infty} (r_K^2 - r_i^2)^2 \Delta_i r$$

Den Grenzwert der Summe ermittelt man mit Hilfe des bestimmten Integrals:

$$J_{\text{Halbkugel}} = \frac{1}{2} \rho \pi \int_0^{r_K} (r_K^2 - r^2)^2 \mathrm{d}r$$

$$= \frac{1}{2} \rho \pi \int_0^{r_K} (r_K^4 - 2r_K^2 r^2 + r^4) \mathrm{d}r$$

$$= \frac{1}{2} \rho \pi \left| r_K^4 r - \frac{2}{3} r_K^2 r^3 + \frac{1}{5} r^5 \right|_0^{r_K}$$

$$= \frac{1}{2} \rho \pi \left(r_K^5 - \frac{2}{3} r_K^5 + \frac{1}{5} r_K^5 \right)$$

$$= \frac{4}{15} \rho \pi r_K^5$$

Das Trägheitsmoment der Vollkugel ist:

$$J_K = \frac{8}{15} \rho \pi r_K^5 \qquad J_K = \frac{2}{5} m_K r_K^2$$

5/22 Drehimpulserhaltungssatz; Rotationsenergie

Mit einer konstanten Drehzahl von 2,1 s^{-1} dreht eine Eiskunstläuferin ihre Pirouette. Sie kann während der Bewegung ohne Hilfsmittel ihr Trägheitsmoment ändern und somit ihre Drehzahl vergrößern oder verkleinern.

1) Auf welche Weise ist dies möglich?
   Welches physikalische Grundgesetz wird bei diesem Vorgang wirksam?
2) Wie groß ist die Änderung ihrer Drehzahl, wenn sich ihr Trägheitsmoment von 2,4 kgm^2 auf 0,8 kgm^2 verkleinert?
3) Weshalb ist die Aufgabe nicht mit dem Energieerhaltungssatz zu lösen?
4) Suchen Sie weitere Beispiele aus dem Sport, bei denen die Winkelgeschwindigkeit einer Drehbewegung durch Änderung des Trägheitsmoments variiert wird!

1) Durch Ausstrecken der Arme und eines Beines wird das Trägheitsmoment der Eiskunstläuferin in bezug auf ihre Drehachse vergrößert.
   Verkleinert wird das Trägheitsmoment durch Anziehen der Gliedmaßen an den Körper (Verhältnis der Maximalwerte der Tätigkeitsmomente etwa 1 : 7).
   Da kein äußeres Drehmoment wirkt, gilt für das geschlossene System „Eiskunstläuferin" der Drehimpulserhaltungssatz.

2) $J_1\omega_1 = J_2\omega_2$

$$J_1\omega_1 = J_2(\omega_1 + \Delta\omega)$$

$$\Delta\omega = \omega_1\left(\frac{J_1}{J_2} - 1\right)$$

$$\omega = 2\pi n; \qquad \Delta\omega = 2\pi\Delta n$$

$$\Delta n = n_1\left(\frac{J_1}{J_2} - 1\right)$$

$$\Delta n = 2{,}1\,s^{-1}\left(\frac{2{,}4\,kgm^2}{0{,}8\,kgm^2} - 1\right)$$

$$\mathbf{\Delta n = 4{,}2\,s^{-1}}$$

3) Es gilt für die Bewegung der Drehimpulserhaltungssatz $J_1\omega_1 = J_2\omega_2$ und für die Rotationsenergie $E_1 = \frac{1}{2}J_1\omega_1^2$ oder $E_2 = \frac{1}{2}J_2\omega_2^2$.

   Aus dem Impulssatz folgt: $\omega_2 = \frac{J_1}{J_2}\omega_1$;

   und weiter:

$$E_2 = \frac{1}{2}J_2\left(\frac{J_1}{J_2}\omega_1\right)^2$$

$$E_2 = \frac{J_1}{J_2}\left(\frac{1}{2}J_1\omega_1^2\right)$$

$$E_2 = \frac{J_1}{J_2}E_1$$

   Beim Anziehen der Gliedmaßen hat sich die Energie um den Faktor $\frac{J_1}{J_2} > 1$ vergrößert.

   Das Anziehen der Gliedmaßen erforderte längs des Weges eine Muskelkraft auf biochemischem Wege erzeugt; es wurde also Arbeit verrichtet, die zur Erhöhung der mechanischen Energie führte.

   Für diesen Rotationsvorgang gilt somit nicht der Satz von der Erhaltung der mechanischen Energie.

4) Wasserspringen; Turnen (z. B. Pferdsprung)

5/23 Drehimpulserhaltungssatz; Rotationsenergie

Ein Schwungrad mit dem Trägheitsmoment 1,25 kgm^2 rotiert reibungslos mit einer Drehzahl von 850 min^{-1} um seine Hauptachse.

1) Wie groß ist sein Drehimpuls?

Ein zweites Rad mit dem Trägheitsmoment 2,05 kgm^2 wird an das erste angekuppelt.

2) Welche Drehzahl stellt sich für das Kupplungssystem ein, wenn kein äußeres Drehmoment einwirkt? (Da hier ein unelastischer Drehstoß vorliegt, kann diese Aufgabe nicht mit dem Satz von der Erhaltung der mechanischen Energie gelöst werden; es ist der Drehimpulserhaltungssatz anzuwenden.)
3) Wie hoch ist der Verlust an Rotationsenergie bei diesem Vorgang des unelastischen Drehstoßes?

1) $L_1 = J_1\omega_1; \qquad \omega_1 = 2\pi n_1$

$$L_1 = 2\pi J_1 n_1$$

$$L_1 = 2\pi \cdot 1{,}25\,kgm^{-2} \cdot \frac{850}{60}\,s^{-1}$$

$$\mathbf{L_1 = 111\,Nms}$$

2) Drehimpuls des Schwungrades = Drehimpuls des Kupplungssystems

$$J_1\omega_1 = (J_1 + J_2)\omega_s$$

$$\omega_s = \frac{J_1}{J_1 + J_2}\omega_1$$

$$n_s = \frac{\omega_s}{2\pi} = \frac{1}{2\pi}\frac{J_1\omega_1}{J_1+J_2} = \frac{J_1 n_1}{J_1+J_2}$$

$$n_s = \frac{1{,}25\ \text{kgm}^2 \cdot 850\ \text{s}^{-1}}{(1{,}25+2{,}05)\ \text{kgm}^2 \cdot 60}$$

$$\boldsymbol{n_s = 5{,}37\ \text{s}^{-1} = 322\ \text{min}^{-1}}$$

3) $\Delta E_{rot} = E_{rot_1} - E_{rot_s}$

$$= \frac{1}{2}J_1\omega_1^2 - \frac{1}{2}(J_1+J_2)\omega_s^2$$

$$= \frac{1}{2}J_1\omega_1^2 - \frac{1}{2}(J_1+J_2)\frac{J_1^{\ 2}}{(J_1+J_2)^2}\omega_1^2$$

$$= \frac{1}{2}J_1\omega_1^2\left(1-\frac{J_1}{J_1+J_2}\right)$$

$$\Delta E_{rot} = E_{rot_1}\left(1-\frac{J_1}{J_1+J_2}\right)$$

$$\frac{\Delta E_{rot}}{E_{rot_1}} = 1-\frac{J_1}{J_1+J_2}$$

$$\frac{\Delta E_{rot}}{E_{rot_1}} = 1-\frac{1{,}25\ \text{kgm}^2}{(1{,}25+2{,}05)\ \text{kgm}^2}$$

$$\boldsymbol{\frac{\Delta E_{rot}}{E_{rot_1}} = 0{,}62 \quad \hat{=} \quad 62\ \%}$$

5/24 Größen der Translation und Rotation

Stellen Sie in einer Tabelle die einander entsprechenden Größen der Translation und der Rotation zusammen!

Vergleichen Sie auch die analogen Definitionsgleichungen und Gesetze!

Bewegung starrer Körper

Größen der Translation		**Größen der Rotation**
Weg $s = s(t)$	$s = r\varphi$	Drehwinkel $\varphi = \varphi(t)$
Geschwindigkeit $v = \frac{\Delta s}{\Delta t}$ $v = \frac{ds}{dt}$	$v = r \cdot \omega$	Winkelgeschwindigkeit $\omega = \frac{\Delta\varphi}{\Delta t} = \frac{2\pi}{T} = 2\pi n$ $\omega = \frac{d\varphi}{dt}$
Beschleunigung $a = \frac{\Delta v}{\Delta t}$ $a = \frac{dv}{dt} = \frac{d^2 s}{dt^2}$	$a = r \cdot \alpha$	Winkelbeschleunigung $\alpha = \frac{\Delta\omega}{\Delta t}$ $\alpha = \frac{d\omega}{dt} = \frac{d^2\varphi}{dt^2}$
Masse m		Trägheitsmoment[1] $J = \sum_{i=1}^{n} r_i^2 \Delta_i m;\ J = \int r^2 dm$
Kraft $F = ma = m\frac{d^2 s}{dt^2}$		Drehmoment $M = F \cdot r \cdot \sin(\vec{r}; \vec{F})$ $M = J \cdot \alpha = J \cdot \frac{d^2\varphi}{dt^2}$
Impuls $p = mv$		Drehimpuls $L = J \cdot \omega$
Translationsenergie $E_{trans} = \frac{1}{2}mv^2$		Rotationsenergie $E_{rot} = \frac{1}{2}J\omega^2$
Leistung $P = F_s \cdot v_s$		Leistung $P = M \cdot \omega$

[1] Trägheitsmomente von Körpern:

Zylinder:

$$J_Z = \frac{1}{2}mr^2 = \frac{1}{2}\rho\pi r^4 h$$

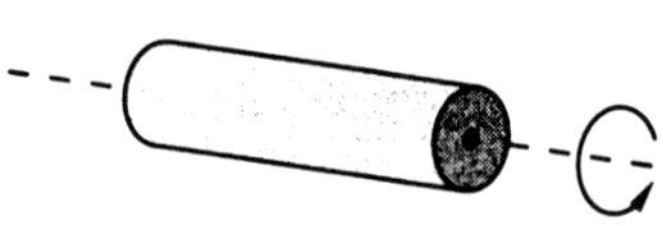

Kugel:

$$J_K = \frac{2}{5}mr^2 = \frac{8}{15}\rho\pi r^5$$

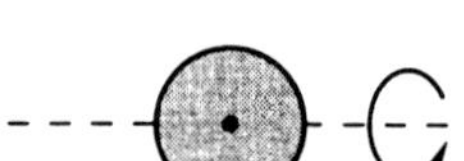

Stab:

$$J = \frac{1}{3}ml^2 = \frac{1}{3}\rho A l^3$$

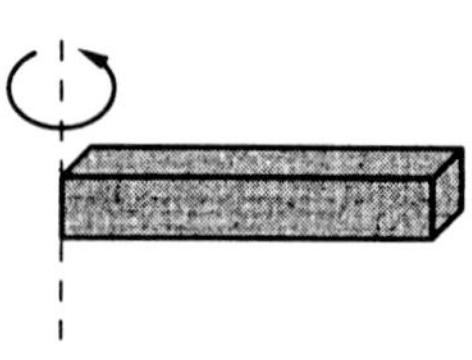

$$J = \frac{1}{12}ml^2 = \frac{1}{12}\rho A l^3$$

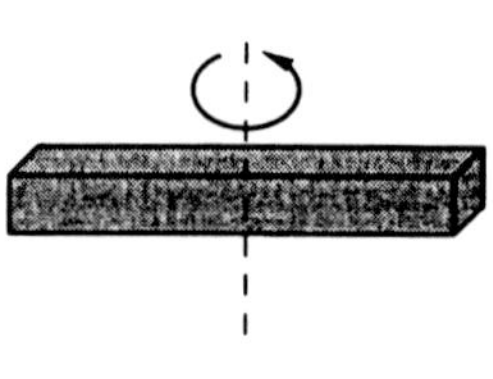

5/25 Rotationsenergie

Theta stellt eine Aufgabe: „Stellt euch vor, ihr laßt zwei Flaschen gleicher Masse aus der gleichen Höhe dieselbe geneigte Ebene herunterrollen. Die eine Flasche ist mit Wasser, die andere mit Sand und Sägespänen gefüllt. Welche ist schneller unten?"
Die Antwort von Pi und Rho kommt sofort: „Die Flaschen benötigen die gleiche Zeit, weil für beide Flaschen der Durchmesser, die Masse, die Anfangshöhe und die Hangabtriebskraft gleich sind. Alle diese Größen sind für beide Flaschen identisch."
„Probiert's doch mal", Theta lächelt.

Die mit Wasser gefüllte Flasche rollt schneller als die mit Sand gefüllte.

Ursache dafür ist die Tatsache, daß sich eine mit Wasser gefüllte Flasche leichter in eine Drehbewegung versetzen läßt als eine mit Sand gefüllte. Das ist deshalb so, weil sich beim Wasser nur eine dünne an der Glaswand anliegende Schicht mitdreht, beim Sand jedoch alles.

5/26 „Freier" Fall

Rho behauptet: „Wenn man einen Ball auf das Ende eines geneigten Besenstiels legt und beide fallen läßt, erreicht das Besenende eher den Fußboden als der Ball."
„Alle Körper fallen gleich schnell!" protestieren Theta und Pi.

Rho hat recht. Das Besenende ist kein frei fallender Körper, sondern ein Teil eines Körpers, dessen Schwerpunkt tiefer liegt als das Ende des Besens und der deshalb eher den Boden erreicht.

Eine genauere Erklärung des Sachverhaltes ist mit Hilfe der Gesetze der beschleunigten Drehbewegung möglich. Bei der Annahme, daß der Schwerpunkt des Besenstiels in der Mitte liegt und daß sich der Drehpunkt am unteren Ende des Besens befindet, erhält man für das Besenende eine Beschleunigung von 1,5 g.

Ein gut gesprengter alter Schorstein fällt so, daß die fallenden Teile eine von unten gesehen konvexe Linie bilden.

5/27 Präzession

„Ich lese sehr gern Jules Verne", berichtet Pi.
„Großartig die Idee, durch den Rückstoß großer Kanonen die Erdachse aufrichten zu wollen!"
„Da hätte er aber erst die Rotation beenden müssen. Und ob das so gut wäre mit einer senkrecht stehenden Erdachse?" meint Theta.

Nach den Kreiselgesetzen würde eine rotierende Erde einer Richtungsänderung ihrer Drehachse einen erheblichen Widerstand entgegensetzen. Ein „Aufrichten" der Erdachse hätte einschneidende Folgen für das Leben auf der Erde: z. B. Jahreszeiten.

6/01 Massenanziehung

Mit welcher Kraft wird ein Körper der Masse 1 kg angezogen, wenn er sich
1) auf der Erdoberfläche,
2) 20000 km über der Erdoberfläche und
3) auf der Mondoberfläche befindet?

1) $F_1 = mg$

$F_1 = 1\,\text{kg} \cdot 9{,}81\,\text{ms}^{-2}$

$\boldsymbol{F_1 = 9{,}81\,\text{N}}$

2) $F_2 = G \dfrac{m m_\text{E}}{(r_\text{E} + h)^2}$

$$F_2 = \frac{6{,}67 \cdot 10^{-11}\,\text{Nm}^2\text{kg}^{-2} \cdot 1\,\text{kg} \cdot 5{,}98 \cdot 10^{24}\,\text{kg}}{(6{,}37 + 20)^2 \cdot 10^{12}\,\text{m}^2}$$

$\boldsymbol{F_2 = 0{,}574\,\text{N}}$ ($\hat{=}\,5{,}85\,\%$)

3) $F_3 = G \dfrac{m m_\text{M}}{r_\text{M}^2}$

$$F_3 = \frac{6{,}67 \cdot 10^{-11}\,\text{Nm}^2\text{kg}^{-2} \cdot 1\,\text{kg} \cdot 7{,}35 \cdot 10^{22}\,\text{kg}}{1{,}74^2 \cdot 10^{12}\,\text{m}^2}$$

$\boldsymbol{F_3 = 1{,}62\,\text{N}}$ ($\hat{=}\,16{,}5\,\%$)

2. Möglichkeit: $F_3 = m g_\text{M}$

$F_3 = 1\,\text{kg} \cdot 1{,}62\,\text{ms}^{-2}$

$\boldsymbol{F_3 = 1{,}62\,\text{N}}$

6/02 Gravitationskraft

Berechnen Sie die Masse der Erde, indem Sie die an der Erdoberfläche auf einen Körper der Masse 1 kg wirkende Gewichtskraft mit der Gravitationskraft vergleichen, die zwischen diesem Körper und der Erde wirkt!

Gleichsetzen der Gewichtskraft und der Gravitationskraft:

$F_\text{G} = F$

$mg = G \dfrac{m m_\text{E}}{r_\text{E}^2}$

$m_\text{E} = \dfrac{g r_\text{E}^2}{G}$

$$m_\text{E} = \frac{9{,}81\,\text{ms}^{-2} \cdot 6{,}371^2 \cdot 10^{12}\,\text{m}^2}{6{,}67 \cdot 10^{-11}\,\text{Nm}^2\text{kg}^{-2}}$$

$\boldsymbol{m_\text{E} = 5{,}97 \cdot 10^{24}\,\text{kg}}$

(Tabellenwert: $m_\text{E} = 5{,}979 \cdot 10^{24}\,\text{kg}$)

6/03 Massenanziehung

1) Berechnen Sie die Anziehungskraft zwischen zwei Menschen von je 75 kg, die sich in einem Abstand von 2 m gegenüberstehen!
2) Begründen Sie, warum man diese Kraft nicht spüren kann!
3) Welchen Abstand hätten zwei gleich große Punktmassen nach 1 h, nach 2 h bzw. nach 3 h, wenn sie sich völlig reibungsfrei bewegen könnten?

1) $F = G \dfrac{m_1 \cdot m_2}{r^2}$

$F = 6{,}67 \cdot 10^{-11}\,\text{Nm}^2\text{kg}^{-2} \dfrac{(75\,\text{kg})^2}{(2\,\text{m})^2}$

$\boldsymbol{F = 9{,}4 \cdot 10^{-8}\,\text{N}}$

2) Diese Kraft beträgt nur etwa das 10^{-10}fache der Gewichtskraft und ist darüber hinaus durch Reibungskräfte nicht beobachtbar.

3) Die Bewegung wird im Verlauf jeder einzelnen Stunde als gleichmäßig beschleunigt angenommen. Ein Körper bewegt sich um den Weg s, der Abstand der Körper verringert sich damit um $2s$.

(während der ersten Stunde:)

$a = \dfrac{F}{m}$ $\quad s_\text{ges} = 2 \cdot \dfrac{a}{2} t^2$

$s_\text{ges}(1\,\text{h}) = \dfrac{F}{m} t^2 = \dfrac{9{,}4 \cdot 10^{-8}\,\text{N}}{75\,\text{kg}} \cdot (3600\,\text{s})^2$

$\boldsymbol{s_\text{ges}(1\,\text{h}) = 1{,}6 \cdot 10^{-2}\,\text{m}}$

$v(1\,\text{h}) = a \cdot t = \dfrac{F}{m} \cdot t = \dfrac{9{,}4 \cdot 10^{-8}\,\text{N}}{75\,\text{kg}} \cdot 3600\,\text{s} = 4{,}5 \cdot 10^{-6}\,\text{ms}^{-1}$

(während der zweiten Stunde:)

$F = G \cdot \dfrac{m_2}{r_2^2}$ $\quad r_2 = r - s(1\,\text{h})$

$s_\text{ges} = 2\left(\dfrac{a}{2} t^2 + v_0 t\right)$ $\quad a = \dfrac{F}{m}$

$$s(2\,\mathrm{h}) = 2\left(G \cdot \frac{m}{2r_2^2} \cdot t^2 + v(1\,\mathrm{h}) \cdot t\right)$$

$$= 2\left(6{,}67 \cdot 10^{-11}\ \mathrm{Nm^{-2}kg^{-2}}\ \frac{75\ \mathrm{kg}}{2 \cdot (1{,}984\ \mathrm{m})^2} \cdot (3600\ \mathrm{s})^2 + 4{,}5 \cdot 10^{-6}\ \mathrm{ms^{-1}} \cdot 3600\ \mathrm{s}\right)$$

$\mathbf{s(2\,h) = 4{,}9 \cdot 10^{-2}\ m}$

$$v(2\,\mathrm{h}) = at + v_0 = \frac{F}{m} \cdot t + v(1\,\mathrm{h}) = 9{,}1 \cdot 10^{-6}\ \mathrm{ms^{-1}}$$

(während der dritten Stunde:)
Berechnung analog zur zweiten mit $r = 2\ \mathrm{m} - s(1\,\mathrm{h}) - s(2\,\mathrm{h}) = 1{,}935\ \mathrm{m}$ und $v_0 = v(2\,\mathrm{h})$.

$\mathbf{s(3\,h) = 0{,}083\ m}$

$s_{ges} = s(1\,\mathrm{h}) + s(2\,\mathrm{h}) + s(3\,\mathrm{h})$ $\qquad$ $\mathbf{s_{ges} = 14{,}8 \cdot 10^{-2}\ m}$

Bemerkung: Wird mit einer konstanten Kraft $F(2\ \mathrm{m})$ gerechnet, ergibt sich $s = 14{,}6 \cdot 10^{-2}$ m. Das bestätigt die Annahme von gleichbleibenden Kräften in den drei Zeitintervallen.

6/04 Gravitationsgesetz; Dichte

Der kugelförmige Planet Beta X hat die gleiche Dichte wie unsere Erde, aber nur einen halb so großen Durchmesser wie diese.

1) Bestimmen Sie die Masse des Planeten!
2) Wie groß ist die Fallbeschleunigung an seiner Oberfläche?

1) $\rho_\beta = \rho_E$; $\quad d_\beta = \frac{1}{2} d_E$; $\quad v = \frac{4}{3}\pi r^3 = \frac{\pi d^3}{6}$

$$m_\beta = \frac{m_E}{v_E} \cdot v_\beta = \frac{m_E \cdot d_\beta^3}{d_E^3} = \frac{m_E \cdot d_E^3}{d_E^3 \cdot 8} = \frac{m_E}{8}$$

$$m_\beta = \frac{5{,}98 \cdot 10^{24}\ \mathrm{kg}}{8}$$ $\qquad$ $\mathbf{m_\beta = 7{,}5 \cdot 10^{23}\ kg}$

2) $m g_\beta = G \frac{m m_\beta}{r_\beta^2}$ $\qquad$ (m beliebig, $r_\beta = \frac{1}{2} r_E$)

$$g_\beta = G \frac{m_E \cdot 4}{8 r_E^2} = \frac{G m_E}{2 r_E^2} = \frac{1}{2} g_E$$

$g_\beta = \frac{1}{2} \cdot 9{,}81\ \mathrm{ms^{-2}}$ $\qquad$ $\mathbf{g_\beta = 4{,}9\ ms^{-2}}$

6/05 Radialkraft; Gravitationskraft

Der Abstand zwischen Erde und Sonne beträgt annähernd $150 \cdot 10^6$ km, die Umlaufzeit etwa 365,25 d.

1) Berechnen Sie die Radialbeschleunigung a_E der Erde unter Benutzung der Winkelgeschwindigkeit! (Voraussetzung: gleichförmige Kreisbewegung)
2) Berechnen Sie die mittlere Bahngeschwindigkeit der Erde!
3) Bestimmen Sie die Masse der Sonne!

1) $$a_E = \omega^2 r = \frac{4\pi^2 \cdot r}{T^2} = \frac{4\pi^2 \cdot 1{,}5 \cdot 10^{11}\ \mathrm{m}}{(365{,}25 \cdot 86400\ \mathrm{s})^2}$$

$\mathbf{a_E = 5{,}9 \cdot 10^{-3}\ ms^{-2}}$

2) $$v = \frac{2\pi \cdot r}{T} = \frac{2\pi \cdot 1{,}5 \cdot 10^{11}\ \mathrm{m}}{365{,}25 \cdot 86400\ \mathrm{s}}$$ $\qquad$ $\mathbf{v = 29{,}9\ kms^{-1}}$

3) Die beschleunigende Kraft ist gleich der Gravitationskraft.

$F = m_E \cdot a_E \qquad F = G\frac{m_E \cdot m_S}{r^2} \qquad a_E m_E = G \frac{m_E \cdot m_S}{r^2}$

$$m_S = \frac{a_E \cdot r^2}{G} = \frac{5{,}9 \cdot 10^{-3}\ \mathrm{ms^{-2}} \cdot (1{,}5 \cdot 10^{11}\ \mathrm{m})^2}{6{,}67 \cdot 10^{-11}\ \mathrm{Nm^2kg^{-2}}}$$

$\mathbf{m_S = 2{,}0 \cdot 10^{30}\ kg}$

6/06 Gravitationskraft der Sonne

Die Gravitationskraft zwischen Sonne und Erde hält unseren Planeten auf seiner Bahn.
Folgendes Gedankenexperiment soll die Größe dieser Kraft veranschaulichen:
Wir nehmen an, daß die Massenanziehungskraft plötzlich verschwindet. Damit die Erde aber nicht infolge der Trägheit ihre Bahn verläßt und in den Tiefen des Alls verschwindet, soll eine stoffliche Verbindung zwischen Erde und Sonne diese Kraft ersetzen.
Wir wollen Stahltrossen mit dem enormen Durchmesser von 1 m und mit einer Zugfestigkeit von mindestens 380 MPa verwenden.

1) Berechnen Sie die zwischen Sonne und Erde wirkende Gravitationskraft!
2) Wie viele solcher Trossen müßte man zwischen Sonne und Erde bringen, um die Gravitationskraft zu ersetzen?

1) $$F = G \frac{m_E m_S}{r^2}$$

$$= 6{,}67 \cdot 10^{-11}\ \mathrm{Nm^2kg^{-2}}\ \frac{5{,}98 \cdot 10^{24}\ \mathrm{kg} \cdot 1{,}99 \cdot 10^{30}\ \mathrm{kg}}{(1{,}50 \cdot 10^{11}\ \mathrm{m})^2}$$

$\mathbf{F = 3{,}53 \cdot 10^{22}\ N}$

2) $$Z = \frac{F}{A} = \frac{F}{n \cdot A_0} = \frac{F}{n \cdot \frac{\pi}{4} d^2}$$ $\qquad$ n: Anzahl der Trossen

$$n = \frac{4 \cdot F}{\pi \cdot d^2 \cdot z} = \frac{4 \cdot 3{,}53 \cdot 10^{22}\ \mathrm{N}}{\pi \cdot 1\ \mathrm{m}^2 \cdot 3{,}8 \cdot 10^8\ \mathrm{Pa}}$$

$\mathbf{n = 1{,}2 \cdot 10^{14}}$

Die Gravitationskraft entspricht der Zugkraft von etwa **120 Billionen** solcher Trossen.

6/07 Radialkraft; Gravitationskraft

Ein Nachrichtensatellit befindet sich über dem Äquator auf einer sogenannten geostationären Bahn, d. h., er bewegt sich mit der gleichen Winkelgeschwindigkeit wie die Erde und befindet sich immer über der gleichen Stelle unseres Planeten.

1) Welche Höhe über der Erdoberfläche muß der Satellit haben?
2) Berechnen Sie die Bahngeschwindigkeit eines solchen Satelliten!

1) Radialbeschleunigung und Gravitationsbeschleunigung (h) gleichsetzen:

$$a = g' \qquad g' = \frac{G \cdot m_E}{r^2} = \frac{G \cdot m_E \cdot r_E^2}{r_E^2 \cdot r^2} = g \cdot \frac{r_E^2}{r^2}$$

$$\frac{4\pi^2}{T^2} \cdot r = g \cdot \frac{r_E^2}{r^2} \qquad r = \sqrt[3]{\frac{g \cdot r_E^2 \cdot T^2}{4\pi^2}}$$

$$r = \sqrt[3]{\frac{9{,}81\ \text{ms}^{-2} \cdot (6{,}37 \cdot 10^6\ \text{m})^2 \cdot (86400\ \text{s})^2}{4\pi^2}} = 42{,}2 \cdot 10^6\ \text{m}$$

$$h = r - r_E = 42{,}2 \cdot 10^6\ \text{m} - 6{,}37 \cdot 10^6\ \text{m}$$

$$\boldsymbol{h = 35{,}8 \cdot 10^6\ \text{m}}$$

2) $v = \frac{2\pi r}{T} = \frac{2\pi \cdot 42{,}2 \cdot 10^6\ \text{m}}{86400\ \text{s}}$ $\qquad \boldsymbol{v = 3{,}07\ \text{kms}^{-1}}$

anderer Weg: $a = g'$

$$\frac{v^2}{r} = g \cdot \frac{r_E^2}{r^2} \qquad v = r_E \cdot \sqrt{\frac{g}{r}} \qquad v = 3{,}07\ \text{kms}^{-1}$$

6/08 Radialkraft; Gravitationskraft

Als Generalprobe für die erste Mondlandung (Apollo 11, 1969) umkreiste Apollo 10 unseren Trabanten und koppelte eine Landefähre ab, die nach zwei Mondumkreisungen in nur 15 km Höhe zur Apollo-Rakete zurückkehrte.

Bestimmen Sie die Umlaufzeit der Landefähre!

Radialkraft und Gravitationskraft gleichsetzen:

$$F_G = G\frac{Mm}{r^2} \qquad F_R = m \cdot \frac{4\pi^2}{T^2} r \qquad r = r_M + h$$

$$\frac{GMm}{r^2} = m \cdot \frac{4\pi^2}{T^2} r$$

$$T = 2\pi \sqrt{\frac{(r_M + h)^3}{G \cdot M}}$$

$$T = 2\pi \sqrt{\frac{(1{,}738 \cdot 10^6\ \text{m} + 0{,}015 \cdot 10^6\ \text{m})^3}{6{,}67 \cdot 10^{-11}\ \text{Nm}^2 \cdot \text{kg}^{-2} \cdot 7{,}347 \cdot 10^{22}\ \text{kg}}}$$

$$\boldsymbol{T = 6590\ \text{s} = 110\ \text{min}}$$

6/09 Radialkraft; Gravitationskraft

Die Bewegung des Mondes um die Erde kann als gleichförmige Kreisbewegung beschrieben werden.

1) Berechnen Sie die Bahngeschwindigkeit des Mondes!
2) Welche Radialbeschleunigung tritt auf?
3) Bestimmen Sie das Verhältnis aus dieser Radialbeschleunigung und der Fallbeschleunigung auf der Erdoberfläche!
   Vergleichen Sie das Ergebnis mit dem Verhältnis aus dem Erdradius und dem Abstand Erde - Mond!
4) Mit welcher Kraft ziehen Mond und Erde einander an?

1) $v = \frac{2\pi r}{T} \qquad v = \frac{2\pi \cdot 3{,}84 \cdot 10^5\ \text{km}}{27{,}3 \cdot 24\ \text{h}} \qquad \boldsymbol{v = 3700\ \text{kmh}^{-1}}$

2) $a = \omega^2 r = \frac{4\pi^2 \cdot r}{T^2}$

$$a = \frac{4\pi^2 \cdot 3{,}84 \cdot 10^8\ \text{m}}{27{,}3^2 \cdot 24^2 \cdot 60^2 \cdot 60^2\ \text{s}^2} \qquad \boldsymbol{a = 2{,}72 \cdot 10^{-3}\ \text{ms}^{-2}}$$

3) $\frac{a}{g} = \frac{2{,}72 \cdot 10^{-3}\ \text{ms}^{-2}}{9{,}81\ \text{ms}^{-2}} = \frac{1}{3607} \approx \boldsymbol{\frac{1}{60^2}}$

$$\frac{R_E}{r} = \frac{6{,}37 \cdot 10^3\ \text{km}}{3{,}84 \cdot 10^5\ \text{km}} \approx \boldsymbol{\frac{1}{60}}$$

$$\boldsymbol{\frac{a}{g} = \left(\frac{R_E}{r}\right)^2}$$

4) $F = G\frac{m_M m_E}{r^2}$

$$F = \frac{6{,}67 \cdot 10^{-11}\ \text{N} \cdot \text{m}^2\ \text{kg}^{-2} \cdot 7{,}35 \cdot 10^{22}\ \text{kg} \cdot 5{,}98 \cdot 10^{24}\ \text{kg}}{3{,}84^2 \cdot 10^{16}\ \text{m}^2}$$

$$\boldsymbol{F = 2 \cdot 10^{20}\ \text{N}}$$

6/10 Radialkraft

Bei der Bewegung des Mondes um die Erde muß man berücksichtigen, daß nicht der Erdmittelpunkt das Zentrum dieser Drehbewegung ist, sondern daß sich beide Himmelskörper um ein gemeinsames Drehzentrum bewegen.

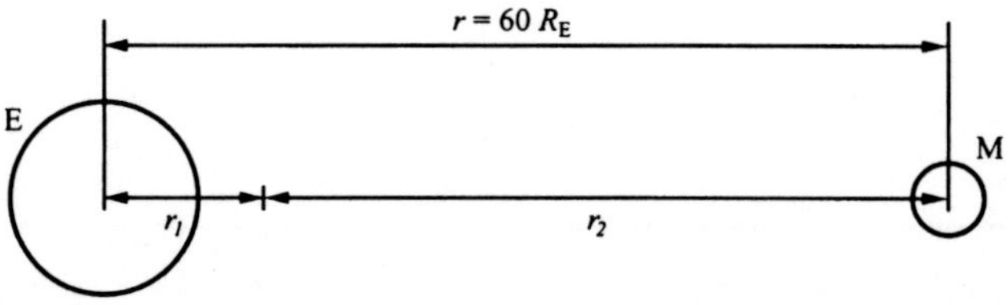

In welcher Entfernung vom Erdmittelpunkt befindet sich dieses Drehzentrum?
Setzen Sie die Entfernung der Mittelpunkte gleich 60 Erdradien und die Masse des Mondes gleich 1/81 der Erdmasse!

Die Radialkräfte werden gleichgesetzt: $F_M = F_E$.

$$m_M \omega^2 r_2 = m_E \omega^2 r_1$$

$$\frac{1}{81} m_E (60 r_E - r_1) = m_E r_1$$

$$60 r_E - r_1 = 81 r_1$$

$$r_1 = \frac{60}{82} r_E$$

$$\boldsymbol{r_1 = 0{,}73 r_E}$$

6/11 1. kosmische Geschwindigkeit

1) Leiten Sie die Gleichung für die erste kosmische Geschwindigkeit her, und interpretieren Sie sie!
2) Berechnen Sie diese Geschwindigkeit für die Erde, und bestimmen Sie die dazu gehörende Umlaufzeit!
3) Begründen Sie, daß stabile Satellitenbahnen erst in größeren Höhen (über 200 km) möglich sind, und ziehen Sie Schlußfolgerungen für in der Praxis mögliche Kreisbahngeschwindigkeiten!

Radialkraft bei Kreisbewegung unmittelbar über der Erdoberfläche und Gravitationskraft werden gleichgesetzt: $F_R(r_E) = F_G$

1) $m \frac{v^2}{r_E} = m \cdot g \quad \rightarrow \quad v = \sqrt{g \cdot r_E}$

Wegen der Lufthülle der Erde wäre eine solche Bewegung kaum möglich.

2) $v = \sqrt{g \cdot r_E} = \sqrt{9{,}81 \text{ ms}^{-2} \cdot 6{,}371 \cdot 10^6 \text{ m}}$ $\quad$ $\boldsymbol{v = 7{,}9 \text{ kms}^{-1}}$

$$v = \frac{2\pi r_E}{T}$$

$$T = \frac{2\pi r_E}{v} = \frac{2\pi \cdot 6{,}371 \cdot 10^6 \text{ m}}{7{,}9 \cdot 10^3 \text{ ms}^{-1}} = 5060 \text{ s} \qquad \boldsymbol{T = 84{,}4 \text{ min}}$$

3) Erst in größeren Höhen ist die Atmosphäre so „dünn“, daß die Bewegung relativ reibungsfrei erfolgen kann.
Für $r = r_E + 200$ km folgt eine Kreisbahngeschwindigkeit von mehr als **8 kms^{-1}**.

6/12 Bahnellipse

Der erste künstliche Erdsatellit (Sputnik 1, 1957) hatte nur eine Masse von 83,6 kg und verglühte nach 92 Flugtagen in der Erdatmosphäre. Er erreichte eine maximale Höhe von 947 km über der Erdoberfläche und hatte bei 228 km seine größte Erdnähe.
Berechnen Sie die große und die kleine Halbachse der Bahnellipse, und diskutieren Sie die Abweichung von der Kreisbahn!

Aus dem größten und kleinsten Abstand sowie dem Durchmesser der Erde ergibt sich die doppelte große Halbachse: $2a = h_{max} + h_{min} + 2r_E$.

Die Exzentrizität ist der halbe Abstand der Brennpunkte:
$e = a - r_E - h_{min} = \frac{1}{2}(h_{max} - h_{min})$.

Für die kleine Halbachse gilt $b = \sqrt{a^2 - e^2}$.

$$a = \frac{1}{2}(h_{max} + h_{min}) + r_E$$

$$= \frac{1}{2}(947 \text{ km} + 228 \text{ km}) + 6371 \text{ km}$$

$$\boldsymbol{a = 6960 \text{ km}}$$

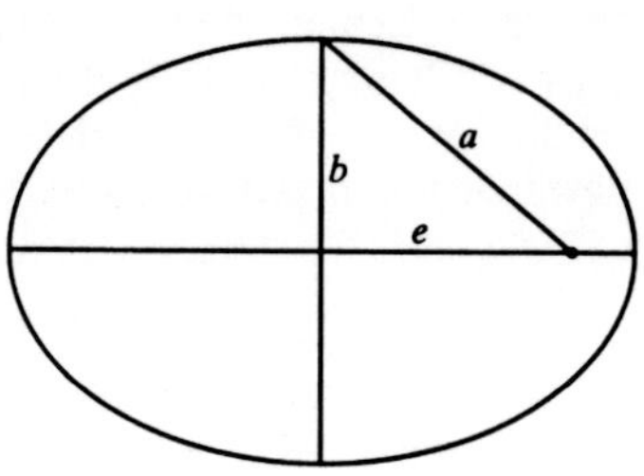

$$e = \frac{1}{2}(h_{max} - h_{min})$$

$$= \frac{1}{2}(947 \text{ km} - 228 \text{ km})$$

$$\boldsymbol{e = 360 \text{ km}}$$

$$b = \sqrt{a^2 - e^2}$$

$$= \sqrt{6960^2 \text{ km}^2 - 360^2 \text{ km}^2}$$

$$\boldsymbol{b = 6950 \text{ km}}$$

Es liegt nur eine sehr geringe Abweichung von einer Kreisbahn vor.

6/13 Flächensatz

Ermitteln Sie mit Hilfe des Flächensatzes die Bahngeschwindigkeit von Sputnik 1 im erdfernsten Punkt seiner Bahn, dem Apogäum!
Die Geschwindigkeit im Perigäum (erdnächster Bahnpunkt) betrug bei einem Abstand von 228 km $7{,}6\ \mathrm{kms}^{-1}$, die Höhe über der Erdoberfläche im Apogäum wurde mit 947 km angegeben.

$$r_A \cdot v_A = r_P \cdot v_P$$

$$v_A = \frac{r_P \cdot v_P}{r_A} = \frac{(r_E + h_P)v_P}{r_E + h_A}$$

$$= \frac{(6{,}371 \cdot 10^3\ \mathrm{km} + 228\ \mathrm{km}) \cdot 7{,}6\ \mathrm{kms}^{-1}}{6{,}371 \cdot 10^3\ \mathrm{km} + 947\ \mathrm{km}}$$

$$\mathbf{v_A = 6{,}9\ kms^{-1}}$$

6/14 3. Keplersches Gesetz; Gravitationsgesetz

Eine häufige Formulierung des dritten Keplerschen Gesetztes lautet $\frac{r^3}{T^2} = konst.$

1) Leiten Sie dieses Gesetz aus dem Gravitationsgesetz her!
2) Berechnen und interpretieren Sie die Konstante!

1) Die Verwendung von r rechtfertigt die Annahme einer kreisförmigen Bahn. Die Gravitationskraft ist die für die Kreisbewegung notwendige Zentripetalkraft:

$$m = \frac{v^2}{r} = G\frac{m \cdot M}{r^2}$$

$$v = \frac{2\pi r}{T} \quad \rightarrow \quad \frac{4\pi^2 \cdot r^2}{T^2} = G \cdot \frac{M}{r}$$

$$\frac{r^3}{T^2} = \frac{G \cdot M}{4\pi^2} = C$$

2) In dieser Konstante tritt neben der (universellen) Gravitationskonstante nur die Masse des jeweiligen Zentralgestirns auf. Für unser Planetensystem muß die Masse der Sonne eingesetzt werden:

$$C = \frac{6{,}67 \cdot 10^{-11}\ \mathrm{m^3 \cdot kg^{-1} \cdot s^{-2}} \cdot 1{,}99 \cdot 10^{30}\ \mathrm{kg}}{4\pi^2}$$

$$\mathbf{C = 3{,}36 \cdot 10^{18}\ m^3 \cdot s^{-2}}$$

6/15 3. Keplersches Gesetz

Die Erde hat von der Sonne einen mittleren Abstand von $150 \cdot 10^6$ km und umkreist sie in einem Jahr.

Berechnen Sie die Umlaufdauer der Venus, wenn ihr mittlerer Abstand zur Sonne $108 \cdot 10^6$ km beträgt!

$$\frac{r_E^3}{T_E^2} = \frac{r_V^3}{T_V^2} \qquad T_V = T_E\sqrt{\frac{r_V^3}{r_E^3}}$$

$$T_V = 365{,}25\ \mathrm{d} \cdot \sqrt{\frac{(108 \cdot 10^6\ \mathrm{km})^3}{(150 \cdot 10^6\ \mathrm{km})^3}} \approx \mathbf{223\ d}$$

6/16 3. Keplersches Gesetz

Das dritte Keplersche Gesetz gilt nicht nur für die Bewegung der Planeten mit der Sonne als Zentralkörper, sondern als direkte Folgerung aus dem Gravitationsgesetz für alle Bewegungen um einen Zentralkörper.

1) Wie weit wäre der Mond von der Erde entfernt, wenn ein Umlauf a) 15 Tage, b) 3 Monate dauern würde?
2) Begründen Sie, weshalb dieses Gesetz auch für künstliche Erdtrabanten gilt, also unabhängig von der Masse des umkreisenden Körpers ist!

1) $$\frac{r_1^3}{T_1^2} = \frac{r_2^3}{T_2^2} \qquad r_2 = r_1\sqrt[3]{\left(\frac{T_2}{T_1}\right)^2}$$

a) $$r_2 = 3{,}84 \cdot 10^8\ \mathrm{m} \cdot \sqrt[3]{\left(\frac{15\ \mathrm{d}}{27{,}3\ \mathrm{d}}\right)^2} = \mathbf{2{,}58 \cdot 10^8\ m}$$

b) $$r_2 = 3{,}84 \cdot 10^8\ \mathrm{m} \cdot \sqrt[3]{\left(\frac{90\ \mathrm{d}}{27{,}3\ \mathrm{d}}\right)^2} = \mathbf{8{,}51 \cdot 10^8\ m}$$

2) Es gilt $\frac{r^3}{T^2} = \text{konst.}$ (vgl. 6/14).

Diese Konstante enthält neben der Gravitationskonstanten nur die Masse des Zentralgestirns. Die Gleichung ist also für beliebige Trabanten gültig.

6/17	Gravitationsgesetz; Radialkraft

Bestimmen Sie den Abstand einer „venusstationären“ Sonde, die von einem Beobachter auf der Venus als stillstehend wahrgenommen würde! (Einige Tabellenwerte: ein Venustag dauert 243 Erdentage, die Masse des Planeten beträgt $4{,}87 \cdot 10^{24}$ kg = 0,815 Erdenmassen, der Abstand zur Sonne ist $108 \cdot 10^6$ km.)

Die Gravitaionskraft ist die für die Kreisbewegung notwendige Zentripetalkraft. Der Umlauf einer „venusstationären" Sonde dauerte einen Venustag.

$$m\omega^2 r = G\frac{m \cdot M_V}{r_S^2} \qquad \left(\frac{2\pi}{T}\right)^2 r^3 = G \cdot M_V$$

$$r = \sqrt[3]{\frac{G \cdot M_V \cdot T^2}{4\pi^2}}$$

$$r = \sqrt[3]{\frac{6{,}67 \cdot 10^{-11} \cdot m^3 \cdot kg^{-1} \cdot s^{-2} \cdot 4{,}87 \cdot 10^{24}\ kg \cdot (243 \cdot 86400\ s)^2}{4\pi^2}}$$

$\boldsymbol{r = 1{,}54 \cdot 10^9}$ **m** (Abstand vom Mittelpunkt)

Das ist recht genau das Vierfache des Radius der Erdmondbahn.

6/18	Bahnen von Satelliten

Im Diagramm ist der Zusammenhang zwischen Umlaufzeit und Abstand eines Satelliten für den Planeten Mars dargestellt.

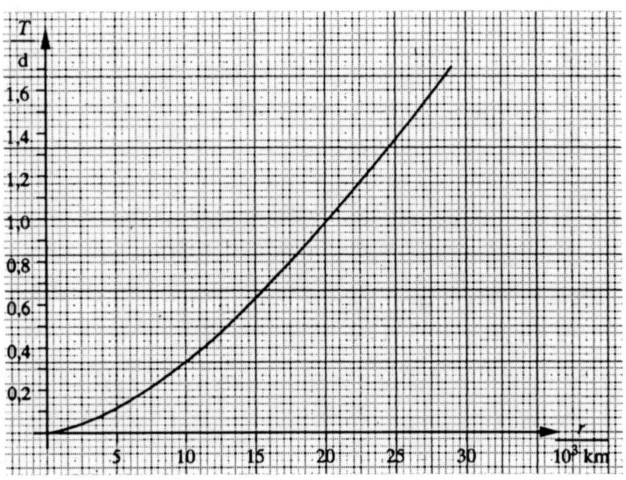

1) Bestimmen Sie mit Hilfe des Diagramms die Umlaufzeit seines Mondes Deimos, wenn dessen mittlere Entfernung 23400 km beträgt!
2) Ermitteln Sie die mittlere Entfernung des Mondes Phobos, wenn dessen Umlaufzeit mit 0,32 d angegeben wird!
3) Berechnen Sie die Konstante aus dem dritten Keplerschen Gesetz für den Planeten Mars!
4) Skizzieren Sie ein Diagramm, das für Erdtrabanten zutrifft, und überprüfen Sie Ihren Graphen anhand der Daten für den Erdmond (384000 km; 27,3 d) bzw. für geostationäre Satelliten (42200 km; 1 d).
Überprüfen Sie Ihre Ergebnisse von Aufgabe 6/16, 1)!

1) $\boldsymbol{T = 1{,}26}$ **d**

2) $\boldsymbol{r = 9{,}4 \cdot 10^3}$ **km**

3) $C_{Ma} = \frac{r^3}{T^2}$

für Deimos: $C_{Ma} = \frac{(23{,}4 \cdot 10^6\ m)^3}{(1{,}26 \cdot 86400\ s)^2} = 1{,}08 \cdot 10^{12}\ \frac{m^3}{s^2}$

zur Kontrolle für Phobos: $C_{Ma} = \frac{(9{,}4 \cdot 10^6\ m)^3}{(0{,}32 \cdot 86400\ s)^2} = 1{,}09 \cdot 10^{12}\ \frac{m^3}{s^2}$

Ist die Marsmasse $m_{Ma} = 6{,}42 \cdot 10^{23}$ kg bekannt, folgt (vgl. 6/14): $C_{Ma} = \frac{1}{4\pi^2} G \cdot m_{Ma} = \mathbf{1{,}085 \cdot 10^{12}\ \frac{m^3}{s^2}}$.

4)

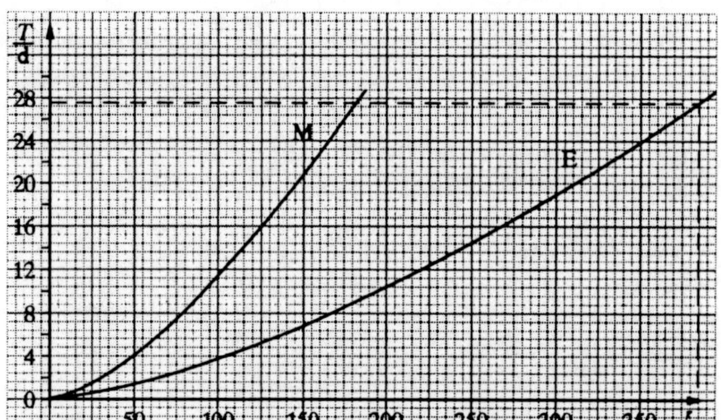

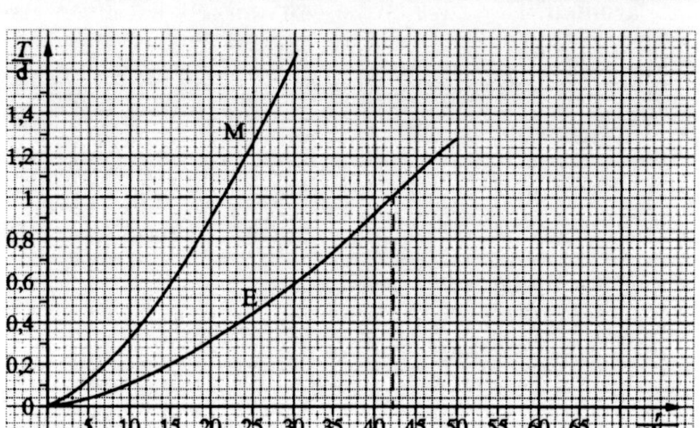

6/19 Keplersche Gesetze

Für die Bahn eines Satelliten um ein Zentralgestirn gilt wegen des zweiten Keplerschen Gesetzes (Flächensatz) für die Geschwindigkeit v_P im Perigäum (kleinster Abstand r_P) und die Geschwindigkeit v_A im Apogäum (größter Abstand r_A)

$$v_A = \frac{r_P}{r_A} \cdot v_P$$

Bewegen sich zwei Satelliten auf Kreisbahnen um ein Zentralgestirn, so kann man aus dem dritten Keplerschen Gesetz

$$v_1 = \sqrt{\frac{r_2}{r_1}} \cdot v_2$$

ableiten.

1) Vollziehen Sie beide Herleitungen nach!
2) Lösen Sie den scheinbaren Widerspruch durch sachgerechte Interpretation der Gleichungen!

1) Für kleines Δt kann die überstrichene Fläche als dreiecksförmig betrachtet werden.

$$A_A = v_A \Delta t \cdot r_A = A_P = v_P \cdot \Delta t \cdot r_P$$

$$v_A \cdot r_A = v_P \cdot r_P$$

Im zweiten Fall gilt (Zentripetalkraft = Gravitationskraft):

$$F_Z = \frac{mv^2}{r} = \frac{G \cdot m \cdot M}{r^2} = F_G$$

$$v^2 r = G \cdot M = \text{const.}$$

$$v_1^2 \cdot r_1 = v_2^2 \cdot r_2 \qquad v_1 = \sqrt{\frac{r_2}{r_1}} \cdot v_2$$

2) Im ersten Fall handelt es sich um die Bewegung ein und desselben Satelliten, der durch die elliptische Form der Bahn mit unterschiedlichen Geschwindigkeiten fliegt (Planetennähe – höhere Geschwindigkeit und umgekehrt).

Im zweiten Fall bewegen sich zwei Satelliten auf unterschiedlichen kreisförmigen Bahnen. Es ist deshalb nicht verwunderlich, daß sich grundlegend verschiedene Gesetzmäßigkeiten ergeben.

6/20 Keplersche Gesetze; Gravitationsgesetz

Von einem der Monde eines Planeten unseres Sonnensystems sind folgende Werte bekannt: Abstand im entferntesten Bahnpunkt (Apoapsis): $r_A = 1{,}64 \cdot 10^9$ m, Abstand im planetennächsten Bahnpunkt (Periapsis): $r_P = 1{,}33 \cdot 10^9$ m, Geschwindigkeit in der Apoapsis: $v_A = 4590\ \text{ms}^{-1}$.

1) Berechnen Sie die Geschwindigkeit des Mondes in der Periapsis!
2) Welche Masse hat sein Zentralgestirn?
3) Um welchen Planeten und um welchen Mond handelt es sich?

1) Aus dem Flächensatz folgt:

$$v_A \cdot r_A = v_P \cdot r_P$$

$$\rightarrow \quad v_P = \frac{v_A \cdot r_A}{r_P} = \frac{1{,}64 \cdot 10^9\ \text{m} \cdot 4590\ \text{ms}^{-1}}{1{,}33 \cdot 10^9\ \text{m}} = \mathbf{5660\ ms^{-1}}$$

2) In Apo- und Periapsis ist die Bahnellipse am stärksten gekrümmt. Der zugehörige Krümmkreis hat einen Radius $r_K = \frac{b^2}{a}$, wobei a, b die große bzw. kleine Halbachse der Ellipse sind.

Die Zentripetalkraft entspricht der Gravitationskraft.

$$2a = r_A + r_P; \quad 2e = r_\Delta - r_P;$$

$$b^2 = a^2 - e^2; \quad r_K = 1{,}47 \cdot 10^9\ \text{m}$$

$$\frac{m \cdot v_A^2}{r_K} = \frac{G \cdot m \cdot M}{r_A^2}$$

$$M = \frac{r_A^2 \cdot v_A^2}{G \cdot r_K}$$

$$= \frac{(1{,}64 \cdot 10^9\ \text{m})^2 \cdot (4590\ \text{ms}^{-1})^2}{6{,}672 \cdot 10^{-11} \cdot \text{m}^3 \cdot \text{kg}^{-1} \cdot \text{s}^{-2} \cdot 1{,}47 \cdot 10^9\ \text{m}}$$

$$\mathbf{M = 5{,}78 \cdot 10^{26}\ kg \approx 5{,}8 \cdot 10^{26}\ kg}$$

Näherungsrechnung, die die Ellipse durch einen Kreis mit mittlerem Radius $r = \frac{1}{2}(r_A + r_P)$ ersetzt und für die Geschwindigkeit $v = \frac{1}{2}(v_A + v_P)$ wählt:

$$M = \frac{m \cdot v^2}{G} = \frac{1{,}485 \cdot 10^9\ \text{m} \cdot (5125\ \text{ms}^{-1})^2}{6{,}672 \cdot 10^{-11} \cdot \text{m}^3 \cdot \text{kg}^{-1} \cdot \text{s}^{-2}}$$

$$\mathbf{M = 5{,}85 \cdot 10^{26}\ kg \approx 5{,}8 \cdot 10^{26}\ kg}$$

3) Es handelt sich um den Saturn und seinen Mond Hyperion.

6/21 Arbeit im Gravitationsfeld

Bestimmen Sie die mechanische Arbeit, die verrichtet werden mußte, um die Apollo-Landefähre, die nach Zurücklassen verschiedener Geräte nur noch eine Masse von 2,0 t hatte, von der Mondoberfläche auf eine Höhe von 110 km zu bringen!

$3{,}36 \cdot 10^8\,\text{J} = 43{,}6 \cdot 10^6 \frac{\text{J}}{\text{kg}} \cdot x$

$3{,}36 \cdot 10^8$

$7{,}7\,\text{kg} = x$

$$W = \int_{r_1}^{r_2} F(r)\,\mathrm{d}r \qquad F(r) = \frac{G \cdot m \cdot M}{r^2}$$

r vom Mittelpunkt gemessen

$$W = G \cdot m \cdot M \int_{r_1}^{r_2} \frac{\mathrm{d}r}{r^2} = G \cdot m \cdot M \left[-\frac{1}{r}\right]_{r_1}^{r_2} = G \cdot m \cdot M \left(-\frac{1}{r_2} + \frac{1}{r_1}\right)$$

$$W = 6{,}67 \cdot 10^{-11}\ \text{m}^3\ \text{kg}^{-1} \cdot \text{s}^{-2} \cdot 2 \cdot 10^3\ \text{kg} \cdot 7{,}35 \cdot 10^{22}\ \text{kg} \cdot \left(-\frac{1}{1{,}848 \cdot 10^6\ \text{m}} + \frac{1}{1{,}738 \cdot 10^6\ \text{m}}\right)$$

$$\mathbf{W = 3{,}36 \cdot 10^8\ Nm}$$

(Dies allein entspricht etwa dem Heizwert von 7 t Benzin.)

$43{,}6 \frac{\text{MJ}}{\text{kg}}$

6/22 2. kosmische Geschwindigkeit

Um die Erde auf einer erdnahen Bahn zu umkreisen, braucht ein Satellit eine Geschwindigkeit von 7,9 kms^{-1}, die 1. kosmische Geschwindigkeit.
Bestimmen Sie nun die Geschwindigkeit, die ein Körper haben muß, wenn er die Anziehungskraft der Erde überwinden soll, indem Sie die Arbeit von der Erdoberfläche bis ins Unendliche berechnen und mit der kinetischen Energie vergleichen!

Die kinetische Energie des Satelliten muß der Hubarbeit entsprechen.

$$E_{\text{kin}} = \frac{m}{2} v^2$$

$$W = \int_{r_E}^{\infty} F_{\text{Gr}} \cdot \mathrm{d}r = \int_{r_E}^{\infty} G \cdot \frac{M_E \cdot m}{r^2} \cdot \mathrm{d}r = GM_E m \int_{r_E}^{\infty} \frac{\mathrm{d}r}{r^2}$$

$$\frac{m}{2} v^2 = G \cdot M_E \cdot m \int_{r_E}^{\infty} \frac{\mathrm{d}r}{r^2}$$

$$v^2 = 2G \cdot M_E \cdot \left[-\frac{1}{r}\right]_{r_E}^{\infty} = 2G \cdot M_E \cdot \frac{1}{r_E}$$

$$v = \sqrt{2G \cdot M_E \cdot \frac{1}{r_E}} = \sqrt{\frac{2 \cdot 6{,}67 \cdot 10^{-11} \cdot \text{N} \cdot \text{m}^2 \cdot \text{kg}^{-2} \cdot 5{,}98 \cdot 10^{24}\ \text{kg}}{6{,}37 \cdot 10^6\ \text{m}}}$$

$$\mathbf{v = 11{,}2\ kms^{-1}} \qquad (v = v_1 \cdot \sqrt{2})$$

6/23 1. und 2. kosmische Geschwindigkeit

Berechnen Sie die Kreisbahn- und die Parabelbahngeschwindigkeit für die Planeten Mars und Jupiter!

Kreisbahngeschwindigkeit:
Gravitationskraft nahe der Oberfläche und Radialkraft gleichsetzen:

$$F_G = G \frac{mM}{r_{\text{Pl}}^2} \qquad F_R = \frac{mv^2}{r_{\text{Pl}}} \qquad v_K = \sqrt{\frac{GM}{r_{\text{Pl}}}}$$

Mars: $$v_K = \sqrt{\frac{6{,}67 \cdot 10^{-11}\ \text{Nm}^2\text{kg}^{-2} \cdot 6{,}42 \cdot 10^{23}\ \text{kg}}{3{,}395 \cdot 10^6\ \text{m}}}$$

$$\mathbf{v_K = 3{,}5\ kms^{-1}}$$

Jupiter: $$v_K = \sqrt{\frac{6{,}67 \cdot 10^{-11}\ \text{Nm}^2\text{kg}^{-2} \cdot 1{,}90 \cdot 10^{27}\ \text{kg}}{7{,}14 \cdot 10^7\ \text{m}}}$$

$$\mathbf{v_K = 42\ kms^{-1}}$$

Parabelbahngeschwindigkeit (Fluchtgeschwindigkeit):
Kinetische Energie entspricht gesamter potentieller Energie (Hubarbeit ins Unendliche):

$$E_{\text{kin}} = \frac{m}{2} v_P^2 \qquad W_\infty = \int_{r_{\text{Pl}}}^{\infty} F_G\,\mathrm{d}r = GmM \int_{r_{\text{Pl}}}^{\infty} \frac{\mathrm{d}r}{r^2} = GmM \cdot \frac{1}{r_{\text{Pl}}}$$

$$v_P^2 = \frac{2G \cdot M}{r_{\text{Pl}}} \qquad v = \sqrt{\frac{2GM}{r_{\text{Pl}}}} = \sqrt{2} \cdot v_K$$

Mars: $\mathbf{v_P = 5{,}0\ kms^{-1}}$

Jupiter: $\mathbf{v_P = 59\ kms^{-1}}$

6/24 Gravitationsfeldstärke

1) Unter welchen Bedingungen kann man das Gravitationsfeld der Erde als Zentral- oder Radialfeld bezeichnen?

2) Definieren Sie die Größe Gravitationsfeldstärke, und interpretieren Sie die Gleichung!

3) Bestimmen Sie die Gravitationsfeldstärke des Erdfeldes in einer Höhe von 1500 km über der Erdoberfläche!

4) In welchem Abstand von der Erdoberfläche beträgt die Gravitationsfeldstärke nur noch 10 % ihres Wertes an der Erdoberfläche?

1) Näherungsweise (Dichteschwankungen, Abweichung von der Kugelgestalt) kann das Gravitationsfeld außerhalb der Erdoberfläche als Zentralfeld betrachtet werden.

2) Die Gravitationsfeldstärke g ist der Quotient aus der Gravitationskraft F_G, die auf einen Körper wirkt, und seiner Masse m.

$$g = \frac{F_G}{m}$$

3) $g = \frac{F_G}{m} \qquad F_G = G\frac{mM_E}{r^2} \qquad r = r_E + h$

$$g = \frac{GM_E}{(r_E+h)^2} = \frac{6{,}67\cdot 10^{-11}\ \text{Nm}^2\cdot\text{kg}^{-2}\cdot 5{,}98\cdot 10^{24}\ \text{kg}}{(6{,}37\cdot 10^6\ \text{m} + 1{,}5\cdot 10^6\ \text{m})^2}$$

$$\mathbf{g = 6{,}43\ ms^{-2}}$$

4) $\frac{1}{10}g(r_E) = g(r_E+h) \qquad \frac{G\cdot M_E}{10r_E^2} = \frac{G\cdot M_E}{(r_E+h)^2}$

$$r_E^2 + 2r_E\cdot h + h^2 = 10r_E^2$$

$$h_{1/2} = -r_E \pm \sqrt{r_E^2 + 9r_E^2} = -r_E \pm r_E\sqrt{10}$$

$$h = r_E(\sqrt{10}-1) = 2{,}16r_E = \mathbf{13800\ km}$$

Weitere Lösung: Da der Abstand der Körper im Gravitationsgesetz quadratisch eingeht, muß sich dieser Abstand um den Faktor $\sqrt{10}$ vergrößern.

6/25 Gravitationsbeschleunigung

Wenn man die Erde als eine Vollkugel (Radius $r_E = 6370$ km) sowie als Körper mit einer homogenen Dichte auffaßt, so gilt für die Gravitationsbeschleunigung a innerhalb der Erde $a = g\frac{r}{r_E}$ und außerhalb der Erde $a = g\frac{r_E^2}{r^2}$.

1) Stellen Sie die Gravitationsbeschleunigung der Erde als Funktion des Abstandes vom Erdmittelpunkt in Schritten von jeweils 1000 km bis 40000 km (1 cm = 2000 km) dar!

2) Bestimmen Sie mit Hilfe der grafischen Darstellung, in welcher Entfernung vom Erdmittelpunkt die Gravitationsbeschleunigung nur noch ein Viertel ihres Wertes an der Erdoberfläche beträgt! Überprüfen Sie Ihr Ergebnis durch eine Rechnung!

1)

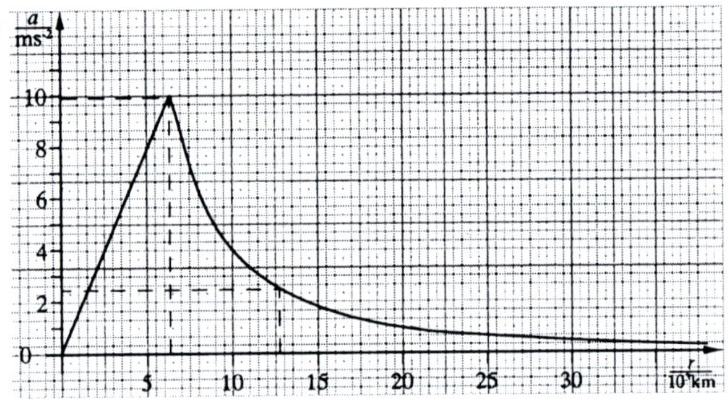

2) s. Abb.: $a = 2{,}45\ \text{ms}^{-2}$ bei $r = 12{,}74\cdot 10^3$ km
(innerhalb: bei $r = 1{,}59\cdot 10^3$ km)

$$a = \frac{1}{4}g = g\cdot\frac{r_E^2}{r^2}$$

$$r = r_E\sqrt{\frac{4g}{g}} = 2r_E = 2\cdot 6{,}37\cdot 10^3\ \text{km} = \mathbf{12{,}74\cdot 10^3\ km}$$

$$\left(\text{innerhalb: } r = \frac{r_E}{4} = \frac{6{,}37\cdot 10^3\ \text{km}}{4} = \mathbf{1{,}59\cdot 10^3\ km}\right)$$

6/26 Gravitationspotential

Die Erde kann näherungsweise als homogene Vollkugel betrachtet werden.

1) Zeichnen Sie in ein Feldlinienbild des Gravitationsfeldes der Erde Äquipotentiallinien ein! Wo liegen Punkte mit gleichem Potential?

2) Berechnen Sie das Gravitationspotential für die Abstände von der Erdoberfläche von 0 bis 40000 km (in Schritten von je 2000 km)! Setzen Sie dazu das Potential an der Erdoberfläche gleich null!

3) Stellen Sie das Potential als Funktion des Abstandes vom Erdmittelpunkt dar!

1)

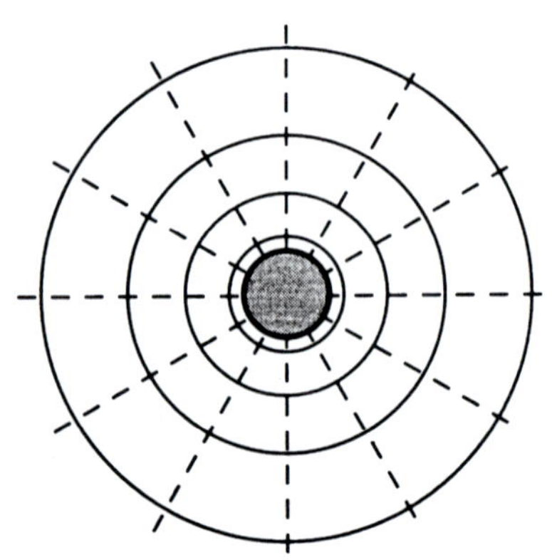

Punkte gleichen Potentials liegen auf konzentrischen Kugeln, deren Mittelpunkt im Erdmittelpunkt liegt.

2) Für die Potentialdifferenz zweier Punkte P_1 und P_2 gilt $v_{12} = W_{12}/m$, wobei W die zugehörige Verschiebungsarbeit ist.

Das Potential an der Erdoberfläche wird null, wenn die Verschiebung dort ihren Ausgangspunkt hat. Für Punkte P_2 außerhalb der Erde ($r_2 \geq r_E$) gilt:

$$v_{12} = \frac{1}{m}\int_{r_1}^{r_2} F_{Gr}(r)\,dr = \frac{1}{m}\int_{r_E}^{r_2} \frac{G \cdot m \cdot M_E}{r^2}\,dr = G \cdot M_E \left[-\frac{1}{r}\right]_{r_E}^{r_2}$$

$$v(r_2) = G \cdot M_E \left(-\frac{1}{r_2} + \frac{1}{r_E}\right)$$

Für $h = 10000$ km, d. h. $r = r_E + h = 16{,}37 \cdot 10^6$ m, gilt:

$$v = 6{,}672 \cdot 10^{-11}\ \mathrm{m^3 \cdot kg^{-1} \cdot s^{-2}} \cdot 5{,}98 \cdot 10^{24}\ \mathrm{kg}$$

$$\cdot \left(-\frac{1}{16{,}37 \cdot 10^6\ \mathrm{m}} + \frac{1}{6{,}37 \cdot 10^6\ \mathrm{m}}\right)$$

$$v = 3{,}83 \cdot 10^7\ \frac{\mathrm{m}^2}{\mathrm{s}^2} = \mathbf{38{,}3 \cdot 10^3\ \frac{km^2}{s^2}}$$

Innerhalb der Erde ($r_2 \leq r_E$) gilt (vgl. 6/25):

$$F_{Gr} = m \cdot g \cdot \frac{r_2}{r_E}$$

$$v_{12} = \frac{1}{m}\int_{r_E}^{r_2} \frac{mgr}{r_E}\,dr = \frac{g}{r_E}\left[\frac{r^2}{2}\right]_{r_E}^{r_2} = \frac{g}{2r_E}(r_2^2 - r_E^2)$$

3)

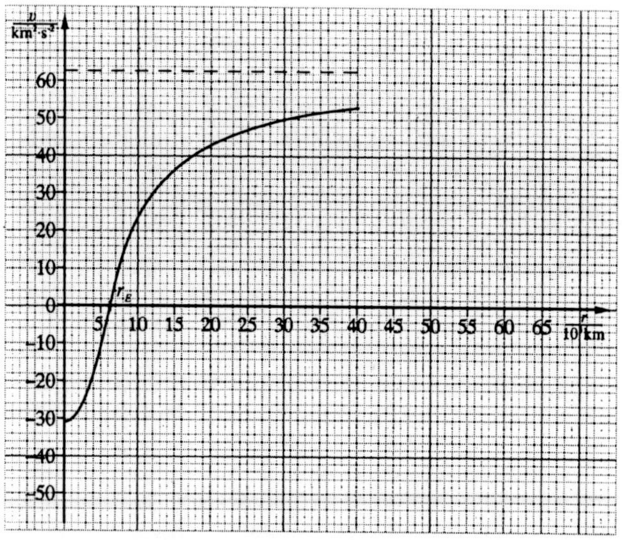

6/27		Gravitationsgesetz		

Theta und Pi gehen nach Hause. Da zeigt Theta auf einen kleinen losen Stein auf dem Fußweg und sagt: „Niemand kann diesen Stein aufheben."
Als Pi sie ungläubig ansieht, ergänzt sie lächelnd: „Der Abstand zwischen Stein und Erde ist doch Null, und im Gravitationsgesetz ..."

„... steht doch der Abstand der betrachteten Körper im Nenner." Trotzdem ist die Überlegung falsch, da ja das r aus dem Gravitationsgesetz der Abstand der beiden **Massenmittelpunkte** der Körper ist.

Weiterführende Überlegung: Was geschieht, wenn der Körper ins Erdinnere eindringt? Wächst die Gravitationskraft über alle Grenzen? – Nein, weil die „über" dem Körper befindlichen Schichten „nach oben" ziehen. Unter der Annahme einer konstanten Erddichte ist ein Körper auf der Erdoberfläche der größten Erdanziehungskraft ausgesetzt.

6/28		Gravitation im Erdinneren		

„Stell dir vor, ein Schacht durch den Erdmittelpunkt bis zur anderen Seite der Erde. Das wäre ein billiges Reisen. Zu den Antipoden-Inseln in nur wenigen Minuten ohne Antrieb!" Theta ist begeistert.
„Langsam, langsam", beschwichtigt Pi, „davon sind wir noch meilenweit entfernt."
„Ob das überhaupt geht? Bleibt man nicht im Mittelpunkt hängen?" überlegt Rho.

Theoretisch möglich bei Vernachlässigung des Luftwiderstandes. Dauer etwa 41 Minuten. Im Mittelpunkt bleibt man infolge der Trägheit nicht hängen.

Unter Berücksichtigung des Luftwiderstandes ergibt sich eine gedämpfte harmonische Schwingung, bis der Körper schließlich im Erdmittelpunkt hängen bleibt.

Da die tiefsten Bohrungen noch keine 15 km erreichen, ist man noch weit von einem Schacht durch den Erdmittelpunkt entfernt.

7 Mechanische Schwingungen und Wellen

7.1 Mechanische Schwingungen

7/01		Harmonische Schwingung; Kreisbewegung

1) Zeigen Sie, daß die x-Komponente eines auf einer Kreisbahn gleichförmig bewegten Punktes um den Koordinatenursprung mit $r = 1$ cm und $\omega = 1\ \mathrm{s}^{-1}$ der Schwingungsgleichung einer harmonischen Schwingung genügt!
2) Wie groß sind Elongation, Geschwindigkeit und Beschleunigung dieser harmonischen Schwingung für die Zeitpunkte 0 s; $\frac{\pi}{2}$ s, π s, $\frac{3\pi}{2}$ s und 2π s?

1)

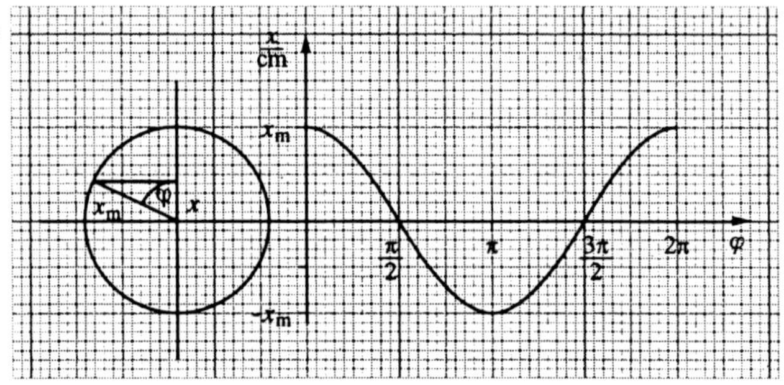

$\cos\varphi = \frac{s}{s_m}$ $\qquad$ $s = s_m \cos\varphi = s_m \cos\omega t$

2) $s(t) = s_m \cos\omega t$ $\qquad$ $s(t) = 1\ \mathrm{cm} \cos 1\ \mathrm{s}^{-1} t$

$\dot{s}(t) = -s_m\omega \sin\omega t$ $\qquad$ $\dot{s}(t) = -1\ \mathrm{cm}\ 1\ \mathrm{s}^{-1} \sin 1\ \mathrm{s}^{-1} t$

$\ddot{s}(t) = -s_m\omega^2 \cos\omega t$ $\qquad$ $\ddot{s}(t) = -1\ \mathrm{cm}\ (1\ \mathrm{s}^{-1})^2 \cos 1\ \mathrm{s}^{-1} t$

t in s	0	$\frac{\pi}{2}$	π	$\frac{3\pi}{2}$	2π
s in cm	1	0	−1	0	1
$\dot{s}$ in cms^{-1}	0	−1	0	1	0
$\ddot{s}$ in cms^{-2}	−1	0	1	0	−1

7/02		Funktionsgleichung für harmonische Schwingung

Das Diagramm zeigt die s-t-Funktionen von drei harmonischen Schwingungen.

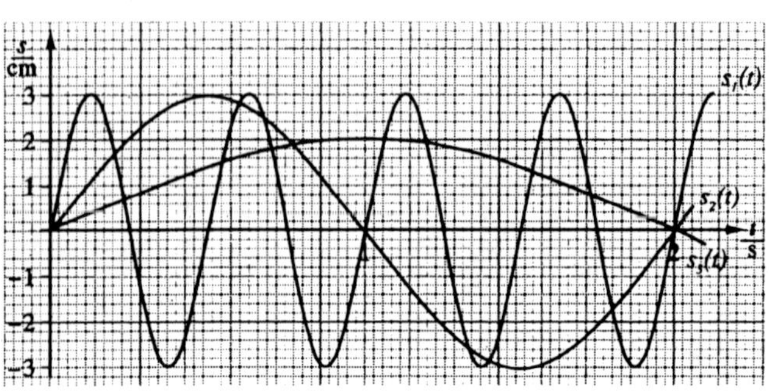

1) Wie groß sind Frequenz und Periode der dargestellten Schwingungen?
2) Bestimmen Sie für jede der Schwingungen aus dem Diagramm die Elongation für 1 s und 2 s sowie die Amplitude!
3) Stellen Sie die Weg-Zeit-Gesetze $s(t)$ auf!
4) Berechnen Sie die Elongationen der Schwingungen zur Zeit $t = 0{,}5$ s, und vergleichen Sie diese mit den Werten im Diagramm!

1) $T_1 = 0{,}5$ s $\qquad$ $f_1 = 2$ Hz
$T_2 = 2$ s $\qquad$ $f_2 = 0{,}5$ Hz
$T_3 = 4$ s $\qquad$ $f_3 = 0{,}25$ Hz

2) $s_1(1\ \mathrm{s}) = 0$ cm $\qquad$ $s_1(2\ \mathrm{s}) = 0$ cm $\qquad$ $s_{m_1} = 3$ cm
$s_2(1\ \mathrm{s}) = 0$ cm $\qquad$ $s_2(2\ \mathrm{s}) = 0$ cm $\qquad$ $s_{m_2} = 3$ cm
$s_3(1\ \mathrm{s}) = 2$ cm $\qquad$ $s_3(2\ \mathrm{s}) = 0$ cm $\qquad$ $s_{m_3} = 2$ cm

3) $s(t) = s_m \sin(2\pi f \cdot t)$
$s_1(t) = 3\ \mathrm{cm} \sin(2\pi \cdot 2\ \mathrm{Hz} \cdot t)$
$s_2(t) = 3\ \mathrm{cm} \sin(2\pi \cdot 0{,}5\ \mathrm{Hz} \cdot t)$
$s_3(t) = 2\ \mathrm{cm} \sin(2\pi \cdot 0{,}25\ \mathrm{Hz} \cdot t)$

4) $s_1(0{,}5\ \mathrm{s}) = 0$ cm
$s_2(0{,}5\ \mathrm{s}) = 3$ cm
$s_3(0{,}5\ \mathrm{s}) = 1{,}4$ cm

7/03		Periode; Drehzahl; Elongation

Über ein sogenanntes Interface, das gestattet, die Elongation automatisch zu bestimmen und die Wertepaare (s, t) auf dem Computerschirm darzustellen, wurde folgendes Diagramm ermittelt.

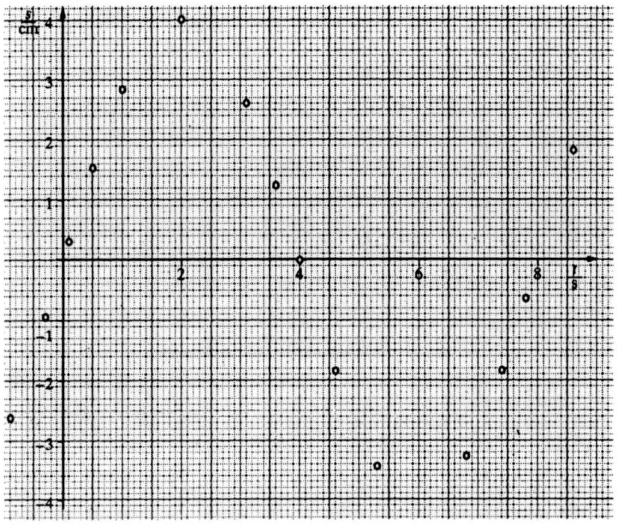

1) Bestimmen Sie durch Ablesen geeigneter Wertepaare die Periodendauer sowie die Amplitude der gemessenen Schwingung, und stellen Sie die Schwingungsgleichung auf!

2) Berechnen Sie die Elongation des Schwingers 1 s nach dem Nulldurchgang und 3,5 s, nachdem er einen Umkehrpunkt passiert hat!

3) Wieviel Schwingungen werden in 2 min ausgeführt?

1) Aus dem Diagramm folgt:

$t_1 = 2\,\mathrm{s}$ $\quad s_1 = 4\,\mathrm{cm};$ $\quad t_2 = 4\,\mathrm{s}$ $\quad s_2 = 0$

$T = 2t_2$ $\quad \boldsymbol{T = 8\,\mathrm{s}}$

$\boldsymbol{s_m = 4\,\mathrm{cm}}$

$s(t) = s_m \sin \frac{2\pi}{T} t$ $\qquad \boldsymbol{s(t) = 4\,\mathrm{cm} \sin \frac{\pi}{4} t}$

2) $s(1\,\mathrm{s}) = 4\,\mathrm{cm} \sin \frac{\pi}{4\,\mathrm{s}} 1\,\mathrm{s}$ $\qquad \boldsymbol{s(1\,\mathrm{s}) = 2{,}8\,\mathrm{cm}}$

$s(5\,\mathrm{s}) = 4\,\mathrm{cm} \sin \frac{\pi}{4\,\mathrm{s}} 5\,\mathrm{s}$ $\qquad \boldsymbol{s(5\,\mathrm{s}) = -2{,}8\,\mathrm{cm}}$

$s(5{,}5\,\mathrm{s}) = 4\,\mathrm{cm} \sin \frac{\pi}{4\,\mathrm{s}} 5{,}5\,\mathrm{s}$ $\qquad \boldsymbol{s(5{,}5\,\mathrm{s}) = -3{,}7\,\mathrm{cm}}$

$s(9{,}5\,\mathrm{s}) = 4\,\mathrm{cm} \sin \frac{\pi}{4\,\mathrm{s}} 9{,}5\,\mathrm{s}$ $\qquad \boldsymbol{s(9{,}5\,\mathrm{s}) = 3{,}7\,\mathrm{cm}}$

3) $T = \frac{t}{n}$ $\quad n = \frac{t}{T}$ $\quad n = \frac{120\,\mathrm{s}}{8\,\mathrm{s}}$ $\qquad \boldsymbol{n = 15}$

7/04		Bewegungsgesetze; Periode

Im Diagramm ist der zeitliche Verlauf der Schwingung eines Fadenpendels dargestellt.

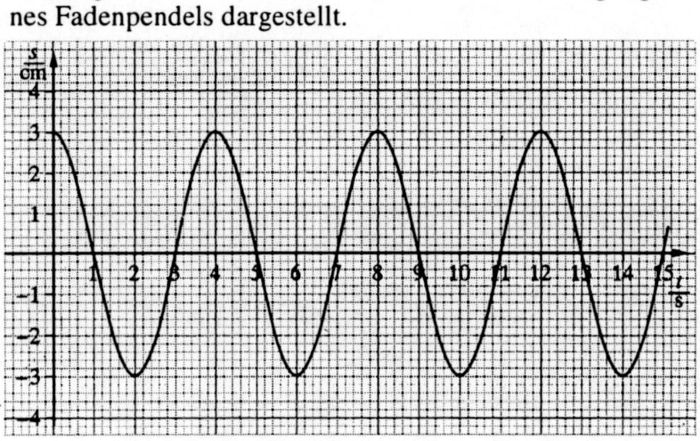

1) Geben Sie die Anzahl der Schwingungen zwischen der 5. und der 15. Sekunde an, und bestimmen Sie daraus die Schwingungsdauer!

2) Zeichnen Sie die zugehörigen *v-t-* und *a-t*-Diagramme ($0\,\mathrm{s} \leq t \leq 8\,\mathrm{s}$)!

3) Wie ändert sich die Schwingungsdauer, wenn die Masse des Pendelkörpers verdoppelt wird?

4) Stellen Sie die Bewegungsgleichungen $s(t)$, $v(t)$ und $a(t)$ auf!

1) $\boldsymbol{n = 2{,}5}$ $\quad T = \frac{t}{n}$ $\quad T = \frac{10\,\mathrm{s}}{2{,}5}$ $\qquad \boldsymbol{T = 4\,\mathrm{s}}$

2) $s(t) = s_m \cos \frac{2\pi}{T} t$ $\qquad s(t) = 3\,\mathrm{cm} \cos \frac{\pi}{2\,\mathrm{s}} t$

$\dot{s}(t) = -s_m \frac{2\pi}{T} \sin \frac{2\pi}{T} t$ $\qquad \dot{s}(t) = -3\,\mathrm{cm} \frac{\pi}{2\,\mathrm{s}} \sin \frac{\pi}{2\,\mathrm{s}} t$

$\ddot{s}(t) = -s_m \frac{4\pi^2}{T^2} \cos \frac{2\pi}{T} t$ $\qquad \ddot{s}(t) = -3\,\mathrm{cm} \frac{\pi^2}{4\,\mathrm{s}^2} \cos \frac{\pi}{2\,\mathrm{s}} t$

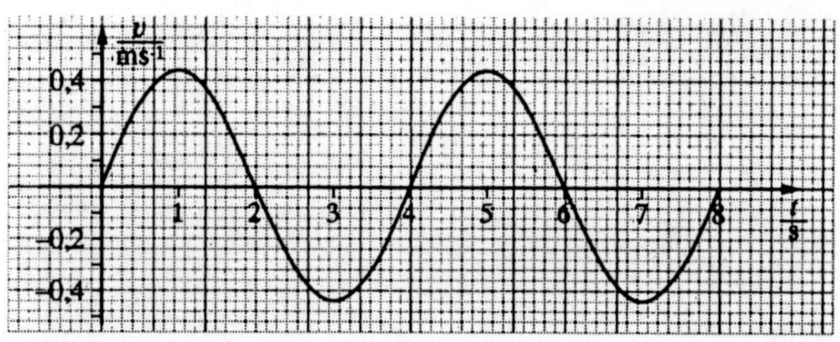

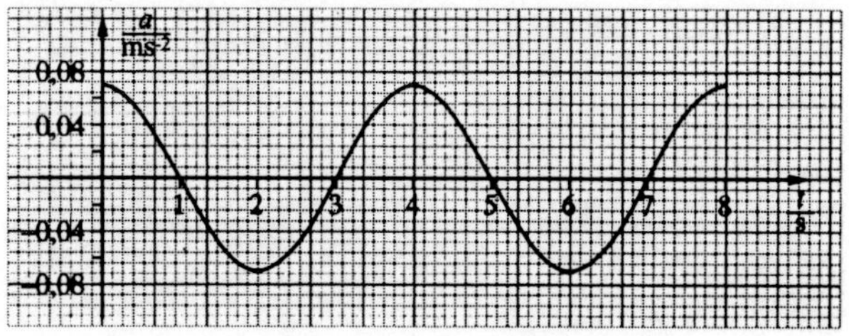

t in s	0	1	2	3	4	5	6	7	8
$\dot{s}$ in $\mathrm{cms^{-1}}$	0	–4,7	0	4,7	0	–4,7	0	4,7	0
$\ddot{s}$ in $\mathrm{cms^{-2}}$	–7,4	0	7,4	0	–7,4	0	7,4	0	–7,4

3) $T = 2\pi\sqrt{\frac{l}{g}}$ $\quad \rightarrow T$ ist unabhängig von m

4) $\boldsymbol{s(t) = 3\,\mathrm{cm} \cos \frac{\pi}{2\,\mathrm{s}} t;}$ $\quad \boldsymbol{\dot{s}(t) = -3\,\mathrm{cm} \frac{\pi}{2\,\mathrm{s}} \sin \frac{\pi}{2\,\mathrm{s}} t}$

$\boldsymbol{\ddot{s}(t) = -3\,\mathrm{cm} \frac{\pi^2}{4\,\mathrm{s}^2} \cos \frac{\pi}{2\,\mathrm{s}} t}$

7/05 Schwingender Körper im Wasser

Ein quaderförmiger Körper schwimmt so im Wasser, daß eine seiner größten Seitenflächen untertaucht. Durch eine auf die Oberseite wirkende Kraft wird dieser Körper gleichmäßig 2 mm tiefer in die Flüssigkeit gedrückt und danach losgelassen, so daß er zu schwingen beginnt. Schwingt der Körper harmonisch?

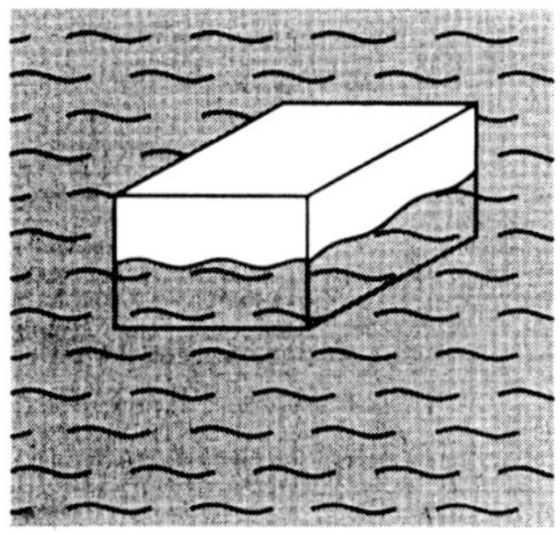

Für die Bewegung ist die resultierende Kraft F_r aus Auftriebs- und Gewichtskraft des Körpers verantwortlich.

Da F_G = konst., ändert sich F_r in Abhängigkeit von F_A.

$F_A = F_{G_{Fl}} = \rho_{Fl} V_{Fl} g = \rho_{Fl} A_K s g \qquad \rightarrow F_A \sim s$ und

F_r ist stets zur Nullage gerichtet $\rightarrow$ Körper schwingt harmonisch

oder

$F_r = ma = m\ddot{s}(t) \qquad 0 = \ddot{s}(t) + s(t)\omega^2 \qquad \omega^2 = \frac{D}{m}$

$F_r = -Ds(t)$

7/06 Periode; Bewegungsgesetze

Bei einem Trick bewegt der Artist ein Tablett, auf dem 5 Gläser (m_g = 200 g) stehen, in vertikaler Richtung aus einer Höhe von 1m über dem Erdboden auf eine Höhe von 1,50 m und wieder zurück. Für diese Bewegung, die als harmonisch betrachtet werden kann, benötigt er 1,1 s.

1) Bleiben die Gläser auf dem Tablett stehen?
2) Mit welcher Frequenz muß der Artist das Tablett bewegen, damit in einem der Umkehrpunkte die resultierende Beschleunigung dem doppelten Wert der Fallbeschleunigung entspricht?
3) Wie groß ist dann die Beschleunigung im anderen Umkehrpunkt?
4) Vergleichen Sie die Ergebnisse der Aufgaben 1) und 2)!

1) $s(t) = s_m \cos \omega t \qquad s_m = \frac{h_2 - h_1}{2} \qquad \omega = \frac{2\pi}{T_1}$

$s(t) = \frac{h_2 - h_1}{2} \cos \frac{2\pi}{T_1} t$

$\ddot{s}(t) = -\frac{h_2 - h_1}{2} \frac{4\pi^2}{T_1^2} \cos \frac{2\pi}{T_1} t \qquad \ddot{s}(t) = \max \rightarrow \cos \frac{2\pi}{T_1} t = 1$

$\ddot{s}_m = \left| -\frac{h_2 - h_1}{2} \frac{4\pi^2}{T_1^2} \right|$

$\ddot{s}_m = \left| -\frac{1{,}50\,\text{m} - 1\,\text{m}}{2} \frac{4\pi^2}{(1{,}1\,\text{s})^2} \right|$

$\mathbf{\ddot{s}_m = 8{,}16\ ms^{-2}}$

$\ddot{s}_m < g \qquad \rightarrow$ Gläser verbleiben auf dem Tablett.

2) $\ddot{s}_m = g = \frac{h_2 - h_1}{2} 4\pi^2 f^2$

$f_2 = \frac{1}{\pi} \sqrt{\frac{g}{2(h_2 - h_1)}} \qquad f_2 = \frac{1}{\pi} \sqrt{\frac{9{,}81\ \text{ms}^{-2}}{2(1{,}50\,\text{m} - 1\,\text{m})}}$

$\mathbf{f_2 = 0{,}997\ Hz}$

3) $a_r = g - \ddot{s} \qquad \mathbf{a_r = 0}$

4) $\mathbf{\frac{1}{f_2} < T_1} \rightarrow$ wenn $T < \frac{1}{f_2}$, also $T < 1{,}003$ s,

dann bleiben Gläser nicht auf dem Tablett stehen.

7/07 Schwingende Flüssigkeit im U-Rohr

Ein Transportwagen für Chemikalien muß an einer Kreuzung bremsen. Dadurch wird die in einem U-Rohr mit 1 cm^2 Querschnitt befindliche 10 cm lange Flüssigkeitssäule (ρ = 0,8 kg cm^{-3}) zu Schwingungen angeregt (s. vereinfachte Darstellung). Diese Schwingung kann als harmonisch betrachtet werden.

1) Geben Sie die allgemeine Schwingungsgleichung für die Flüssigkeit in einem U-Rohr an!
2) Wie groß ist die Kreisfrequenz der Schwingung?
3) Stellen Sie in einem Diagramm die Abhängigkeit der Kreisfrequenz von der Länge der Flüssigkeitssäule dar (1 cm $\leq l \leq$ 60 cm)!
4) Berechnen Sie die Schwingungsdauer!

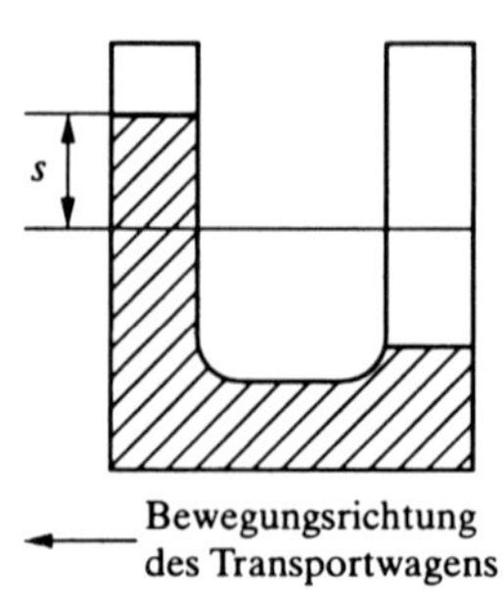

5) Wie können Sie erkären, daß sich selbst bei einer Quecksilbersäule (über 15fache Dichte im Vergleich zur Dichte der Ausgangsflüssigkeit) mit gleicher Länge Frequenz und Schwingungsdauer nicht ändern?
6) Beschreiben Sie die in der Praxis entstehende Schwingung, und erläutern Sie die Idealisierungen, die in der Aufgabenstellung gemacht werden!

1) $F_G = mg = \rho A 2 s g$ (rücktreibende Kraft)

$F = -m_g \ddot{s} = -\rho A l \ddot{s}$ (beschleunigende Kraft, die auf gesamte Flüssigkeitssäule wirkt.)

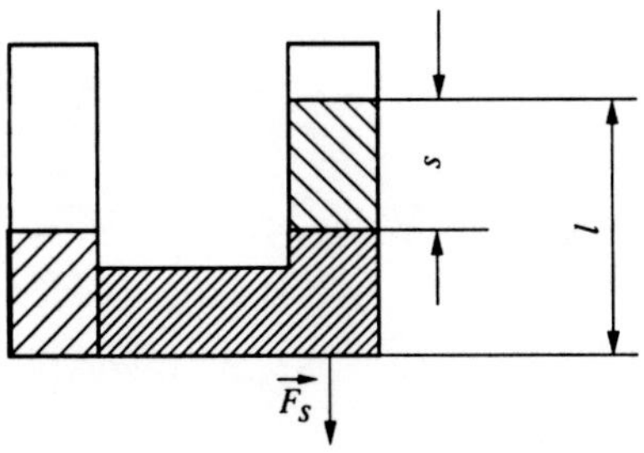

$$F_s = F \quad \rightarrow \quad 0 = l\ddot{s} + 2sg \qquad \mathbf{0 = \ddot{s} + \frac{2g}{l}s} \qquad (1)$$

2) Aus (1) und $0 = \ddot{s} + \omega^2 s$ folgt:

$$\omega = \sqrt{\frac{2g}{l_g}} \qquad (2)$$

$$\omega = \sqrt{\frac{2 \cdot 9{,}81\ \mathrm{ms^{-2}}}{10 \cdot 10^{-2}\ \mathrm{m}}}$$

$$\boldsymbol{\omega = 14\ \mathrm{s^{-1}}}$$

3) $\omega = \sqrt{\frac{2g}{l_g}}$

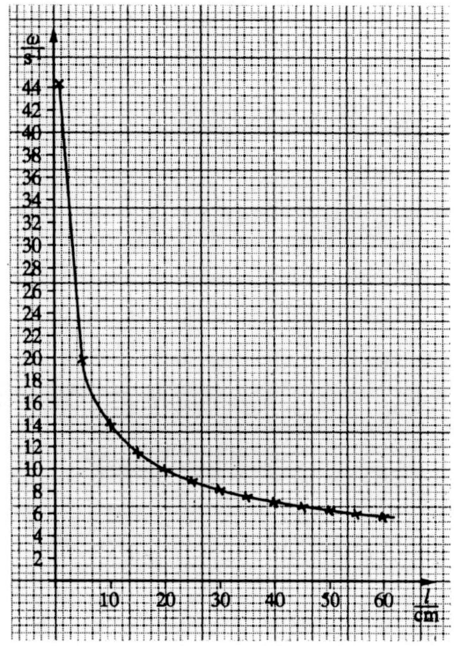

l in cm	ω in s^{-1}
1	44,3
5	19,8
10	14,0
15	11,4
20	9,9
25	8,9
30	8,1
35	7,5
40	7,0
45	6,6
50	6,3
55	6,0
60	5,7

4) Aus (2) und $\omega = \frac{2\pi}{T}$ $\qquad T = \pi\sqrt{\frac{2l_g}{g}}$ (3)

$$T = \pi\sqrt{\frac{2 \cdot 10 \cdot 10^{-2}\ \mathrm{m}}{9{,}81\ \mathrm{ms^{-2}}}} \qquad \mathbf{T = 0{,}45\ s}$$

5) Aus (3) folgt: T ist nur von der Länge der Flüssigkeitssäule abhängig bei konstanter Fallbeschleunigung.

6) Durch z. B. auftretende Reibungsverluste Schwingung gedämpft.

7/08 Nicht harmonische Schwingung (Skateboard)

Ein Junge fährt auf seinem Skateboard in der vereinfacht dargestellten Bahn von (1) über (2) hinauf zu Punkt (3), dreht sich dort und gelangt zu Punkt (1) zurück. Die auftretende Rollreibung kann vernachlässigt werden.

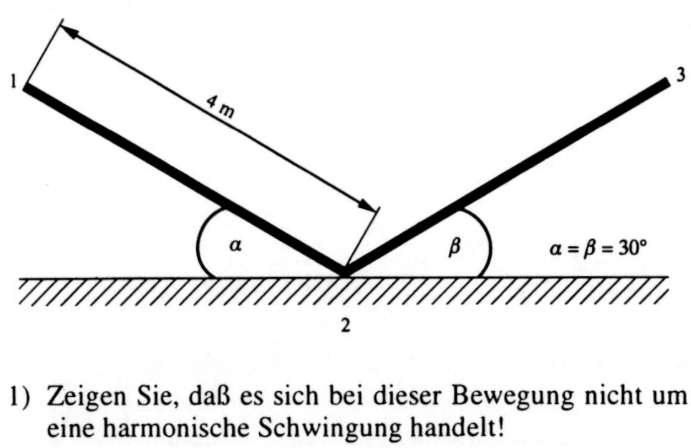

1) Zeigen Sie, daß es sich bei dieser Bewegung nicht um eine harmonische Schwingung handelt!
2) Wie weit kann der Junge in Richtung (3) fahren, wenn der Winkel β auf 45° vergrößert wird?
3) Bei welcher Form der Skateboard-Bahn handelt es sich angenähert um eine harmonische Schwingung? Betrachten Sie dazu nur eine sehr flache Bahn, für deren Neigungswinkel α näherungsweise gilt: $\alpha = \sin\alpha = \tan\alpha$.

1) 1. Möglichkeit:
rücktreibende Kraft (Hangabtriebskraft) ist konstant ($F = mg \sin\alpha$).

2. Möglichkeit:
Betrachtung der Bewegung von 1 nach 2:

$$t = \frac{T}{4} \qquad s_1 = \frac{a}{s}t^2 \qquad \sin\alpha = \frac{F_{\mathrm{Ha}}}{F_G} = \frac{a}{g}$$

$$T = 4\sqrt{\frac{2s_1}{g\sin\alpha}}$$

T ist von s_1 abhängig.
($T \sim \sqrt{s}$)

2) $E_{\mathrm{pot}_i} = mgh_i$; $\quad i = 1; 3 \qquad h_1 = s_1 \sin\alpha \qquad h_3 = s_3 \sin\beta$

$$s_3 = s_1 \frac{\sin\alpha}{\sin\beta}$$

$$s_3 = 4\ \mathrm{m}\frac{\sin 30°}{\sin 45°}$$

$$\mathbf{s_3 = 2{,}8\ m}$$

3) $\frac{\Delta y}{\Delta x} \sim x$ $\qquad$ Parabelbahn

$$\frac{\mathrm{d}y}{\mathrm{d}x} = kx$$

$$y = \frac{k}{2}x^2$$

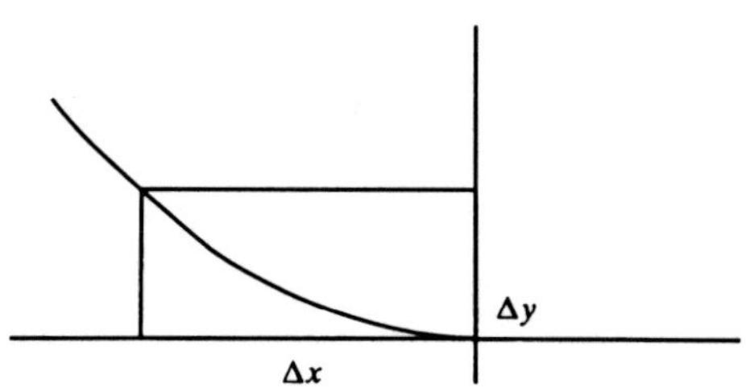

7/09 Harmonische Schwingung (Schaukel)

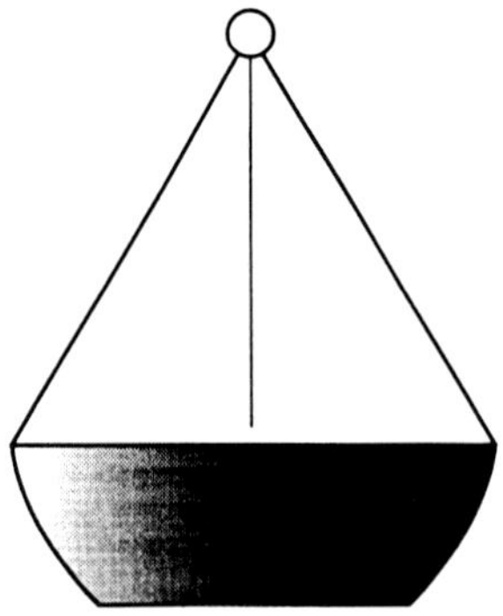

Marianne (m_M = 60 kg) ist mit ihren Freunden auf einen Rummelplatz gegangen. Sie steigt in eine der Luftschaukeln (m_S = 100 kg), die am oberen Holm der Anlage durch Stangen in einem Abstand von 5 m befestigt sind. Sie beginnt, Schwung zu holen.
Nach 2 min hat sie eine angemessene Höhe erreicht und läßt nun die Schaukel pendeln.
Die Bewegung der Schaukel soll als reibungsfrei betrachtet werden.

1) Beschreiben Sie die Bewegung der Schaukel!
2) Fertigen Sie eine Skizze für die Zerlegung der auf die Schaukel wirkenden Kraft an!
3) Leiten Sie mit Hilfe der Skizze die Funktionsgleichung für die rücktreibende Kraft $F = F(s)$ her!
4) Zeichnen Sie das F-s-Diagramm!
5) Begründen Sie, warum die Schaukel keine harmonischen Schwingungen ausführt!
6) Zeigen Sie, daß für die maximale Geschwindigkeit der Schaukel in Abhängigkeit von der Amplitude gilt:

$$v_m = \sqrt{2gr\left(1-\cos\frac{s_m}{r}\right)}$$

1) Schaukel führt Schwingungen aus und bewegt sich zur Nullage aufgrund der rücktreibenden Kraft und über die Nullage hinaus aufgrund der Trägheitskraft.

2)

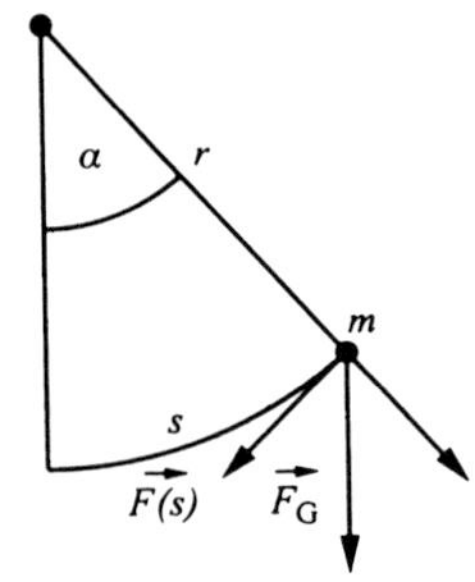

3) $F(s) = F_G \cdot \sin\alpha$

$$\boldsymbol{F(s) = (m_M + m_S)g \cdot \sin\alpha} \quad (1)$$

4) Aus (1) und $\alpha = \frac{\hat{s}}{r}$

$$F(s) = (m_M + m_S)g \cdot \sin\frac{\hat{s}}{r}$$

$\hat{s}$ in m	1	2	3	4	5	6	7	8
F in N	312	611	886	1130	1320	1460	1550	1570

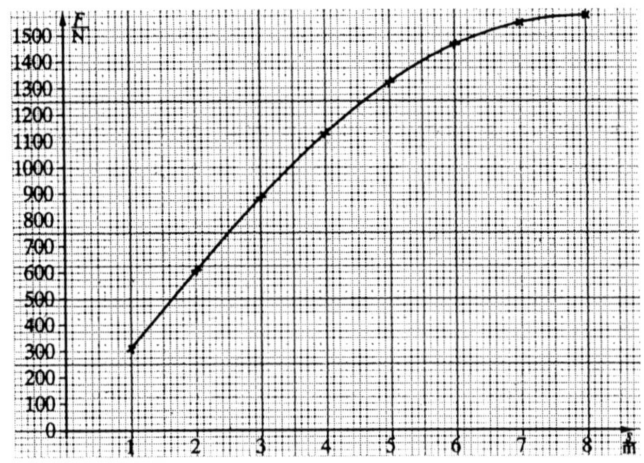

5) aus 4) folgt: F ist nicht direkt proportional zu $\hat{s}$
→ keine harmonische Schwingung

6) Nach dem EES gilt: $\frac{1}{2}mv_m^2 = mgh \quad\rightarrow\quad v_m = \sqrt{2gh}$

$$\cos\alpha = \frac{r-h}{r} \qquad \alpha = \frac{s_m}{r} \qquad \boldsymbol{v_m = \sqrt{2gr\left(1-\cos\frac{s_m}{r}\right)}}$$

7/10 Mathematisches Pendel

Ein Fadenpendel schwingt in 2 Minuten 60 mal.

1) Bestimmen Sie seine Pendellänge!
2) Berechnen Sie die Periodendauer, wenn sich das Pendel auf dem Erdmond befände!

1) $T = \frac{t}{n} = 2\pi\sqrt{\frac{l}{g}} \quad\rightarrow\quad l = \frac{gt^2}{4\pi^2 n^2}$

$$l = \frac{9{,}81\ \text{ms}^{-2}(120\ \text{s})^2}{4\pi^2\ 60^2} \qquad \boldsymbol{l = 1\ \text{m}}$$

2) $T_M = 2\pi\sqrt{\frac{l}{g_M}} \qquad T_M = 2\pi\sqrt{\frac{1\ \text{m}}{1{,}62\ \text{ms}^{-2}}} \qquad \boldsymbol{T_M = 4{,}9\ \text{s}}$

7/11 Fadenpendel; T

Ein stabförmiger in seinem Schwerpunkt aufgehängter Pendelkörper führt an einem 22 cm langen dünnen Faden in einer Minute 60 Schwingungen weitgehend reibungsfrei aus. Zeigen Sie die Abhängigkeit der Schwingungsdauer von

a) der Aufhängung des Pendelkörpers in seinem Schwerpunkt und außerhalb desselben und
b) der Höhe, in der sich das Pendel über dem Erdmittelpunkt befindet!

a) $T_1 = 2\pi\sqrt{\frac{l_1}{g}}$

$$\boldsymbol{T_2 = 2\pi\sqrt{\frac{l_1 + \frac{1}{2}l}{g}}}$$

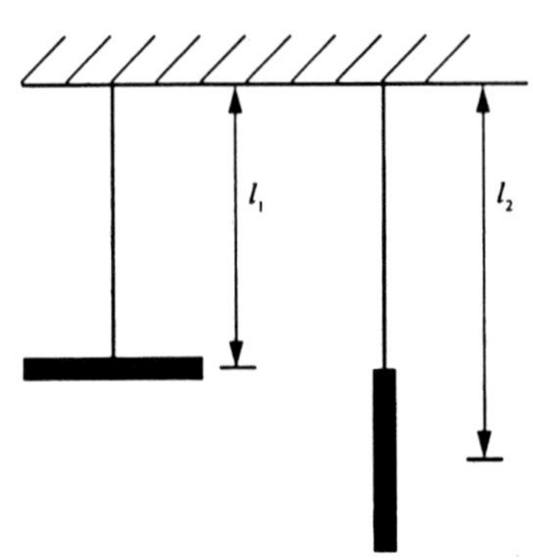

b) $g = \gamma\frac{M_E}{(r_E + h)^2}$

$$\boldsymbol{T_1 = 2\pi(r_E + h)\sqrt{\frac{l_1}{\gamma M_E}}}$$

7/12 Mathematisches Pendel; freier Fall

Ein Schwerependel mit der Fadenlänge l wird um den Winkel α ausgelenkt.

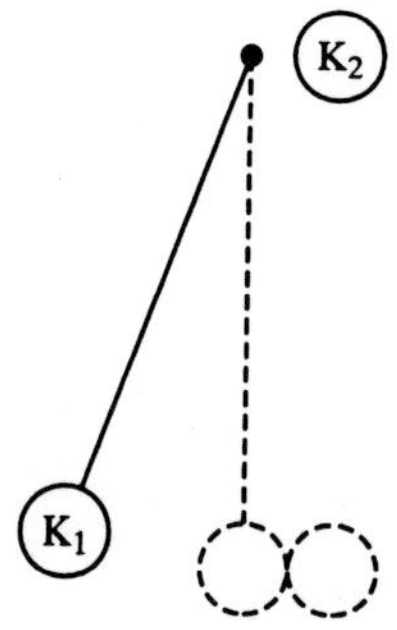

1) Aus welcher Höhe müßte ein Körper K_2, senkrecht über der Nullage des Fadenpendels mindestens fallen, damit sich beide Körper nach gleichzeitigem Bewegungsbeginn im Tiefstpunkt des Pendels treffen? (Betrachten Sie K_1 und K_2 als Punktmassen!)
2) Welche Rolle spielt bei diesem Experiment der Ort der Durchführung?
3) Welchen Einfluß hat der Auslenkwinkel?
4) Geben Sie eine weitere Höhe an, für die es ebenfalls zum Zusammenstoß der beiden Körper kommt!

1) $t = \frac{T}{4}$ $\quad T = 2\pi\sqrt{\frac{l}{g}} \quad \rightarrow \quad t = \frac{\pi}{2}\sqrt{\frac{l}{g}}$

$h = \frac{g}{2}t^2 \qquad \boldsymbol{h = \frac{\pi^2}{8}l} \qquad (1)$

2) Aus (1) folgt: h ist keine Funktion des Ortes, sondern nur von der Länge des Pendels abhängig.

3) Auslenkwinkel muß klein sein, damit von einem mathematischen Pendel ausgegangen werden kann.

4) $t_1 = \frac{3T}{4} \qquad t_1 = \frac{3}{2}\pi\sqrt{\frac{l}{g}} \quad \rightarrow \quad \boldsymbol{h = \frac{9}{8}\pi^2 l}$

7/13 Mathematisches Pendel; Stoß

Eine Schülerin justiert zwei Fadenpendel so, daß sich die beiden kugelförmigen Pendelkörper aus Edelstahl (m = 200 g) gerade berühren. Die Pendellängen betragen 40 cm bzw. 70 cm.

Nachdem sie das längere Pendel um 6° ausgelenkt und losgelassen hat, so daß der Pendelkörper zentral auf die ruhende Kugel trifft, beobachtet sie das System.

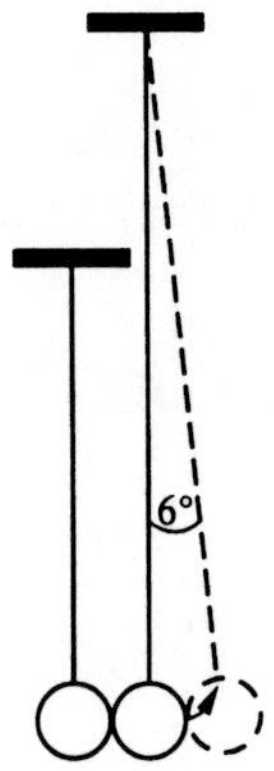

1) Wie groß ist das Zeitintervall zwischen zwei identischen Bewegungszuständen?
2) Zeichnen Sie ein gemeinsames s-t-Diagramm für beide Körper!
3) Warum kommt das System bald aus dem Takt?

1) $T = \frac{1}{2}T_1 + \frac{1}{2}T_2 \qquad T_1 = 2\pi\sqrt{\frac{l_1}{g}} \qquad T_2 = 2\pi\sqrt{\frac{l_2}{g}}$

$$T = \pi\left(\frac{\sqrt{l_1} + \sqrt{l_2}}{\sqrt{g}}\right)$$

$$T = \pi\left(\frac{\sqrt{70\cdot 10^{-2}\ \text{m}} + \sqrt{40\cdot 10^{-2}\ \text{m}}}{\sqrt{9{,}81\ \text{ms}^{-2}}}\right)$$

$$\boldsymbol{T = 1{,}5\ \text{s}}$$

2) $s_1(t) = s_{m_1}\cos\frac{2\pi}{T_1}t \qquad T_1 = 2\pi\sqrt{\frac{l_1}{g}}$

$$T_1 = 2\pi\sqrt{\frac{70\cdot 10^{-2}\ \text{m}}{9{,}81\ \text{ms}^{-2}}}$$

$$\boldsymbol{T_1 = 1{,}7\ \text{s}}$$

$$s_{m_1} = l_1 \sin\alpha$$

$$s_{m_1} = 70\cdot 10^{-2}\ \text{m}\sin 6°$$

$$s_{m_1} = 0{,}073\ \text{m} = 7{,}3\ \text{cm}$$

$$\boldsymbol{s_1(t) = 7{,}3\ \text{cm}\cos\frac{2\pi}{1{,}7\ \text{s}}t}$$

$s_2(t) = -s_{m_2}\sin\frac{2\pi}{T_2}t \qquad T_2 = 2\pi\sqrt{\frac{l_2}{g}}$

$$T_2 = 2\pi\sqrt{\frac{40\cdot 10^{-2}\ \text{m}}{9{,}81\ \text{ms}^{-2}}}$$

$$\boldsymbol{T_2 = 1{,}3\ \text{s}}$$

$$s_2 = l_2 \sin\beta$$

$$E_{\text{pot}_1} = E_{\text{kin}_1} = E_{\text{kin}_2} = E_{\text{pot}_2}$$

$$l_1(1-\cos\alpha) = l_2(1-\cos\beta)$$

$$\cos\beta = 1 - \frac{l_1(1-\cos\alpha)}{l_2}$$

$$\cos\beta = 1 - \frac{70\cdot 10^{-2}\ \text{m}\,(1-\cos 6°)}{40\cdot 10^{-2}\ \text{m}}$$

$$\boldsymbol{\beta = 7{,}9°}$$

$$s_2 = 40\cdot 10^{-2}\ \text{m}\sin 7{,}9°$$

$$s_2 = 0{,}055\ \text{m} = 5{,}5\ \text{cm}$$

$$\boldsymbol{s_2(t) = -5{,}5\ \text{cm}\sin\frac{2\pi}{1{,}3\ \text{s}}t}$$

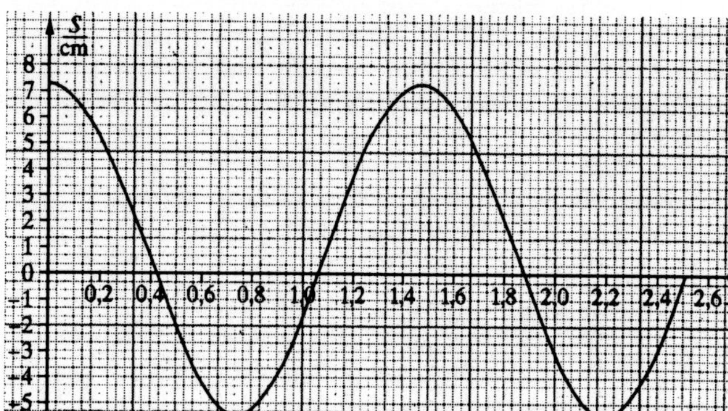

7/14 Pendel

Zeigen Sie, daß die Schwingung eines mathematischen Pendels bei kleinem Auslenkwinkel harmonisch ist!
Fertigen Sie eine Skizze an!

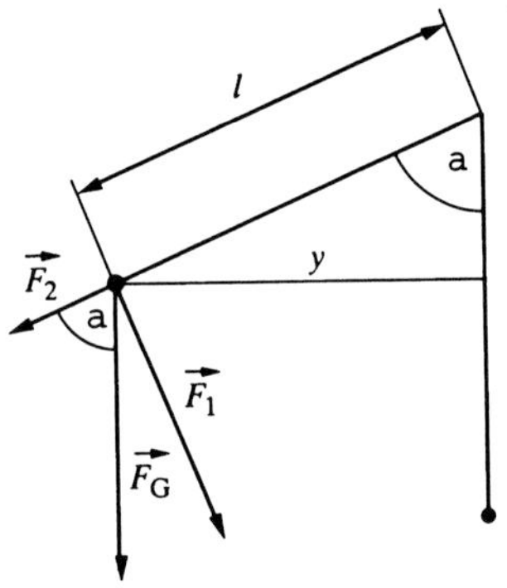

für $\alpha \leq 6°$: $s = \hat{s}$; $F_r \sim s$; $F_r = ks$

$$\sin\alpha = \frac{F_r}{F_G} = \frac{s}{l} \quad \rightarrow \quad \frac{ks}{mg} = \frac{s}{l} \quad \rightarrow \quad \frac{k}{m} = \omega^2 = \frac{g}{l}$$

$$\downarrow$$

$$\frac{m\ddot{s}}{mg} = -\frac{s}{l}$$

s und $\ddot{s}$ haben entgegengesetzten Richtungssinn

$$\mathbf{0 = \ddot{s} + \frac{g}{l}s = \ddot{s} + \omega^2 s}$$

7/15 Fadenpendel

Ein Fadenpendel der Länge l wird um den Winkel $\alpha = 4°$ ausgelenkt und losgelassen. Das Pendel schwingt nun um seine Ruhelage mit einer Frequenz von 25 Hz und einer Amplitude von 3 cm.

1) Wie groß ist die Kreisfrequenz der Schwingung?
2) Wieviel Schwingungen hat das Pendel bei einem Phasenwinkel von 26,8 bereits ausgeführt?
3) Wie groß ist die Elongation 0,03 s nach Beginn der Schwingung aus der Ruhelage?
4) Wieviel Sekunden nach dem Nulldurchgang beträgt die Elongation der Schwingung 15 mm?

1) $\omega = 2\pi f$

$\omega = 2\pi \cdot 25\,\text{s}^{-1}$ — $\boldsymbol{\omega = 157\,\text{s}^{-1}}$

2) $\varphi = 2\pi n \qquad n = \dfrac{\varphi}{2\pi}$

$n = \dfrac{26{,}8}{2\pi}$ — $\boldsymbol{n = 4{,}27}$

3) $s_1(t_1) = s_m \sin\omega t_1$

$s_1(0{,}03\,\text{s}) = 3\,\text{cm}\sin 157\,\text{s}^{-1} \cdot 0{,}03\,\text{s}$ — $\boldsymbol{s_1 = -3\,\text{cm}}$

4) $$t_2 = \frac{\arcsin\dfrac{s_2(t)}{s_m}}{\omega}$$

$$t_2 = \frac{\arcsin\dfrac{1{,}5\,\text{cm}}{3\,\text{cm}}}{157\,\text{s}^{-1}}$$ — $\boldsymbol{t_2 = 0{,}0033\,\text{s}}$

7/16 Fadenpendel; Energieerhaltungssatz

An einem 1m langen Faden ist ein Pendelkörper der Masse 200 g befestigt, der beim Nulldurchgang eine Geschwindigkeit von 3 ms^{-1} besitzt.

1) Um welchen maximalen Winkel lenkt das Pendel aus?
2) Berechnen Sie die potentielle Energie im Umkehrpunkt!

1) $E_{kin} = E_{pot} \qquad \frac{1}{2}mv^2 = mgl(1 - \cos\alpha)$

$$\cos\alpha = 1 - \frac{v^2}{2gl}$$

$$\cos\alpha = 1 - \frac{(3\,\text{ms}^{-1})^2}{2 \cdot 9{,}81\,\text{ms}^{-2} \cdot 1\,\text{m}}$$

$\boldsymbol{\alpha = 57°}$

2) $E_{pot} = mgl(1 - \cos\alpha) = \frac{1}{2}mv^2$

$E_{pot} = \frac{1}{2} 200 \cdot 10^{-3}\,\text{kg}(3\,\text{ms}^{-1})^2$

$\boldsymbol{E_{pot} = 0{,}9\,\text{J}}$

7/17		**Fadenpendel**

Ein Fadenpendel ($m = 45$ g), das sich an einem Erdpol befindet, führt in einer Minute 50 Schwingungen aus.

1) Welchen Einfluß hat die Pendelmasse auf die Schwingungsdauer?
2) Berechnen Sie die Pendellänge!
3) Welche Fallbeschleunigung herrscht auf einem unbekannten Planeten, wenn ein Pendel der gleichen Länge dort 90 Schwingungen in einer Minute ausführt?
4) Wie groß ist die Gewichtskraft, die auf diesem Planeten auf das Fadenpendel wirkt?

1) Da $T = 2\pi\sqrt{\frac{l}{g}}$ $\rightarrow$ T ist nicht von m abhängig.

2) $T_1 = \frac{t_1}{n_1} = 2\pi\sqrt{\frac{l_1}{g_1}}$ $\rightarrow$ $l_1 = \frac{t_1^2 g_1}{4\pi^2 n_1^2}$

$l_1 = \frac{(60\,\text{s})^2\, 9{,}83\,\text{ms}^{-2}}{4\pi^2\, 50^2}$ $\quad$ $\mathbf{l_1 = 0{,}36\,m}$

3) $T_2 = \frac{t_2}{n_2} = 2\pi\sqrt{\frac{l_1}{g_2}}$ $\rightarrow$ $g_2 = \frac{4\pi^2 l n_2^2}{t_2^2}$

$g_2 = \frac{4\pi^2\, 0{,}36\,\text{m}\, 90^2}{(60\,\text{s})^2}$ $\quad$ $\mathbf{g_2 = 32\,ms^{-2}}$

4) $F_G = m g_2$

$F_G = 45\cdot 10^{-3}\,\text{kg}\cdot 32\,\text{ms}^{-2}$ $\quad$ $\mathbf{F_G = 1{,}4\,N}$

7/18		**Pendel; Fadenspannung, rücktreibende Kraft**

An einem 1 m langen Faden hängt ein Körper der Masse 1 kg.

1) Zeichnen Sie die wirkenden Kräfte in die Skizze!

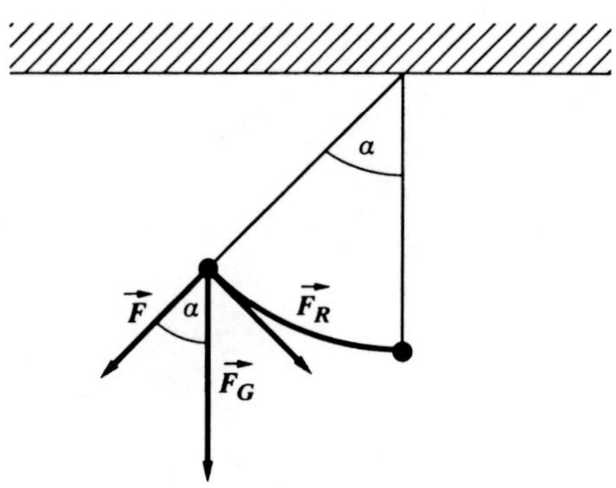

2) Berechnen Sie die Fadenspannung für die Auslenkwinkel 0°, 5°, 10°, 20°, 30°, 45°, 60° und 90°!
3) Stellen Sie diesen Zusammenhang in einem Diagramm dar!
4) Zeigen Sie die Abhängigkeit der rücktreibenden Kraft vom Auslenkwinkel im gleichen Diagramm!

2) $\cos\alpha = \frac{F}{F_G}$ $\quad$ $F = mg\cdot\cos\alpha$

α in Grd.	0	5	10	20	30	45	60	90
F in N	9,81	9,77	9,66	9,22	8,50	6,94	4,90	0

3)

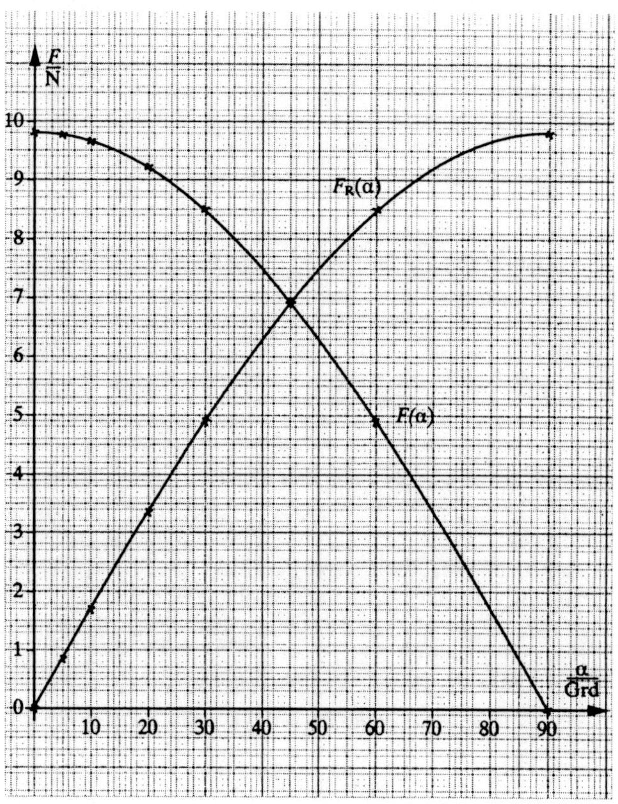

4) $\sin\alpha = \frac{F_R}{F_G}$ $\quad$ $F_R = mg\cdot\sin\alpha$

α in Grd.	0	5	10	20	30	45	60	90
F_R in N	0	0,85	1,70	3,36	4,90	6,94	8,50	9,81

7/19 Pendel (Kuckucksuhr)

Eine Kuckucksuhr gehe in Deutschland auf die Sekunde genau.

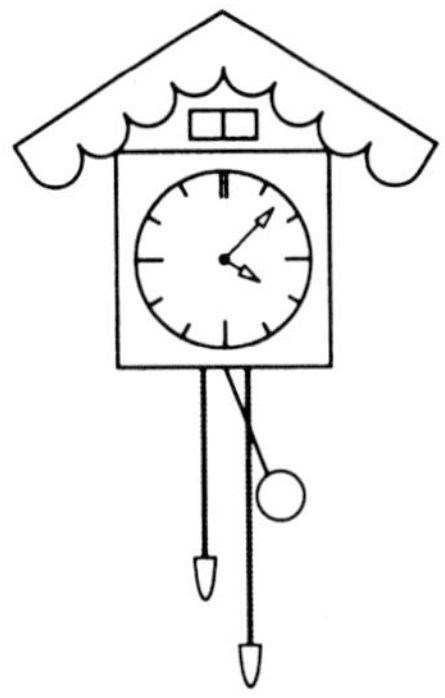

1) Wird dieselbe Uhr am Äquator vor- oder nachgehen? Begründen Sie Ihre Antwort!
2) Um wieviel Sekunden wird die Uhr dann innerhalb von 24 h von der genauen Zeit abweichen?
3) Wie müßte man das Pendel verändern, wenn die Uhr auch am Äquator genau gehen soll?
4) Muß man eventuelle Temperaturunterschiede beachten?

1) $T_D = 2\pi\sqrt{\dfrac{l}{g_D}}$ $\qquad T_A = 2\pi\sqrt{\dfrac{l}{g_A}}$

Da $g_D > g_A \quad \rightarrow \quad T_D < T_A$

Uhr geht nach, da Pendel für eine Schwingung mehr als 1 s benötigt und damit die Uhr langsamer läuft.

2) $t' = \dfrac{t_g}{T_D}(T_A - T_D) = t_g\left(\dfrac{T_A}{T_D} - 1\right) = t_g\left(\sqrt{\dfrac{g_D}{g_A}} - 1\right)$

$t' = 24 \cdot 60 \cdot 60\,\text{s}\left(\sqrt{\dfrac{9{,}81\,\text{ms}^{-2}}{9{,}78\,\text{ms}^{-2}}} - 1\right)$

$\boldsymbol{t' = 132\,\text{s} = 2{,}2\,\text{min}}$

3) $T_D - T_A \qquad \dfrac{l_D}{g_D} = \dfrac{l_A}{g_A} \qquad l_A = l_D - \Delta l$

$\Delta l = \dfrac{l_D(g_D - g_A)}{g_D} \qquad \Delta l = l_D\left(1 - \dfrac{g_A}{g_D}\right)$

$\Delta l = l_D\left(1 - \dfrac{9{,}78\,\text{ms}^{-2}}{9{,}81\,\text{ms}^{-2}}\right)$

$\boldsymbol{\Delta l = 0{,}003\, l_D}$

4) Durch hohe Temperaturen am Äquator kommt es zur Längenausdehnung des Pendels.
→ Korrektur des Ergebnisses unter Aufgabe 3

7/20 Physikalisches Pendel

Weisen Sie nach, daß die Schwingung eines physikalischen Pendels näherungsweise harmonisch verläuft, wenn der Auslenkwinkel klein genug ist!
Fertigen Sie eine Skizze an, und tragen Sie die wirkenden Kräfte ein!

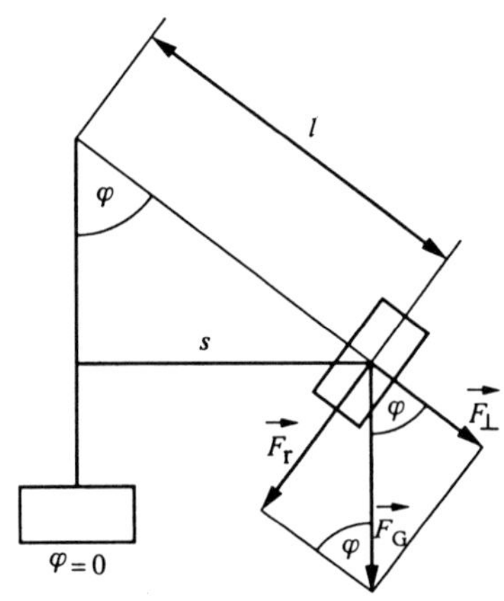

$\sin\varphi = \dfrac{F_T}{F_G} \qquad M = -F_T l = J_A \cdot \alpha \qquad \alpha = \dfrac{d^2\varphi}{dt^2}$

$J_A \dfrac{d^2\varphi}{dt^2} = -mgl \cdot \sin\varphi \qquad \text{mit} \quad \sin\varphi = \varphi$

$\boldsymbol{0 = \dfrac{d^2\varphi}{dt^2} + \dfrac{mgl}{J_A}\varphi} \quad \rightarrow \quad \omega = \sqrt{\dfrac{mgl}{J_A}} \quad \rightarrow \quad T = 2\pi\sqrt{\dfrac{J_A}{mgl}}$

7/21 Ballistisches Pendel

Auf einen ruhenden, bifilar aufgehängten Pendelkörper wird eine Gewehrkugel der Masse 1,8 g mit einer Geschwindigkeit von 100 ms^{-1} geschossen. Aufgrund der kurzen Entfernung der Abschußstelle vom Ziel kann sowohl der Geschwindigkeits- als auch der Höhenverlust vernachlässigt und somit die Bewegung der Kugel als geradlinig, gleichförmig betrachtet werden.
Der Pendelkörper hat eine Gewichtskraft von 981 mN und besteht aus einem Material, in das die Kugel vollständig eindringt.

1) Wie lautet der Impulserhaltungssatz für das System Kugel/Pendelkörper?
2) Stellen Sie den Energieerhaltungssatz für das Pendel zwischen der Nullage und dem ersten Umkehrpunkt auf!
3) Um wieviel Grad schlägt das Pendel (l = 10 m) aus?

1) $mv = (m + m_K)u = \left(m + \dfrac{F_G}{g}\right)u \qquad (1)$

2) $\dfrac{1}{2}(m + m_K)u^2 = (m + m_K)gh = (m + m_K)gl(1 - \cos\alpha) \qquad (2)$

$\cos\alpha = \dfrac{l - h}{l}$

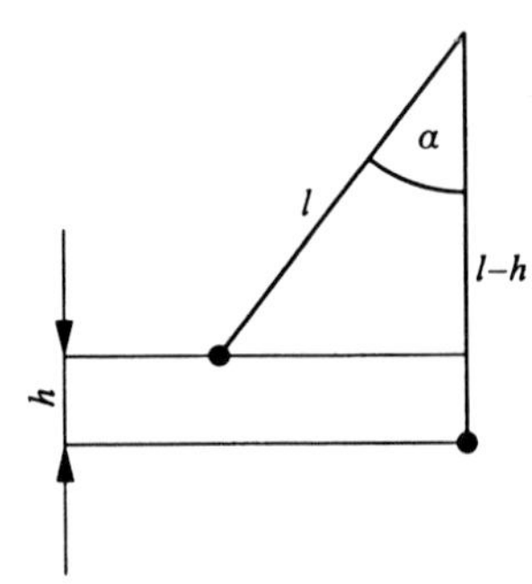

3) Aus (1) und (2) folgt

$\cos\alpha = 1 - \dfrac{m^2 v^2}{2gl\left(m + \dfrac{F_G}{g}\right)^2}$

$\cos\alpha = 1 - \dfrac{(1{,}8 \cdot 10^{-3}\,\text{kg})^2 (100\,\text{ms}^{-1})^2}{2 \cdot 9{,}81\,\text{ms}^{-2} \cdot 10\,\text{m}\left(1{,}8 \cdot 10^{-3}\,\text{kg} + \dfrac{981 \cdot 10^{-3}\,\text{N}}{9{,}81\,\text{ms}^{-2}}\right)^2}$

$\boldsymbol{\alpha = 10{,}2°}$

7/22 Ballistisches Pendel

Das abgebildete Pendel wird mit einer Gewehrkugel (m = 3 g) beschossen, die kurz vor dem Einschlagen eine Geschwindigkeit von 180 $\mathrm{ms^{-1}}$ besitzt. Der Pendelkörper hat eine Masse von 150 g und wird durch das Projektil 20° nach links ausgelenkt.

1) Berechnen Sie die Länge des Pendels!
2) Wie groß ist der Winkel β beim Zurückschwingen?

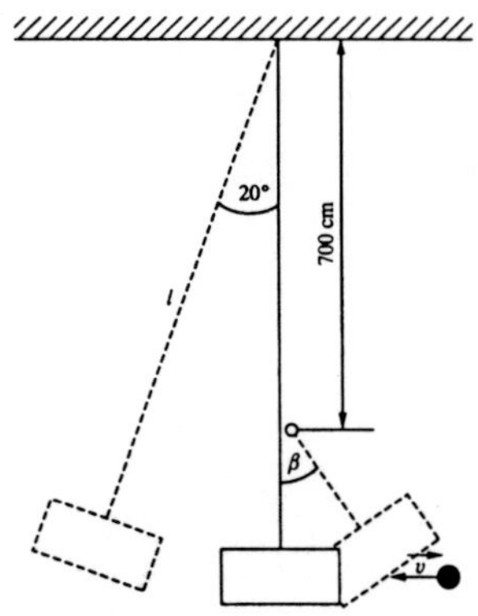

1) $mv = (m + m_\mathrm{K})u \quad \rightarrow \quad u = \dfrac{mv}{m + m_\mathrm{K}}$

$$\frac{1}{2}(m + m_\mathrm{K})u^2 = (m + m_\mathrm{K})gl_1(1 - \cos\alpha)$$

$$l_1 = \frac{m^2v^2}{2g(1-\cos\alpha)(m+m_\mathrm{K})^2}$$

$$l_1 = \frac{(3\cdot 10^{-3}\ \mathrm{kg})^2(180\ \mathrm{ms^{-1}})^2}{2\cdot 9{,}81\ \mathrm{ms^{-2}}(1-\cos 20°)(3\cdot 10^{-3}\ \mathrm{kg}+150\cdot 10^{-3}\ \mathrm{kg})^2}$$

$$\boldsymbol{l_1 = 10{,}5\ \mathrm{m}}$$

2) $\frac{1}{2}(m + m_\mathrm{K})u^2 = (m + m_\mathrm{K})g(l_1 - l)(1 - \cos\beta)$

$$\cos\beta = 1 - \frac{u^2}{2g(l_1 - l)} = 1 - \frac{m^2v^2}{2g(l_1-l)(m+m_\mathrm{K})^2}$$

$$\cos\beta = 1 - \frac{(3\cdot 10^{-3}\ \mathrm{kg})^2(180\mathrm{ms^{-1}})^2}{2\cdot 9{,}81\mathrm{ms^{-2}}(10{,}5\mathrm{m} - 7{,}0\mathrm{m})(3\cdot 10^{-3}\mathrm{kg}+150\cdot 10^{-3}\mathrm{kg})^2}$$

$$\boldsymbol{\beta = 35°}$$

7/23 Federschwinger

Zwei Federschwinger mit den Konstanten D_1 und D_2, die sich wie 1:16 verhalten, werden mit je einem Körper der Masse 1 kg belastet, anschließend um 2 cm gedehnt und gleichzeitig losgelassen.

1) Bestimmen Sie die Schwingungsdauer der zweiten Feder, wenn die der ersten 8 s beträgt!
2) Wie groß sind die Federkonstanten?
3) Zeichnen Sie beide Schwingungen in ein s-t-Diagramm ($0\ \mathrm{s} \leq t \leq 10\ \mathrm{s}$)!
4) Nach welcher Zeit schwingen beide Federn erstmals wieder phasengleich?

1) $T_1 = 2\pi\sqrt{\dfrac{m}{D_1}} \qquad T_2 = 2\pi\sqrt{\dfrac{m}{D_2}} \qquad \dfrac{D_1}{D_2} = \dfrac{1}{16}$

$\rightarrow\ T_2 = \dfrac{T_1}{4} \qquad T_2 = \dfrac{8\ \mathrm{s}}{4} \qquad \boldsymbol{T_2 = 2\ \mathrm{s}}$

2) $D_1 = 4\pi^2\dfrac{m}{T_1^2} \qquad D_1 = 4\pi^2\dfrac{1\ \mathrm{kg}}{(8\ \mathrm{s})^2} \qquad \boldsymbol{D_1 = 0{,}6\ \mathrm{Nm^{-1}}}$

$D_2 = 16D_1 \qquad D_2 = 16\cdot 0{,}6\ \mathrm{Nm^{-1}} \qquad \boldsymbol{D_2 = 10\ \mathrm{Nm^{-1}}}$

3) $s_1(t) = 2\ \mathrm{cm}\cos\dfrac{2\pi}{8\ \mathrm{s}}t = 2\ \mathrm{cm}\cos\dfrac{\pi}{4\ \mathrm{s}}t$

$s_2(t) = 2\ \mathrm{cm}\cos\dfrac{2\pi}{2\ \mathrm{s}}t = 2\ \mathrm{cm}\cos\pi t$

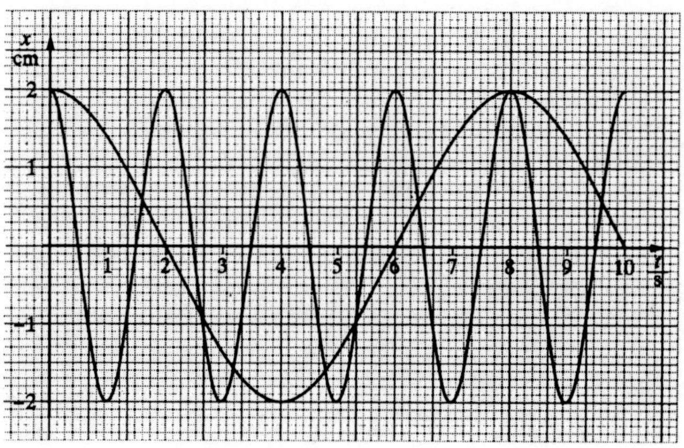

4) $\boldsymbol{t = 8\ \mathrm{s}}$

7/24 Federschwinger; Energieerhaltungssatz

Die Masse m_1 hängt an einer Feder (D = 18,56 $\mathrm{Nm^{-1}}$) und wird zu Schwingungen angeregt. Verringert man die Masse um 12 g, so ist die Periodendauer der Schwingung nur noch halb so groß.

1) Bestimmen Sie die Massen m_1 und m_2!
2) Mit welcher Frequenz schwingt die Masse m_1?
3) Berechnen Sie die Amplitude dieser Schwingung!
4) Welche Geschwindigkeit hat die Masse m_1 beim Durchgang durch die Nullage?
5) Geben Sie die Maximalwerte der kinetischen und der potentiellen Energie des Schwingers mit der Masse m_1 an!

1) $T_1 = 2\pi\sqrt{\dfrac{m_1}{D}} \qquad T_2 = 2\pi\sqrt{\dfrac{m_2}{D}} = \dfrac{1}{2}T_1 \qquad m_2 = m_1 - \Delta m$

$m_1 = 4(m_1 - \Delta m)$

$m_1 = \dfrac{4}{3}\Delta m \qquad m_2 = \dfrac{1}{3}\Delta m$

$m_1 = \dfrac{4}{3}12\ \mathrm{g} \qquad m_2 = \dfrac{1}{3}12\ \mathrm{g}$

$\boldsymbol{m_1 = 16\ \mathrm{g}} \qquad \boldsymbol{m_2 = 4\ \mathrm{g}}$

2) $f_1 = \dfrac{1}{2\pi}\sqrt{\dfrac{D}{m_1}} \qquad f_1 = \dfrac{1}{2\pi}\sqrt{\dfrac{18{,}56\ \mathrm{Nm^{-1}}}{16\cdot 10^{-3}\ \mathrm{kg}}} \qquad \boldsymbol{f_1 = 5{,}4\ \mathrm{Hz}}$

3) $F = Ds_m = m_1 g \qquad s_m = \frac{m_1 g}{D}$

$$s_m = \frac{16\cdot 10^{-3}\text{ kg}\cdot 9{,}81\text{ ms}^{-2}}{18{,}56\text{ Nm}^{-1}}$$

$$\mathbf{s_m = 8{,}5\cdot 10^{-3}\text{ m} = 8{,}5\text{ mm}}$$

4) $s = -s_m \cos 2\pi f t$

$$\dot{s} = s_m 2\pi f \sin 2\pi f t$$

$$\dot{s}_m = s_m 2\pi f$$

$$\dot{s}_m = 8{,}5\cdot 10^{-3}\text{ m}\, 2\pi\cdot 5{,}4\text{ Hz}$$

$$\mathbf{\dot{s}_m = 0{,}29\text{ ms}^{-1}}$$

5) $E_{\text{kin}_m} = \frac{1}{2} m_1 \dot{s}_m^2 = E_{\text{pot}_m} = \frac{1}{2} D s_m^2$

$$E_{\text{kin}_m} = \frac{1}{2} 16\cdot 10^{-3}\text{ kg}\,(0{,}29\text{ ms}^{-1})^2$$

$$\mathbf{E_{\text{kin}_m} = E_{\text{pot}_m} = 0{,}67\text{ mJ}}$$

7/25 Federschwinger

Zeigen Sie, daß ein Federschwinger harmonisch schwingt! Wie groß darf die Elongation dabei maximal sein?

Nach dem Hookeschen Gesetz gilt: $F = -Ds$

Diese Kraft beschleunigt den Körper in Richtung Nullage

$F = ma = m\ddot{s}$

$$\rightarrow \quad \mathbf{0 = \ddot{s} + \frac{D}{m} s} \quad \text{mit} \quad \omega^2 = \frac{D}{m}$$

Aus $F = Ds_m = mg$ folgt: $\mathbf{s_m \leq \frac{mg}{D}}$

7/26 Federschwinger

Ein Körper der Masse 100 g ist an einer Feder befestigt und schwingt reibungsfrei um die Nullage. Er bewegt sich dabei in einer Minute 60 mal von einem zum anderen Umkehrpunkt. Die Umkehrpunkte sind 10 cm voneinander entfernt.

1) Berechnen Sie die Federkonstante!
2) Bestimmen Sie die Elongationen nach 1 s und nach 2 s!
3) Wie ändert sich die Frequenz bei Verdopplung der Federkonstanten?

1) $T = \frac{t}{n} = 2\pi\sqrt{\frac{m}{D}}$

$$D = \frac{t^2}{4\pi^2 n^2 m}$$

$$D = \frac{(60\text{ s})^2}{4\pi^2\, 30^2\, 100\cdot 10^{-3}\text{ kg}}$$

$$\mathbf{D = 1\text{ Nm}^{-1}}$$

2) $s(t_1) = s_m \cos\frac{2\pi n}{t} t_1 = \frac{x}{2}\cos\frac{2\pi n}{t} t_1$

$$s(1\text{ s}) = \frac{10\text{ cm}}{2}\cos\frac{2\pi\cdot 30}{60\text{ s}} 1\text{ s}$$

$$\mathbf{s(1\text{ s}) = -5\text{ cm}}$$

$$s(2\text{ s}) = \frac{10\text{ cm}}{2}\cos\frac{2\pi\cdot 30}{60\text{ s}} 2\text{ s}$$

$$\mathbf{s(2\text{ s}) = 5\text{ cm}}$$

3) $f_1 = \frac{1}{2\pi}\sqrt{\frac{D_1}{m}}$

$$f_2 = \frac{1}{2\pi}\sqrt{\frac{D_2}{m}} = \frac{1}{2\pi}\sqrt{\frac{2D_1}{m}}$$

$$\mathbf{f_2 = \sqrt{2} f_1}$$

7/27 Federschwinger; Energieerhaltungssatz

An einer Feder hängt ein Körper der Masse 300 g. Nachdem dieser um 80 cm vertikal ausgelenkt und losgelassen wurde, mißt man eine maximale Geschwindigkeit des Körpers von 2 ms^{-1}.
Bestimmen Sie die Federkonstante!

$$E_{\text{kin}_m} = E_{\text{pot}_m} \qquad \frac{1}{2} m v_m^2 = \frac{1}{2} D s_m^2$$

$$D = \frac{mv^2}{s_m^2}$$

$$D = \frac{300\cdot 10^{-3}\text{ kg}\,(2\text{ ms}^{-1})^2}{(80\cdot 10^{-2}\text{ m})^2}$$

$$\mathbf{D = 1{,}9\text{ Nm}^{-1}}$$

7/28 Federschwinger; Bewegungsgleichungen

Um eine gegebene Feder 20 cm zu dehnen, ist eine Arbeit von 2 J notwendig. An diese Feder wird ein Körper der Masse 1 kg gehängt. Nachdem dieser zur Ruhe gekommen ist, wird die Feder um 5 cm gedehnt und losgelassen.

1) Wie groß ist die Periodendauer der Schwingung?
2) Geben Sie Elongation, Geschwindigkeit, Beschleunigung und rücktreibende Kraft als Funktion der Zeit an!

1) $T = 2\pi\sqrt{\frac{m}{D}}$ $\qquad W_D = \frac{1}{2}Ds^2$

$T = 2\pi s\sqrt{\frac{m}{2W_D}}$

$T = 2\pi \cdot 20 \cdot 10^{-2}\ \text{m}\sqrt{\frac{1\ \text{kg}}{2 \cdot 2\ \text{J}}}$

$\mathbf{T = 0{,}6\ s}$

2) $s(t) = s_m \cos\frac{2\pi}{T}t$

$\mathbf{s(t) = 5\ cm \cos\frac{2\pi}{0{,}6\ s}t}$

$\dot{s}(t) = -s_m\frac{2\pi}{T}\sin\frac{2\pi}{T}t$

$\mathbf{\dot{s}(t) = -5\ cm\frac{2\pi}{0{,}6\ s}\sin\frac{2\pi}{0{,}6\ s}t}$

$\ddot{s}(t) = -s_m\frac{4\pi^2}{T^2}\cos\frac{2\pi}{T}t$

$\mathbf{\ddot{s}(t) = -5\ cm\frac{4\pi^2}{(0{,}6\ s)^2}\cos\frac{2\pi}{0{,}6\ s}t}$

$F(t) = Ds(t) \qquad F(t) = \frac{2W_D}{s^2}s_m\cos\frac{2\pi}{T}t$

$\mathbf{F(t) = \frac{2 \cdot 2\ J}{(20 \cdot 10^{-2}\ m)^2}5\ cm \cos\frac{2\pi}{0{,}6\ s}t}$

7/29 Federschwinger

An einer schwingenden Feder ist ein Körper der Masse 100 g befestigt, der eine maximale Geschwindigkeit von 10 ms^{-1} erreicht.
Hängt man den gleichen Körper an eine Feder mit der Federkonstanten 20 Nm^{-1}, halbiert sich bei gleichem Geschwindigkeitsmaximum die Amplitude.

1) Wie groß ist die Federkonstante der ersten Feder?
2) Berechnen Sie die Periodendauer der beiden Schwingungen!
3) Wie ändert sich die Schwingungsdauer, wenn man die Federschwinger in Wasser taucht? Begründen Sie Ihre Antwort!

1) $\frac{1}{2}mv^2 = \frac{1}{2}D_1 s_{m_1}^2 \qquad \frac{1}{2}mv^2 = \frac{1}{2}D_2 s_{m_2}^2$

$D_1 s_{m_1}^2 = D_2 s_{m_2}^2 \qquad s_{m_1} = 2s_{m_2}$

$D_1 = \frac{D_2}{4}$

$D_1 = \frac{20\ \text{Nm}^{-1}}{4}$

$\mathbf{D_1 = 5\ Nm^{-1}}$

2) $T_1 = 2\pi\sqrt{\frac{m}{D_1}} \qquad T_1 = 2\pi\sqrt{\frac{100 \cdot 10^{-3}\ \text{kg}}{5\ \text{Nm}^{-1}}} \qquad \mathbf{T_1 = 0{,}9\ s}$

$T_2 = 2\pi\sqrt{\frac{m}{D_2}} \qquad T_2 = 2\pi\sqrt{\frac{100 \cdot 10^{-3}\ \text{kg}}{20\ \text{Nm}^{-1}}} \qquad \mathbf{T_2 = 0{,}4\ s}$

3) F_A wirkt F_r entgegen $\quad F_r\downarrow \rightarrow v\downarrow \rightarrow T\uparrow$

7/30 Federschwinger; Bewegungsgleichungen

An einer Schraubenfeder ist ein Körper befestigt. Er schwingt zwischen den beiden Umkehrpunkten, die einen Abstand von 16 cm haben, harmonisch und reibungsfrei. Dabei führt er 72 Schwingungen in 60 s aus.

1) Wie groß sind Periodendauer, Frequenz und Amplitude dieser Schwingung?
2) Berechnen Sie die Maximalwerte der Geschwindigkeit und der Beschleunigung des Federschwingers!
3) Welche Elongation hat der Körper nach 1,5 s?
4) Stellen Sie die Schwingung im *s*-*t*-Diagramm dar, und markieren Sie den Punkt (1,5 s; *s*)!

1) $T = \frac{t}{n}$

$T = \frac{60\ \text{s}}{72} \qquad \mathbf{T = 0{,}8\ s}$

$f = \frac{n}{t}$

$f = \frac{72}{60\ \text{s}} \qquad \mathbf{f = 1{,}2\ Hz}$

$s_m = \frac{x}{2}$

$s_m = \frac{16\ \text{cm}}{2} \qquad \mathbf{s_m = 8\ cm}$

2) $s(t) = -s_m \cos 2\pi f t$

$\dot{s}(t) = s_m 2\pi f \sin 2\pi f t$

$\dot{s}(t) = 8 \cdot 10^{-2}\ \text{m}\, 2\pi \cdot 1{,}2\ \text{s}^{-1} \sin 2\pi \cdot 1{,}2\ \text{s}^{-1} t$

$\dot{s}_m = 8 \cdot 10^{-2}\ 2\pi \cdot 1{,}2\ \text{s}^{-1}$

$\mathbf{\dot{s}_m = 0{,}6\ ms^{-1}}$

$\ddot{s}(t) = s_m 4\pi^2 f^2 \cos 2\pi f t$

$\ddot{s}_m = 8 \cdot 10^{-2}\ \text{m}\, 4\pi^2 (1{,}2\ \text{s}^{-1})^2$

$\mathbf{\ddot{s}_m = 4{,}6\ ms^{-2}}$

3) $s(t) = -s_m \cos 2\pi f t$

$s(1{,}5\ \text{s}) = -8 \cdot 10^{-2}\ \text{m} \cos 2\pi \cdot 1{,}2\ \text{s}^{-1} \cdot 1{,}5\ \text{s}$

$\mathbf{s(1{,}5\ s) = -0{,}025\ m = -2{,}5\ cm}$

4)

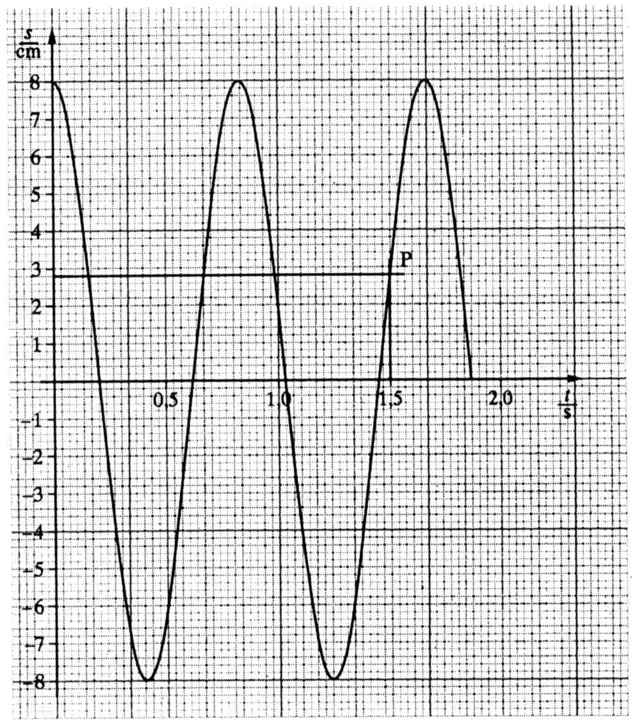

7/31 Federschwinger; Fadenpendel

Für die Dehnung einer Feder um 250 mm ist eine Arbeit von 0,6 J erforderlich.

Nun wird die Feder mit einem Körper der Masse 500 g belastet und danach um 50 mm gedehnt. Anschließend wird der Körper losgelassen, so daß er reibungsfrei um seine Ruhelage schwingen kann.

1) Geben Sie die Periode der entstehenden Federschwingung an!

Mit der gleichen Periode schwingt ein Fadenpendel der Länge l_0.

2) Bestimmen Sie l_0 und die Fallbeschleunigung, unter deren Wirkung es sich bewegt, wenn dazu weiterhin bekannt ist:
   a) Am gleichen Ort führt ein Pendel unbekannter Länge l_1 in 8 s 9 Schwingungen aus, und
   b) bei dem um 45 cm verlängerten Pendel besteht der im Diagramm dargestellte Zusammenhang zwischen Elongation und Zeit:

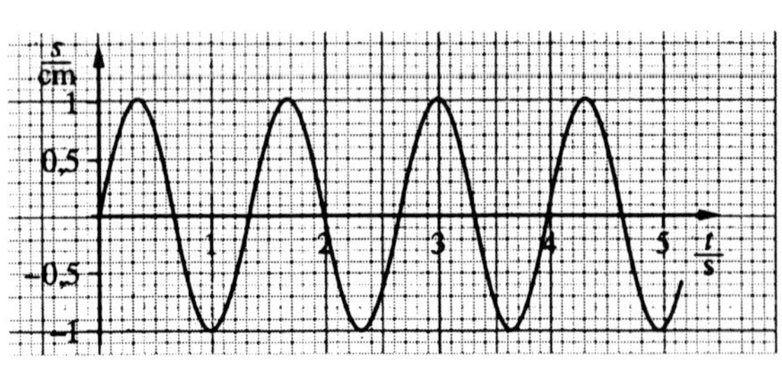

3) Berechnen Sie die Länge l_1 des zweiten Fadenpendels!

1) $T = 2\pi \sqrt{\dfrac{m}{D}}$ $\qquad W_D = \dfrac{1}{2} D s^2$

$T = 2\pi s \sqrt{\dfrac{m}{2W_D}}$ $\qquad T = 2\pi \cdot 0{,}25\ \text{m} \sqrt{\dfrac{0{,}5\ \text{kg}}{2 \cdot 0{,}6\ \text{J}}}$ $\qquad \mathbf{T = 1\ s}$

2)

Pendel	0	1	2
	T	$t_1 = 8$ s	$t_2 = 4$ s
		$n_1 = 9$	$n_2 = 3$
	l_0	l_1	$l_2 = l_1 + \Delta l$
	g	g	g

$T_1 = \dfrac{t_1}{n_1} = 2\pi \sqrt{\dfrac{l_1}{g}}$ $\qquad T_2 = \dfrac{t_2}{n_2} = 2\pi \sqrt{\dfrac{l_2}{g}} = 2\pi \sqrt{\dfrac{l_1 + \Delta l}{g}}$

$l_1 = \dfrac{t_1^2 g}{4\pi^2 n_1^2}$ $\qquad \dfrac{t_2^2}{n_2^2} = 4\pi^2 \dfrac{\dfrac{t_1^2 g}{4\pi^2 n_1^2} + \Delta l}{g}$

$g = \dfrac{4\pi^2 \Delta l}{\dfrac{t_2^2}{n_2^2} - \dfrac{t_1^2}{n_1^2}}$ $\qquad g = \dfrac{4\pi^2 \cdot 45 \cdot 10^{-2}\ \text{m}}{\left[\dfrac{(4\ \text{s})^2}{3^2} - \dfrac{(8\ \text{s})^2}{9^2}\right]}$ $\qquad \mathbf{g = 18\ ms^{-2}}$

$T = 2\pi \sqrt{\dfrac{l_0}{g}}$

$l_0 = \dfrac{T^2 g}{4\pi^2}$ $\qquad l_0 = \dfrac{(1\ \text{s})^2\ 18\ \text{ms}^{-2}}{4\pi^2}$ $\qquad \mathbf{l_0 = 0{,}46\ m}$

3) $l_1 = \dfrac{t_1^2 g}{4\pi^2 n_1^2}$ $\qquad l_1 = \dfrac{(8\ \text{s})^2\ 18\ \text{ms}^{-2}}{4\pi^2\ 9^2}$ $\qquad \mathbf{l_1 = 0{,}36\ m}$

7/32 Federschwinger; geneigte Ebene

An eine Schraubenfeder wird ein Körper der Masse 500 g gehängt, wodurch die Feder um 5 cm gedehnt wird.

1) Wie groß ist die Federkonstante?
2) Welche Längenänderung erfährt die Feder, wenn sie zusätzlich mit einem Körper der Masse 100 g belastet wird?
3) Berechnen Sie die Schwingungsdauer dieses Systems, wenn die Feder um weitere 5 cm gedehnt und dann losgelassen wird!
4) Um welche Strecke können die beiden Körper in der abgebildeten Anordnung die Feder dehnen?

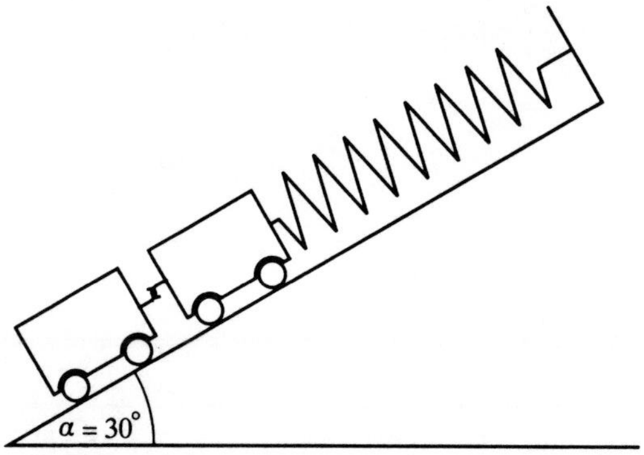

5) Berechnen Sie die Schwingungsdauer, wenn man die Körper um 2 cm auslenkt und dann losläßt und vorausgesetzt wird, daß sich die Körper reibungsfrei auf der geneigten Ebene bewegen!
6) Wie ändert sich die Schwingung unter Beachtung der Reibung?

1) $F_G = F_D \qquad m_1 g = D s_1 \qquad D = \frac{m_1 g}{s_1}$

$$D = \frac{0{,}5\ \text{kg} \cdot 9{,}81\ \text{ms}^{-2}}{5 \cdot 10^{-2}\ \text{m}}$$

$\mathbf{D = 98\ Nm^{-1}}$

2) $D s_2 = (m_1 + m_2) g$

$$s_2 = \frac{(m_1 + m_2) g}{D}$$

$$s_2 = \frac{(0{,}5\ \text{kg} + 0{,}1\ \text{kg})\ 9{,}81\ \text{ms}^{-2}}{98\ \text{Nm}^{-1}}$$

$\mathbf{s_2 = 0{,}06\ m = 6\ cm}$

3) $T_1 = 2\pi \sqrt{\frac{m_1 + m_2}{D}}$

$$T_1 = 2\pi \sqrt{\frac{0{,}5\ \text{kg} + 0{,}1\ \text{kg}}{98\ \text{Nm}^{-1}}}$$

$\mathbf{T_1 = 0{,}5\ s}$

4) $F_{Ha} = (m_1 + m_2) g \sin\alpha = D s_3$

$$s_3 = \frac{(m_1 + m_2) g \sin\alpha}{D}$$

$$s_3 = \frac{(0{,}5\ \text{kg} + 0{,}1\ \text{kg})\ 9{,}81\ \text{ms}^{-2} \sin 30°}{98\ \text{Nm}^{-1}}$$

$\mathbf{s_3 = 0{,}03\ m = 3\ cm}$

5) $T_2 = 2\pi \sqrt{\frac{m'}{D}} \qquad m' = \frac{F_{Ha}}{g}$

$$T_2 = 2\pi \sqrt{\frac{(m_1 + m_2) \sin\alpha}{D}}$$

$$T_2 = 2\pi \sqrt{\frac{(0{,}5\ \text{kg} + 0{,}1\ \text{kg}) \sin 30°}{98\ \text{Nm}^{-1}}}$$

$\mathbf{T_2 = 0{,}35\ s}$

6) Schwingung verläuft gedämpft

7/33 Federschwinger; Energieerhaltungssatz

Eine Feder mit der Konstanten 100 Nm^{-1} wird durch einen Körper der Masse m um 20 mm gedehnt und anschließend zu Schwingungen mit einer Amplitude von 10 mm angeregt.

1) Berechnen Sie die Masse des Körpers!
2) Wie groß ist die Frequenz der entstehenden Schwingung?
3) Bestimmen Sie die maximale Geschwindigkeit des Körpers!
4) Bei welcher Elongation haben Spannungsenergie der Feder und kinetische Energie gleiche Beträge?

1) $F = Ds = mg \qquad m = \frac{Ds}{g}$

$$m = \frac{100\ \text{Nm}^{-1} \cdot 20 \cdot 10^{-3}\ \text{m}}{9{,}81\ \text{ms}^{-2}} \qquad \mathbf{m = 0{,}2\ kg = 200\ g}$$

2) $f = \frac{1}{2\pi}\sqrt{\frac{D}{m}} \qquad f = \frac{1}{2\pi}\sqrt{\frac{100\ \text{Nm}^{-1}}{0{,}2\ \text{kg}}}$

$\mathbf{f = 3{,}5\ Hz}$

3) $E_{pot_m} = E_{kin_m} \qquad \frac{1}{2} D s_m^2 = \frac{1}{2} m v_m^2$

$v_m = s_m \sqrt{\frac{D}{m}} \qquad v_m = 10 \cdot 10^{-3}\ \text{m} \sqrt{\frac{100\ \text{Nm}^{-1}}{0{,}2\ \text{kg}}}$

$\mathbf{v_m = 0{,}22\ ms^{-1}}$

4) $E_g = E_{pot} + E_{kin} = 2 E_{pot}$

$s = \frac{s_m}{\sqrt{2}} \qquad s = \frac{10\ \text{mm}}{\sqrt{2}}$

$\mathbf{s = 7\ mm}$

7/34 Bewegungsgleichungen

1) Bestimmen Sie mit Hilfe des Diagramms die Funktionsgleichung der Schwingung, und interpretieren Sie deren Verlauf!

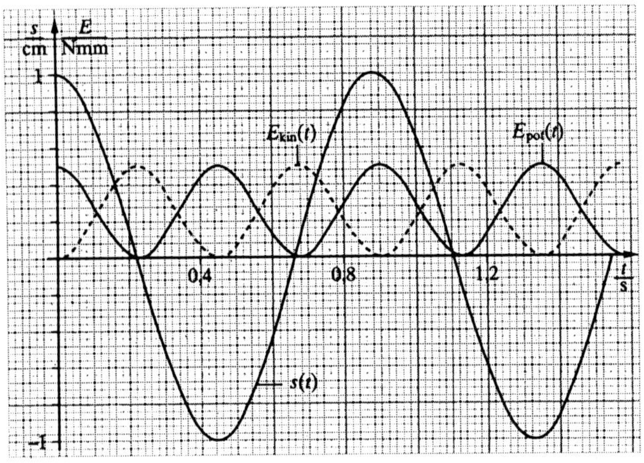

2) Wie groß ist die Gesamtenergie des Systems? Bestätigen Sie Ihr Ergebnis mit dem Energieerhaltungssatz!

1) Aus dem Diagramm folgt:

$s_m = 1\,\text{cm}$ $\qquad x_1 = 1{,}65\,\text{cm} \;\hat{=}\; t_1 = 0{,}4\,\text{s}$

$x_2 = 3{,}7\,\text{cm} \;\hat{=}\; T$

$$T = \frac{x_2}{x_1} t_1$$

$$T = \frac{3{,}7\,\text{cm}}{1{,}65\,\text{cm}} 0{,}4\,\text{s}; \qquad \boldsymbol{T = 0{,}9\,\text{s}}$$

$$s(t) = s_m \cos\frac{2\pi}{T} t \qquad \boldsymbol{s(t) = 1\,\text{cm} \cos\frac{2\pi}{0{,}9\,\text{s}} t}$$

2) $\boldsymbol{E_g = 0{,}5\,\text{Nmm} = 0{,}5 \cdot 10^{-3}\,\text{Nm}}$

7/35 Horizontaler Federschwinger; Kraft

Ein Körper der Masse $m = 100\,\text{g}$ kann sich zwischen den beiden an seinen Seitenflächen befestigten Schraubenfedern reibungsfrei und geradlinig bewegen. (Die Wirkung der Gewichtskraft wird während der kleinen Schwingungen durch einen sehr langen Faden kompensiert.)

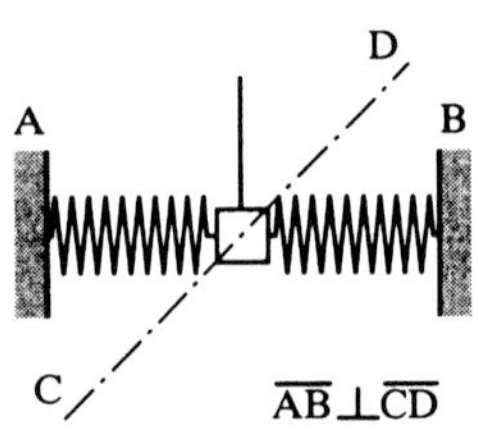

Durch die Befestigung der Federn in den Punkten A und B werden diese um die Strecken s_1 bzw. s_2 gedehnt.
Nun wird der Körper aus seiner Gleichgewichtslage in AB-Richtung ausgelenkt.
Seine Bewegung ist im Diagramm dargestellt:

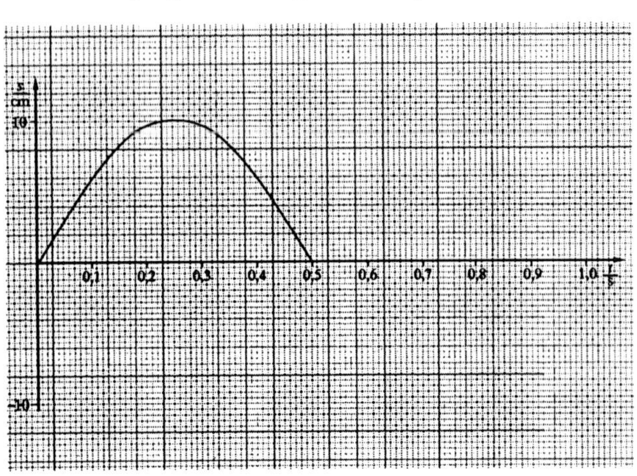

1) Wie berechnet man die Federkonstante des gesamten Systems?
2) Berechnen Sie die Federkonstanten D_1 und D_2, wenn diese sich wie drei zu eins verhalten!
3) Vervollständigen Sie das gegebene *s*-*t*-Diagramm, und zeichnen Sie das entsprechende *F*-*t*-Diagramm im Intervall $0\text{s} \le t \le T$!

Nun soll ein ähnliches schwingungsfähiges System betrachtet werden, dessen Federn jedoch in der Nullage völlig entspannt sind.
Nachdem man den Körper in CD-Richtung ausgelenkt und losgelassen hat, bewegt sich dieser aufgrund der rücktreibenden Kraft zur Nullage zurück.

4) Wie groß ist diese Kraft, wenn zwei Federn mit der Federkonstanten D' am Körper angreifen?

Dieses schwingungsfähige System soll nun an den beiden Enden eines Wagens befestigt werden, der sich auf horizontalen Schienen reibungsfrei bewegen kann.

5) Beschreiben Sie die Bewegung des Körpers relativ zum Wagen, wenn
   a) der Wagen allmählich durch eine wachsende Kraft beschleunigt wird,
   b) kurzzeitig eine konstante Kraft in Bewegungsrichtung wirkt!

1)

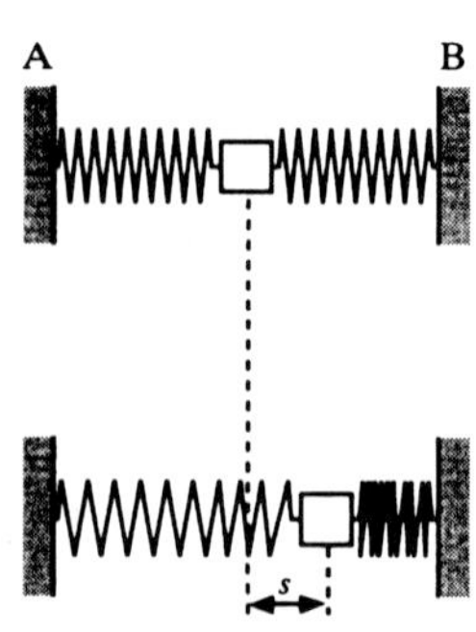

$F_1 = D_1 \Delta s_1$

$\Delta s_1 = s_1 + s$

$F_2 = D_2 \Delta s_2$

$\Delta s_2 = s_2 - s$

$F_R = F_1 + F_2$

$$F_R = \underbrace{-D_1 s_1 + D_2 s_2}_{=0} - D_1 s - D_2 s$$

$= 0$ Gleichgewichtsbedingung

$$F_R = -s(D_1 + D_2) = -sD$$

$$\rightarrow \quad \boldsymbol{D = D_1 + D_2}$$

2) $T = 2\pi\sqrt{\dfrac{m}{D}}$ $\qquad D = D_1 + D_2$

$$\rightarrow \quad D_1 + D_2 = \frac{4\pi^2 m}{T^2}; \quad D_1 = 3D_2$$

$$D_2 = \frac{\pi^2 m}{T^2} \qquad D_2 = \frac{\pi^2 \cdot 100 \cdot 10^{-3}\,\text{kg}}{(1\,\text{s})^2} \qquad \boldsymbol{D_2 = 1\,\text{Nm}^{-1}}$$

$$D_1 = \frac{3\pi^2 m}{T^2} \qquad D_1 = \frac{3\pi^2 \cdot 100 \cdot 10^{-3}\,\text{kg}}{(1\,\text{s})^2} \qquad \boldsymbol{D_1 = 3\,\text{Nm}^{-1}}$$

3)

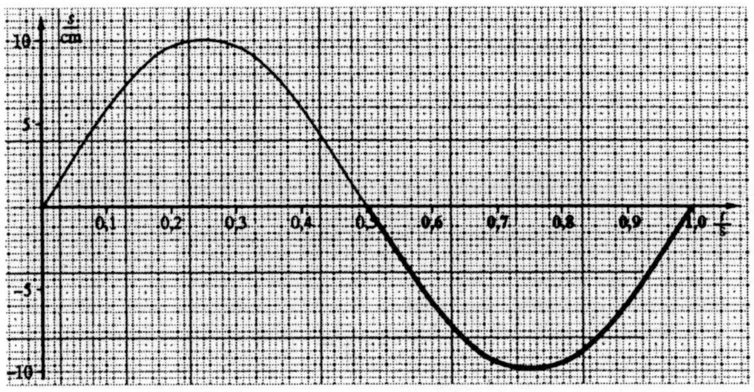

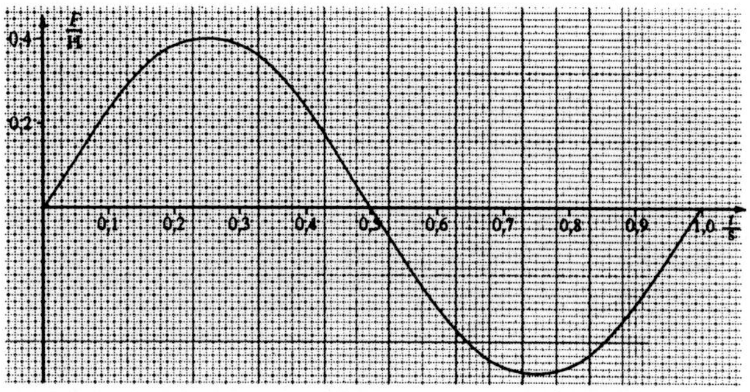

4)

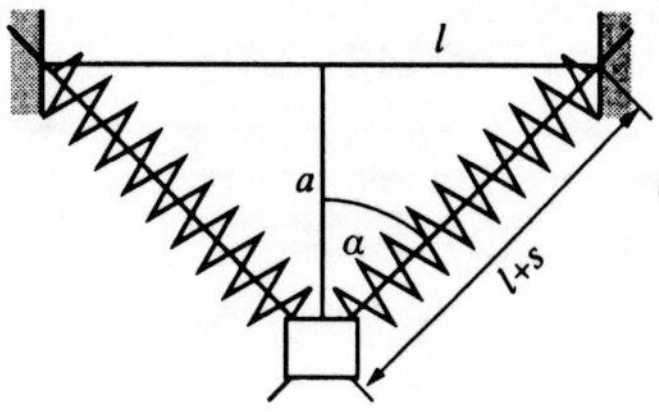

$$F_R = D's$$

$$(l+s)^2 = a^2 + l^2$$

$$s = -l + \sqrt{a^2 + l^2}$$

$$\cos\alpha = \frac{a}{(l+s)} = \frac{a}{\sqrt{a^2 + l^2}}$$

Aus dem Kräfteparallelogramm folgt:

$$F_s = 2F\cos\alpha \quad \rightarrow \quad \boldsymbol{F_s = 2Da\left(1 - \frac{l}{\sqrt{a^2 + l^2}}\right)}$$

5a) Körper wird ausgelenkt: $F = ma = Dx \quad \rightarrow \quad x = \dfrac{ma}{D}$

b) Körper wird durch die wirkende Kraft ausgelenkt und schwingt anschließend um seine Nullage mit $x_m = \dfrac{ma}{D}$.

7/36 Elastische Schwingung; Kraft; Resonanz

Eine Maschine, die auf einer Betonplatte steht, hat eine Masse von 2 t und eine Betriebsdrehzahl von 300 min^{-1}.
Das Diagramm stellt den Zusammenhang zwischen der Belastung und der dadurch hervorgerufenen Durchbiegung der Platte dar.

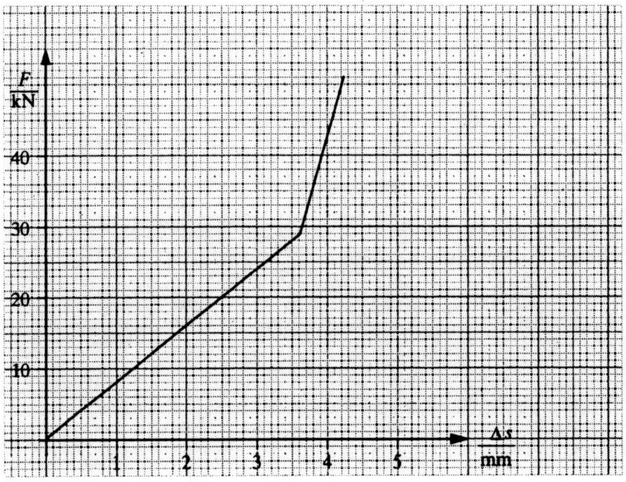

1) Wie weit verformt die Maschine die Platte?
2) Die Platte kann als Feder betrachtet werden. Berechnen Sie ihre Richtgröße (Federkonstante) unter der genannten Belastung!
3) Mit welcher Frequenz schwingen Platte und Maschine? Die Masse der Platte kann aufgrund der um ein Vielfaches größeren Masse der Maschine vernachlässigt werden.
4) Mit Hilfe der Maschine soll ein Werkstück der Masse 500 kg bearbeitet werden. Schwingt das System Maschine-Platte-Werkstück immer noch harmonisch?
5) Resonanz könnte zu schweren Schäden führen. Welche Masse hätte ein Werkstück, bei dessen Bearbeitung Resonanz aufträte!

1) $F_G = m_M g \qquad (1)$

$$F_G = 2 \cdot 10^3\,\text{kg} \cdot 9{,}81\,\text{ms}^{-2}$$

$$F_G = 20\,\text{kN} \quad \rightarrow \quad \boldsymbol{\Delta s = 2{,}4\,\text{mm}}$$

2) Aus (1) und $F = D\Delta s$ folgt

$$D = \frac{m_M g}{\Delta s} \qquad (2)$$

$$D = \frac{2 \cdot 10^3\,\text{kg} \cdot 9{,}81\,\text{ms}^{-2}}{2{,}4 \cdot 10^{-3}\,\text{m}}$$

$$\boldsymbol{D = 8 \cdot 10^6\,\text{Nm}^{-1}}$$

3) $f = \dfrac{1}{2\pi}\sqrt{\dfrac{D}{m_M}} \qquad f = \dfrac{1}{2\pi}\sqrt{\dfrac{8 \cdot 10^6\,\text{Nm}^{-1}}{2000\,\text{kg}}}$

$$\boldsymbol{f = 10{,}2\,\text{Hz}}$$

4) $F_g = F_M + F_W \qquad F_g = g(m_M + m_W)$

$F_g = 9{,}81\,\text{ms}^{-2}(2\cdot 10^3\ \text{kg} + 500\ \text{kg})$

$\mathbf{F_g = 24{,}5\ kN}$

Aus dem Diagramm folgt:
Erst für $F_g > 29$ kN schwingt das System nicht mehr harmonisch.
→ System schwingt für $F_g = 24{,}5$ kN harmonisch.

5) $f_M = \frac{n}{t}$ und $f = \frac{1}{2\pi}\sqrt{\frac{D}{mg}}$; (2); $m_g = m_M + m'_W$

$f = f_M \quad \rightarrow \quad \frac{n^2}{t^2} = \frac{1}{4\pi^2}\frac{D}{m_M + m'_W}$

$m'_W = \frac{t^2 D}{4\pi^2 n^2} - m_M \quad m'_W = \frac{(60\,\text{s})^2 \cdot 8\cdot 10^6\ \text{Nm}^{-1}}{4\pi^2\, 300^2} - 2000\ \text{kg}$

$\mathbf{m'_W = 6\cdot 10^3\ kg = 6\ t}$

7/37		Überlagerung	

Zwei harmonische Schwingungen überlagern sich.

1) Skizzieren und charakterisieren Sie die jeweils entstehende Schwingung für $0\ \text{s} \le t \le 1\ \text{s}$!

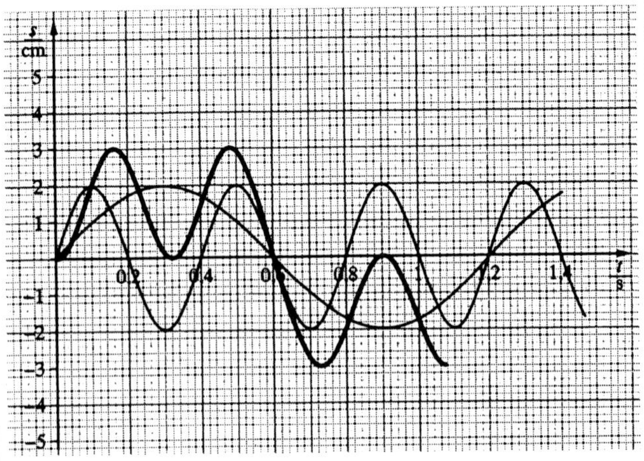

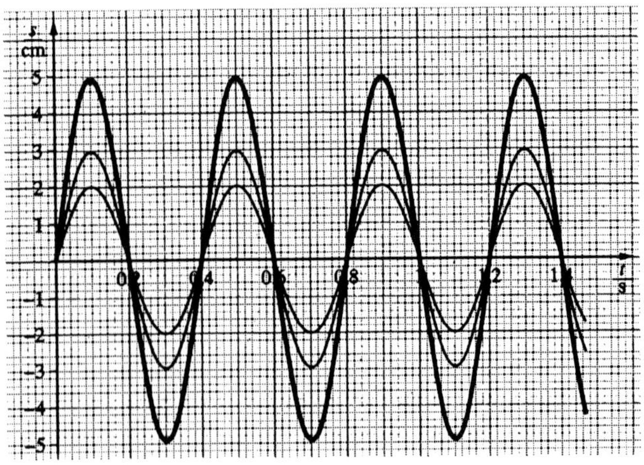

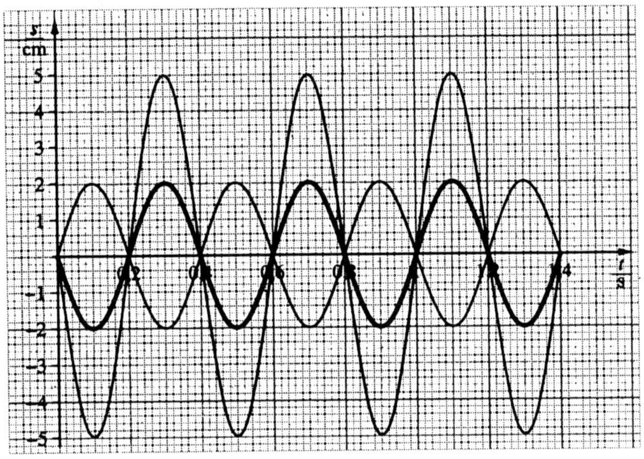

2) Leiten Sie aus diesen Beispielen die Bedingungen für Verstärkung, Abschwächung bzw. Auslöschung her!

3) Zeichnen Sie zwei Schwingungen, die sich gegenseitig auslöschen!

1) siehe Zeichnungen

2) Verstärkung: $\varphi = 2k\pi \qquad k \in G$

Abschwächung: $\varphi = (2k+1)\pi \qquad k \in G$

Auslöschung: $\varphi = (2k+1)\pi \qquad k \in G \qquad s_{m_1} = s_{m_2}$

3)

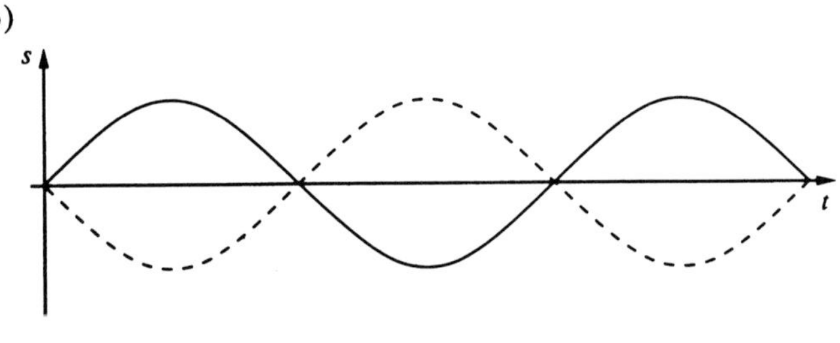

7/38		Überlagerung	

1) Zeichnen Sie ein s-t-Diagramm für eine harmonische Schwingung eines Oszillators mit der Amplitude 2 cm und der Periode 4 s.

1 s, nachdem die Nullage erreicht ist, beginnt eine zweite Schwingung mit 1 cm maximaler Elongation. Bei dieser Schwingung bewegt sich der Oszillator alle 2 s durch die Nullage.

2) Zeichnen Sie diese Schwingung in das gleiche Diagramm!

3) Wie groß ist der Phasenunterschied?

4) Stellen Sie die Gleichung für die Elongation der entstehenden Schwingung bei Überlagerung auf!

1/2)

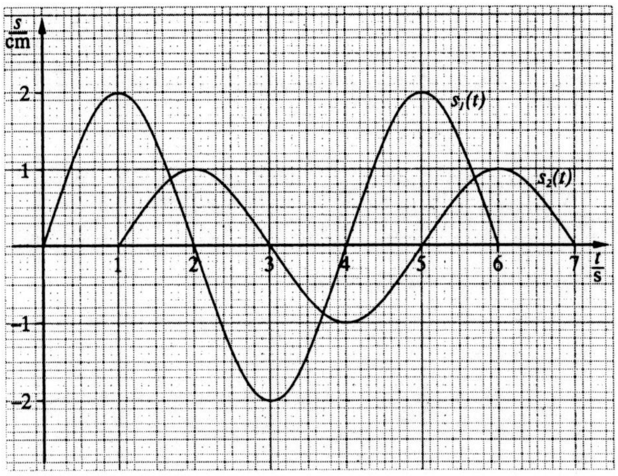

3) $\boldsymbol{\varphi = 1\,s}$

4) $s_1(t) = s_{m_1} \sin \omega t$

$s_2(t) = s_{m_2} \sin(\omega t + \varphi)$

$s(t) = s_{m_1} \sin \omega t + s_{m_2} \sin(\omega t + \varphi)$

$$s(t) = s_{m_1} \sin \frac{2\pi}{T_1} t + s_{m_2} \sin\left(\frac{2\pi}{T_2} t + \frac{\pi}{2}\right)$$

$$\boldsymbol{s(t) = 2\,cm \sin \frac{2\pi}{4\,s} t + 1\,cm \sin\left(\frac{2\pi}{4\,s} t + \frac{\pi}{2}\right)}$$

7/39		Gedämpfte Schwingung

Für eine gedämpfte Schwingung wurde experimentell das Elongation-Zeit-Diagramm aufgenommen.
Ermitteln Sie mit Hilfe des Diagramms die Funktionsgleichung des Graphen!

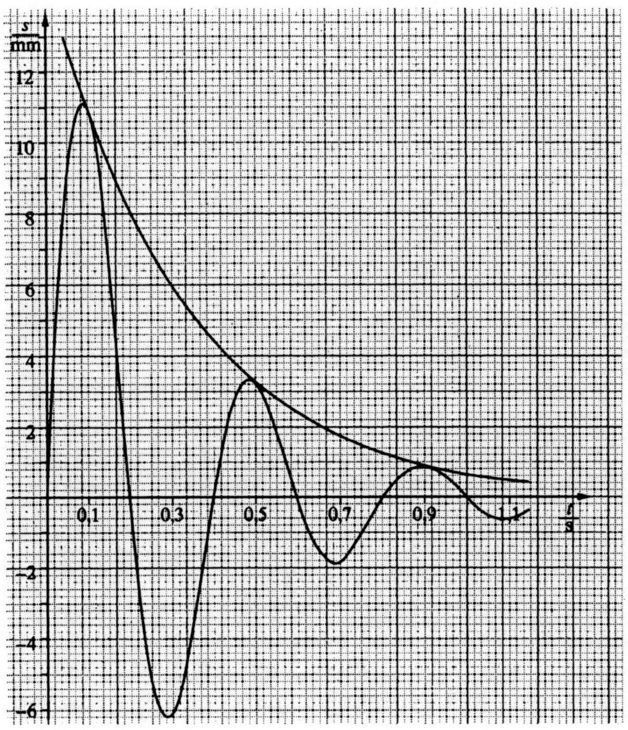

Für eine gedämpfte Schwingung gilt:

$$s(t) = s_m e^{-\delta t} \sin\left(\frac{2\pi t}{T}\right)$$

$s_1(t_1) = s_m e^{-\delta t_1} \quad \rightarrow \quad s_m = s_1(t_1) e^{\delta t_1} \qquad (1)$

$s_3(t_3) = s_m e^{-\delta t_1};\ t_3 = t_1 + T \quad \rightarrow \quad s_3(t_3) = s_1(t_1) e^{\delta t_1} \cdot e^{-\delta(t_1 + T)}$

$$\frac{s_3}{s_1} = \frac{s_1(t_1) e^{\delta t_1}\, e^{-\delta(t_1+T)}}{s_1(t_1)} = e^{-\delta T}$$

$$\rightarrow \quad \frac{s_1}{s_3} = e^{\delta T} \qquad \ln\left(\frac{s_1}{s_3}\right) = \delta T$$

$$\delta = \frac{1}{T} \ln\left(\frac{s_1}{s_3}\right)$$

$$\delta = \frac{1}{0{,}4\,s} \ln\left(\frac{11{,}1\,mm}{3{,}3\,mm}\right)$$

$$\delta = 3\,s^{-1}$$

In (1): $s_m = 11{,}1\,mm \cdot e^{3\,s^{-1} \cdot 0{,}1\,s}$

$s_m = 15\,mm$

Funktionsgleichung des Graphen:

$$\boldsymbol{s(t) = 15\,mm \cdot e^{-3\,s^{-1} t} \sin \frac{2\pi t}{0{,}4\,s}}$$

Aus dem Diagramm entnimmt man folgende Werte:

$s_1(0{,}1\,s) = 11{,}1\,mm$

$s_2(0{,}3\,s) = -6{,}1\,mm$

$s_3(0{,}5\,s) = 3{,}3\,mm$

$s_4(0{,}7\,s) = -1{,}8\,mm$

$s_5(0{,}9\,s) = 1{,}0\,mm$

$T = 0{,}4\,s$

7/40 Resonanz

Durch geeignetes Einwirken einer im Vergleich zum Gewicht von Frau Heinrich sehr kleinen Kraft, gelingt es dennoch ihrem kleinen Sohn, sie mitsamt der Schaukel in Schwingungen zu versetzen.

1) Erklären Sie die Vorgehensweise des Jungen und den physikalischen Hintergrund!
2) Zeigen Sie, daß die durch äußere Einwirkung zugeführte Energie unter sonst gleichen Bedingungen im Resonanzfall maximal ist!

1) Der Junge wird seine Kraft so periodisch auf die Schaukel wirken lassen, daß zwischen entstehender Schwingung und Krafteinwirkung kein Phasenunterschied existiert.

2) $\boldsymbol{E = \int_0^s F \mathrm{d}s = \int_0^T F v \mathrm{d}t = \max}$

7/41 Resonanz

Während des 3minütigen Schleudervorganges einer Waschmaschine, die unmittelbar neben dem Waschbecken steht, sind ca. 2 s nach Beginn etwa 3 s lang Erschütterungen des Waschbeckens spürbar, die sogar die Seife in das Becken rutschen lassen.

1) Erläutern Sie diese Erscheinung!
2) Skizzieren Sie ein Diagramm, in dem dieser physikalische Vorgang dargestellt wird!

Einschaltvorgang → allmähliches Anwachsen der Frequenz, da Maximaldrehzahl erst nach kurzer Zeit erreicht wird.

Zwischen dem Einschalten und dem Erreichen der Maximaldrehzahl stimmen Eigenfrequenz des Beckens und Erregerfrequenz der Waschmaschine kurzzeitig überein, und es kommt zur Resonanz $f_E = f_{WM}$.

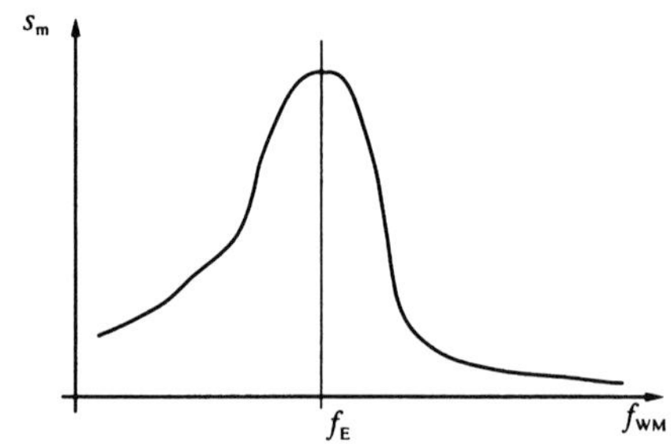

7/42 Gekoppelte Pendel

Zwei 1 m lange Fadenpendel sind durch eine elastische Verbindung miteinander gekoppelt. Die Körper der Pendel 1 bzw. 2 haben die Massen von 100 g bzw. 200 g.
Pendel 1 wird um 30° ausgelenkt und losgelassen.

1) Beschreiben Sie den folgenden physikalischen Vorgang!
2) Welchen maximalen Auslenkwinkel erreicht Pendel 2?

1) Durch die Kopplung wird die mechanische Energie von Pendel 1 auf Pendel 2 übertragen.

2) $E_{\text{pot}_1} = E_{\text{kin}_1} = E_{\text{kin}_2} = E_{\text{pot}_2}$

$$m_1 g l (1 - \cos\alpha) = m_2 g l (1 - \cos\beta)$$

$$\cos\beta = 1 - \frac{m_1}{m_2}(1 - \cos\alpha)$$

$$\cos\beta = 1 - \frac{100\,\text{g}}{200\,\text{g}}(1 - \cos 30°)$$

$$\boldsymbol{\beta = 21°}$$

7/43 Lügendetektor

„Kann ein Lügendetektor lügen?" will Rho wissen.
„Maschinen lügen nie", meint Theta.
„Und doch hört man Schlimmes über die Anwendung von solchen Dingern", entgegnet Rho.
„Aber der Mensch kann den Lügendetektor belügen", ergänzt Pi.

Beim Lügen sollen sich die Parameter bestimmter Schwingungsvorgänge beim Probanten verändern: z. B. Atmung und Herztätigkeit. Durch entsprechende Willenskraft läßt sich diesen Veränderungen entgegensteuern.

7/44		Schaukeln ohne Antrieb		

„Ist das nicht ein Verstoß gegen den Energiesatz?“, überlegt Theta, als sie beobachtet, wie ein Kind ohne fremde Hilfe zu schaukeln beginnt.
„Das Kind arbeitet doch. Und wenn es geschickt ist ...“, lautet Rhos Antwort.

Es muß Arbeit verrichtet werden. Das ist bei der Schaukel in Seilrichtung möglich. Man muß das Seil im Moment des Erreichens der äußeren Umkehrpunkte verkürzen.

Ein Teil der aufgewandten Kraft zeigt in waagrechte Richtung, unterstützt also die Schaukelbewegung. Eine Nullschwingung kann angenommen werden.

7/45		Harmonische Schwingungen		

Eine Holzkugel schwimmt im Wasser und schwingt leicht auf und ab.
„Harmonisch sind diese Schwingungen nicht“, behauptet Theta.
„Wieso nicht? Das sieht doch ganz harmonisch aus“, wendet Pi ein.

Beim Schwingen verändert sich die Eintauchtiefe und damit der Durchmesser des eingetauchten Kugelvolumens. Somit ist der Auftrieb nicht proportional zur Eintauchtiefe.

7/46		Zum Thema führende Aufgabe	

Ein Körper der Masse 4,3 kg fällt aus einer Höhe $h = 40$ cm auf eine vertikal stehende Feder mit einer Federkonstanten von $8{,}37 \cdot 10^2\ \mathrm{Nm^{-1}}$.

1) Um welche Strecke s wird die Feder dadurch zusammengedrückt?

2) Zeichnen Sie ein s-h-Diagramm ($0 \le h \le 0{,}6$ m) und diskutieren Sie den Kurvenverlauf!

1)

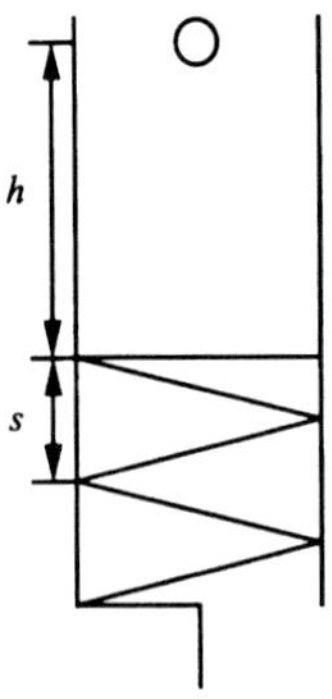

$$\Delta E_{\text{pot}} = W_{\text{Spann}}$$

$$m \cdot g \cdot \Delta h = \frac{1}{2} D s^2$$

$$mg(h+s) = \frac{1}{2} D s^2$$

$$\frac{1}{2} D s^2 - mgs - mgh = 0$$

$$s^2 - \frac{2mg}{D} s - \frac{2mgh}{D} = 0$$

$$s = \frac{mg}{D} \underset{(-)}{+} \sqrt{\left(\frac{mg}{D}\right)^2 + \frac{2mgh}{D}}$$

$$s = \frac{4{,}3\ \mathrm{kg} \cdot 9{,}81\ \mathrm{ms^{-2}}}{8{,}37 \cdot 10^2\ \mathrm{kgms^{-2}m^{-1}}}$$

$$+ \sqrt{\left(\frac{4{,}3\ \mathrm{kg} \cdot 9{,}81\ \mathrm{ms^{-2}}}{8{,}37 \cdot 10^2\ \mathrm{kgms^{-2}m^{-1}}}\right)^2 + \frac{2 \cdot 4{,}3\ \mathrm{kg} \cdot 9{,}81\ \mathrm{ms^{-2}} \cdot 0{,}4\ \mathrm{m}}{8{,}37 \cdot 10^2\ \mathrm{kgms^{-2}m^{-1}}}}$$

$s = 0{,}26$ m

h in m	0	0,1	0,2	0,3	0,4	0,5	0,6
s in m	0,1	0,16	0,20	0,23	0,26	0,28	0,30

2)

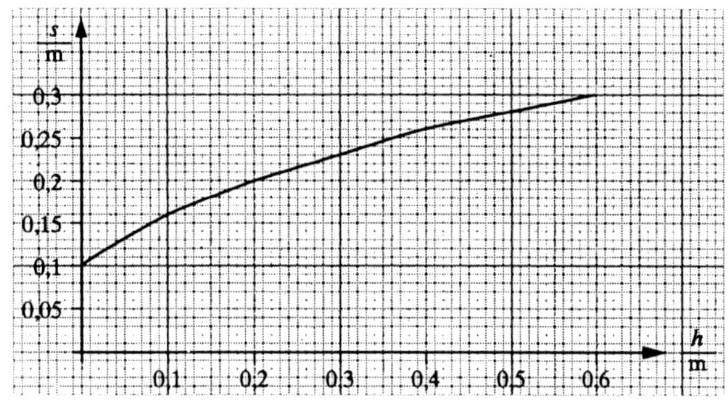

- s wächst mit h.
- s wächst mit h nicht linear, sondern ähnlich wie eine Wurzelfunktion.
- Ein solcher Zusammenhang ist zu erwarten (s. 2. Zeile der allgemeinen Lösung).

7/47		Statische Kraftwirkung	

Unter welchen Bedingungen gelten die folgenden Aussagen?

1) Obwohl auf einen Körper viele Kräfte wirken, bleibt er in Ruhe.
2) Obwohl auf einen Körper keine Kräfte wirken, bewegt er sich.
3) Je mehr Kräfte auf einen Körper wirken, desto größer ist die resultierende Kraft.
4) Eine Kraft, die auf den Körper A wirkt, wirkt gleichermaßen auf den Körper B.
5) Obwohl das Flugzeug nach Süden gesteuert wird, fliegt es nach Südwesten.

1) Statisches Gleichgewicht; $\sum \vec{F}_i = \vec{0}$
2) Trägheit, Energieerhaltung
3) Kräfte wirken alle in einer Hauptrichtung $0° \le \sphericalangle\ \vec{F}_i, \vec{F}_j < 90°$
4) Wechselwirkung
5) Parallelogramm der Wege oder der Geschwindigkeiten; Seitenwind

7/48 Kenngrößen einer Welle

Dargestellt sind zwei eine Welle beschreibende Diagramme.

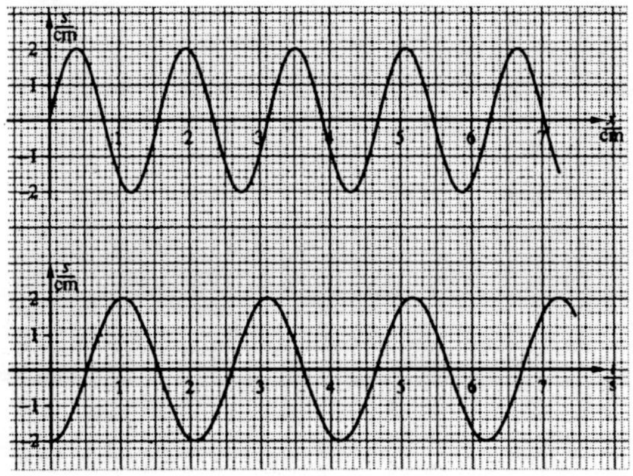

1) Entnehmen Sie den Darstellungen die Kenngrößen dieser Welle!
2) Bestimmen Sie auch die Ausbreitungsgeschwindigkeit!

1) $5 \cdot \lambda = 7{,}8\text{ cm} \rightarrow \boldsymbol{\lambda = 1{,}56\text{ cm}}$ Wellenlänge

$\boldsymbol{s_{max} = 2\text{ cm}}$ Elongation

$4 \cdot T = 8{,}4\text{ s} \rightarrow \boldsymbol{T = 2{,}1\text{ s}}$ Schwingungsdauer/Periode

$\rightarrow \boldsymbol{f = 0{,}48\text{ Hz}}$ Frequenz

2) $c = \lambda \cdot f \rightarrow \boldsymbol{c = 0{,}75\text{ cms}^{-1}}$

7/49 Pendelreihe

In einer Reihe von 20 gekoppelten Pendeln breitet sich eine Transversalwelle mit einer Amplitude von 1,6 cm aus. Der Abstand zwischen den Pendeln beträgt 0,6 cm. Die Welle hat eine Ausbreitungsgeschwindigkeit von 2,88 cms^{-1} und eine Wellenlänge von 7,2 cm.

1) Zeichnen Sie die Bilder der Welle nach 1,25 s, 1,875 s und 3,125 s. Geben Sie für die ersten 4 Pendel die jeweilige Schwingungsrichtung an!
2) Nach welcher Zeit wird das 20. Pendel erreicht, und welche Elongation hat in diesem Moment das 6. Pendel?

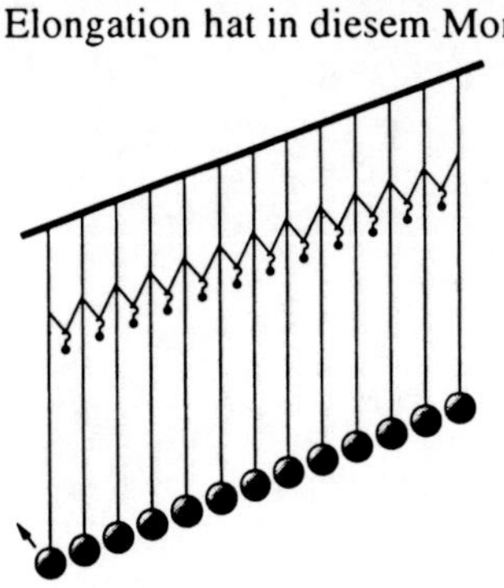

1) $c = \frac{\lambda}{T} \rightarrow T = \frac{\lambda}{c} = \frac{7{,}2\text{ cm}}{2{,}88\text{ cms}^{-1}} = \mathbf{2{,}5\text{ s}}$

a) $\boxed{t = 1{,}25\text{ s}}$

$t = 0{,}5\,T \rightarrow x_{max} = 0{,}5\,\lambda \quad x_{max} = 3{,}6\text{ cm}$ (7. Pendel)

$s = s_{max} \cdot \sin\left[2\pi\left(\frac{t}{T} - \frac{x}{\lambda}\right)\right]$

Pendel	x in cm	s in cm
1	$0 \mathrel{\hat=} 0\,\lambda$	$0\,s_{max} = 0$
2	$0{,}6 \mathrel{\hat=} 0{,}08\,\lambda$	$0{,}48\,s_{max} = 0{,}77$
3	$1{,}2 \mathrel{\hat=} 0{,}17\,\lambda$	$0{,}88\,s_{max} = 1{,}4$
4	$1{,}8 \mathrel{\hat=} 0{,}25\,\lambda$	$1\,s_{max} = 1{,}6$
5	$2{,}4 \mathrel{\hat=} 0{,}33\,\lambda$	$0{,}88\,s_{max} = 1{,}4$
6	$3{,}0 \mathrel{\hat=} 0{,}42\,\lambda$	$0{,}48\,s_{max} = 0{,}77$
7	$3{,}6 \mathrel{\hat=} 0{,}5\,\lambda$	$0\,s_{max} = 0$

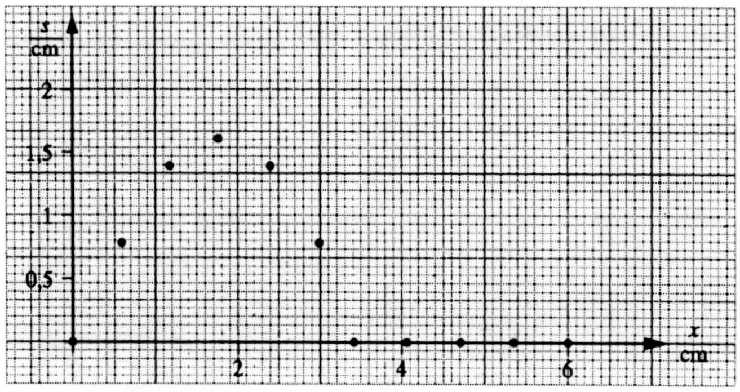

b) $\boxed{t = 1{,}875\text{ s}}$

$t = 0{,}75\,T \rightarrow x_{max} = 0{,}75\,\lambda = 5{,}4\text{ cm}$ (10. Pendel)

Pendel	1	2	3	4	5
s in cm	–1,6	–1,4	–0,77	0	0,77
Pendel	6	7	8	9	10
s in cm	1,4	1,6	1,4	0,77	0

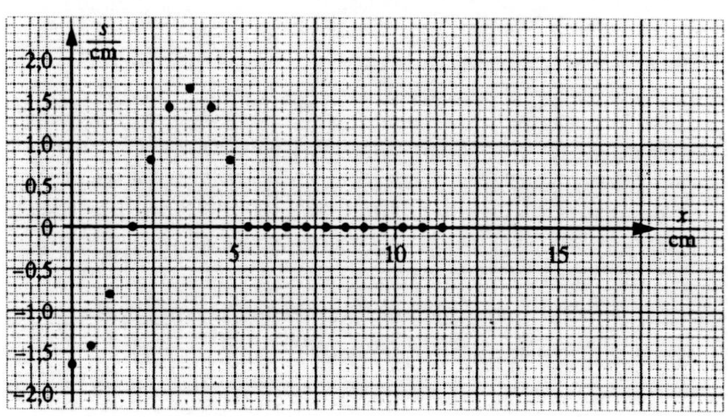

c) $\boxed{t = 3{,}125\text{ s}}$

$t = 1{,}25\,T \rightarrow x_{max} = 1{,}25\,\lambda = 9\text{ cm}$ (16. Pendel)

Pendel	1	2	3	4	5	6	7	8
s in cm	1,6	1,4	0,77	0	–0,77	–1,4	–1,6	–1,4
Pendel	9	10	11	12	13	14	15	16
s in cm	–0,77	0	0,77	1,4	1,6	1,4	0,77	0

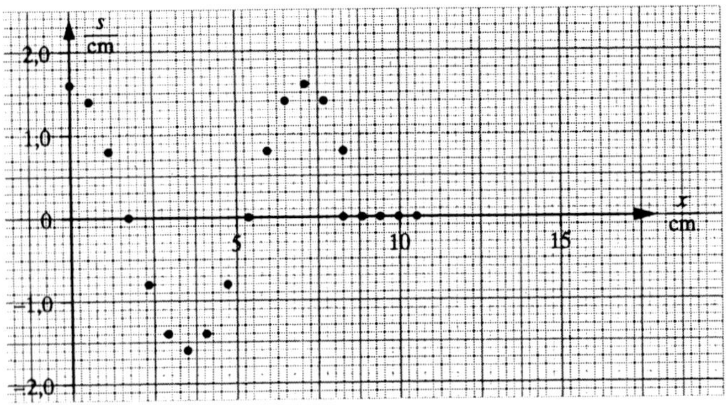

2) $x = c \cdot t$

$$\rightarrow \quad t_{20} = \frac{x_{20}}{c} = \frac{19 \cdot 0{,}6\,\text{cm}}{2{,}88\,\text{cms}^{-1}}$$

$$= \mathbf{3{,}96\,s}$$

$$s_{6.P.} = 1{,}6\,\text{cm} \cdot \sin 2\pi \left(\frac{3{,}96\,\text{s}}{2{,}5\,\text{s}} - \frac{3\,\text{cm}}{7{,}2\,\text{cm}} \right)$$

$$= 1{,}6\,\text{cm} \cdot 0{,}87$$

$$= \mathbf{1{,}39\,cm}$$

7/50 Pendelreihe

In einer Pendelreihe sollen Transversalwellen erzeugt werden. Alle Pendel sind 32 cm lang.

1) In welchem Verhältnis stehen für alle erzeugten Wellen Ausbreitungsgeschwindigkeit und Wellenlänge?
2) Zeichnen Sie das c-λ-Diagramm für $0 \leq \lambda \leq 1\,\text{m}$!
3) Zeichnen Sie in das gleiche Diagramm den Graphen der Funktion für 41 cm lange Pendel!
4) Wovon hängt ab, welche Ausbreitungsgeschwindigkeit bzw. Wellenlänge sich einstellt?

1) $f = \frac{1}{2\pi}\sqrt{\frac{g}{l}}$; $\quad f = \frac{c}{\lambda}$

Gesuchtes Verhältnis: $\boldsymbol{\frac{c}{\lambda} = \frac{1}{2\pi}\sqrt{\frac{g}{l}}}$; $\quad l\uparrow \rightarrow \frac{c}{\lambda}\downarrow$

2) für $l = 32$ cm $\qquad \frac{c}{\lambda} = \frac{1}{2\pi}\sqrt{\frac{9{,}81\,\text{m}}{0{,}32\,\text{ms}^2}} = \mathbf{0{,}88\,s^{-1}}$

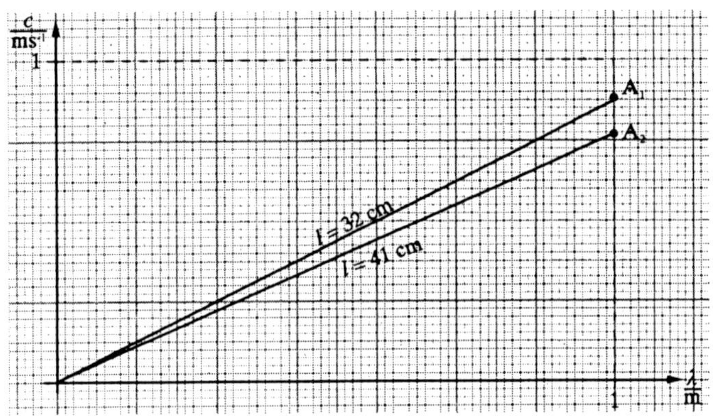

3) s. o. $\quad \frac{c}{\lambda} = \mathbf{0{,}78\,s^{-1}}$

4) von der Art der Erzeugung der Welle, unter sonst gleichen Bedingungen von l

7/51 Elongation; Schwingungsrichtung

Eine Transversalwelle beginnt zur Zeit $t = 0$ s im Koordinatenursprung. Sie bewegt sich mit einer Geschwindigkeit von 5,4 ms^{-1} in Richtung der positiven x-Achse. Ihre Wellenlänge beträgt 8 m, ihre Amplitude 8,2 cm.

1) Wie groß ist die Frequenz der Welle?
2) Wann erreicht die Welle den Ort $x_1 = 14$ m?
3) Welche Elongation hat der Oszillator der Teilaufgabe 2) 3 s nach Beginn des Ausbreitens der Welle, und in welche Richtung schwingt er?

1) $f = \frac{c}{\lambda}$; $\qquad f = \frac{5{,}4\,\text{ms}^{-1}}{8\,\text{m}} = \mathbf{0{,}68\,s^{-1}}$

2) $t = \frac{x}{c}$; $\qquad t_{14} = \frac{14\,\text{m}}{5{,}4\,\text{ms}^{-1}} = \mathbf{2{,}6\,s}$

3) $s = s_{\max} \cdot \sin\left[2\pi\left(\frac{t}{T} - \frac{x}{\lambda}\right)\right]$; $\quad T = \frac{1}{f} = \mathbf{1{,}48\,s}$

$$s = 8{,}2\,\text{cm} \sin\left[2\pi\left(\frac{3\,\text{s}}{1{,}48\,\text{s}} - \frac{14\,\text{m}}{8\,\text{m}}\right)\right] = \mathbf{8{,}1\,cm}$$

Richtung: $\varphi_{\text{rad}} = 1{,}74 \quad \varphi = 99{,}7°$

oder $\quad v = \dot{s} = s_{\max} \cdot \omega \cos 99{,}7° < 0$

Oszillator schwingt vom Maximum zur Nullage.

7/52 Momentanbilder von Wellen

Die Gleichung einer Transversalwelle lautet:

$$s(x,t) = 0{,}05\ \text{m} \cdot \sin\left(\frac{2\pi t}{4\ \text{s}} - \frac{x}{0{,}5\ \text{m}}\right)$$

1) Wie groß sind Amplitude, Schwingungsdauer, Wellenlänge und Ausbreitungsgeschwindigkeit dieser Welle?
2) Zeichnen Sie für die Welle das s-x-Diagramm für $t = 4$ s, 6 s und 7 s! (Wählen Sie $x = k\pi/4$!)
3) Geben Sie die Schwingungsgleichung für das Teilchen an der Stelle $x = 3\pi/4$ m an!
4) Überprüfen Sie Ihre Ergebnisse an den Beispielen der Aufgabe 2)!

1) Amplitude: $\mathbf{s_{max} = 0{,}05\ m}$

Schwingungsdauer: $\mathbf{T = 4\ s}$

Frequenz: $\mathbf{f = 0{,}25\ s^{-1}}$

Wellenlänge: $\boldsymbol{\lambda = \pi}\ \mathbf{m}$ $\left(\frac{x}{0{,}5\ \text{m}} = 2\pi\frac{x}{\lambda}\right)$

Ausbreitungsgeschwindigkeit: $\mathbf{c = \frac{\pi}{4}\ ms^{-1}}$

2) a) $t = 4\ \text{s}, \quad x_{max} = c \cdot t = \pi\ \text{m}, \quad s = 0{,}05\ \text{m} \cdot \sin 2\pi\left(1 - \frac{x}{\pi}\right)$

x in m	0	$\frac{\pi}{4}$	$\frac{\pi}{2}$	$\frac{3}{4}\pi$	π
s in m	0	–0,05	0	0,05	0

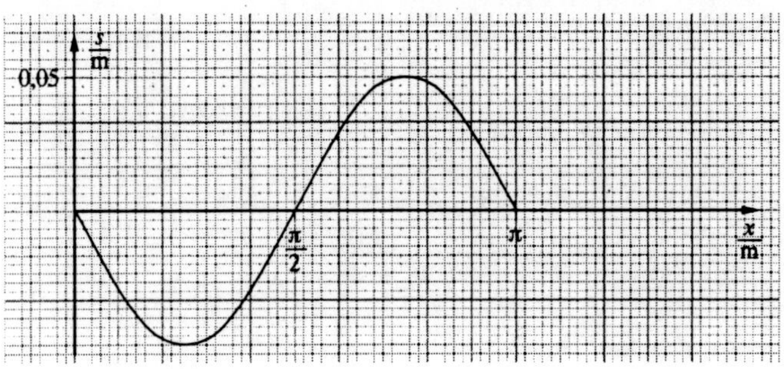

b) $t = 6\ \text{s}, \quad x_{max} = 1{,}5\pi\ \text{m}, \quad s = 0{,}05\ \text{m} \cdot \sin 2\pi\left(1{,}5 - \frac{x}{\pi}\right)$

x in m	0	$\frac{\pi}{4}$	$\frac{\pi}{2}$	$\frac{3}{4}\pi$	π	$\frac{5}{4}\pi$	$\frac{3}{2}\pi$
s in m	0	0,05	0	–0,05	0	0,05	0

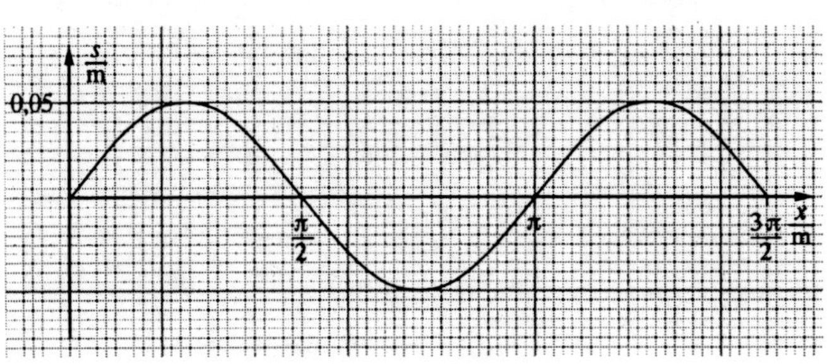

c) $t = 7\ \text{s}, \quad x_{max} = \frac{7}{4}\pi\ \text{m}, \quad s = 0{,}05\ \text{m} \cdot \sin 2\pi\left(1{,}75 - \frac{x}{\pi}\right)$

x in m	0	$\frac{\pi}{4}$	$\frac{\pi}{2}$	$\frac{3}{4}\pi$	π	$\frac{5}{4}\pi$	$\frac{3}{2}\pi$	$\frac{7}{4}\pi$
s in m	–0,05	0	0,05	0	–0,05	0	0,05	0

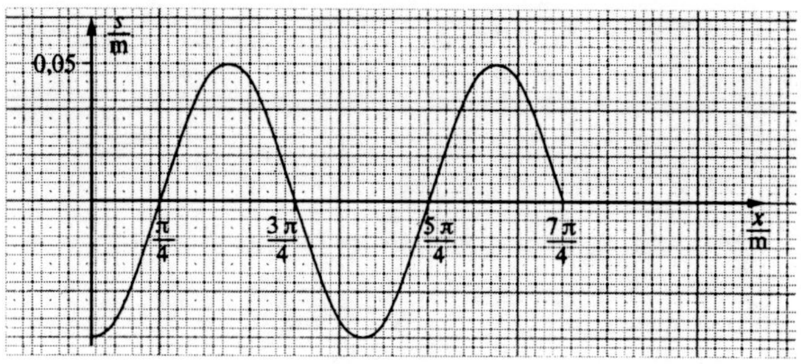

Man könnte jetzt spezielle Orte in den Fällen a), b), c) vergleichen oder die jeweiligen Schwingungsrichtungen erfragen.

3) $$s\left(\frac{3}{4}\pi\ \text{m}, t\right) = 0{,}05\ \text{m} \cdot \sin\left[2\pi\left(\frac{t}{4\ \text{s}} - \frac{\frac{3}{4}\pi\ \text{m}}{\pi\ \text{m}}\right)\right]$$

$$= 0{,}05\ \text{m} \cdot \sin\left(\frac{\pi}{2\ \text{s}}t - \frac{3}{2}\pi\right)$$

$$= 0{,}05\ \text{m} \cdot \left(\sin\frac{\pi}{2\ \text{s}}t \cdot \cos\frac{3}{2}\pi - \cos\frac{\pi}{2\ \text{s}}t \cdot \sin\frac{3}{2}\pi\right)$$

$$\mathbf{s(t) = 0{,}05\ m \cdot \cos\frac{\pi}{2\ s}t}$$

4) $s(4\ \text{s}) = 0{,}05 \cdot \cos 2\pi = \mathbf{0{,}05\ m}$

$s(6\ \text{s}) = 0{,}05 \cdot \cos 3\pi = \mathbf{-0{,}05\ m}$

$s(7\ \text{s}) = 0{,}05 \cdot \cos\frac{7}{2}\pi = \mathbf{0\ m}$

} Stimmt mit Diagramm überein.

7/53 Schwingungs- und Wellengleichung, Phasendifferenz

In einem Seil breiten sich Wellen aus, deren Wellenlänge 18 m beträgt. Beim Nulldurchgang haben die schwingenden Teilchen eine Geschwindigkeit von 12 cms^{-1}. In jeder Minute gibt es 45 Nulldurchgänge. Die Dämpfung kann vernachlässigt werden.

1) Wie lautet die Schwingungsgleichung für das erste Teilchen, wenn $s(0) = 0$ sein soll?
2) Wie lautet die Gleichung $s(x,t)$ für diese Welle?
3) Wie groß ist der Phasenunterschied $\Delta\varphi$ zweier Teilchen, die einen Abstand von 1,4 m haben?

1) $s = s_{max} \cdot \sin \omega t$

$v = \dot{s} = s_{max} \cdot \omega \cdot \cos \omega t \quad \rightarrow \quad v_{max} = \omega \cdot s_{max}$

$s = \frac{v_{max}}{\omega} \cdot \sin \omega t \qquad \Big| \; f = \frac{45}{2} \text{ min}^{-1} = \frac{45}{2 \cdot 60} \text{ s}^{-1} = \frac{3}{8} \text{ s}^{-1}$

$s = \frac{v_{max}}{\frac{3}{4}\pi \text{ s}^{-1}} \cdot \sin \frac{3}{4}\pi \text{ s}^{-1} \cdot t \qquad \Big| \; \omega = 2\pi f = \frac{3}{4}\pi \text{ s}^{-1}; \quad T = \frac{8}{3} \text{ s}$

$\mathbf{s = 5{,}1\ cm \cdot \sin(0{,}75 \cdot \pi \cdot s^{-1} \cdot t)}$

2) $s(x,t) = s_{max} \cdot \sin\left[2\pi\left(\frac{t}{T} - \frac{x}{\lambda}\right)\right]$

$\mathbf{s(x,t) = 5{,}1\ cm \cdot \sin\left[2\pi\left(\frac{3t}{8\ s} - \frac{x}{18\ m}\right)\right]}$

3) $\Delta\varphi = \varphi_2 - \varphi_1 \qquad t_1 = t_2 = t$

$= 2\pi\left(\frac{t}{T} - \frac{x_2}{\lambda}\right) - 2\pi\left(\frac{t}{T} - \frac{x_1}{\lambda}\right)$

$\mathbf{\Delta\varphi = 2\pi \frac{x_1 - x_2}{\lambda}} \qquad x_2 > x_1 \rightarrow \Delta\varphi < 0$

An der Stelle x_2 beginnt die Welle später als bei x_1.

$|\Delta\varphi| = \frac{2\pi}{\lambda}|\Delta x| \qquad |\Delta\varphi| = \frac{2\pi}{18\text{ m}} \cdot 1{,}4 \text{ m} = \mathbf{0{,}49} \;\hat{=}\; \mathbf{28°}$

7/54 Schwingungsgleichung, Wellengleichung

In einem Medium wird durch einen harmonischen Oszillator eine mechanische Welle erzeugt, für die das folgende Elongation-Zeit-Gesetz gilt:

$$s(t) = 4{,}2 \text{ cm} \cdot \sin\left(\frac{2\pi t}{0{,}3 \text{ s}}\right)$$

Die Ausbreitungsgeschwindigkeit der Welle beträgt 40 ms^{-1}.

1) Berechnen Sie die Frequenz und die Wellenlänge!
2) Zeichnen Sie das Momentanbild der Welle für $t = 0{,}6$ s!
3) Berechnen Sie die Elongation eines Punktes der Welle, der 3 m vom Erregerzentrum entfernt ist, 0,6 s nach Beginn der Schwingung!
4) Zeichnen Sie das s-t-Diagramm für den betrachteten Ort für $t \leq 0{,}75$ s!

1) Gleichung $\rightarrow \quad s_{max} = 4{,}2 \text{ cm}, \quad \omega = \frac{20}{3}\pi \text{ s}^{-1} = 2\pi f$

$\mathbf{f = \frac{10}{3}\ s^{-1}} \qquad \mathbf{T = \frac{3}{10}\ s}$

$\lambda = \frac{c}{f}; \qquad \lambda = \frac{40 \text{ ms}^{-1}}{\frac{10}{3} \text{ s}^{-1}} = \mathbf{12\ m}$

2) $s(x,t) = s_{max} \cdot \sin\left[2\pi\left(\frac{t}{T} - \frac{x}{\lambda}\right)\right]$

$s(x; 0{,}6 \text{ s}) = 4{,}2 \text{ cm} \cdot \sin\left[2\pi\left(2 - \frac{x}{12 \text{ m}}\right)\right]$

x in m	0	3	6	9	12	15	18	21	24
s in m	0	–4,2	0	4,2	0	–4,2	0	4,2	0

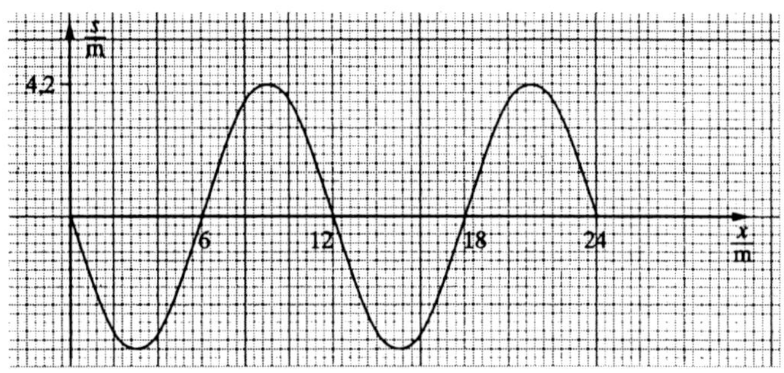

3) $s(3 \text{ m}; 0{,}6 \text{ s}) = 4{,}2 \text{ cm} \cdot \sin\left[2\pi\left(\frac{0{,}6 \text{ s}}{0{,}3 \text{ s}} - \frac{3 \text{ m}}{12 \text{ m}}\right)\right]$ Vergleich mit 2)

$\mathbf{= -4{,}2\ cm}$

4) $s(3 \text{ m}; t) = 4{,}2 \text{ cm} \cdot \sin\left[2\pi\left(\frac{t}{0{,}3 \text{ s}} - 0{,}25\right)\right]$

Minimum von t: $x = c \cdot t \quad \rightarrow \quad t = \frac{x}{c} = \frac{3 \text{ m}}{40 \text{ ms}^{-1}} = 0{,}075 \text{ s}$

Nach 0,075 s wird die Stelle $x = 3$ m von der Welle erreicht: $t \geq 0{,}075$ s

t in s	0,075	0,15	0,225	0,3	0,375
s in cm	0	4,2	0	–4,2	0
t in s	0,45	0,525	0,6	0,675	0,75
s in cm	4,2	0	–4,2	0	4,2

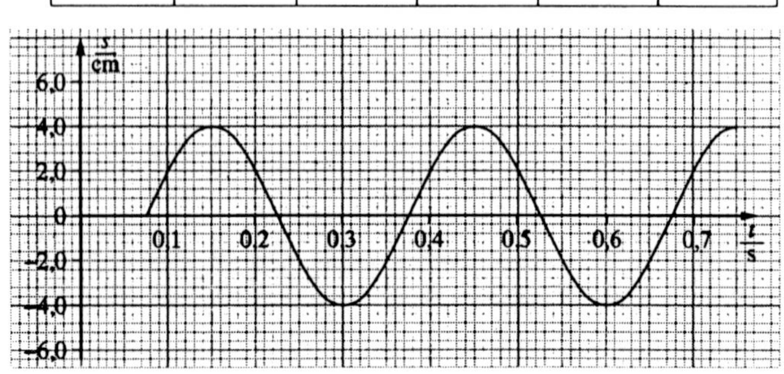

7/55	Momentanbild von Wellen

Für eine harmonische Welle, die in positiver x-Richtung voranschreitet, gilt das Gesetz:

$$s(x,t) = s_{max} \cdot \sin 2\pi\left(\frac{t}{T} - \frac{x}{\lambda}\right)$$

1) Wie kommt in dieser Gleichung die Tatsache zum Ausdruck, daß eine Welle sowohl zeitlich als auch räumlich periodisch ist?
2) Zeichnen Sie für $t_0 = 0$ im Intervall $0 \le x \le \lambda$ das Momentanbild dieser Welle! Welche Informationen über das reale Geschehen kann man diesem Bild entnehmen?
3) Für welche Zeit t_K gilt das gleiche Momentanbild? Begründen Sie Ihre Antwort!

1) Für t = konst. entsteht die Funktion

$$s(x) = s_{max} \cdot \sin\left[2\pi\left(\text{konst} - \frac{x}{\lambda}\right)\right]$$

Diese ist bezüglich x periodisch: räumliche Periodizität. Analog folgt für x = konst die zeitliche Periodizität.

2) $s(x,0) = s_{max} \cdot \sin\left[2\pi\left(-\frac{x}{\lambda}\right)\right] = -s_{max} \cdot \sin\left(\frac{2\pi}{\lambda} \cdot x\right)$

x	0	$\frac{\lambda}{4}$	$\frac{\lambda}{2}$	$\frac{3}{4}\lambda$	λ
s	0	$-s_{max}$	0	s_{max}	0

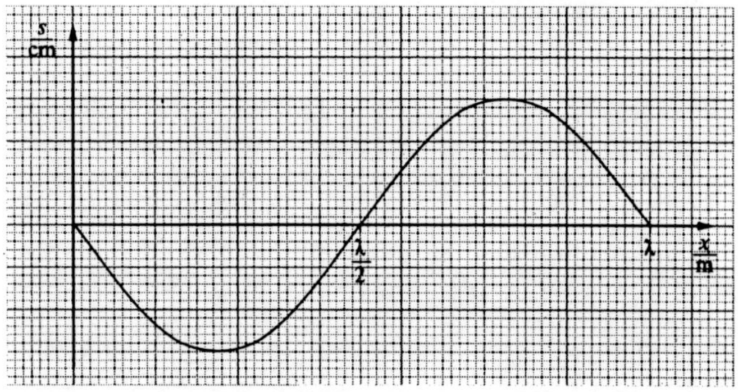

Die Welle muß zur Zeit $t = 0$ s mindestens den Ort λ erreicht haben. Die Schwingung muß also mindestens bei $t = -T$ begonnen haben.

3) Für alle Zeiten $t_k = \kappa \cdot T$ $\kappa \in$ G (ganze Zahlen) gilt das gleiche Momentanbild wie unter 2).

Begründung durch Rechnung:

$$s(x,t_k) = s_{max} \cdot \sin\left[2\pi\left(\frac{\kappa \cdot T}{T} - \frac{x}{\lambda}\right)\right]$$
$$= s_{max} \cdot \sin\left(-\frac{2\pi}{\lambda}x + 2\kappa\pi\right)$$
$$= -s_{max} \cdot \sin\left(\frac{2\pi}{\lambda}x\right) \quad \rightarrow \quad 2)$$

7/56	Momentane Schwingungsrichtung der Teilchen

Für eine harmonische Welle gilt die Gleichung:

$$s(x,t) = s_{max} \cdot \sin 2\pi\left(\frac{t}{T} - \frac{x}{\lambda}\right)$$

1) Zeichnen Sie das Momentanbild für die Zeit $t = -T/2$ im Intervall $-\lambda \le x \le \lambda$! Deuten Sie durch Pfeile an, in welche Richtung die Oszillatoren schwingen!
2) Interpretieren Sie das Bild!
3) Die Wellenbewegung soll zur Zeit $t = 0$ beginnen. Die Schwingungsdauer der Oszillatoren beträgt 1,3 s, und die Welle breitet sich mit einer Geschwindigkeit von 0,4 ms^{-1} aus.
   a) Wann erreicht die Welle den Ort $x_1 = 3$ m?
   b) Zeichnen Sie für diesen Moment das reale Bild der Welle ($s_{max} = 1{,}9$ cm)!
   c) Lesen Sie aus dem Diagramm die Elongation an der Stelle $x_2 = 2$ m ab und bestätigen Sie den gefundenen Wert durch Rechnung!

1) $s(x,-\frac{T}{2}) = -s_{max} \cdot \sin\left[2\pi\left(\frac{1}{2} + \frac{x}{\lambda}\right)\right]$

x	$-\lambda$	$-\frac{3}{4}\lambda$	$-\frac{\lambda}{2}$	$-\frac{\lambda}{4}$	0	$\frac{\lambda}{4}$	$\frac{\lambda}{2}$	$\frac{3}{4}\lambda$	λ
s	0	s_{max}	0	$-s_{max}$	0	s_{max}	0	$-s_{max}$	0

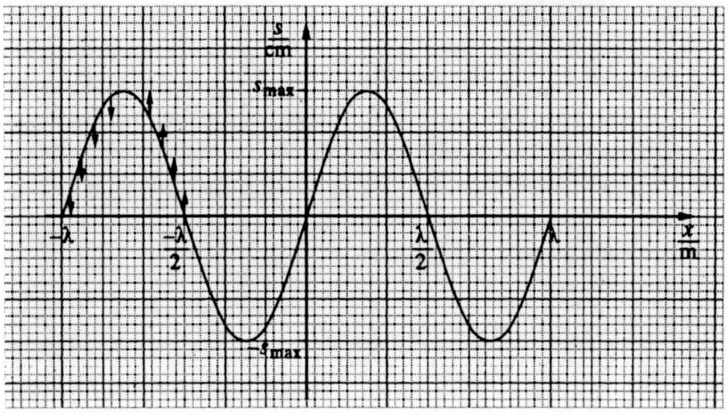

Nachweis der Schwingungsrichtung

für $x = -\frac{\lambda}{2}$ gilt $s(t) = s_{max} \cdot \sin 2\pi\left(\frac{t}{T} + \frac{1}{2}\right)$

$$v = \dot{s} = s_{max} \cdot 2\pi\left(\frac{1}{T}\right) \cdot \cos 2\pi\left(\frac{t}{T} + \frac{1}{2}\right)$$

$$v\left(-\frac{T}{2}\right) = s_{max} \cdot \frac{2\pi}{T}\cos 0 > 0$$

Teilchen schwingt mit maximaler Geschwindigkeit nach oben.

(analog andere Punkte)

2) Der Beginn einer Welle kann zeitlich und räumlich durchaus im Negativen liegen. Die Einschränkungen $t \ge 0$ s, $x \ge 0$ m und $s(0) = 0$ führen meistens zu Vereinfachungen.

3) a) $t = \frac{x}{c} = \frac{3\,\text{m}}{0{,}4\,\text{ms}^{-1}} = \mathbf{7{,}5\,s}$; $\lambda = \frac{c}{f} = c \cdot T = 0{,}52\,\text{m}$

b) $s(x) = 1{,}9\,\text{cm} \cdot \sin\left[2\pi\left(5{,}77 - \frac{x}{0{,}52\,\text{m}}\right)\right]$

x in m	3	2,87	2,74	2,61	2,48	2,35	2,22	2,09
s in cm	0	1,9	0	–1,9	0	1,9	0	–1,9
x in m	1,96	1,83	1,7	1,57	1,44	1,31	1,18	1,05
s in cm	0	1,9	0	–1,9	0	1,9	0	–1,9
x in m	0,92	0,79	0,66	0,53	0,4	0,27	0,14	0,01
s in cm	0	1,9	0	–1,9	0	1,9	0	–1,9

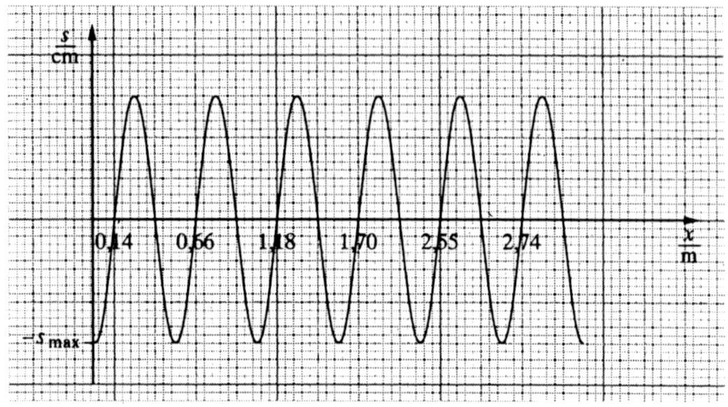

c) abgelesen: $s(2) = -0{,}7$ cm
Rechnung: $s(2) = -0{,}87$ cm

7/57 Interferenz von Wellen

Von Q_1 und Q_2 gehen Wellen aus, die in ihrer Frequenz und Amplitude übereinstimmen. Der Punkt P kann längs der Geraden g wandern (g ∥ Q_1Q_2). Q_1 und Q_2 sind fest.

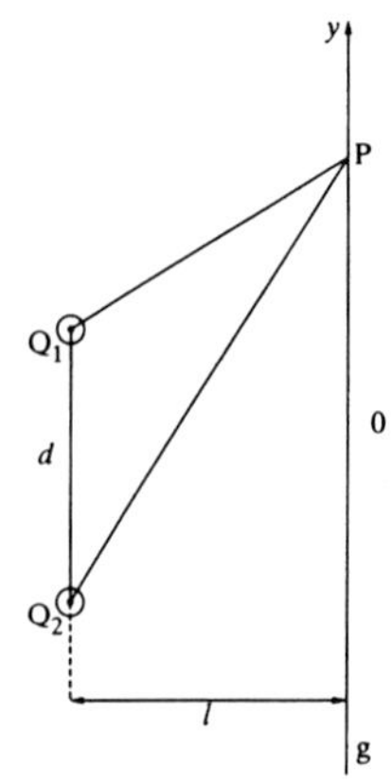

1) Beschreiben und begründen Sie die Veränderungen der Wellenerscheinungen in P, wenn P längs g wandert!
2) Zeigen Sie, daß für $y = 0$ ein Maximum entsteht!
3) Zeigen Sie,daß das erste Minimum entsteht, wenn gilt:
$$\frac{\lambda}{2} = \sqrt{l^2 + \left(y + \frac{d}{2}\right)^2} - \sqrt{l^2 + \left(y - \frac{d}{2}\right)^2}$$
4) Zeigen Sie, daß die Wellenerscheinungen auf g symmetrisch zum Punkt O sind! (O liegt auf g und der Mittelsenkrechten von Q_1und Q_2.)
5) Berechnen Sie die Frequenz der beiden Wellen für den Fall, daß für $y = -1{,}78$ m das erste Minimum auftritt ($d = 3{,}15$ m, $l = 4{,}02$ m, $c = 295\,\text{ms}^{-1}$)!

1) Maxima und Minima, Verstärkung und Schwächung wechseln einander ab, da sich Δs ständig verändert.
$$\Delta s = s_2 - s_1 = \sqrt{l^2 + \left(y + \frac{d}{2}\right)^2} - \sqrt{l^2 + \left(y - \frac{d}{2}\right)^2}$$

2) für $y = 0$: $s_1 = s_2 \rightarrow \Delta s = 0 \rightarrow$ Maximum

3) siehe 1)

4) $|\Delta s(y)| = |\Delta s(-y)|$

5) $$\Delta s(-1{,}78\,\text{m}) = \sqrt{4{,}02^2 + \left(-1{,}78 + \frac{3{,}15}{2}\right)^2}\,\text{m} - \sqrt{4{,}02^2 + \left(-1{,}78 - \frac{3{,}15}{2}\right)^2}\,\text{m}$$
$$= \mathbf{-1{,}21\,m}$$

$$\frac{\lambda}{2} = |\Delta s| = 1{,}21\,\text{m} \rightarrow \boldsymbol{\lambda = 2{,}42\,m}$$

$$f = \frac{c}{\lambda} = \frac{295\,\text{ms}^{-1}}{2{,}42\,\text{m}} = \mathbf{121{,}9\,Hz}$$

7/58 Interferenz von Wellen

Zwei harmonische Wellen, die in Phase und mit gleicher Amplitude schwingen, überlagern sich.

1) Leiten Sie das *s*-*t*-Gesetz der resultierenden Welle her! Verwenden Sie das entsprechende Additionstheorem für Sinusfunktionen!
2) Beschreiben Sie den Verlauf dieser Schwingung, die man als Schwebung bezeichnet!
3) Zeigen Sie, daß es bei Übereinstimmung der Frequenzen beider Wellen keine Schwebung gibt!

1) $$s = s_1 + s_2$$
$$= s_{max} \cdot \sin\omega_1 t + s_{max} \cdot \sin\omega_2 t$$
$$\mathbf{s(t) = 2 \cdot s_{max} \cdot \cos\frac{\omega_1 - \omega_2}{2} t \cdot \sin\frac{\omega_1 + \omega_2}{2} t}$$

2) harmonische Schwingung mit $f_m = \frac{f_1 + f_2}{2}$

(f_m = mittlere Frequenz) und der Amplitude $2s_{max}$.

Die Schwingung wird im Takt einer Kosinusschwingung moduliert. Frequenz der Modulation: $\frac{1}{2}(f_1 - f_2)$

3) $f_1 = f_2 \rightarrow$ Modulationsfrequenz = 0 s^{-1}

$\cos\varphi = \cos 0 = 1$

$\rightarrow$ Keine Schwebung, jedoch Verdopplung der Amplitude.

7/59		Funkwellen		$\vec{F}$

Ultrakurzwellen haben einen Frequenzbereich von 30 MHz bis 300 MHz. (Es handelt sich hier, wie bei Licht, um elektromagnetische Wellen mit einer Ausbreitungsgeschwindigkeit von $3 \cdot 10^8\ \text{ms}^{-1}$).

1) Wie groß sind die entsprechenden Wellenlängen?
2) Ein Hörfunksender des UKW-Bereichs hat eine Frequenz von 92,8 MHz. Welche Wellenlänge besitzen die von diesem Sender ausgestrahlten Wellen?
3) Im Fernsehfunk verwendet man folgende Wellenlängen:
   a) Band I/III: 7 m bis 1,4 m
   b) Band IV/V: 0,64 m bis 0,38 m (Dezimeterwellen)

   Wie groß sind die entsprechenden Frequenzbereiche? Berechnen Sie die zugehörigen Schwingungsdauern!

1) $\lambda = \frac{c}{f}$ $\quad \lambda_{30\,\text{MHz}} = \frac{3 \cdot 10^8\ \text{ms}^{-1}}{3 \cdot 10^6\ \text{s}^{-1}} = \mathbf{10\ m}$

$\lambda_{300\,\text{MHz}} = \frac{3 \cdot 10^8\ \text{ms}^{-1}}{300 \cdot 10^6\ \text{s}^{-1}} = \mathbf{1\ m}$

2) $\lambda_{29{,}8\,\text{MHz}} = \frac{3 \cdot 10^8\ \text{ms}^{-1}}{92{,}8 \cdot 10^6\ \text{s}^{-1}} = \mathbf{3{,}23\ m}$

3) a) Band I/III: $42{,}9\ \text{MHz} \le f \le 214{,}3\ \text{MHz}$

$2{,}33 \cdot 10^{-8}\ \text{s} \ge T \ge 4{,}67 \cdot 10^{-9}\ \text{s}$

b) Band IV/V: $469\ \text{MHz} \le f \le 789\ \text{MHz}$

$2{,}13 \cdot 10^{-9}\ \text{s} \ge T \ge 1{,}27 \cdot 10^{-9}\ \text{s}$

7/60		Ausbreitungsgeschwindigkeit und Temperatur		$\vec{F}$

Im Mittelpunkt eines kreisförmigen (künstlichen) Sees, der eine Fläche von 40,8 ha umfaßt, werden Schallwellen erzeugt, deren Frequenz 10,5 kHz beträgt.
Bei einer Wassertemperatur von 4° C erreichen die Schallwellen, die sich unmittelbar unter der Wasseroberfläche ausbreiten, nach 0,257 s das Ufer, bei 15° C sogar schon nach 0,247 s.

1) Wie groß sind die entsprechenden Schallgeschwindigkeiten?
2) Berechnen Sie die dazugehörenden Wellenlängen!
3) Interpretieren Sie die Ergebnisse von 1) und 2)! Warum sind Schallgeschwindigkeiten bzw. Wellenlängen von der Wassertemperatur abhängig?

1) $A = \pi r^2$: $\quad r = \sqrt{\frac{A}{\pi}} = \sqrt{\frac{40{,}8 \cdot 10^4\ \text{m}^2}{\pi}} = \mathbf{360{,}4\ m}$

4° C: $\quad c = \frac{r}{t_{4°\text{C}}} = \frac{360{,}4\ \text{m}}{0{,}257\ \text{s}} = \mathbf{1402\ ms^{-1}}$

15° C: $\quad c = \frac{360{,}4\ \text{m}}{0{,}247\ \text{s}} = \mathbf{1459\ ms^{-1}}$

2) $\lambda = \frac{c}{f}$ $\quad \lambda_{4°\text{C}} = \frac{1402\ \text{ms}^{-1}}{10{,}5 \cdot 10^3\ \text{s}^{-1}} = \mathbf{0{,}134\ m}$

$\lambda_{15°\text{C}} = \frac{1459\ \text{ms}^{-1}}{10{,}5 \cdot 10^3\ \text{s}^{-1}} = \mathbf{0{,}139\ m}$

3) Die Ausbreitungsgeschwindigkeit des Schalls im Wasser hängt von der Temperatur des Wassers ab.

$T\uparrow \rightarrow c\uparrow;\ \lambda\uparrow$ bei konstanter Frequenz

Ursache: Temperaturänderungen führen zu Dichteänderungen.

7/61		Stehende Seilwellen		

Ein Seil von 8 m Länge wird an beiden Enden fest eingespannt, so daß sich in ihm Transversalwellen mit einer Geschwindigkeit von $24\ \text{ms}^{-1}$ ausbreiten können.

1) Für welche Frequenzen bilden sich stehende Wellen aus?
2) Wie groß sind die 3 ersten Eigenfrequenzen des Seils?
3) Berechnen Sie die dazugehörenden Wellenlängen von fortschreitenden und stehenden Wellen?
4) Zeichnen Sie diese stehenden Wellen!

1) $l = \text{n} \cdot \frac{\lambda}{2} \quad \rightarrow \quad \lambda = \frac{2l}{\text{n}} \quad \rightarrow \quad f_\text{n} = \frac{c}{\lambda} = \frac{c}{2l} \cdot \text{n}$

2) $f_\text{n} = \frac{24\ \text{ms}^{-1}}{16\ \text{m}}\,\text{n} = \text{n} \cdot 1{,}5\ \text{Hz}$

$\mathbf{f_1 = 1{,}5\ Hz}; \quad \mathbf{f_2 = 3\ Hz}; \quad \mathbf{f_3 = 4{,}5\ Hz}$

3) $\lambda = \frac{c}{f}$ $\quad \lambda_1 = \frac{c}{f_1} = \frac{24\ \text{ms}^{-1}}{1{,}5\ \text{s}^{-1}} = \mathbf{16\ m}\ (= 2l)$

$\lambda_2 = \mathbf{8\ m}\ (= l)$

$\lambda_3 = \mathbf{\frac{16}{3}\ m}\ (= \frac{2}{3} l)$

4)

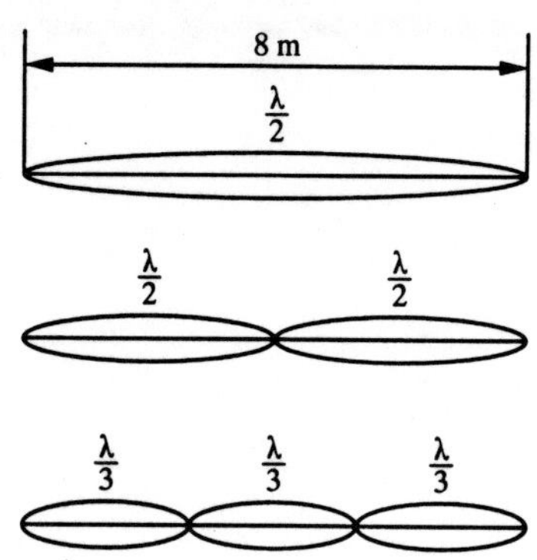

7/62 Stehende Wellen in Luftsäulen

Ein einseitig geschlossenes Glasrohr, das zum Teil mit Wasser gefüllt ist, hat eine Höhe von 1,50 m. Unmittelbar über dem Rohr wird eine Stimmgabel angeschlagen, die mit einer Frequenz von 415 Hz schwingt. Die Geschwindigkeit des Schalls in Luft sei 338ms^{-1}.

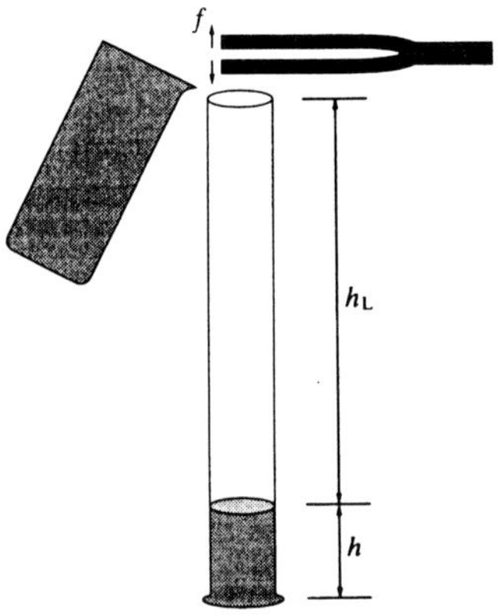

1) Unter welcher Bedingung entsteht im Rohr eine stehende Schallwelle?
2) Woran erkennt man das Auftreten einer stehenden Welle?
3) Berechnen Sie alle Wasserhöhen *h*, bei denen eine solche Welle entsteht!
4) Wodurch könnte man erreichen, daß auch bei anderen Höhen Resonanz entsteht?

1) Die Höhe der Luftsäule im Rohr muß ein ungeradzahliges Vielfaches von $\frac{\lambda}{4}$ sein.

2) Es entsteht ein Maximum der Lautstärke.

3) $h + h_L = 1{,}5\ \text{m} \quad \rightarrow \quad h = 1{,}5\ \text{m} - h_L$

$$\lambda = \frac{c}{f} = 0{,}814\ \text{m} \qquad \frac{\lambda}{4} = 0{,}2\ \text{m}$$

$$h_n = 1{,}5\ \text{m} - (2n-1)\frac{\lambda}{4} = 1{,}5\ \text{m} - (2n-1)\cdot\frac{c}{4\cdot f}$$

$$(n = 1, 2, \ldots)$$

$$h_1 = 1{,}5\ \text{m} - \frac{338\ \text{ms}^{-1}}{4\cdot 415\ \text{s}^{-1}} = \mathbf{1{,}3\ m}$$

$$h_2 = 1{,}5\ \text{m} - \frac{3}{4}\cdot\frac{338}{415}\ \text{m} = \mathbf{0{,}89\ m}$$

$$h_3 = 1{,}5\ \text{m} - \frac{5}{4}\cdot\frac{338}{415}\ \text{m} = \mathbf{0{,}48\ m}$$

$$h_4 = 1{,}5\ \text{m} - \frac{7}{4}\cdot\frac{338}{415}\ \text{m} = \mathbf{0{,}07\ m}$$

$$h_5 = 1{,}5\ \text{m} - \frac{9}{4}\cdot\frac{338}{415}\ \text{m} = \mathbf{-0{,}33\ m}$$

↑ geht nicht mehr

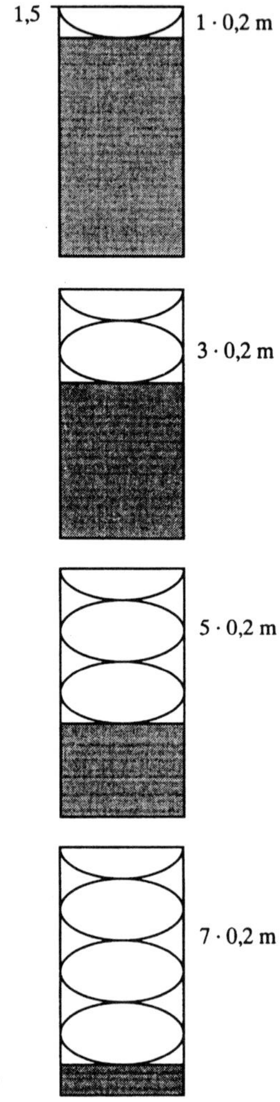

4) höheres Rohr; Frequenz erhöhen

7/63 Flammenrohr nach Rubens

Das *Flammenrohr nach Rubens* gestattet, Wellenerscheinungen sehr eindrucksvoll zu veranschaulichen. Werden im Lautsprecher L Töne bestimmter Frequenz erzeugt, züngeln die Flämmchen in der dargestellten Art und Weise. In das Rohr wird Wasserstoffgas geleitet, das vielen kleinen Löchern entströmt.

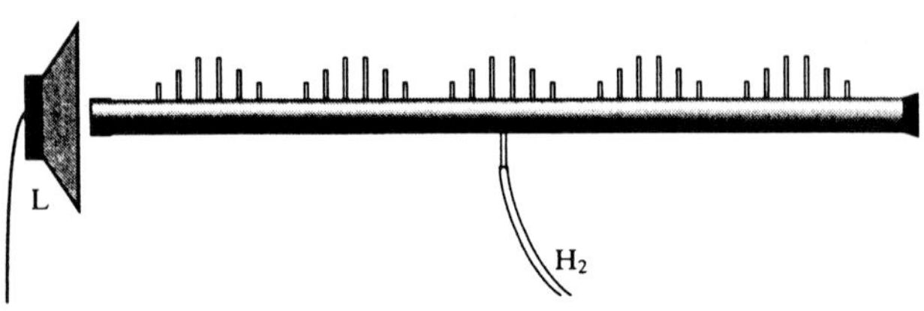

1) Erklären Sie das Ergebnis des Experiments, das in der Abbildung dargestellt ist!
2) Warum gelingt es meist erst nach Verändern der Tonhöhe, ein stabiles Flammenbild zu erreichen?
3) Bestimmen Sie die Schallgeschwindigkeit in gasförmigem Wasserstoff, wenn die Entfernung zwischen zwei Flammentälern 5,7 cm und die vom Lautsprecher abgestrahlte Frequenz 11,2 kHz betragen.

1) Im Wellenrohr entsteht eine Schallwelle (Longitudinalwelle). Hoch brennende Flämmchen entstehen an den Stellen größter Druckschwankungen (Knoten der Bewegung).

2) Mit der Tonhöhe wird λ verändert. Erst wenn stehende Schallwellen entstanden sind, bildet sich ein stabiles Flammenbild heraus.

3) $\frac{\lambda}{2} = 5{,}7\ \text{cm} \quad \rightarrow \quad \lambda = 11{,}4\ \text{cm}$

$$c = \lambda \cdot f = 0{,}114\ \text{m}\cdot 11{,}2\cdot 10^3\ \text{s}^{-1}$$

$$\boldsymbol{c = 1277\ \text{ms}^{-1}}$$

7/64 Seilwellen

1) Vergleichen Sie fortschreitende Wellen mit stehenden Wellen ohne Berücksichtigung der Reibung!
2) Ein 12 m langes Seil ist fest eingespannt. In ihm wird eine fortschreitende Welle mit folgenden Parametern erzeugt: $f = 4\text{Hz}$, $\lambda = 9\text{m}$, $s_m = 3\text{cm}$.
   a) Mit welcher Geschwindigkeit durchläuft die Welle das Seil?
   b) Zeichnen Sie das Momentanbild der Welle für $t = 0{,}2$ s!
   c) Entsteht eine stehende Welle? Begründen Sie Ihre Antwort!
   d) Leiten Sie die Funktionsgleichung für die Frequenzen her, bei denen eine stehende Welle entsteht!
   e) Berechnen Sie die ersten drei derartigen Frequenzen mit den dazugehörigen Knotenabständen, wenn s als konstant betrachtet werden kann!

1)

Fortschreitende Welle	Stehende Welle
Energietransport	kein Energietransport
räumlich periodisch	räumlich periodisch
zeitlich periodisch	zeitlich konstant
alle Teilchen gleiches s_{max}	nicht alle Teilchen gleiches s_{max}
Nachbarteilchen schwingen in unterschiedlichen Phasen.	Zwischen zwei Knoten schwingen alle Teilchen phasengleich.

2) a) $\mathbf{c = 36\ ms^{-1}}$

b) $s = s_{max} \cdot \sin\left[2\pi\left(\frac{t}{T} - \frac{x}{\lambda}\right)\right]$ $\qquad T = \frac{1}{f} = 0{,}25\text{ s}$

$$s = 3\text{ cm} \cdot \sin\left[2\pi\left(\frac{0{,}2\text{ s}}{0{,}25\text{ s}} - \frac{x}{9\text{ m}}\right)\right]$$

$$s = 3\text{ cm} \cdot \sin\left[2\pi\left(0{,}8 - \frac{x}{9\text{ m}}\right)\right]$$

x in m	0	0,45	2,7	4,95	7,2
s in m	–2,85	–3	0	3	0

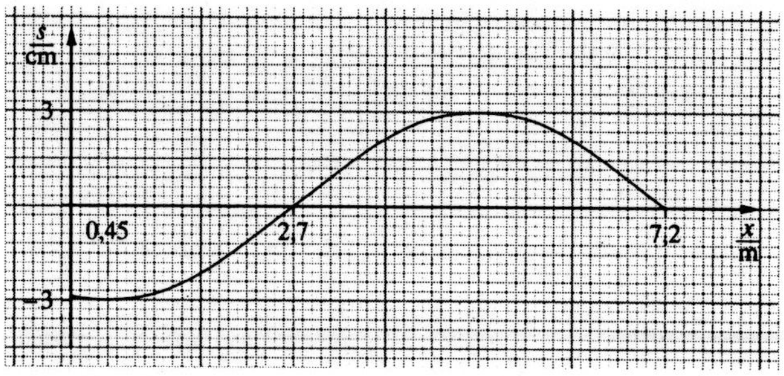

c) Nein.
Begründung: $\lambda_n = \frac{2l}{n} \rightarrow \lambda_n = 24\text{ m}, 12\text{ m}, 8\text{ m}, \ldots$

d) $f_n = \frac{c}{\lambda_n} = \frac{c}{2l} \cdot n \qquad n = 1, 2, \ldots$

e) $\mathbf{f_1 = 1{,}5\ s^{-1}}$; $\lambda_1 = 24$ m; Knotenabstand: $\mathbf{12\ m = \mathit{l}}$

$\mathbf{f_2 = 3\ s^{-1}}$; $\lambda_2 = 12$ m; Knotenabstand: $\mathbf{6\ m = \frac{\mathit{l}}{2}}$

$\mathbf{f_3 = 4{,}5\ s^{-1}}$; $\lambda_3 = 8$ m; Knotenabstand: $\mathbf{4\ m = \frac{\mathit{l}}{3}}$

7/65 Reflexionsgesetz, Brechungsgesetz

Leiten Sie das Reflexions- und das Brechungsgesetz her
1) mit Hilfe des Huygensschen Prinzips,
2) unter der Annahme, daß die Welle den Weg zurücklegt, für den sie die kürzeste Zeit benötigt!

1) Reflexionsgesetz

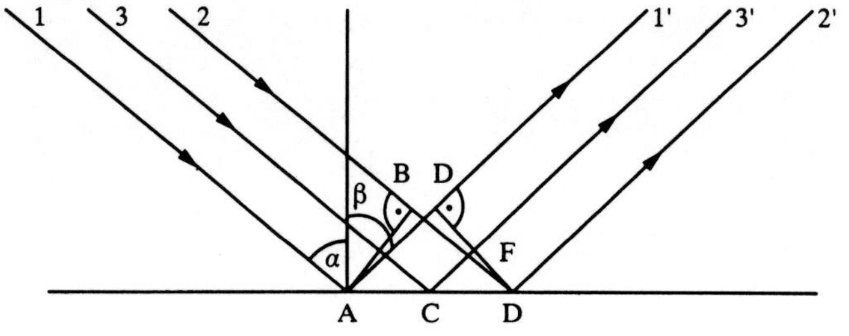

Radius der Elementarwelle um A:

$\overline{AE} = \overline{BD}$ (Reststrecke des Strahls 2)

$\overline{CF} = \frac{\overline{AE}}{2}$

$\Delta\ ABD \mathrel{\hat{=}} \Delta\ AED \leftrightarrow \sphericalangle\ BAD = \sphericalangle\ EDA$

Schenkel paarweise senkrecht aufeinander

$\rightarrow \boldsymbol{\alpha = \beta}$

Brechungsgesetz

Wegen $c_2 < c_1$ ist $d < a$.

$\sin\alpha = \frac{a}{\overline{AD}}$; $\sin\beta = \frac{d}{\overline{AD}}$

$a = c_1 \cdot t$; $d = c_2 \cdot t \qquad \rightarrow \frac{a}{d} = \frac{c_1}{c_2}$

$$\boldsymbol{\frac{\sin\alpha}{\sin\beta} = \frac{c_1}{c_2}}$$

Brechungsgesetz

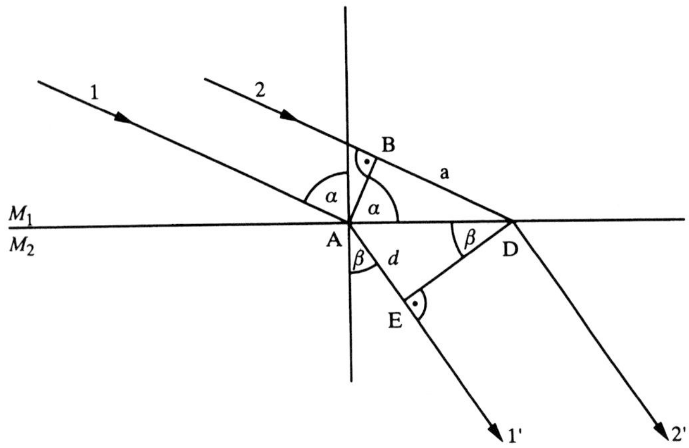

2) Herleitung des Reflexionsgesetzes

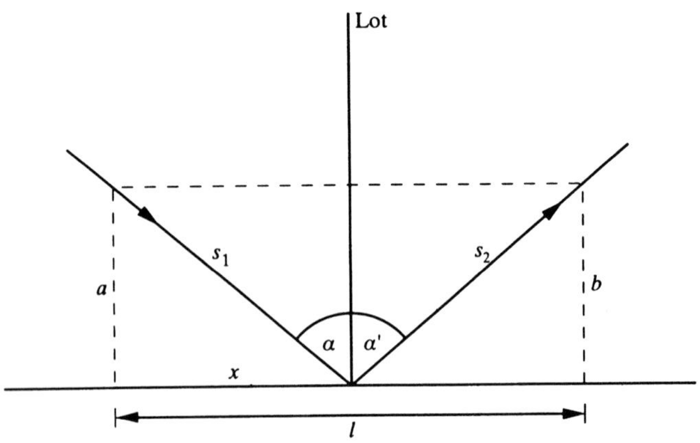

Gesamtweg der Welle: $s = s_1 + s_2$

$$\text{mit } s_1 = \sqrt{a^2+x^2} \qquad s_2 = \sqrt{b^2+(l-x)^2}$$

$$\rightarrow \quad s = \sqrt{a^2+x^2} + \sqrt{b^2+(l-x)^2}$$

Weiterhin gilt: $c = \frac{s}{t} \quad \rightarrow \quad s = ct \quad \text{und} \quad c = c_1 = c_2$

$$ct = \sqrt{a^2+x^2} + \sqrt{b^2+(l-x)^2}$$

$$t = \frac{1}{c}\left[\sqrt{a^2+x^2} + \sqrt{b^2+(l-x)^2}\right]$$

Welle geht den Weg mit kürzester Zeit

$\rightarrow$ 1. $t = \text{Min.}$ $\rightarrow$ 2. 1. Ableitung $\frac{dt}{dx} = 0$

$$\frac{dt}{dx} = \frac{1}{c}\left[\frac{2x}{2\sqrt{a^2+x^2}} + \frac{-2(l-x)}{2\sqrt{b^2+(l-x)^2}}\right]$$

$$\frac{dt}{dx} = \frac{1}{c}\left[\frac{x}{\sqrt{a^2+x^2}} - \frac{(l-x)}{\sqrt{b^2+(l-x)^2}}\right]$$

$$0 = \frac{x}{\sqrt{a^2+x^2}} - \frac{(l-x)}{\sqrt{b^2+(l-x)^2}}$$

$$\frac{x}{\sqrt{a^2+x^2}} = \frac{(l-x)}{\sqrt{b^2+(l-x)^2}} \qquad (1)$$

Nach dem Sinussatz gilt:

$$\sin\alpha = \frac{x}{s_1} = \frac{x}{\sqrt{a^2+x^2}} \qquad (2')$$

$$\sin\alpha' = \frac{l-x}{s_2} = \frac{l-x}{\sqrt{b^2+(l-x)^2}} \qquad (2'')$$

$\rightarrow$ (2') bzw. (2'') in (1): $\sin\alpha = \sin\alpha' \rightarrow$ $\boldsymbol{\alpha = \alpha'}$

Herleitung des Brechungsgesetzes

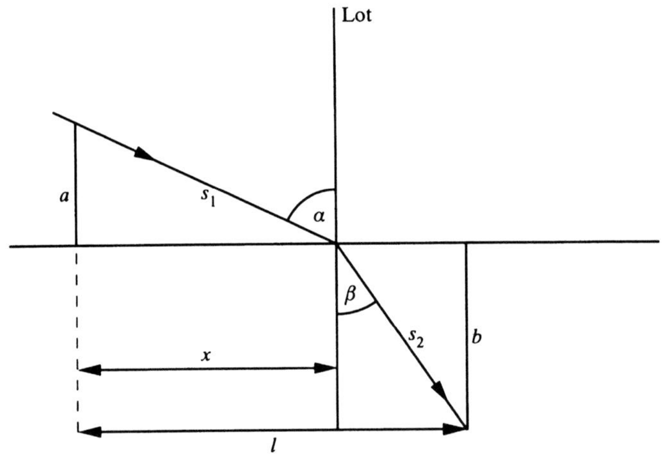

Gesamtweg der Welle: $s = s_1 + s_2$

$$\text{mit } s_1 = \sqrt{a^2+x^2} \qquad s_2 = \sqrt{b^2+(l-x)^2}$$

$$\rightarrow \quad s = \sqrt{a^2+x^2} + \sqrt{b^2+(l-x)^2}$$

Weiterhin gilt: $c_1 = \frac{s_1}{t_1}$ und $c_2 = \frac{s_2}{t_2}$

$$t = t_1 + t_2 \qquad \rightarrow \quad t = \frac{s_1}{c_1} + \frac{s_2}{c_2}$$

$$\rightarrow \quad t = \frac{\sqrt{a^2+x^2}}{c_1} + \frac{\sqrt{b^2+(l-x)^2}}{c_2}$$

$$\frac{dt}{dx} = \frac{2x}{2\sqrt{a^2+x^2}\cdot c_1} + \frac{-2(l-x)}{2\sqrt{b^2+(l-x)^2}\cdot c_2}$$

$$\frac{dt}{dx} = \frac{1}{c_1}\frac{x}{\sqrt{a^2+x^2}} - \frac{1}{c_2}\frac{(l-x)}{\sqrt{b^2+(l-x)^2}}$$

$$\rightarrow \quad \frac{1}{c_1}\frac{x}{\sqrt{a^2+x^2}} = \frac{1}{c_2}\frac{(l-x)}{\sqrt{b^2+(l-x)^2}} \qquad (1)$$

Nach dem Sinussatz gilt:

$$\sin\alpha = \frac{x}{\sqrt{a^2+x^2}} \qquad (2')$$

$$\sin\beta = \frac{l-x}{\sqrt{b^2+(l-x)^2}} \qquad (2'')$$

$\rightarrow$ (2'); (2'') in (1): $\frac{\sin\alpha}{c_1} = \frac{\sin\beta}{c_2}$

$$\rightarrow \quad \boxed{\frac{\boldsymbol{c_1}}{\boldsymbol{c_2}} = \frac{\boldsymbol{\sin\alpha}}{\boldsymbol{\sin\beta}}}$$

7/66 Interferenz nach Beugung

Eine mechanische Welle mit geraden Wellenfronten trifft auf ein Hindernis mit einem Doppelspalt.

1) Wie breitet sich die Welle hinter dem Spalt aus? Begründen Sie Ihre Antwort!
2) Warum tritt hinter dem Spalt Interferenz auf?
3) In der Literatur findet man die Angabe:

   für $\sin\alpha_n = \frac{2n+1}{2} \cdot \frac{\lambda}{d}$ existieren Interferenzminima

   für $\sin\beta_n = n \cdot \frac{\lambda}{d}$ existieren Interferenzmaxima

   mit α und β als Beugungswinkel.

   Leiten Sie diese Beziehungen unter der Annahme her, daß sich der Beobachter weit vom Doppelspalt entfernt befindet!

1) Nach Huygens bilden sich an beiden Spalten Elementarwellen, also Kreiswellen, aus, die sich in das Medium hinter dem Spalt ausbreiten.

2) Die von den Spalten kommenden Kreiswellen überlagern einander.

3)

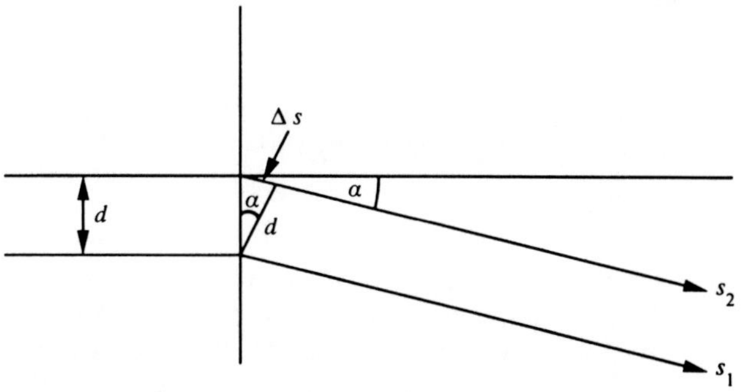

$\Delta s = d \cdot \sin\alpha$

Schwächung: $\Delta s_n = \left(n + \frac{1}{2}\right)\lambda$

$$d \cdot \sin\alpha_n = \frac{2n+1}{2}\lambda$$

$$\sin\alpha_n = \frac{2n+1}{2} \cdot \frac{\lambda}{d} \qquad \text{q. e. d.}$$

Verstärkung: analog

7/67 Interferenz nach Beugung am Gitter

Eine Schallwelle trifft auf ein Gitter, dessen Spalte einen Abstand von 40 mm haben. Die Frequenz der Schallwelle beträgt 14,2 kHz, ihre Ausbreitungsgeschwindigkeit 330 ms^{-1}.

1) Berechnen Sie die Winkel α_n, für die durch Interferenz eine Schwächung eintritt und die Winkel β_n, für die Interferenzmaxima zu beobachten sind!
2) Wie groß sind die gesuchten Werte bei einer Frequenz von 16,4 kHz? Verallgemeinern Sie!
3) In 22 m senkrechter Entfernung von der Mitte des Gitters befindet sich ein Beobachter. Wie weit muß er bei einer Frequenz von 14,2 kHz nach links oder rechts gehen, damit er erneut ein Maximum wahrnehmen kann?

1) Minima

$$\sin\alpha_n = \frac{2n+1}{2} \cdot \frac{\lambda}{d} \quad \rightarrow \quad \sin\alpha_n = \frac{2n+1}{2} \cdot \frac{c}{f \cdot d}$$

$$\sin\alpha_1 = \frac{3}{2} \cdot \frac{330\ \text{ms}^{-1}}{14{,}2 \cdot 10^3\ \text{s}^{-1} \cdot 0{,}04\ \text{m}} = 0{,}8715 \qquad \alpha_1 = 60{,}63°$$

$$\sin\alpha_2 = \frac{5}{2} \cdot \frac{330\ \text{ms}^{-1}}{14{,}2 \cdot 10^3\ \text{s}^{-1} \cdot 0{,}04\ \text{m}} > 1 \quad \text{keine weiteren Winkel}$$

Maxima

$\sin\beta_n = \frac{c}{f \cdot d} \cdot n \qquad \beta_0 = 0°$

$\sin\beta_1 = 0{,}581 \qquad \beta_1 = 35{,}52°$

$\sin\beta_2 = 2 \cdot 0{,}581 > 1 \qquad$ keine weiteren Winkel

2) $f = 16{,}4\ \text{kHz} \quad \rightarrow \quad \frac{c}{f \cdot d} = 0{,}503$

Minimum: $\sin\alpha_1 = \frac{3}{2} \cdot 0{,}503 \quad \rightarrow \quad \alpha_1 = 48{,}98°$

Verstärkung: $\beta_0 = 0°$

$\sin\beta_1 = 0{,}503 \qquad \beta_1 = 30{,}2°$

Je höher die Frequenz, desto näher sind Maxima und Minima der Mitte des Interferenzbildes.

3) $x = e \cdot \tan\beta$

$= 22\ \text{m} \cdot \tan 35{,}52°$

$\mathbf{= 15{,}7\ m}$

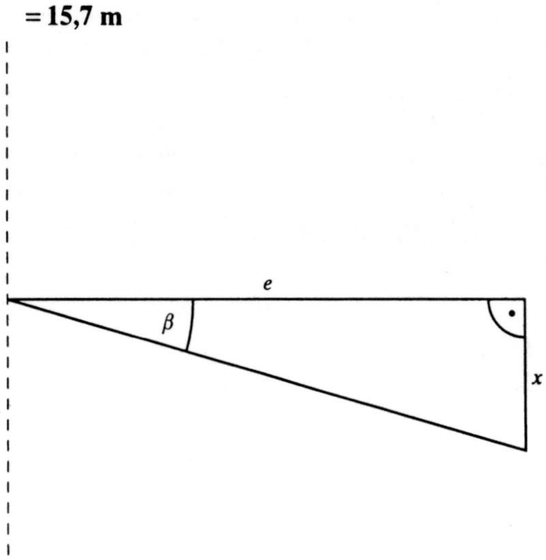

7/68 Saiteninstrument

Die e-Saite einer Violine wird (leer) angestrichen und erklingt hauptsächlich in ihrer Grundschwingung von 660 Hz. Nun halbiert der Musiker die Länge der Saite, indem er die Saite mit dem Finger auf das Griffbrett drückt.

1) Welcher Ton erklingt (Frequenz)?
2) Legt der Musiker den Finger lediglich leicht auf die Saite auf und drückt sie nicht ans Griffbrett, erklingt ein flötenartiger, sogenannter Flageolett-Ton. Welche physikalische Erscheinung liegt solchen Tönen zugrunde? Welcher Ton erklingt, wenn die Saite gerade auf ihrer halben Länge berührt wird?
3) Nun drittelt er die Saitenlänge. Welcher Flageolett-Ton erklingt (Frequenz)?

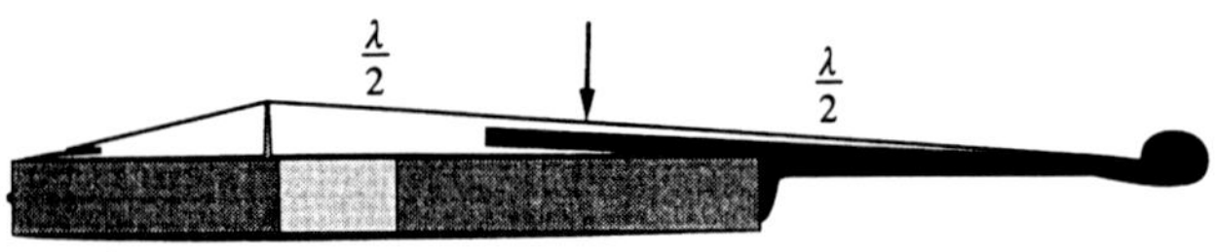

1) Halbierung der Saitenlänge → Halbierung von λ
→ Verdopplung von f
Hier: $f = 1320$ Hz;
Ton liegt eine Oktave höher als vorher (e").

2) Es entsteht über der gesamten Saite eine stehende Welle, die jedoch in der Mitte der Saite einen Schwingungsknoten aufweist. Die Saite erklingt mit einem Ton gleicher Grundschwingung wie bei 1). Gleichzeitig entstehen flötenartige hohe Obertöne.

3) Wird die Saitenlänge gedrittelt, erklingt ein Ton dreifacher Frequenz: $f = 1980$ Hz, etwa ein a". Dabei ist es unerheblich, ob der Finger die Saite auf dem ersten oder dem zweiten Drittelpunkt berührt. Als Flageolett-Ton entstehen entsprechende Obertöne.

7/69 Gespannte Saiten

Wird eine Saite zwischen zwei festen Punkten (z. B. Steg und Griffbrettende bei einer Gitarre) gespannt, gilt für die Frequenz f des erklingenden Tones (Grundschwingung) folgende Gleichung:

$$f = \frac{1}{2l}\sqrt{\frac{F}{\rho_L}}$$

(F: Kraft, mit der die Saite gespannt ist,
l: Länge der Saite
ρ_L: Längendichte, d. h. Masse pro Länge)

1) Interpretieren Sie diese Gleichung!
2) Wie gelingt es, bei gleicher Länge und etwa gleicher Spannkraft, daß (leere) Saiten mit unterschiedlichen Tönen erklingen?

1) $f \sim \frac{1}{l}$, wenn F und ρ_L konstant

$f \sim \sqrt{F}$, wenn l und ρ_L konstant

$f \sim \frac{1}{\sqrt{\rho_L}}$, wenn l und F konstant

2) Man muß ρ_L verändern. $\rho_L \uparrow \;\rightarrow\; f \downarrow$

7/70 Frequenzen in unterschiedlichen Medien

In eine Orgelpfeife, die unter gewöhnlichen Umständen mit dem Ton C' ($f = 65{,}4$ Hz) klingt, wird Helium eingeleitet.

1) Wie ändert sich die Tonhöhe?
2) Welcher Ton erklingt in einer reinen Helium-Atmosphäre? (Die Schallgeschwindigkeit in Helium beträgt 970 ms^{-1}.)
3) Atmet ein Mensch etwas Helium ein, füllt das Gas kurzzeitig Luftröhre, Kehlkopf, Rachen- und Mundraum. Wie verändert sich seine Stimmlage?

1) Frequenz steigt, s. 2)

2) $\lambda_{Luft} = \lambda_{He}$

$$\frac{c_{Luft}}{f_{Luft}} = \frac{c_{He}}{f_{He}} \rightarrow f_{He} = \frac{c_{He} \cdot f_{Luft}}{c_{Luft}}$$

$$f_{He} = \frac{970\ \text{ms}^{-1} \cdot 65{,}4\ \text{Hz}}{340\ \text{ms}^{-1}} = \mathbf{186{,}6\ Hz}$$

Dieser Ton ist etwa das „ges" der nächsten Oktave.

3) Die Stimmlage wird höher.

7/71 Erdbebenwellen

Erdbebenherde werden durch seismische Geräte ausgemacht, die auf der Untersuchung von Schwingungen insbesondere in der Erdrinde basieren. Die Ausbreitungsgeschwindigkeit von Transversalwellen in den äußeren Schichten der Erde beträgt etwa 3,1 kms^{-1}. Den Aufzeichnungen eines Seismographen ist eine Frequenz von 0,3 Hz entnehmbar.
Wie groß ist die Wellenlänge solcher Erdbebenwellen?

$$\lambda = \frac{c}{f}$$

$$\lambda = \frac{3{,}1\ \text{kms}^{-1}}{0{,}3\ \text{s}^{-1}} = \mathbf{10{,}3\ km}$$

7/72 Stehende Wellen durch Interferenz

Zwei Wellen gleicher Frequenz und Amplitude, die entgegengesetzte Laufrichtung haben, seien durch die Gleichungen (1) und (2) gegeben. Bei ihrer Überlagerung tritt eine physikalische Erscheinung auf, die durch die daraus abgeleitete Gleichung (3) beschrieben werden kann.

$$s_1 = s_{max} \cdot \sin\omega\left(t - \frac{x}{c}\right) \qquad (1)$$

$$s_2 = s_{max} \cdot \sin\omega\left(t + \frac{x}{c}\right) \qquad (2)$$

$$s_{ges} = 2s_{max} \cdot \sin\omega t \cdot \cos\frac{\omega x}{c} \qquad (3)$$

1) Vollziehen Sie die Herleitung ausführlich nach! (Benutzen Sie das Additionstheorem $\sin(\alpha \pm \beta) = \sin\alpha \cdot \cos\beta \pm \cos\alpha \cdot \sin\beta$!)
2) Interpretieren Sie die Gleichung (3), indem Sie die einzelnen Terme analysieren!

1) $s_1 + s_2 = s_{ges}$

$$s_{ges} = s_{max}\left[\sin\left(\omega t - \frac{\omega x}{c}\right) + \sin\left(\omega t + \frac{\omega x}{c}\right)\right]$$

$$= s_{max}\left[\sin\omega t \cdot \cos\frac{\omega x}{c} - \cos\omega t \cdot \sin\frac{\omega x}{c}\right.$$

$$\left. + \sin\omega t \cdot \cos\frac{\omega x}{c} + \cos\omega t \cdot \sin\frac{\omega x}{c}\right]$$

$$s_{ges} = 2s_{max} \cdot \cos\frac{\omega x}{c} \cdot \sin\omega t$$

2) Vorgang ist zeitlich periodisch ($\sin\omega t$) → harmonische Schwingung, deren Amplitude $2s_{max}$ beträgt.

Diese maximale Amplitude tritt aber nur an Orten auf, an denen

$\left|\cos\frac{\omega x}{c}\right| = 1$ gilt, also $\frac{\omega x}{c} = k\pi \quad (k = 1, 2, \ldots)$.

Im Abstand $\frac{\lambda}{2}$ treten Schwingungsbäuche auf.

7/73 Momentanbilder harmonischer Wellen

Die Abbildung zeigt das Momentanbild einer Transversalwelle, die eine Frequenz von 10 Hz hat, zur Zeit $t = t_0$.

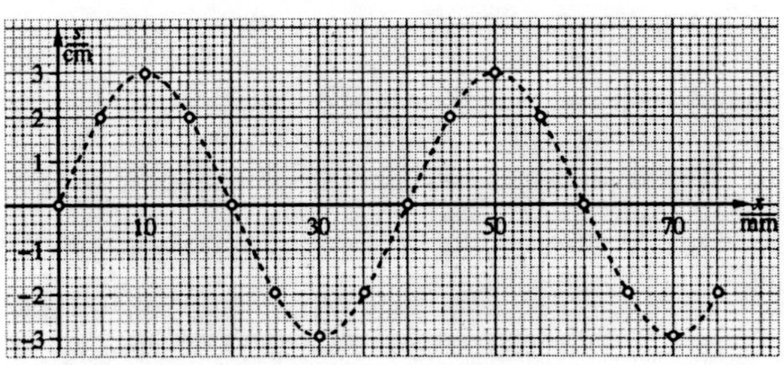

1) Zeichnen Sie die Momentanbilder zu den Zeiten $t = t_0 + T/4$, $t = t_0 + T/2$ und $t = t_0 + 3T/4$!
2) Bestimmen Sie aus dem Diagramm die Elongation der Teilchen Nr. 5, 8, 11 und 15 zu den in Aufg. 1) genannten Zeiten!

Nun wird die Schwingungsebene aller Oszillatoren so verändert, daß die Teilchen in Ausbreitungsrichtung schwingen. Dabei bleiben Frequenz und Amplitude konstant.

3) Zeichnen Sie das Momentanbild dieser Welle zur Zeit $t = t_0 + T/4$!

1) $t = t_0 + \frac{T}{4}$

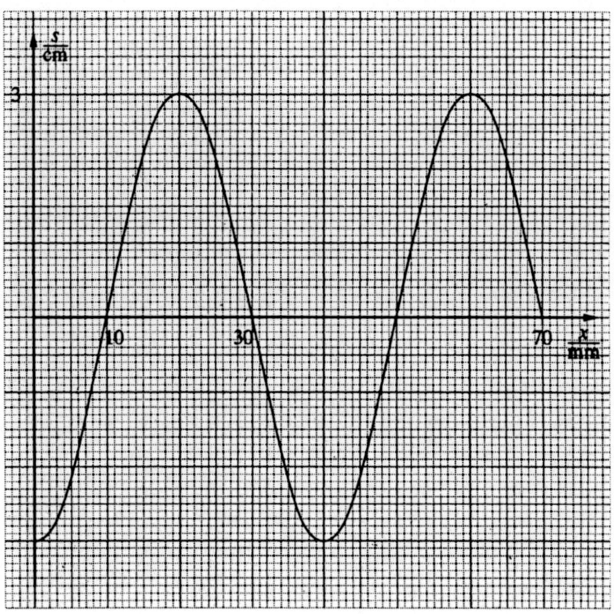

$t = t_0 + \frac{T}{2}$

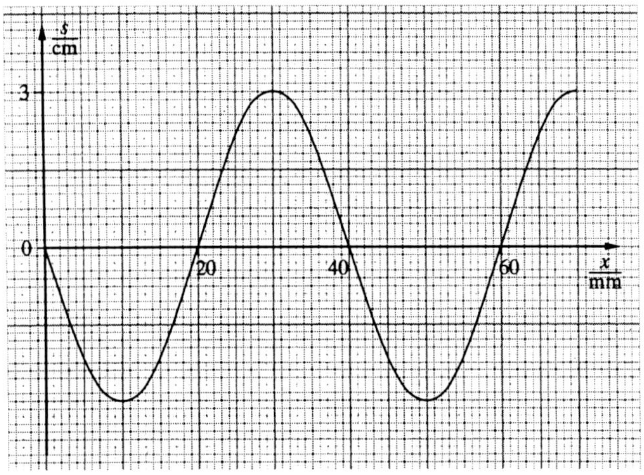

$t = t_0 + \frac{3}{4}T$

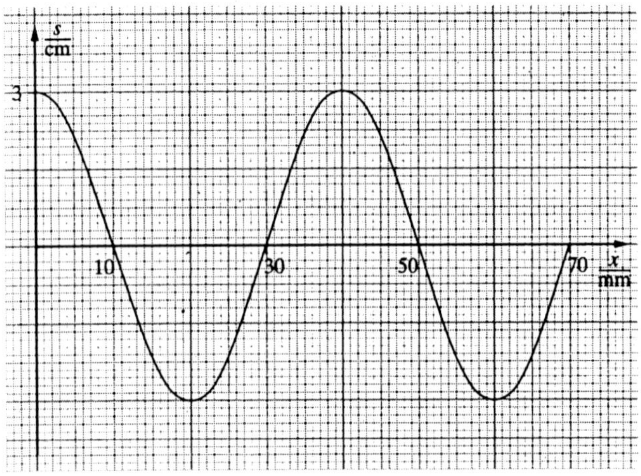

2)

Teilchen	$t_0 + \frac{T}{4}$	$t_0 + \frac{T}{2}$	$t_0 + \frac{3}{4}T$
5	$s = 3$ cm	$s = 0$ cm	$s = -3$ cm
8	$s = -2{,}1$ cm	$s = 2{,}1$ cm	$s = 2{,}1$ cm
11	$s = 0$ cm	$s = -3$ cm	$s = 0$ cm
15	$s = 0$ cm	$s = 3$ cm	$s = 0$ cm

3)

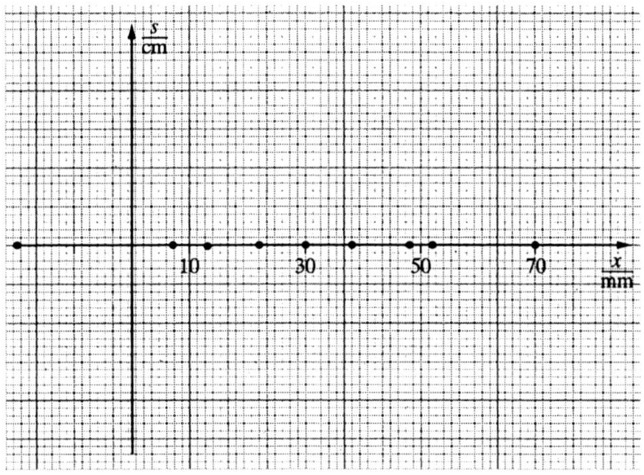

7/74 Oberflächenwellen

Theta und Pi stehen an einem See.
„In Flüssigkeiten und Gasen können nur Longitudinalwellen entstehen", behauptet Pi.
„Wieso?" will Theta wissen.
„Nur in festen Körpern entstehen bei einer Formänderung elastische Kräfte. In Flüssigkeiten und Gasen nur bei einer Änderung des Volumens."
Theta wirft einen Stein ins Wasser. „Siehst du die Transversalwelle?" Sie lächelt.

Bei den beobachteten Wasserwellen handelt es sich um Oberflächenwellen. Das sind Transversalwellen, die sich **an der Grenzfläche** zweier Medien ausbilden.

7/75 Überschallgeschwindigkeit

„So ein Lärm", meint Theta angesichts des startbereiten Düsenflugzeuges, „wie könnte man dem nur entkommen?"
„Du mußt nur schneller sein als der Schall", meint Rho leichthin.
„Folgerst du daraus auch, wenn ein solches Flugzeug mit Überschallgeschwindigkeit an uns vorbeifliegt, dann hören wir es nur, solange es auf uns zufliegt?"

Fast eine Scherzfrage. Denkbar wären Erörterungen zu Fluglärm, Lärmverringerung, Überschallflug.

7/76		Resonanz		

Im Praktikum schlägt Pi eine Stimmgabel an. Man hört den Ton kaum.
„Setz sie doch auf die Tischplatte!" rät Rho.
„Ist das nicht ein Verstoß gegen den Energiesatz?" überlegt Theta, als man den deutlich verstärkten Ton hört.

Das ist kein Verstoß gegen den Energieerhaltungssatz, denn die Schwingungen der Stimmgabel klingen mit Resonanzboden schneller ab als ohne.

7/77		Stehende Wellen		

„Und Energie kann doch verschwinden", behauptet Rho. „Wenn in einem Seil ein Wellenberg und ein gleich großes Wellental aufeinander zulaufen, löschen sie sich gegenseitig aus. Es herrscht Ruhe."
Theta denkt nach. „Da irrst du dich gewaltig", meint sie schließlich.

Das ist ein Trugschluß. In der Auslöschungszone wird Ruhe durch die Momentaufnahme vorgetäuscht. Diese Momentaufnahme zeigt Positionen, aber keine Geschwindigkeiten.

In Wirklichkeit bewegen sich die Teilchen in der Auslöschungszone: in der einen Hälfte nach oben, in der anderen Hälfte nach unten. Das erkennt man daran, daß im nächsten Moment Wellenberg und Wellental in der ursprünglichen Richtung weiterlaufen.

8/01 Längenänderung

Für die experimentelle Bestimmung des linearen Ausdehnungskoeffizienten eines Metalls verwendet man folgende Meßanordnung:

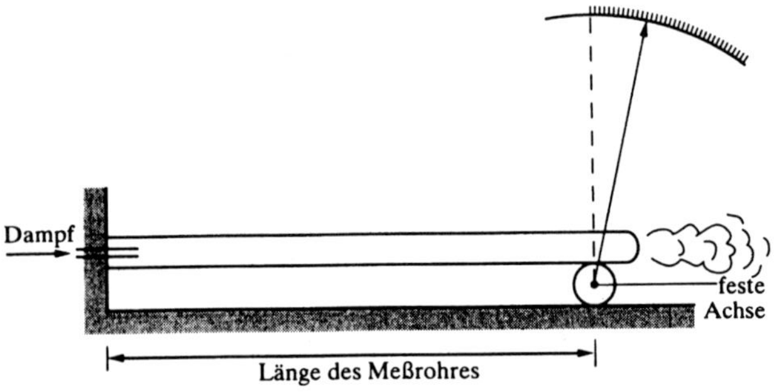

Das Metallrohr der Länge 50 cm ist am linken Ende befestigt; das rechte Ende liegt auf einer um die feste Mittelachse rotierenden Walze mit einem Durchmesser von 10 mm. Durch das Rohr strömt Wasserdampf von 100° C. Im Meßraum herrscht eine Temperatur von 20° C. Infolge der Ausdehnung des Metallrohres ergibt sich ein Drehwinkel der Walze von 10°.
Berechnen Sie aus den Meßwerten den Ausdehnungskoeffizienten des Metalls! Welches Metall besitzt annähernd diesen linearen Ausdehnungskoeffizienten?

Δl = Bogen des Walzenumfanges zum Drehwinkel $\varphi = 10°$

$$\frac{\Delta l}{\pi d} = \frac{\varphi}{360°}; \qquad \Delta l = \frac{\pi d \varphi}{360°}; \qquad \Delta l = l\alpha\,\Delta\vartheta$$

$$\alpha = \frac{\pi d \varphi}{l\Delta\vartheta \cdot 360°}$$

$$\alpha = \frac{\pi \cdot 10\,\text{mm} \cdot 10°}{500\,\text{mm} \cdot 80\,\text{K} \cdot 360°}$$

$$\boldsymbol{\alpha = 22 \cdot 10^{-6}\,\text{K}^{-1}}$$

α = Ausdehnungskoeffizient des Aluminiums

8/02 Längenänderung

Eine Strecke von 100 km wird von einer Lokomotive im Sommer bei einer Temperatur von 30° C und im Winter bei einer Temperatur von –20° C durchfahren.
Wie groß ist auf dieser Strecke der Unterschied in der Anzahl der Umdrehungen eines Antriebsrades der Lokomotive, wenn es bei 18° C einen Durchmesser von 2 m hat? Der lineare Ausdehnungskoeffizient des Gußstahls des Rades beträgt $1{,}3 \cdot 10^{-5}\,\text{K}^{-1}$.

Zahl der Umdrehungen $n = \frac{s}{\pi d_\vartheta}$, wobei $d_\vartheta = d_{18}(1+\alpha\,\Delta\vartheta)$

$$n_2 - n_1 = \frac{s}{\pi d_{18}}\left(\frac{1}{1+\alpha\Delta_2\vartheta} - \frac{1}{1+\alpha\Delta_1\vartheta}\right)$$

$$n_2 - n_1 = \frac{10^5\,\text{m}}{\pi \cdot 2\,\text{m}}\left(\frac{1}{1-1{,}3\cdot 10^{-5}\,\text{K}^{-1}\,38\,\text{K}} - \frac{1}{1+1{,}3\cdot 10^{-5}\,\text{K}^{-1}\,12\,\text{K}}\right)$$

$$\mathbf{n_2 - n_1 = 10}$$

8/03 Räumliche Ausdehnung; Dichteänderung

Ein Meterstab aus Kupfer und ein Meterstab aus Zink mit einem quadratischen Querschnitt von 1 cm² werden von einer Anfangstemperatur von 20° C an erwärmt.
Stellen Sie die Abhängigkeit der Dichte der Metalle von der Temperatur in einem Diagramm dar!

$\rho_{Cu} = 8{,}93\,\text{kg}\,\text{dm}^{-3}$ bei 20° C

$\rho_{Zn} = 7{,}13\,\text{kg}\,\text{dm}^{-3}$ bei 20° C

$\alpha_{Cu} = 1{,}6 \cdot 10^{-5}\,\text{K}^{-1}$

$\alpha_{Zn} = 3{,}6 \cdot 10^{-5}\,\text{K}^{-1}$

$$\rho_\vartheta = \frac{m}{V_\vartheta}; \qquad \rho_{20} = \frac{m}{V_{20}}$$

$$V_\vartheta = V_{20}(1+3\alpha\,\Delta\vartheta)$$

$$\rho_\vartheta = \frac{m}{V_{20}(1+3\alpha\,\Delta\vartheta)}$$

$$\boldsymbol{\rho_\vartheta = \frac{\rho_{20}}{1+3\alpha\,\Delta\vartheta}}$$

$\vartheta/°\text{C}$	$\frac{\rho_{Cu}}{\text{kg}\,\text{dm}^{-3}}$	$\frac{\rho_{Zn}}{\text{kg}\,\text{dm}^{-3}}$
20	8,93	7,13
50	8,92	7,11
100	8,89	7,07
150	8,87	7,04
200	8,85	6,99
250	8,83	6,96
300	8,81	6,92
350	8,79	6,89

Schmelztemperatur Cu: $\vartheta = 1083°$ C
Zn: $\vartheta = 420°$ C

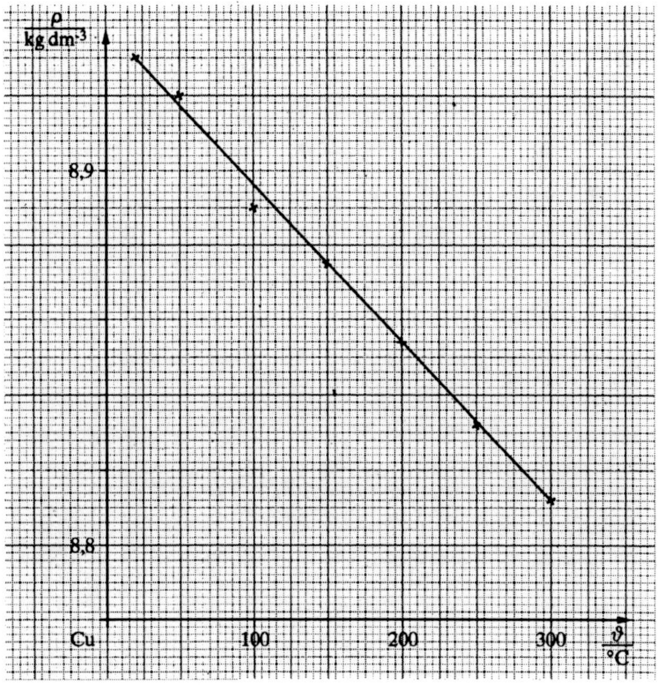

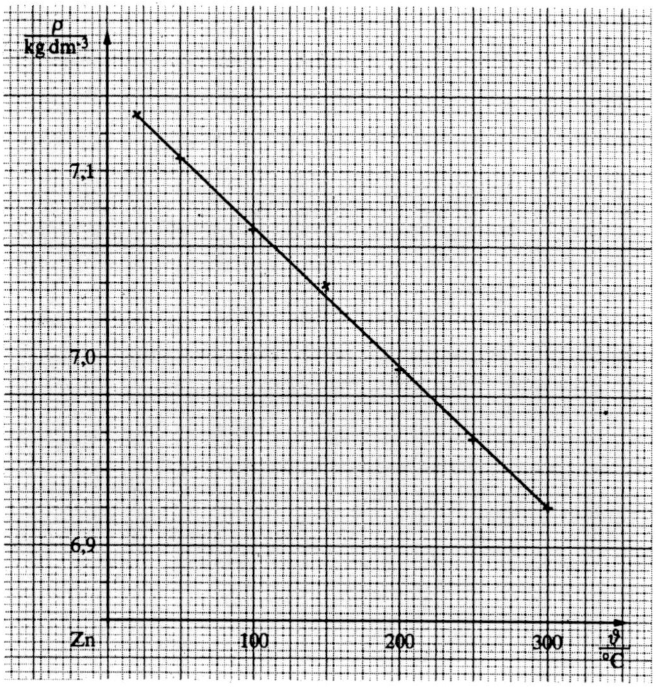

8/04		Räumliche Ausdehnung

90 000 l Öl der Dichte 0,86 $kgdm^{-3}$ bei 18° C befinden sich in einem Tank mit der Grundfläche 25 m^2. Zur Verringerung der Viskosität des Öls wird dieses auf 75° C erwärmt. Der kubische Ausdehnungskoeffizient des Öls beträgt $9{,}4 \cdot 10^{-4}\,K^{-1}$.

1) Wie groß ist die Steighöhe des Ölspiegels nach der Erwärmung? (Von einer Ausdehnung der Grundfläche des Tankes infolge der Erwärmung kann abgesehen werden.)
2) Um welchen Betrag hat sich die Dichte des Öls verändert?

1) $V_2 = V_1(1+\gamma\Delta\vartheta)$ $\quad Ah_2 = Ah_1 + V_1\gamma\Delta\vartheta$

$\Delta h = h_2 - h_1 = \frac{V_1}{A}\gamma\Delta\vartheta$

$\Delta h = \gamma\,\frac{V_1}{A}\Delta\vartheta$ $\quad \Delta h = \frac{9\cdot 10^7\ m^3 \cdot 9{,}4\cdot 10^{-4}\ K^{-1}\cdot 57\ K}{25\ m^2}$

$\mathbf{\Delta h = 0{,}19\ m = 19\ cm}$

2) $m_1 = m_2$ $\quad \rho_1 V_1 = \rho_2 V_1(1+\gamma\Delta\vartheta)$

$\rho_2 = \frac{\rho_1}{1+\gamma\Delta\vartheta}$ $\quad \rho_2 = \frac{0{,}86\ kgdm^{-3}}{1+9{,}4\cdot 10^{-4}\ K^{-1}\cdot 57\ K}$

$\rho_2 = 0{,}82\ kgdm^{-3}$

$\Delta\rho = \rho_2 - \rho_1 = \mathbf{-0{,}04\ kgdm^{-3}}$

8/05		Räumliche Ausdehnung

Ein Pyknometer ist ein durch Kapillarstopfen verschließbares Wägefläschchen zur Dichtebestimmung von Flüssigkeiten. Es wird auch zur experimentellen Bestimmung des kubischen Ausdehnungskoeffizienten verwendet. Folgende Meßergebnisse liegen vor:
Eichwerte des Pyknometers: Fassungsvermögen bei 20° C 50,0 cm^3, linearer Ausdehnungskoeffizient $4{,}5 \cdot 10^{-6}\,K^{-1}$
Bei 14,0° C ist das Pyknometer bis zum Eichwert mit einer Flüssigkeit gefüllt.
Infolge Erwärmung im Wasserbad auf 100,0° C sind 2,10 cm^3 Flüssigkeit über den Eichpunkt hinaus ausgeflossen.
Welche Flüssigkeit wurde bei dem Experiment verwendet?

$V_0 = 50\ cm^3$, $\vartheta_0 = 20°\ C$
V = Volumen des Pyknometers und der Flüssigkeit bei 14°C
V_P = Volumen des Pyknometers bei 100° C
V_{Fl} = Volumen der eingebrachten Flüssigkeit bei 100°C

$V = V_0[1+3\alpha(\vartheta-\vartheta_0)]$

$V_P = V[1+3\alpha(100°C-\vartheta)]$ $\quad V_{Fl} = V[1+\gamma(100°C-\vartheta)]$

$\Delta V = V_{Fl} - V_P$

$\Delta V = V(100°C-\vartheta)(\gamma-3\alpha)$ $\quad \gamma = \frac{\Delta V}{V(100°C-\vartheta)} + 3\alpha$

$V = 50\ cm^3(1+3\cdot 4{,}5\cdot 10^{-6}\ K^{-1}\cdot[-6\ K])$

$V = 49{,}996\ cm^3 \approx 50\ cm^3$

Volumenänderung des Pyknometers bei $\Delta\vartheta = 6$ K vernachlässigbar.

$\gamma = \frac{2{,}10\ cm^3}{50\ cm^3\cdot 86\ K} + 13{,}5\cdot 10^{-6}\ K^{-1}$ $\quad \mathbf{\gamma = 5{,}0\cdot 10^{-4}\ K^{-1}}$

Es könnte sich um **Glyzerin** handeln.

8/06		Wärmeaustausch		

Das Härten verschiedener Stähle geschieht durch Erwärmen auf eine bestimmte Temperatur und nachfolgendes Abschrecken in Öl niederer Temperatur.
Ein Stahlgußkörper von 900° C mit der spezifischen Wärmekapazität 0,46 $Jg^{-1}K^{-1}$ wird in einen Behälter mit 50 kg Öl von 32° C vollständig eingetaucht. Es stellt sich eine Mischungstemperatur von 61° C ein. Das Öl besitzt die spezifische Wärmekapazität 1,7 $Jg^{-1}K^{-1}$, die Wärmekapazität des Behälters ist vernachlässigbar klein.
Berechnen Sie die Masse des Gußkörpers!

$$\Delta W_{St} = \Delta W_0 \qquad m_{St}c_{St}(\vartheta_{St} - \vartheta_M) = m_0 c_0 (\vartheta_M - \vartheta_0)$$

$$m_{St} = m_0 \frac{c_0(\vartheta_M - \vartheta_0)}{c_{St}(\vartheta_{St} - \vartheta_M)}$$

$$m_{St} = 50\,\text{kg}\,\frac{1{,}7\,\text{Jg}^{-1}\text{K}^{-1}(61-32)\,\text{K}}{0{,}46\,\text{Jg}^{-1}\text{K}^{-1}(900-61)\,\text{K}}$$

$$\mathbf{m_{St} = 6{,}4\,kg}$$

8/07		Kalorimetrie; Wärmeaustausch		

Ein kalorimetrisches Experiment zur Bestimmung der spezifischen Wärmekapazität eines Metalls ergab folgende Meßwerte: 350 g des Metalls wurden in siedendem Wasser auf 100° C erwärmt und danach in ein mit 200 g Wasser von 20° C gefülltes Kalorimeter vollständig eingetaucht. Die Wärmekapazität des Kalorimeters beträgt 170 JK^{-1}. Nach dem Wärmeaustausch wurde eine Mischungstemperatur von 29,4° C gemessen.
Welches Metall besitzt die ermittelte spezifische Wärmekapazität?

$$cm(\vartheta - \vartheta_m) = (c_W m_W + C)(\vartheta_M - \vartheta_W)$$

$$c = \frac{(c_W m_W + C)(\vartheta_M - \vartheta_W)}{m(\vartheta - \vartheta_m)}$$

$$c = \frac{(4{,}18\,\text{Jg}^{-1}\text{K}^{-1}\cdot 200\,\text{g} + 170\,\text{JK}^{-1})\,9{,}4\,\text{K}}{350\,\text{g}\cdot 70{,}6\,\text{K}}$$

$$\mathbf{c = 0{,}383\,Jg^{-1}K^{-1}}$$

Kupfer bzw. Messing besitzen diese spezifische Wärmekapazität.

8/08		Schmelz- und Verdampfungsenergie		

1) Welche Wärmemenge muß einem Kilogramm Eis von −25° C Anfangstemperatur zugeführt werden, um daraus überhitzten Dampf von 110° C bei Normaldruck zu erzeugen?
2) Stellen Sie diesen Vorgang in einem Temperatur-Zeit-Diagramm dar!
   Legen Sie dafür eine konstante Wärmeleistung von $P = 83{,}74\,\text{kJ min}^{-1}$ zugrunde!

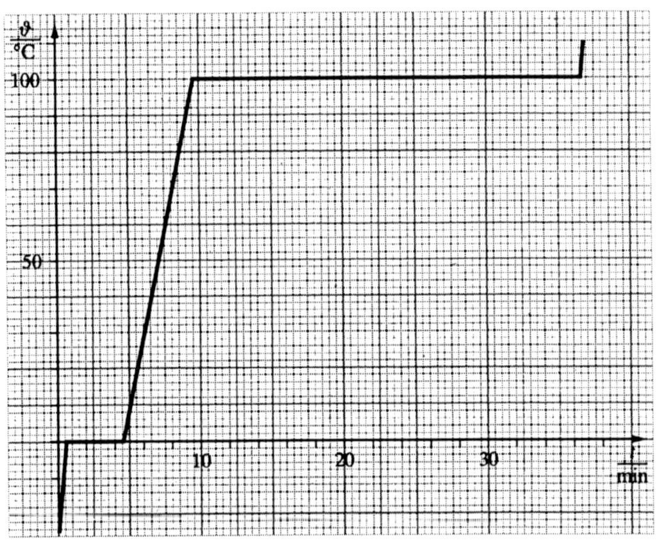

$$W = W_1 + W_S + W_2 + W_V + W_3$$

$$W = c_E m \Delta_1\vartheta + q_S m + c_W m \Delta_2\vartheta + q_V m + c_D m \Delta_3\vartheta$$

$$W = 2{,}09\,\text{Jg}^{-1}\text{K}^{-1}\cdot 10^3\,\text{g}\cdot 25\,\text{K} + 335\,\text{Jg}^{-1}\cdot 10^3\,\text{g}$$
$$+ 4{,}18\,\text{Jg}^{-1}\text{K}^{-1}\cdot 10^3\,\text{g}\cdot 10^2\,\text{K} + 2256\,\text{Jg}^{-1}\cdot 10^3\,\text{g}$$
$$+ 1{,}59\,\text{Jg}^{-1}\text{K}^{-1}\cdot 10^3\,\text{g}\cdot 10\,\text{K}$$

$$\mathbf{W = 3{,}08\cdot 10^6\,J}$$

8/09		Allgemeine Gasgleichung		

Eine 40-Liter-Stahlflasche wurde bei 18° C mit Sauerstoff bis zu einem Innendruck von 13,7 MPa gefüllt.
Wieviel Liter Sauerstoff werden bei einem Druck von 0,101 MPa entnommen, wobei das Gas so langsam ausströmt, daß die Temperatur konstant bei 19,5° C bleibt?

$$\frac{V_1 p_1}{T_1} = \frac{V_2 p_2}{T_2}$$

$$V_2 = V_1 \frac{p_1 T_2}{T_1 p_2}$$

$$V_2 = 40\,l\,\frac{13{,}7\,\text{MPa}\cdot 292{,}5\,\text{K}}{0{,}101\,\text{MPa}\cdot 291\,\text{K}} \qquad \mathbf{V_2 = 5450\,l}$$

8/10 Allgemeine Gasgleichung

Die Luft in einem Autoreifen übt bei 18° C einen Druck von 3,14 · 10^5 Pa aus.
Wie groß ist die Druckzunahme infolge Temperaturerhöhung auf 45° C bei direkter Sonneneinstrahlung?
(Die Volumenzunahme der Reifendecke kann vernachlässigt werden.)

$V = \text{konst.} \quad \rightarrow \quad \frac{p_1}{T_1} = \frac{p_2}{T_2}$

$\Delta p = \frac{T_2}{T_1} p_1 - p_1 = p_1\left(\frac{T_2}{T_1} - 1\right)$

$\Delta p = 3{,}14 \cdot 10^5 \text{ Pa}\left(\frac{318 \text{ K}}{291 \text{ K}} - 1\right)$ $\quad \boldsymbol{\Delta p = 0{,}29 \cdot 10^5}$ **Pa**

8/11 Allgemeine Gasgleichung

Der Bierausschank erfolgt unter Druck von Kohlendioxid aus einer 10-Liter-Flasche, in der bei 20° C ein Innendruck von 1,18 MPa wirkt.
Berechnen Sie das Volumen des Kohlendioxidgases im Normzustand!

$\frac{Vp}{T} = \frac{V_n p_n}{T_n}$

$V_n = V \frac{pT_n}{Tp_n} \qquad V_n = 10 \text{ l} \frac{1{,}18 \cdot 10^6 \text{ Pa} \cdot 273 \text{ K}}{1{,}10 \cdot 10^5 \text{ Pa} \cdot 293 \text{ K}}$ $\quad \boldsymbol{V_n = 109}$ **l**

8/12 Allgemeine Gasgleichung

Wieviel Kilogramm Stickstoff befinden sich in einer 40-Liter-Stahlflasche unter einem Druck von 11,8 MPa bei 20° C?
Der Tabelle für physikalische Eigenschaften verschiedener Stoffe ist für die Dichte des Stickstoffs unter Normbedingungen folgender Wert zu entnehmen: $\rho_0 = 1{,}2505 \text{ gl}^{-1}$.

$\frac{V_0 p_0}{T_0} = \frac{V \cdot p}{T}; \qquad V_0 = V \frac{pT_0}{p_0 T}$

$m = \rho_0 V_0 = \rho_0 V \frac{pT_0}{p_0 T}$

$m = 1{,}25 \cdot 10^{-3} \text{ kg l}^{-1} \cdot 40 \text{ l} \cdot \frac{11{,}8 \cdot 10^6 \text{ Pa} \cdot 273 \text{ K}}{1{,}01 \cdot 10^5 \text{ Pa} \cdot 293 \text{ K}}$

$\boldsymbol{m = 5{,}44}$ **kg**

8/13 Allgemeine Gasgleichung; Schweredruck

In unmittelbarer Nähe der Oberfläche eines Gewässers hat eine aufsteigende Methangasblase einen Durchmesser von 0,75 cm.
Welchen Durchmesser hat die kugelförmige Blase am Grund des Gewässers in 35 m Tiefe? Die Wassertemperatur beträgt an der Oberfläche 18° C und am Grund 15° C.

Schweredruck des Wassers: $p_S = \rho_W \cdot h \cdot g$

Schweredruck und Luftdruck: $p_T = \rho_W \cdot h \cdot g + p_0$;

$p_0 = 1{,}013 \cdot 10^5 \text{ Pa}$

$\frac{V_T p_T}{T_T} = \frac{V_0 p_0}{T_0} \qquad \frac{\pi d_T^3 p_T}{6 T_T} = \frac{\pi d_0^3 p_0}{6 T_0}$

$d_T^3 = d_0^3 \frac{T_T p}{T_0(\rho_W hg + p_0)}$

$d_T = d_0 \sqrt[3]{\frac{T_T}{T_0} \cdot \frac{p_0}{\rho_W hg + p_0}}$

$d_T = 0{,}75 \text{ cm} \cdot \sqrt[3]{\frac{288 \text{ K} \cdot 1{,}013 \cdot 10^5 \text{ Pa}}{291 \text{ K}(10^3 \text{ kgm}^{-3} \cdot 35 \text{ m} \cdot 9{,}81 \text{ ms}^{-2} + 1{,}013 \cdot 10^5 \text{ Pa})}}$

$\boldsymbol{d_T = 0{,}46}$ **cm**

8/14 Gasgleichung; Stoffmenge mol

Für eine chemische Analyse mit Wasserstoff ist erforderlich, die Anzahl der Mol des bei der Reaktion umgesetzten Wasserstoffs anzugeben. Bei einer untersuchten chemischen Reaktion wurden 2000,0 cm^3 Wasserstoff bei einer Temperatur von 20,2° C und einem Druck von 104,2 kPa gebraucht. Wieviel Mol Wasserstoff hatten sich chemisch umgesetzt?

$\frac{V_n p_n}{T_n} = \frac{Vp}{T} \qquad V_n = V \frac{pT_n}{p_n T}$

$n = \frac{V_n}{V_{mol}} = \frac{V}{V_{mol}} \frac{pT_n}{p_n T}$

$n = \frac{2 \text{ dm}^3 \cdot 104{,}2 \text{ kPa} \cdot 273{,}2 \text{ K}}{22{,}41 \text{ dm}^3\text{mol}^{-1} \cdot 101{,}3 \text{ kPa} \cdot 293{,}4 \text{ K}}$

$\boldsymbol{n = 9{,}86 \cdot 10^{-2}}$ **mol**

8/15 Universelle Gasgleichung; molare Masse

In einer Stahlflasche befinden sich 40 Liter Stickstoff unter einem Druck von 12,7 MPa bei einer Temperatur von 21° C. Berechnen Sie die Masse der Stickstoffmenge! (Unter den angegebenen Bedingungen verhält sich Stickstoff näherungsweise wie das ideale Gas.)

$$p \cdot V = \nu R T; \qquad \nu = \frac{V}{V_{mol}} = \frac{m}{m_{mol}}$$

$$p \cdot V = \frac{m}{m_{mol}} R T$$

$$m = \frac{p V m_{mol}}{R T} \qquad m = \frac{12{,}7\ \text{MPa} \cdot 40\ \text{dm}^3 \cdot 14 \cdot 2\ \text{g mol}^{-1}}{8{,}314\ \text{JK}^{-1}\text{mol}^{-1} \cdot 294{,}15\ \text{K}}$$

$$\mathbf{m = 5{,}84\ kg}$$

8/16 Leistung; Arbeit; innere Energie

Auf einer Drehmaschine wird ein zylindrisches Werkstück aus Stahl mit einem Drehmeißel bearbeitet. Der Drehmeißel wirkt tangential zum Werkstück mit einer Kraft von 2,4 kN und trennt mit einer Schnittgeschwindigkeit von 20 m · min^{-1} einen Span ab, der einen Querschnitt von 1,4 mm^2 hat.

1) Welche Arbeit wird pro Minute bei diesem Verfahren der spanenden Formung, also beim Drehen, verrichtet?

25 % dieser Arbeit bewirken eine Erhöhung der inneren Energie des Drehspans und etwa 30 % erwärmen den Stahlzylinder und den Drehmeißel.

2) Welche Temperaturerhöhung würde beim Span ohne Kühlung (z. B. durch Öl) eintreten?

1) $P = vF$

$$W_A = Pt = vFt$$

$$W_A = 20\ \text{m min}^{-1} \cdot 2{,}4 \cdot 10^3\ N \cdot 1\ \text{min}$$

$$\mathbf{W_A = 48 \cdot 10^3\ Nm = 48\ kJ}$$

2) $\Delta U = W_A \cdot 0{,}25$

$$c_{St} \cdot m \Delta\vartheta = vFt \cdot 0{,}25 \qquad m = \rho_{St} s A = \rho_{St} v t A$$

$$\Delta\vartheta = \frac{F \cdot 0{,}25}{c_{St}\, \rho_{St} A}$$

$$\Delta\vartheta = \frac{2{,}4 \cdot 10^3\ \text{N} \cdot 0{,}25}{0{,}5\ \text{Jg}^{-1}\text{K}^{-1} \cdot 7{,}85\ \text{gcm}^{-3} \cdot 0{,}014\ \text{cm}^2}$$

$$\mathbf{\Delta\vartheta = 109\ K}$$

8/17 1. Hauptsatz; Volumenarbeit; innere Energie

Bei 20° C wurden unter Einwirkung des Luftdrucks von 1,013 · 10^5 Pa 5000 cm^3 Helium in einem Behälter eingeschlossen.

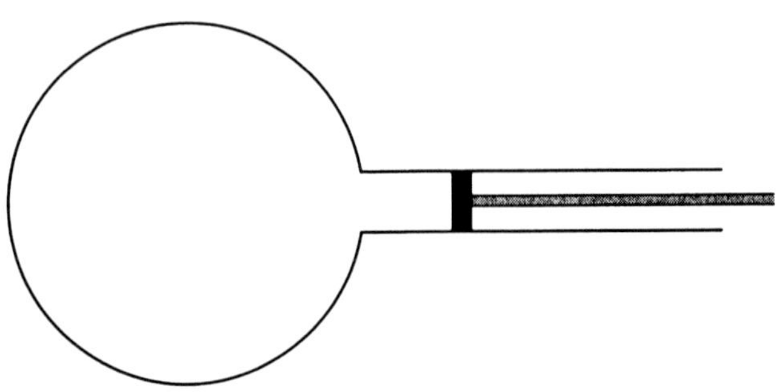

Durch Erwärmung des Edelgases auf 100° C verschiebt sich der reibungsfrei bewegliche Abschlußkolben horizontal gegen den gleichbleibenden Luftdruck.

1) Welche Wärme wurde dem Helium zugeführt?
2) Berechnen Sie die durch das Gas verrichtete Volumenänderungsarbeit!
3) Um welchen Betrag hat die innere Energie des Heliums zugenommen?

1) isobarer Prozeß

$$W = c_p m (T_2 - T_1)$$

$$W = c_p \rho V (T_2 - T_1)$$

$$W = 5{,}234\ \text{Jg}^{-1}\text{K}^{-1} \cdot 0{,}1784\ \text{gdm}^3 \cdot 5 \cdot 10^3\ \text{cm}^3 \cdot 80\ \text{K}$$

$$\mathbf{W = 374\ J}$$

2) $W_{mech} = p \Delta V, \quad \Delta V = V_2 - V_1$

$$\frac{V_1}{T_1} = \frac{V_2}{T_2}; \quad p = \text{konst.} \qquad V_2 = V_1 \frac{T_2}{T_1}$$

$$W_{mech} = p V_1 \left(\frac{T_2}{T_1} - 1 \right)$$

$$W_{mech} = 1{,}013 \cdot 10^5\ \text{Pa} \cdot 5 \cdot 10^{-3}\ \text{m}^3 \left(\frac{373{,}2\ \text{K}}{293{,}2\ \text{K}} - 1 \right)$$

$$\mathbf{W_{mech} = 138\ J}$$

3) $W = \Delta U + W_{mech}$

$$\Delta U = W - W_{mech}$$

$$\Delta U = 374\ \text{J} - 138\ \text{J} \qquad \mathbf{\Delta U = 236\ J}$$

8/18 Isochore und isobare Erwärmung; Volumenarbeit

Trockene Luft verhält sich unter Normbedingungen annähernd wie das ideale Gas. (Beachten Sie, daß Luft ein Gasgemisch ist!)

1) Welche Energie ist notwendig, um 1 m^3 trockene Luft, die sich im Normzustand befindet, isochor um 1 K zu erwärmen?
2) Wie groß ist die erforderliche Wärmemenge für eine isobare Erwärmung um 1 K?
3) Berechnen Sie die Volumenzunahme bei der isobaren Erwärmung um 1 K und die verrichtete Ausdehnungsarbeit des Gasgemisches Luft!
4) Stellen Sie eine Energiebilanz für die isobare Erwärmung auf!

Luft = Gasgemisch: 78,08 % N_2; 20,95 % O_2; 0,93 % Ar; 0,03 % CO_2; 0,01 % verschiedene Gase, in der Rechnung vernachlässigbar

$\rho_{\text{Luft}} = 1{,}293\ \text{gl}^{-1}$ bei Normbedingungen

$\gamma_{\text{Luft}} = \dfrac{1}{273{,}15}\ \text{K}^{-1}$

	c_V in $\text{Jg}^{-1}\text{K}^{-1}$	c_p in $\text{Jg}^{-1}\text{K}^{-1}$	Anteil
N_2	0,741	1,047	78,08 %
O_2	0,657	0,917	20,95 %
Ar	0,318	0,523	0,93 %
CO_2	0,632	0,823	0,03 %
gewichtetes Mittel	0,719	1,015	

1) Isochorer Vorgang

$W_1 = c_v m \Delta T; \qquad m = \rho_n V_n$

$W_1 = c_v \rho_n V_n \Delta T$

$W_1 = 0{,}719\ \text{Jg}^{-1}\text{K}^{-1} \cdot 1{,}293\ \text{gdm}^{-3} \cdot 10^3\ \text{dm}^3 \cdot 1\ \text{K}$

$\mathbf{W_1 = 930\ J}$

2) Isobarer Vorgang

$W_2 = c_p m \Delta T$

$W_2 = c_p \rho_n V_n \Delta T$

$W_2 = 1{,}015\ \text{Jg}^{-1}\text{K}^{-1} \cdot 1{,}293\ \text{gdm}^{-3} \cdot 10^3\ \text{dm}^3 \cdot 1\ \text{K}$

$\mathbf{W_2 = 1310\ J}$

3) $\Delta V = \gamma V_n \Delta T$

$\Delta V = \dfrac{1}{273}\ \text{K}^{-1} \cdot 10^3\ \text{dm}^3 \cdot 1\ \text{K}$

$\mathbf{\Delta V = 3{,}66\ dm^3}$

$W_{\text{mech}} = p\Delta V$

$W_{\text{mech}} = 1{,}013 \cdot 10^5\ \text{Pa} \cdot 3{,}66\ \text{dm}^3$

$\mathbf{W_{mech} = 371\ J}$

$\mathbf{W_2 - W_1 = 381\ J}$

Ursache für die Abweichung sind experimentell ermittelte Werte für c_v und c_p.

4) $W_2 = \Delta U + W_{\text{mech}}; \qquad W_{\text{mech}} = W_2 - W_1$

$\rightarrow \quad \mathbf{\Delta U = W_1 = c_v m \Delta T}$

8/19 Universelle Gasgleichung; 1. Hauptsatz

In einem abgeschlossenen Druckbehälter befinden sich 200 g Stickstoff bei einer Temperatur von 20° C und unter einem Druck von 10^5 Pa. Bei konstantem Volumen soll durch Erwärmung der Druck des Gases auf das Vierfache anwachsen.

1) Wie hoch ist die Endtemperatur bei diesem Prozeß?
2) Welche Wärmemenge mußte dem Stickstoff zugeführt werden?

1) $\dfrac{Vp_1}{T_1} = \dfrac{Vp_2}{T_2}; \qquad V = \text{konst.}$

$p_2 = 4p_1$

$T_2 = T_1 \dfrac{4p_1}{p_1} = 4T_1$

$T_2 = 4 \cdot 293{,}14\ \text{K}$

$\mathbf{T_2 = 1173\ K} \qquad \mathbf{\vartheta_2 = 899°\ C}$

2) Isochorer Prozeß

$\rightarrow$ keine mechanische Artbeit wird verrichtet (N_2-Molekül: 5 Freiheitsgrade)

$\rightarrow \; W = \Delta U + 0 = \dfrac{5}{2}\dfrac{m}{m_{\text{mol}}} R \Delta T$

$\Delta T = T_2 - T_1 \qquad \Delta T = 3T_1$

$W = \dfrac{15}{2}\dfrac{m}{m_{\text{mol}}} R T_1$

$W = \dfrac{15}{2}\dfrac{200\ \text{g} \cdot 8{,}314\ \text{JK}^{-1}\text{mol}^{-1} \cdot 293{,}15\ \text{K}}{28\ \text{gmol}^{-1}}$

$\mathbf{W = 130\ kJ}$

$W = m \cdot c_v \cdot \Delta T = 3 \cdot m \cdot c_v \cdot T_1$

$= 3 \cdot 200\ \text{g} \cdot 0{,}741\ \text{J} \cdot \text{g}^{-1} \cdot \text{K}^{-1} \cdot 293{,}15\ \text{K}$

$\mathbf{W = 130\ kJ}$

8/20		Volumenarbeit eines Gases	

Eine Luftmenge von 20 Litern ist in einem Zylinder bei Normaldruck und einer Temperatur von 22° C durch einen reibungsfrei beweglichen Kolben abgeschlossen. Sie wird auf 200° C erwärmt.

1) Welche Volumenarbeit wird von der Luftmenge infolge der Wärmezufuhr verrichtet, wenn bei diesem Prozeß der Druck konstant bleibt?
2) Stellen Sie diesen Prozeß in einem *p-V*-Diagramm dar und kennzeichnen Sie die verrichtete mechanische Arbeit!

1) $W_{mech} = p \cdot \Delta V$

$W_{mech} = p(V_2 - V_1) \qquad \frac{V_2}{T_2} = \frac{V_1}{T_1} \qquad V_2 = V_1 \frac{T_2}{T_1}$

$W_{mech} = pV_1\left(\frac{T_2}{T_1} - 1\right)$

$W_{mech} = 1{,}013 \cdot 10^5\ \text{Pa} \cdot 20 \cdot 10^{-3}\ \text{m}^3\left(\frac{473\ \text{K}}{295\ \text{K}} - 1\right)$

$\mathbf{W_{mech} = 1220\ J = 1{,}22\ kJ}$

2)

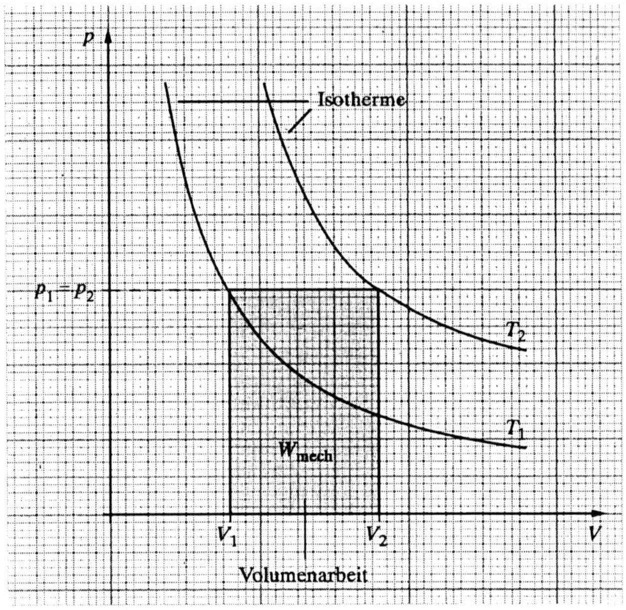

8/21		Isotherme Zustandsänderung; p-V-Diagramm	

In einem wärmeleitenden Druckzylinder, der durch einen masselosen und reibungsfrei beweglichen, d. h. einen idealen Kolben abgeschlossen wird, befinden sich 1000 cm³ Stickstoff bei 80° C unter einem Druck von 1 MPa. Die Temperatur wird durch einen Wärmespeicher, in dem sich der Druckzylinder befindet, konstant gehalten (siehe Abb.). Die von außen auf den Kolben wirkende Kraft *F* wird verkleinert, so daß sich das eingeschlossene Stickstoffgas isotherm auf 3000 cm³ ausdehnt.

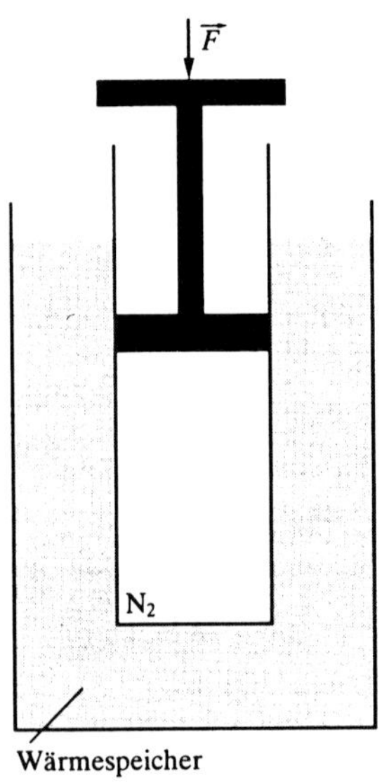

1) Stellen Sie den Vorgang im *p-V*-Diagramm dar und ermitteln Sie näherungsweise die Volumenarbeit des Gases!
Füllen Sie dazu die Wertetabelle aus und wählen Sie auf der *V*-Achse für 1 dm³ die Länge von 2 cm und auf der *p*-Achse für 10^5 Pa die Länge von 1 cm!
2) Beim isothermen Prozeß gilt für die Ausdehnungsarbeit des idealen Gases die Gleichung

$$W_m = \nu RT \ln\frac{V_2}{V_1}; \quad wobei\ \nu = \frac{m}{m_{mol}}.$$

Vergleichen Sie die für das Stickstoffgas errechnete Ausdehnungsarbeit mit dem grafisch ermittelten Ergebnis!
3) Wie groß ist die Wärmemenge, die bei diesem Prozeß vom eingeschlossenen Stickstoffgas aus dem Wärmespeicher aufgenommen wird?

1) $p_i \cdot V_i = p_1 \cdot V_1 = 10^6\ \text{Pa} \cdot 1\ \text{dm}^3$

V in dm³ *p* in 10^5 Pa	1,00 **10,0**	1,25 **8,00**	1,50 **6,67**	1,75 **5,71**	2,00 **5,00**
V in dm³ *p* in 10^5 Pa	2,25 **4,44**	2,50 **4,00**	2,75 **3,64**	3,00 **3,33**	

$$W_{mech} \approx \sum_{i=1}^{9} \frac{1}{2}(p_i + p_{i+1})(V_{i+1} - V_i)$$

$\mathbf{W_{mech} \approx 1103\ J}$

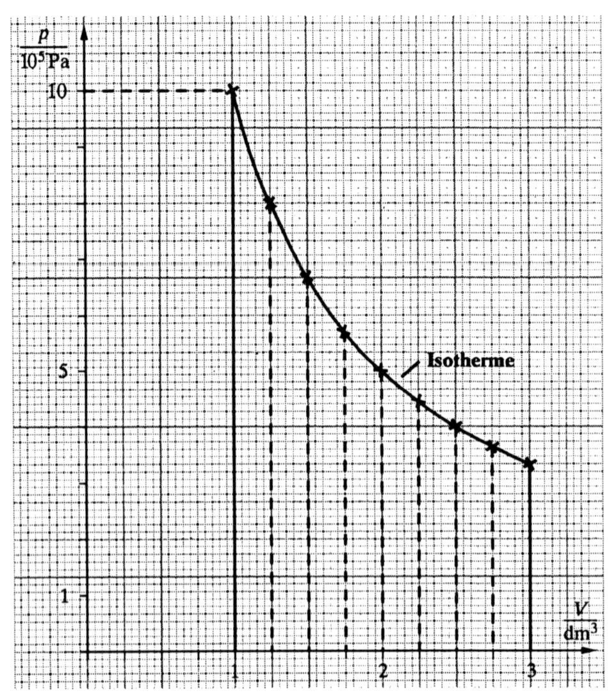

2) $\frac{V_0 p_0}{T_0} = \frac{V_1 p_1}{T_1}$

$V_0 = V_1 \frac{p_1 T_0}{p_0 T_1}$ $\qquad V_0 = 1\,\text{dm}^3 \frac{10^6\,\text{P} \cdot 273{,}2\,\text{K}}{1{,}013 \cdot 10^5\,\text{P} \cdot 353{,}2\,\text{K}}$

$\mathbf{V_0 = 7{,}63\,dm^3}$

$$W_{\text{mech}} = \rho_0 V_0 \frac{R}{m_{\text{mol}}} \cdot T \ln \frac{V_2}{V_1}$$

$$W_{\text{mech}} = 1{,}25\,\text{gdm}^{-3} \cdot 7{,}63\,\text{dm}^3 \cdot \frac{8{,}314\,\text{JK}^{-1}\text{mol}^{-1}}{28\,\text{gmol}^{-1}} \cdot 353{,}2\,\text{K} \ln \frac{3\,\text{dm}^3}{1\,\text{dm}^3}$$

$\mathbf{W_{mech} = 1099\,J}$

Der grafisch ermittelte Wert stimmt annähernd mit dem errechneten Wert der Ausdehnungsarbeit überein. Je feiner die Intervalleinteilung für das Volumen auf der V-Achse ist, um so genauer wird der grafisch ermittelte Wert.

3) $W_W = \Delta U + W_{\text{mech}}$,

da T = konst. folgt U = konst.; $\Delta U = 0$

Für den isothermen Vorgang gilt:

$W_W = W_{\text{mech}}$

$\mathbf{W_W = 1099\,J}$

8/22 Kreisprozeß, p-V-Diagramm

In einem Zylinder, der durch einen idealen Kolben abgeschlossen wird, befinden sich 100 dm³ ideales Gas bei einer Temperatur von 80° C und Normaldruck. Folgender Kreisprozeß soll untersucht werden:

1) Durch isochore Erwärmung erhöht sich der innere Druck auf das Vierfache.
   Geben Sie die Zustandsgrößen des idealen Gases nach diesem Prozeß an!
   Um welchen Betrag ändert sich die innere Energie des Gases?
   Machen Sie eine Aussage über Größe und Wirkung der zugeführten Wärme!
2) Nach dem isochoren Prozeß dehnt sich das ideale Gas infolge weiterer Wärmezufuhr isotherm auf das dreifache Volumen aus.
   Bestimmen Sie die Zustandsgrößen nach diesem Prozeß!
   Berechnen Sie die vom idealen Gas verrichtete Expansionsarbeit!
   Welche Wärmemenge hat das Gas aufgenommen?
3) Im folgenden Vorgang wird das ideale Gas isochor wieder auf die Ausgangstemperatur abgekühlt.
   Geben Sie die Zustandsgrößen nach diesem Prozeß an!
   Um welchen Betrag ändert sich die innere Energie des Gases?
   Welche Aussagen können Sie über die abgegebene Wärmemenge machen?
4) Nun folgt eine isotherme Kompression bis zum Ausgangszustand des Gases.
   Bestimmen Sie die Zustandsgrößen nach der Kompression!
   Wie groß ist die am idealen Gas verrichtete Kompressionsarbeit?
   Berechnen Sie die Änderung der inneren Energie!
5) Stellen Sie den Kreisprozeß im p-V-Diagramm dar und geben Sie die vom System nach außen abgegebene Arbeit graphisch und rechnerisch an!

1) Isochorer Prozeß $\qquad p = 1{,}0133 \cdot 10^5$ Pa

$V_1 = V =$ const.; $\qquad V = V_1 = 100\,\text{dm}^3$

$p_1 = 4p$; $\qquad p_1 = 4{,}052 \cdot 10^5$ Pa

$T = 353{,}15$ K

$\frac{p_1 V_1}{T_1} = \frac{pV}{T}$ $\qquad \mathbf{T_1 = 4T;\ T_1 = 1412{,}6\,K}$

$V = \text{const.} \rightarrow W_{\text{mech}_1} = 0$

$\rightarrow \Delta U = Q_1 + W_{\text{mech}_1}$ $\qquad$ (1. Hauptsatz)

$\mathbf{\Delta U = Q_1}$

$\Delta U = \frac{3}{2} \frac{m}{m_{\text{mol}}} R \Delta T$; $\qquad R = 8{,}314\,\text{JK}^{-1}\text{mol}^{-1}$

$\downarrow \qquad \Delta T = T_1 - T \approx 1059\,\text{K}$

$\frac{m}{m_{\text{mol}}} = \frac{\rho V_n}{\rho V_{\text{mol}_n}}$

Volumina im Normzustand

$\frac{V_n p_n}{T_n} = \frac{V p_n}{T}$ $\qquad V_n = \frac{V T_n}{T}$; $\ V_n = 77{,}3\,\text{dm}^3$

$V_{\text{mol}_n} = 22{,}414\,\text{dm}^3\text{mol}^{-1}$

$$\Delta U = \frac{3}{2} \frac{77{,}3\,\text{dm}^3}{22{,}414\,\text{dm}^3\text{mol}^{-1}} 8{,}314\,\text{JK}^{-1}\text{mol}^{-1} \cdot 1059\,\text{K}$$

$\mathbf{\Delta U = 45{,}55\,kJ}$

Die Wärmemenge $Q_1 = 45{,}55$ kJ wird dem Gas zugeführt und bewirkt die Vergrößerung der inneren Energie ΔU.

2) Isothermer Prozeß $\qquad V_1 = 100\,\text{dm}^3$

$T_1 = T_2 =$ const.; $\qquad T_1 = T_2 = 1412{,}6$ K

$V_2 = 3V_1$; $\qquad V_2 = 300\,\text{dm}^3$

$\frac{V_2 p_2}{T_2} = \frac{V_1 p_1}{T_1}$

$p_2 = \frac{V_1 p_1}{V_2}$; $\qquad \mathbf{p_2 = \frac{p_1}{3};\ p_2 = 1{,}351 \cdot 10^5\,Pa}$

$T = \text{const.} \quad \rightarrow \quad U = \text{const.}$

$\rightarrow \quad \boldsymbol{\Delta U = 0}$ (1. Hauptsatz)

$$\Delta U = 0 = Q_2 + W_{\text{mech}_2}$$

$$\boldsymbol{Q_2 = -W_{\text{mech}_2}}$$

W_{mech_2} ist die vom Gas verrichtete Expansionsarbeit.

Q_2 ist die von außen zugeführte Wärmeenergie

$$Q_2 = \frac{m}{m_{\text{mol}}} \cdot RT_2 \ln\frac{V_2}{V_1}$$

$$Q_2 = \frac{V_n}{V_{\text{mol}_n}} \cdot RT_2 \ln\frac{V_2}{V_1}$$

$$Q_2 = \frac{77{,}3\,\text{dm}^3 \cdot 8{,}314\,\text{JK}^{-1}\text{mol}^{-1} \cdot 1412{,}6\,\text{K}}{22{,}414\,\text{dm}^3\text{m}^{-1}} \cdot \ln 3$$

$$\boldsymbol{Q_2 = 44{,}50\,\text{kJ}}$$

3) Isochorer Prozeß

$V_1 = V_3$;	$V_2 = V_3 = 300\,\text{dm}^3$
$T_3 = T$;	$T_3 = 353{,}15\,\text{K}$
	$p_2 = 1{,}351 \cdot 10^5\,\text{Pa}$
	$T_2 = 1412{,}6\,\text{K}$

$$\frac{V_2 p_3}{T} = \frac{V_2 p_2}{T_2}$$

$$p_3 = \frac{p_2 T}{T_2} \qquad \boldsymbol{p_3 = 3{,}377 \cdot 10^4\,\text{Pa}}$$

$V = \text{const.} \quad \rightarrow \quad W_{\text{mech}_3} = 0$

$\rightarrow \quad \boldsymbol{\Delta U = Q_3 + W_{\text{mech}_3}}$ (1. Hauptsatz)

$$\Delta U = Q_3$$

$$\Delta U = \frac{3}{2}\frac{m}{m_{\text{mol}}} R\Delta T$$

$$\Delta U = \frac{3}{2}\frac{V_n}{V_{\text{mol}_n}} R(T_3 - T_2)$$

$$\Delta U = \frac{3}{2}\,\frac{77{,}3\,\text{dm}^3 \cdot 8{,}314\,\text{JK}^{-1}\text{mol}^{-1}}{22{,}414\,\text{dm}^3\text{mol}^{-1}}(353{,}15\,\text{K} - 1412{,}6\,\text{K})$$

$$\boldsymbol{\Delta U = -45{,}56\,\text{kJ}}$$

Die Abnahme der inneren Energie ΔU entspricht der Abgabe der Wärmeenergie Q_3 nach außen.

4) Isothermer Prozeß

$T_4 = T_3 = T$;	$T_3 = T_4 = 353{,}15\,\text{K}$
$V_4 = V$;	$V_4 = 100\,\text{dm}^3$
	$V_3 = 300\,\text{dm}^3$
	$p_3 = 3{,}377 \cdot 10^4\,\text{Pa}$
	$p_4 = 1{,}013 \cdot 10^5\,\text{Pa}$

$$\frac{V_4 p_4}{T} = \frac{V_3 p_3}{T}$$

$$\boldsymbol{p_4 = \frac{V_3 p_3}{V_4}}$$

$T = \text{const.} \quad \rightarrow \quad U = \text{const.}$

$\rightarrow \quad \boldsymbol{\Delta U = 0}$ (1. Hauptsatz)

$$\Delta U = 0 = Q_4 + W_{\text{mech}_4}$$

$$\boldsymbol{Q_4 = -W_{\text{mech}_4}}$$

$$W_{\text{mech}_4} = \frac{m}{m_{\text{mol}}} \cdot RT_4 \ln\frac{V_4}{V_3}$$

$$W_{\text{mech}_4} = \frac{77{,}3\,\text{dm}^3 \cdot 8{,}314\,\text{JK}^{-1}\text{mol}^{-1} \cdot 353{,}15\,\text{K}}{22{,}414\,\text{dm}^3\text{mol}^{-1}} \cdot \ln\frac{1}{3}$$

$$\boldsymbol{W_{\text{mech}_4} = -11{,}13\,\text{kJ}}$$

Da die Änderung der inneren Energie $\Delta U = 0$ ist, wird die Wärmeenergie Q_4 abgegeben, wenn am Gas Kompressionsarbeit verrichtet wird.

5)

$$W = W_{\text{mech}_2} - W_{\text{mech}_4}$$

$$\boldsymbol{W = 33{,}37\,\text{kJ}}$$

W ist die nach außen abgegebene Arbeit

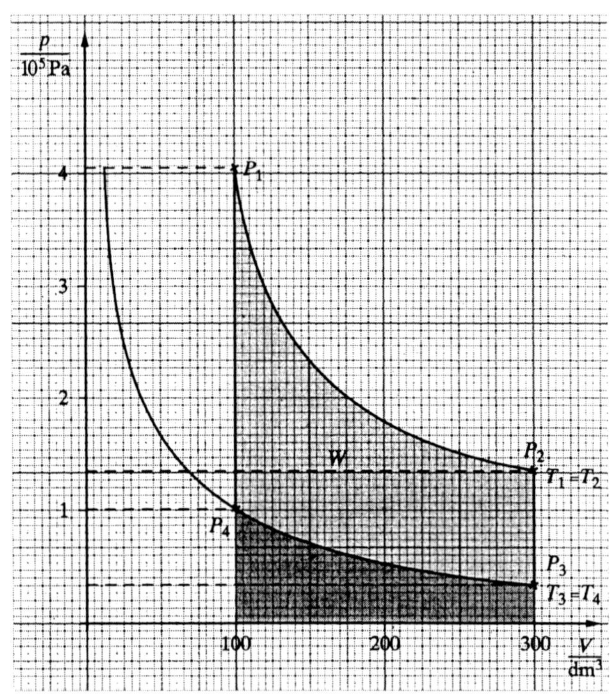

8/23 1. Hauptsatz; universelle Gasgleichung

2 m³ Stickstoff im Normzustand werden durch eine Kompressionsarbeit von 75 kJ verdichtet. Nach erfolgter Wasserkühlung erreicht das komprimierte Gas die Endtemperatur von 30° C.
Welche Wärmemenge wurde durch das Kühlwasser abgeführt?

1. Hauptsatz: $\Delta U = W - Q \qquad c_V m \Delta T = W - Q$

Gasgleichung für den Normzustand:

$$p_n V_n = \nu \cdot RT_n; \quad m = M_{N_2}\,\nu$$

$$m = M_{N_2} \cdot \frac{p_n V_n}{RT_n}$$

$$Q = W - c_V M_{N_2} \frac{p_0 V_n}{RT_n} \cdot \Delta T$$

$$Q = 75\ \text{kJ} - 0{,}741\ \text{Jg}^{-1}\text{K}^{-1} \cdot 28\ \text{gmol}^{-1} \cdot \frac{1{,}013 \cdot 10^5\ \text{Pa} \cdot 2\ \text{m}^3}{8{,}314\ \text{JK}^{-1}\text{mol}^{-1}} \cdot \frac{30\ \text{K}}{273\ \text{K}}$$

$\mathbf{Q = 19\ kJ}$

8/24 Energieumwandlung

Etwa 3,9 Milliarden Liter Wasser des Sambesi stürzen pro Stunde am Viktoriafall 109 m in die Tiefe.
Wie groß wäre die Erwärmung der Wassermenge, wenn ihre gesamte kinetische Energie beim Aufschlag in der Schlucht in Wärme umgesetzt würde?

Energie pro Stunde: $W_{kin} = W_{pot} = mgh$

Energieumwandlung:

$$mgh = c_{H_2O}\, m \Delta T \qquad \Delta T = \frac{gh}{c_{H_2O}}$$

Erkenntnis: Allein die Fallhöhe ist für die Temperaturerhöhung entscheidend.

$$\Delta T = \frac{9{,}81\ \text{ms}^{-2} \cdot 109\ \text{m}}{4{,}18\ \text{Jg}^{-1}\text{K}^{-1}} \qquad \mathbf{\Delta T = 0{,}26\ K}$$

8/25 Kinetische Gastheorie; mittlere Teilchengeschwindigkeit

Die mittlere Geschwindigkeit von Gasmolekülen kann näherungsweise mit Hilfe der Gleichung $\bar{v} = \sqrt{3p/\rho}$ berechnet werden (ρ Dichte des Gases).
Leiten Sie diese Beziehung aus dem Druck-Volumen-Gesetz der kinetischen Gastheorie her!

$$pV = \frac{2}{3} N \bar{E}_{kin} \qquad \bar{E}_{kin} = \frac{1}{2} m_M \bar{v}^2 = \frac{3}{2}\frac{pV}{N} \qquad \bar{v}^2 = \frac{3pV}{Nm_M}$$

Nm_M = Gesamtmasse des Gases

$\frac{Nm_M}{V} = \rho$ = Dichte des Gases

Da näherungsweise $\overline{v^2} = \bar{v}^2$, so folgt $\bar{v} = \sqrt{\frac{3p}{\rho}}$.

8/26 Kinetische Gastheorie; mittlere Teilchengeschwindigkeit

Berechnen Sie die mittlere Geschwindigkeit für Heliumatome und Wasserstoffmoleküle bei 18° C!

$$\bar{E}_{kin} = \frac{3}{2} kT$$

Boltzmann-Konstante: $k = 1{,}38 \cdot 10^{-23}\ \text{JK}^{-1}$

$\bar{E}_{kin} = \frac{1}{2} m_M \bar{v}^2$ = mittlere kinetische Energie eines Teilchens der Masse $m_M = Mu$

$u = 1{,}66 \cdot 10^{-27}$ kg

$$\bar{v} = \sqrt{\frac{3kT}{Mu}}$$

$$v_{He} = \sqrt{\frac{3 \cdot 1{,}38 \cdot 10^{-23}\ \text{JK}^{-1} \cdot 291\ \text{K}}{4 \cdot 1{,}66 \cdot 10^{-27}\ \text{kg}}}$$

$\mathbf{v_{He} = 1{,}35 \cdot 10^3\ ms^{-1}}$

$$v_{H_2} = \sqrt{\frac{3 \cdot 1{,}38 \cdot 10^{-23}\ \text{JK}^{-1} \cdot 291\ \text{K}}{2 \cdot 1{,}66 \cdot 10^{-27}\ \text{kg}}}$$

$\mathbf{v_{H_2} = 1{,}90 \cdot 10^3\ ms^{-1}}$

8/27 Kinetische Gastheorie

Für die einatomigen Edelgase gilt unter nicht extremen Zustandsbedingungen folgende Aussage:
Der Gesamtwert der kinetischen Energie aller Atome eines Mols bei der Temperatur T ist für jedes Gas gleich.
Bestätigen Sie diese Aussage und berechnen Sie den Gesamtwert bei $T = 293{,}15$ K!

Einatomige Edelgase verhalten sich bei Normalbedingungen wie ideales Gas; also gelten für sie die Gesetze der kinetischen Gastheorie.

Für jedes Atom gilt $\overline{E}_{\text{kin}} = \frac{3}{2}kT$.

Für die Gesamtheit der Teilchen je Mol gilt:

$$\overline{E}_{\text{ges}} = \frac{3}{2}kTN_{\text{A}} = \frac{3}{2}RT$$

(Boltzmann-Konstante $k = \frac{R}{N_{\text{A}}}$ und

$N_{\text{A}} = 6{,}022 \cdot 10^{23}\ \text{mol}^{-1}$ Avogadrosche Konstante)

R ist die universelle Gaskonstante, also haben die verschiedenen Edelgase bei der Temperatur T je Mol die gleiche Gesamtenergie aller Atome.

$$\overline{E}_{\text{ges}} = \frac{3}{2} \cdot 8{,}314\ \text{JK}^{-1}\text{mol}^{-1} \cdot 293{,}15\ \text{K}$$

$$\mathbf{\overline{E}_{\text{ges}} = 3656\ \text{Jmol}^{-1}}$$

8/28 1. Hauptsatz; isobarer Prozeß

Bei einem Druck von $1{,}43 \cdot 10^5$ Pa und einer Temperatur von 0° C nehmen 3,00 kg Stickstoff ein Volumen von 1,70 m³ ein. Durch Wärmezufuhr dehnt sich das Stickstoffgas isobar auf ein Volumen von 2,30 m³ aus. Berechnen Sie

1) die Temperatur des Stickstoffs nach der Erwärmung,
2) die vom Gas verrichtete Ausdehnungsarbeit,
3) die zugeführte Wärmemenge und
4) die Änderung der inneren Energie des Gases!

1) $\Delta U = Q + W_{\text{mech}}$

$mc_{\text{v}}\Delta T = mc_{\text{p}}\Delta T - p\Delta V$

$$\Delta T = \frac{p\Delta V}{m(c_{\text{p}} - c_{\text{v}})}$$

$$\Delta T = \frac{1{,}43 \cdot 10^5\ \text{Nm}^{-2} \cdot 0{,}60\ \text{m}^3}{3{,}00\ \text{kg}(1{,}047 - 0{,}741)\ \text{Nm} \cdot 10^3\ \text{g}^{-1}\text{K}^{-1}}$$

$\Delta T = 93\ \text{K}$

$T = 93\ \text{K} + 273\ \text{K}$

$\mathbf{T = 366\ K}$

2) $W_{\text{mech}} = -p\Delta V$

$W_{\text{mech}} = -1{,}43 \cdot 10^5\ \text{Nm}^{-2} \cdot 0{,}60\ \text{m}^3$

$\mathbf{W_{\text{mech}} = -8{,}6 \cdot 10^4\ Nm = -86\ kJ}$

3) $Q = nc_{\text{p}} \cdot \Delta T$

$Q = 3{,}0\ \text{kg} \cdot 1{,}047\ \text{J} \cdot 10^3\ \text{kg}^{-1}\text{K}^{-1} \cdot 93\ \text{K}$

$\mathbf{Q = 292\ kJ}$

4) $\Delta U = mc_{\text{v}}\Delta T$

$\Delta U = 3\ \text{kg} \cdot 0{,}741\ \text{J} \cdot 10^3\ \text{kg}^{-1}\text{K}^{-1} \cdot 93\ \text{K}$

$\mathbf{\Delta U = 207\ kJ}$

8/29 1. Hauptsatz; isobarer Prozeß

Leiten Sie aus dem 1. Hauptsatz der Thermodynamik die Energiebilanz für die isobare Erwärmung und die isobare Abkühlung des idealen Gases her und erläutern Sie sie!

Isobarer Prozeß $\rightarrow p =$ const., das Volumen des Gases wird verändert.

Bei Volumenvergrößerung wird mechanische Arbeit nach außen gegeben, also $\Delta U = Q + W_{\text{mech}}$

$\Delta U = mc_{\text{p}}\Delta T - p\Delta V$

Bei Volumenverkleinerung wird mechanische Arbeit von außen aufgenommen.

Energiebilanz:

$mc_{\text{p}}\Delta T$ = zugeführte oder abgeführte Wärmeenergie
ΔU = Änderung der inneren Energie
$p\Delta V$ = abgegebene oder zugeführte mechanische Energie

8/30 1. Hauptsatz; isochorer Prozeß

Lösen Sie die Aufgabe 8/29 für die isochore Erwärmung und die isochore Abkühlung!
Welche Beziehung besteht zwischen den spezifischen Wärmekapazitäten bei konstantem Druck und bei konstantem Volumen?

Isochorer Prozeß $\rightarrow V =$ const., keine mechanische Arbeit wird abgegeben bzw. aufgenommen.

zugeführte oder abgegebene Wäre = Änderung der inneren Energie

$$Q = mc_{\text{v}}\Delta T = \Delta U$$

Die innere Energie des idealen Gases hängt nicht vom Volumen oder vom Druck ab. Sie ist eine lineare Funktion der Temperatur.

Für den isobaren Prozeß gilt (s. Aufgabe 29):

$$\Delta U = mc_p \Delta T - p\Delta V;$$

da $\Delta U = mc_v \Delta T$

so folgt $mc_v \Delta T = mc_p \cdot \Delta T - p\Delta V$

$$p\Delta V = m(c_p - c_v)\Delta T.$$

Anwendung der universellen Gasgleichung $p\Delta V = \nu R \Delta T$

ergibt $c_p - c_v = \frac{\nu R}{m} > 0$, da ν, R, m positive Konstanten sind.

$\rightarrow \quad c_p > c_v$

8/31 1. Hauptsatz; isothermer Prozeß

Lösen Sie die Aufgabe 8/29 für die isotherme Expansion und die isotherme Kompression!

Isothermer Prozeß $\rightarrow T = \text{const.}$

Bei isothermer Expansion wird vom Gas Arbeit abgegeben.

Da die Temperatur des Gases konstant bleibt und die innere Energie bei idealem Verhalten allein von der Temperatur abhängt, ändert sich die innere Energie bei isothermer Zustandsänderung nicht.

$$\Delta U = U_2 - U_1 = 0$$

Aus dem 1. Hauptsatz folgt: $Q = W_{\text{mech}}$

Die zugeführte Wärme wird in mechanische Arbeit umgesetzt:

$$W_{\text{mech}} = \int_{V_1}^{V_2} p\,\mathrm{d}V$$

8/32 Kinetische Gastheorie; Boyle-Mariotte-Gesetz

Mit Hilfe statistischer Betrachtungen der kinetischen Gastheorie wurde für den Druck des idealen Gases folgende Gleichung ermittelt: $p = \frac{1}{3} n m \overline{v^2}$

wobei m die Masse eines Gasteilchens, $\overline{v^2}$ ihr mittleres Geschwindigkeitsquadrat und $n = N/V$ die Teilchendichte des abgeschlossenen Gases sind.

Leiten Sie aus dieser Gleichung das Druck-Volumen-Gesetz (das Gesetz von BOYLE-MARIOTTE) für das ideale Gas her!

$p = \frac{1}{3} n m_M \overline{v^2}; \quad n = \frac{N}{V} \qquad pV = \frac{1}{3} N m_M \overline{v^2}$

wobei

$N m_M = m_{Ges}$ = unveränderliche Gesamtmenge des Gases

$\overline{v^2}$ ist für konstante Temperatur T als konstant anzusehen.

Daraus folgt:

$\boldsymbol{p \cdot V =}$ **const.** bei konstanter Temperatur.

Dies ist die Aussage des Boyle-Mariotte-Gesetzes.

8/33 Kinetische Gastheorie; mittlere Teilchengeschwindigkeit

Wie verändert man Druck und Temperatur des idealen Gases, damit sich die mittlere Geschwindigkeit der Gasteilchen bei konstantem Volumen

a) verdoppelt, b) verdreifacht und c) halbiert?

1) Begründen Sie Ihre Antwort auch verbal!
2) Geben Sie den Zusammenhang zwischen der mittleren Geschwindigkeit der Teilchen $\overline{v}$ und der Temperatur T in einem v-T-Diagramm an!

Aus der Grundgleichung der kinetischen Gastheorie

$p = \frac{1}{3} n m_M \overline{v^2}; \quad n = \frac{N}{V}$ folgt:

In einem konstanten Gasvolumen ist der Gasdruck dem mittleren Geschwindigkeitsquadrat der Teilchen m_M proportional. Ferner kann der Mittelwert der Translationsenergie der Teilchen durch $\overline{E}_{\text{trans}} = \frac{1}{2} m_M \overline{v^2} = \frac{3}{2} kT$ (k = Boltzmann-Konstante) berechnet werden.

Also gilt:

Die mittlere Translationsenergie der Teilchen des idealen Gases ist der Temperatur proportional.

a) Vierfacher Anstieg des Druckes bzw. vierfache Erhöhung der Temperatur führen zur Verdopplung der mittleren Geschwindigkeit der Teilchen.
b) Neunfacher Anstieg des Druckes bzw. neunfache Erhöhung der Temperatur führen zur Verdreifachung der mittleren Geschwindigkeit.
c) Bei Verringerung des Druckes auf ein Viertel bzw. der Temperatur auf ein Viertel des ursprünglichen Wertes sinkt die mittlere Geschwindigkeit der Teilchen auf die Hälfte.

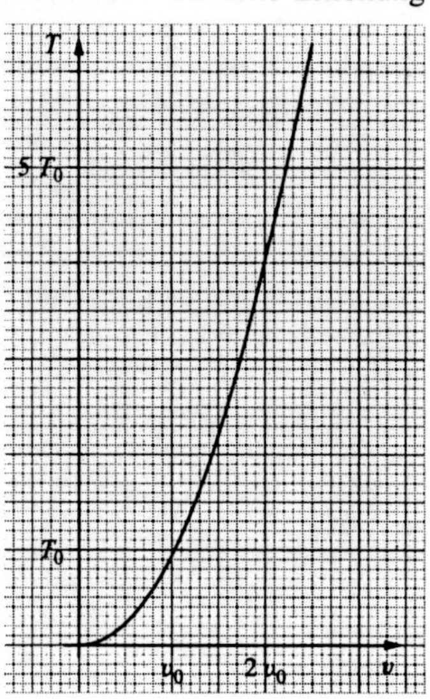

8/34		Zustandsänderungen und 1. Hauptsatz

Folgende Energiebilanzen beschreiben drei verschiedene Zustandsänderungen eines idealen Gases:

a) $Q = \Delta U$
b) $\Delta U = -W_{\text{mech}}$
c) $Q = W_{\text{mech}}$

1) Charakterisieren Sie diese drei Zustandsänderungen unter Verwendung des ersten Hauptsatzes der Thermodynamik!
2) Beschreiben Sie die durch $Q = \Delta U$ bestimmte Zustandsänderung mit der kinetischen Gastheorie und entwickeln Sie die zugehörige Gleichung aus der allgemeinen Zustandsgleichung des idealen Gases!

1) a) $Q = \Delta U$

kennzeichnet einen isochoren Prozeß (V = konst.). Es wird keine mechanische Arbeit vom Gas abgegeben bzw. aufgenommen.

$Q = \Delta U + 0; \quad W_{\text{mech}} = 0$

$\Delta U = Q = mc_{\text{v}}(T_2 - T_1)$

Schlußfolgerung: Die innere Energie des idealen Gases hängt nicht vom Volumen oder vom Druck ab. Sie ist eine lineare Funktion der Temperatur.

b) $\Delta U = -W_{\text{mech}}$

kennzeichnet eine adiabatische Zustandsänderung. Es wird keine Wärme zwischen dem Gas und der Umgebung ausgetauscht.

$0 = \Delta U + W_{\text{mech}}; \quad Q = 0$

Die bei adiabatischer Entspannung des Gases abgegebene mechanische Energie entstammt vollkommen der inneren Energie, die Temperatur des Gases sinkt.

c) $Q = W_{\text{mech}}$

kennzeichnet einen isothermen Prozeß (T = konst.). Es tritt keine Änderung der inneren Energie, also keine Temperaturänderung auf.

$Q = 0 + W_{\text{mech}}; \quad \Delta U = 0$

2) Aus der Grundgleichung der kinetischen Gastheorie

$$p = \frac{\text{N}}{3}\frac{m_{\text{M}}\overline{v^2}}{V}$$

und der allgemeinen Zustandsgleichung des idealen Gases

$$p \cdot V = \frac{m}{m_{\text{mol}}}RT$$

folgt:

$$\frac{3}{2}\frac{m}{m_{\text{mol}}}RT = \text{N} \cdot \frac{1}{2}m_{\text{M}}\overline{v^2} = U$$

$$\frac{3}{2}\frac{m}{m_{\text{mol}}}R(T_2 - T_1) = \Delta U$$

Da $Q = \Delta U$, so gilt

$$Q = mc_{\text{v}}(T_2 - T_1) = \frac{3}{2}\frac{m}{m_{\text{mol}}}R(T_2 - T_1)$$

und $$c_{\text{v}} = \frac{3}{2}\frac{R}{m_{\text{mol}}}$$

8/35		Adiabatische Zustandsänderung

In einem Zylinder eines Dieselmotors wird angesaugte Luft von 52° C und 10^5 Pa auf $42 \cdot 10^5$ Pa verdichtet. Berechnen Sie unter der Voraussetzung, daß eine adiabatische Kompression stattfindet, das Verdichtungsverhältnis $V_1 : V_2$ und die Endtemperatur!

Bei adiabatischer Kompression gelten die Poissonschen Gleichungen:

$$pV^x = \text{konst.}; \qquad p_1V_1^x = p_2V_2^x$$

$$TV^{x-1} = \text{konst.}; \qquad T_1V_1^{x-1} = T_2V_2^{x-1};$$

$$\text{wobei } x = \frac{c_{\text{p}}}{c_{\text{v}}} \approx 1{,}4 \text{ für Luft}$$

$$\frac{p_2}{p_1} = \left(\frac{V_1}{V_2}\right)^x \rightarrow \frac{V_1}{V_2} = \left(\frac{p_2}{p_1}\right)^{\frac{1}{x}}$$

$$\frac{\mathbf{V_1}}{\mathbf{V_2}} = \left(\frac{42 \cdot 10^5\ \text{Pa}}{10^5\ \text{Pa}}\right)^{\frac{1}{1,4}} = \frac{\mathbf{14{,}4}}{\mathbf{1}}$$

$$\frac{T_2}{T_1} = \left(\frac{V_1}{V_2}\right)^{x-1} = \left(\frac{p_2}{p_1}\right)^{\frac{x-1}{x}}$$

$$T_2 = T_1 \cdot \left(\frac{p_2}{p_1}\right)^{\frac{x-1}{x}} \qquad T_2 = 325\ \text{K} \cdot \left(\frac{42 \cdot 10^5\ \text{Pa}}{10^5\ \text{Pa}}\right)^{\frac{1,4-1}{1,4}}$$

$T_2 = 945$ K $\qquad$ $\boldsymbol{\vartheta_2} = \mathbf{672°\ C}$

8/36		Adiabatische Zustandsänderung

Bei modernen Verbrennungsmotoren wird sowohl Benzin (manchmal noch als Vergaserkraftstoff bezeichnet, obwohl umweltfreundliche Motoren keine Vergaser mehr brauchen) als auch Dieselöl in den Verbrennungsraum eingespritzt. Das geschieht unmittelbar vor dem Erreichen der maximalen Verdichtung der angesaugten Luft.

1) Das Datenblatt eines Benzin-Einspritzmotors mit vier Zylindern und 47 kW Leistung nennt eine Verdichtung (Volumenverhältnis) von 10,4. Man nehme an, daß die Luft beim Eintritt eine Temperatur von 27° C hat und unter einem Druck von $0{,}97 \cdot 10^5$ Pa steht.

Welche Temperatur und welcher Druck herrschen nach erfolgter (adiabatischer) Kompression?

2) In einem Zylinder eines Dieselmotors wird angesaugte Luft mit einer Temperatur von 15° C und dem Druck $9{,}9 \cdot 10^5$ Pa auf $42 \cdot 10^5$ Pa komprimiert. Berechnen Sie unter der Voraussetzung eines adiabatischen Vorgangs das Volumenverhältnis $V_2 : V_1$ und die Temperatur am Ende der Kompression!
3) Warum sind Zündkerzen nicht mehr notwendig?

Anwendung der Poissonschen Gleichungen:

1) $\frac{T_2}{T_1} = \left(\frac{V_1}{V_2}\right)^{x-1}$; $\quad T_2 = T_1\left(\frac{V_1}{V_2}\right)^{x-1}$

$T_2 = 300\,\text{K} \cdot 10{,}4^{1{,}4-1}$

$\mathbf{T_2 = 765\,K} \qquad \mathbf{\vartheta_2 = 492°\,C}$

$\frac{p_2}{p_1} = \left(\frac{V_1}{V_2}\right)^{x}$; $\quad p_2 = p_1\left(\frac{V_1}{V_2}\right)^{x}$

$p_2 = 0{,}97 \cdot 10^5\,\text{Pa} \cdot 10{,}4^{1{,}4} \qquad \mathbf{p_2 = 25{,}7 \cdot 10^5\,Pa}$

2) $\frac{p_1}{p_2} = \left(\frac{V_2}{V_1}\right)^{x} \quad \rightarrow \quad \frac{V_2}{V_1} = \left(\frac{p_1}{p_2}\right)^{\frac{1}{x}}$

$\frac{V_2}{V_1} = \left(\frac{0{,}99 \cdot 10^5\,\text{Pa}}{42 \cdot 10^5\,\text{Pa}}\right) = \mathbf{0{,}069}$ (Verdichtung: **14,5**)

$$\frac{T_2}{T_1} = \left(\frac{V_1}{V_2}\right)^{x-1} = \left(\frac{p_2}{p_1}\right)^{\frac{x-1}{x}}$$

$$T_2 = T_1\left(\frac{p_2}{p_1}\right)^{\frac{x-1}{x}}$$

$$T_2 = 288\,\text{K}\left(\frac{42 \cdot 10^5\,\text{Pa}}{0{,}99 \cdot 10^5\,\text{Pa}}\right)^{\frac{1{,}4-1}{1{,}4}}$$

$\mathbf{T_2 = 840\,K} \qquad \mathbf{\vartheta_2 = 567°\,C}$

3) Die errechneten Temperaturen liegen über den Flammenpunkten von Benzin und Dieselöl.

8/37 Gasdichte und mittlere Teilchengeschwindigkeit

Zeigen Sie, daß sich die mittleren quadratischen Geschwindigkeiten der Moleküle zweier verschiedener Gase umgekehrt wie ihre Dichten verhalten! Unter welcher Voraussetzung gilt dies?

Die Grundgleichung der kinetischen Gastheorie

$$p = \frac{1}{3} n m_M \overline{v^2}; \quad n = \frac{N}{V}$$

setzt ideales Gas voraus. Also gilt die folgende Betrachtung für Gase, die die Voraussetzungen eines idealen Gases annähernd erfüllen. Ferner sollen die Gase unter gleichem, konstanten Druck stehen.

$$p = \frac{1}{3}\frac{N m_M}{V} \cdot \overline{v^2}$$

$$\text{Dichte} = \frac{\text{Gesamtmasse}}{\text{Volumen}} \quad \rightarrow \quad \rho = \frac{N m_M}{V}$$

$$p = \frac{1}{3}\rho \cdot \overline{v^2}$$

$\overline{v^2} = \frac{3p}{\rho}$; da $p = \text{konst.}$, so gilt: $\overline{v^2} \sim \frac{1}{\rho}$

8/38 Kinetische Gastheorie; mittlere Teilchengeschwindigkeit

Stellen Sie für Wasserstoffmoleküle die Abhängigkeit der Wurzel der mittleren Geschwindigkeitsquadrate von der Temperatur in einem Diagramm dar!
Interpretieren Sie Ihre Darstellung!

Aus der Grundgleichung der kinetischen Gastheorie und der universellen Gasgleichung folgt:

$p = \frac{1}{3} n m_M \overline{v^2}$; $\quad n = \frac{N}{V}$; $\qquad N m_M = m$

$\bar{v} = \sqrt{\frac{3pV}{m}}$; $\qquad pV = m\frac{R}{m_{mol}}T$

$\bar{v} = \sqrt{\frac{3R}{m_{mol}} \cdot T}$; $\qquad R = 8314\,\text{J} \cdot \text{kmol}^{-1} \cdot \text{K}^{-1}$

$m_{mol} = 2{,}016\,\text{kg kmol}^{-1}$ für H_2

$$\bar{v} = \sqrt{\frac{3 \cdot 8314\,\text{J} \cdot \text{kmol}^{-1} \cdot \text{K}^{-1}}{2{,}016\,\text{kg kmol}^{-1}} \cdot T}$$

$$\mathbf{\bar{v} = 111{,}2\,\frac{m}{s}\sqrt{T \cdot K^{-1}}}$$

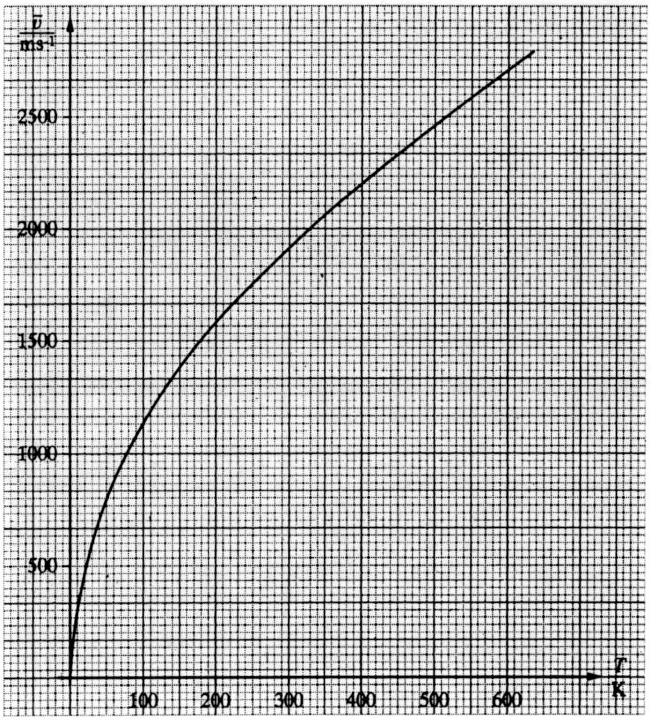

8/39		Kinetische Gastheorie	

Für eine bestimmte Temperatur ist das mittlere Geschwindigkeitsquadrat der Moleküle nur von der molaren Masse des Gases abhängig.
Stellen Sie diesen Zusammenhang für eine Temperatur von 273 K in einem Diagramm dar!
Wählen Sie die Achseneinteilung so, daß Sie für Wasserstoff, Sauerstoff und Kohlendioxid die Werte aus Ihrem Diagramm ablesen können!

$\overline{v^2} = \frac{3R}{m_{\text{mol}}} \cdot T$ (siehe Lösung der Aufgabe 8/38)

$\overline{v^2} \sim \frac{1}{m_{\text{mol}}}$; wenn T = konst.

$\overline{v^2} = 3 \cdot 8314\ \text{Jkmol}^{-1} \cdot \text{K}^{-1} \cdot 273\ \text{K} \cdot \frac{1}{m_{\text{mol}}}$

$\mathbf{\overline{v^2} = 6{,}8 \cdot 10^6\ Jkmol^{-1} \cdot \frac{1}{m_{mol}}}$; für T = 273 K

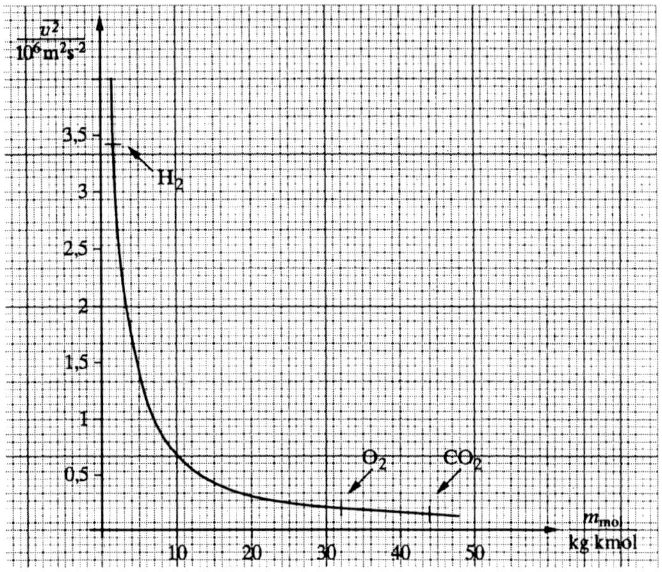

8/40		Isothermen des idealen und realen Gases	

1) Vergleichen Sie die beiden Darstellungen der Isothermen des idealen bzw. eines realen Gases!

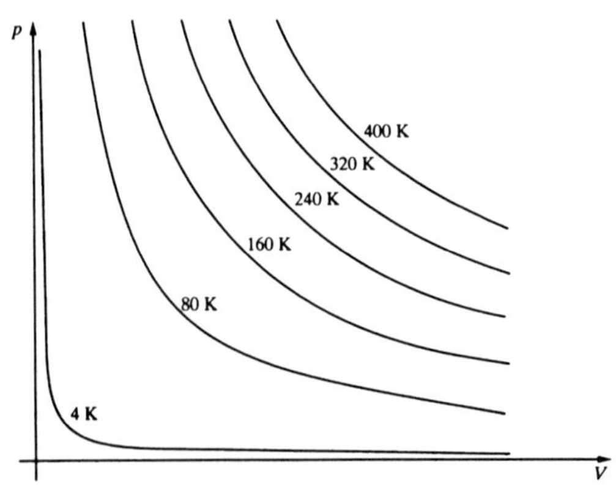

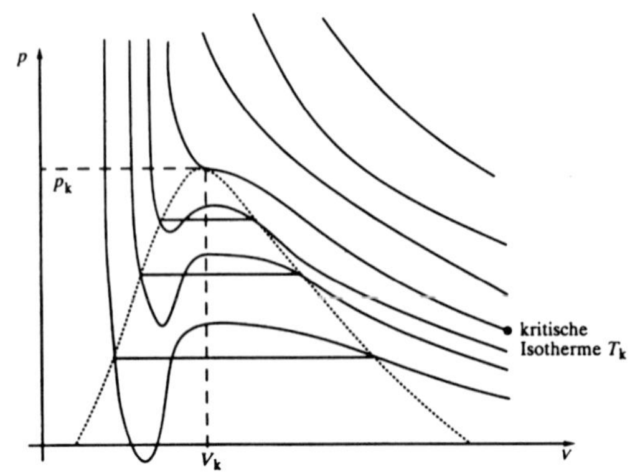

2) Unter welchen Bedingungen verhalten sich reale Gase annähernd wie das ideale Gas?
3) Welche Bedeutung haben die kritische Isotherme und der kritische Punkt?
4) Für Luft findet man in Tabellen einen kritischen Druck von $38{,}3 \cdot 10^5$ Pa und eine kritische Temperatur von −140,7° C. Welche Schlußfolgerungen können Sie aus diesen Werten ziehen?
5) Vergleichen Sie die Van der Waalssche Zustandsgleichung für reale Gase mit der universellen Gasgleichung für das ideale Gas!

1) Die Isothermen des realen Gases oberhalb der kritischen Isothermen der kritischen Temperatur T_K entsprechen annähernd denen des idealen Gases. Unterhalb der kritischen Isothermen weisen die Isothermen des realen Gases einen Knick auf und weichen stark von der Form einer Hyperbel ab.

2) In dem Gebiet oberhalb der kritischen Isothermen, also bei einer Temperatur $T > T_K$ existiert das reale Gas nur im gasförmigen Zustand und verhält sich annähernd wie das ideale Gas. Es gilt in Näherung die Zustandsgleichung des idealen Gases $pV = m\frac{R}{m_{\text{mol}}} \cdot T$.

3) Unterhalb der kritischen Temperatur T_K können die realen Gase durch erhöhten Druck in den flüssigen Zustand überführt werden. Die punktierte Kurve im Diagramm 2 kennzeichnet das Sättigungsgebiet, in dem Flüssigkeit und Gas nebeneinander im Gleichgewicht bestehen können. Das Maximum dieser Kurve kennzeichnet den kritischen Punkt (T_K, P_K) der auf der kritischen Isothermen liegt und Wendepunkt mit horizontaler Tangente ist.

4) Oberhalb der kritischen Temperatur T_K = 132,45 K (ϑ_K = −140,7° C) läßt sich Luft durch noch so hohen Druck nicht verflüssigen. Bei der kritischen Temperatur T_K = 132,45 K wird zur Verflüssigung der kritische Druck $p_K = 38{,}3 \cdot 10^5$ Pa benötigt.

5) Die Zustandsgleichung für reale Gase nach van der Waals lautet

$$\left(p + a\frac{1}{V_{\text{mol}}^2}\right)(V_{\text{mol}} - b) = RT\ .$$

Als Sonderfall enthält sie für $a = 0$ und $b = 0$ die für das ideale Gas gültige universelle Gasgleichung

$$p \cdot V_{\text{mol}} = RT \quad \text{bzw.} \quad p \cdot V = m\frac{R}{m_{\text{mol}}} \cdot T\ .$$

8/41 Wirkungsgrad einer Wärmekraftmaschine

Eine Wärmekraftmaschine arbeitet zwischen der Verbrennungstemperatur des Kraftstoffes von 1500° C und der Kühlungstemperatur des Kühlsystems von 40° C.
Berechnen Sie den höchsten Wirkungsgrad, den die Wärmekraftmaschine theoretisch erreichen könnte!

Theoretischer Wirkungsgrad

$$\eta = 1 - \frac{T_2}{T_1} \qquad \eta = 1 - \frac{313\,\text{K}}{1773\,\text{K}} \approx 0{,}82 \qquad \boldsymbol{\eta = 82\ \%}$$

8/42 Leistungszahl einer Wärmepumpe

Eine Wärmepumpe wirkt wie eine umgekehrt laufende Wärmekraftmaschine. Sie entzieht einem Kühlwasser Wärme und führt der Heizung Wärme zu.
Welche mechanische Arbeitsleistung ist erforderlich, wenn eine Wärmepumpe zwischen der Temperatur des Kühlwassers von 20° C und der Temperatur des Heizwassers von 90° C arbeitet und eine Heizleistung von 2200 kW abgibt?

Leistungszahl der Wärmepumpe

$$\varepsilon = \frac{p_{\text{Heizung}}}{p_{\text{mech}}} = \frac{T_1}{T_1 - T_2}$$

$$p_{\text{mech}} = \left(1 - \frac{T_2}{T_1}\right) p_{\text{Heizung}}$$

$$p_{\text{mech}} = \left(1 - \frac{293\,\text{K}}{363\,\text{K}}\right) 2200\,\text{kW} \qquad \boldsymbol{p_{\text{mech}} = 424\ \text{kW}}$$

8/43 2. Hauptsatz der Thermodynamik

Für den 2. Hauptsatz der Thermodynamik gibt es mehrere Formulierungen.

1) Nennen Sie diese Formulierungen!
2) Interpretieren Sie sie!
3) Warum gibt es so zahlreiche äquivalente Formulierungen?
4) Zeigen Sie in einigen Fällen die Äquivalenz der Formulierungen!

1) Wärme kann niemals spontan, d. h. ohne äußere Einwirkung von einem Körper niederer Temperatur auf einen Körper höherer Temperatur übergehen; in einem gleichmäßig temperierten Körper entstehen nicht von selbst Temperaturunterschiede (Clausius-Prinzip, 1850).

   Es ist unmöglich, eine periodisch arbeitende Maschine zu konstruieren, die nichts weiter bewirkt als Erzeugung mechanischer Arbeit und Abkühlung eines Wärmespeichers, also Entzug äquivalenter Wärme aus einem einzigen Wärmebehälter (Planck, 1905).

   Ein Perpetuum mobile 2. Art kann es nicht geben.

   Bei Zustandsänderungen in abgeschlossenen thermodynamischen Systemen kann die Entropie niemals abnehmen, sondern nimmt bei irreversiblen Vorgängen zu und bleibt bei reversiblen Vorgängen konstant.

   Zustandsänderungen finden in abgeschlossenen thermodynamischen Systemen so lange statt, bis die Entropie einen Höchstwert erreicht hat.

2) Der Temperaturausgleich ist ein irreversibler Vorgang. Es gibt keine Prozesse, die genaue Umkehrungen von irreversiblen Zustandsänderungen sind.

   Eine in der zweiten Aussageform genannte Maschine würde es z. B. ermöglichen, dem Meerwasser fortwährend Wärme zu entziehen und diese vollständig in mechanische Arbeit umzuwandeln.

   Ein Perpetuum mobile 2. Art wäre z. B. ein auf eine feste Unterlage gefallener Körper, der sich und seine Umgebung plötzlich abkühlt, also Wärme aufnimmt und dank der Energie in die Höhe steigt.

   Die Entropie ist eine Größe, die ein quantitatives Maß für die Ungeordnetheit in einem abgeschlossenen System ist. Das Ausströmen von Gasen in ein größeres Gefäß ist nicht spontan umkehrbar. Gleiches gilt für Lösungs- bzw. Mischungsvorgänge, für Vorgänge der Diffusion oder Reibungsvorgänge.

3) Dank der verschiedenen Aussageformen des 2. Hauptsatzes sind qualitative bzw. quantitative Beschreibungen thermodynamischer Prozesse möglich.

4) Äquivalenz der ersten und dritten Aussage von 1):

   Ein Perpetuum mobile 2. Art würde keine anderen bleibenden Veränderungen bewirken, als daß einem Körper Wärme entzogen und dafür eine gleichwertige mechanische Arbeit verrichtet wird. Dieser Wärmeentzug bedeutet in einem gleichmäßig temperierten System, daß spontan ein Temperaturunterschied entsteht.

8/44 Hauptsätze der Thermodynamik – Vergleich

Vergleichen Sie miteinander:

1) die Begriffe *Perpetuum mobile 1. Art* und *Perpetuum mobile 2. Art* sowie
2) den 1. und den 2. Hauptsatz der Thermodynamik!

1) Ein Perpetuum mobile 1. Art ist eine dauernd oder in periodischer Wiederholung arbeitende Einrichtung, die laufend mechanische Nutzarbeit abgibt, ohne daß ein gleichwertiger Betrag einer anderen Energieform dafür aufgewendet wird. Ein derartiges Perpetuum mobile widerspricht dem Prinzip von der Erhaltung der Energie.

   Ein Perpetuum mobile 2. Art ist eine periodisch arbeitende Einrichtung, die nichts weiter leistet, als einem einzigen Wärmebehälter Wärme zu entziehen und den gleichwertigen Betrag mechanischer Arbeit abzugeben. Ein Perpetuum mobile 2. Art verletzt nicht den Energieerhaltungssatz wie das Perpetuum mobile 1. Art; aber es widerspricht der Erfahrung über irreversible Vorgänge. Ein Perpetuum mobile 2. Art kann es nicht geben. Eine derartige maschinelle Einrichtung würde z. B. ermöglichen, dem Meerwasser dauernd Wärme zu entziehen und diese vollständig in mechanische Nutzarbeit umzuwandeln.

2) Der erste Hauptsatz der Wärmelehre ist das Gesetz über die Äquivalenz von mechanischer Arbeit und Wärme. Er ist ein Teil des allgemeinen, die Natur beherrschenden Prinzips von der Erhaltung der Energie:

   In einem abgeschlossenen System, in dem sich mechanische, thermische, elektrische, optische, chemische oder atomistische Vorgänge abspielen, bleibt die Gesamtenergie unverändert.

   Der zweite Hauptsatz oder Entropiesatz gibt Auskunft darüber, in welcher Richtung von einem gegebenen Anfangszustand aus ein Prozeß in der Natur verläuft. Es kann keine Prozesse geben, die genaue Umkehrungen von irreversiblen Zustandsänderungen sind. In einem abgeschlossenen System nimmt bei irreversiblen Vorgängen die Entropie zu und bleibt bei reversiblen Vorgängen konstant. Die Entropie kann in einem abgeschlossenen System niemals abnehmen.

8/45 Hauptsätze der Thermodynamik – Schlußfolgerungen

Beantworten Sie folgende Fragen!

1) Warum reicht der 1. Hauptsatz der Themodynamik zur umfassenden Beschreibung thermodynamischer Prozesse nicht aus?
2) Strebt das Weltall einen Endzustand an?
3) Warum ist von zwei Zuständen eines Systems der ungeordnetere wahrscheinlicher?

1) Nach dem ersten Hauptsatz der Thermodynamik sind nur solche Vorgänge eines abgeschlossenen Systems möglich, bei denen sich die Gesamtenergie des Systems nicht ändert. Die Menge der Vorgänge, die nach diesem Gesetz erlaubt sind, schließt auch irreversible thermodynamische Prozesse ein. Der zweite Hauptsatz kennzeichnet die in der Natur unmöglichen Prozesse mittels einer Zustandsgröße, Entropie genannt. Die Einschränkung besagt: Es gibt keine Zustandsänderungen, bei denen die Gesamtentropie des abgeschlossenen Systems abnimmt.

2) Die Physiker Thomson und Clausius wandten erstmals den 2. Hauptsatz auf das Weltall an, indem sie das Weltall als abgeschlossenes endliches thermodynamisches System betrachteten. Entsprechend der Aussage des 2. Hauptsatzes, daß in einem solchen System die Entropie ständig zunimmt und ihrem Maximalwert zustrebt, daß in dem erreichten Gleichgewichtszustand, in dem überall die gleiche Temperatur herrscht und ohne äußere Einwirkungen keine makrophysikalischen Prozesse stattfinden können, wird auf den Wärmetod des Weltalls geschlossen.

   Neuere kosmologische Theorien zeigen jedoch, daß das Weltall nicht als ein abgeschlossenes thermodynamisches System angesehen werden kann, für das die Aussage des 2. Hauptsatzes gilt.

3) Vorgänge, die sich in der Natur abspielen, sind irreversibel. Der Verlauf irreversibler Naturvorgänge erfolgt in dem Übergang aus einem Zustand geringerer in einen Zustand größerer Wahrscheinlichkeit. Ein irreversibler Vorgang führt stets zu einem ungeordneten Zustand des Systems.

8/46 Definitionen – Begriffe der Thermodynamik

Definieren Sie die Begriffe

1) reversibler und irreversibler Prozeß,
2) Perpetuum mobile 2. Art,
3) Zustandsgröße und Zustand!

Erläutern Sie diese Begriffe an Hand von Beispielen!

1) Ein irreversibler Prozeß liegt vor, wenn er weder spontan wieder in umgekehrter Richtung verläuft noch mit Hilfsmitteln rückgängig gemacht werden kann, ohne eine Spur in der Natur zu hinterlassen. Bei reversiblen Vorgängen ist eine Rückkehr in den Ausgangszustand ohne bleibende Veränderungen möglich (Beispiele s. Aufgabe 8/43).

2) Ein Perpetuum mobile 2. Art ist eine periodisch arbeitende Maschine, die nichts weiter leistet, als einem einzigen Wärmebehälter Wärme zu entziehen und den gleichwertigen Betrag mechanischer Arbeit abzugeben (Beispiele s. Aufgabe 8/43).

3) Zustand ist die augenblickliche Bewegungsform eines physikalischen Systems. Physikalische Größen, deren Meßwerte den Zustand vollständig oder teilweise kennzeichnen, heißen Zustandsgrößen. Beispiel: Alle meßbaren Eigenschaften eines Gases, die unabhängig vom Verlauf oder Wege vorangegangener Veränderung zu einem Zeitpunkt gemessen werden, bestimmen den augenblicklichen Zustand des Gases. Derartige Größen sind Druck, Temperatur, Volumen, Dichte usw.

8/47		**Basiswissen Thermodynamik**	

Welche der folgenden Aussagen sind falsch? Begründen Sie!

1) Der 1. Hauptsatz der Themodynamik gilt nur für abgeschlossene Systeme.
2) Der Energieerhaltungssatz gilt nur für abgeschlossene Systeme.
3) Es gibt reversible thermische Prozesse.
4) Die meisten thermischen Prozesse sind irreversibel.

1) + 2) Richtig.

3) + 4) Alle natürlichen thermodynamischen Vorgänge sind irreversibel.

8/48		**Entropie – Berechnung**	

Weisen Sie mit Hilfe des Zusammenhangs

$$\Delta S = \int_{T_1}^{T_2} \frac{dQ}{T}$$

nach, daß das Mischen von zwei Wassermengen M_1 ($m = 1$ kg, $\vartheta = 70°$ C) und M_2 ($m = 1$ kg, $\vartheta = 20°$ C) mit einer Zunahme der Entropie verbunden ist!

Wärmeaustausch:

$$mc(T_1 - T_M) = mc(T_M - T_2)$$

$$T_M = \frac{T_1 + T_2}{2}$$

Entropieberechnung:

$$\Delta s = \int_{T_i}^{T_{i+1}} \frac{dQ}{T}; \quad dQ = mc\,dT$$

$$\Delta_1 s = \int_{T_1}^{T_M} \frac{mc}{T} dT = mc \ln \frac{T_M}{T_1}$$

$$\Delta_2 s = \int_{T_2}^{T_M} \frac{mc}{T} dT = mc \ln \frac{T_M}{T_2}$$

$$\Delta s = \Delta_1 s + \Delta_2 s$$

$$\Delta s = mc\left(\ln \frac{T_M}{T_1} + \ln \frac{T_M}{T_1}\right) = mc \ln \frac{T_M^2}{T_1 \cdot T_2} = mc \ln \frac{(T_1 + T_2)^2}{4 T_1 \cdot T_2}$$

$$\Delta s = 10^3 \text{ g} \cdot 4{,}2 \frac{\text{J}}{\text{gK}} \ln \frac{(343 + 293)\text{ K}^2}{4 \cdot 343 \cdot 293 \text{ K}^2}$$

$$\mathbf{\Delta s = 26\ JK^{-1}}$$

8/49		**Modell der Gase**	

Pi überlegt: „Wieso nimmt ein Gas stets den gesamten zur Verfügung stehenden Raum ein? Warum fehlt niemals eine kleine Ecke?“
„Manchmal hat eben Unordnung ihr Gutes“, entgegnet Rho.

Im mechanischen Modell der Gase gilt das Prinzip der Unordnung. Es besagt, daß keine Geschwindigkeitsrichtung bevorzugt ist. Alle Bewegungsrichtungen kommen bei den Atomen vor. Infolgedessen wird der gesamte verfügbare Raum vom Gas ausgefüllt.

8/50		**Kinetische Gastheorie**	

Theta hat ein Problem: „Wenn sich ein Raumschiff auf seiner Bahn befindet, sind alle Dinge in ihm schwerelos, also auch die Luft. Wieso bleibt dann aber der Luftdruck in der Kabine erhalten?“
Rho muß überlegen.
„Und sie bewegen sich doch“, antwortet er dann.

Im Raumschiff sind zwar auch die Gasteilchen schwerelos, sie bewegen sich aber weiterhin. Sie stoßen also weiter auf die Gefäßwände. Infolgedessen bleibt der Druck erhalten, der ja als Folge der beim Aufprall der vielen Teilchen auf die Wand übertragenen Impulse aufgefaßt werden kann.

Wärmetod

Theta besucht Pi. Sie bemängelt die herrschende Unordnung im Zimmer.
„Alles geht von selbst in den wahrscheinlichsten Zustand über", scherzt Pi.
Theta muß lachen: „Und das kann nicht ohne äußere Einwirkung rückgängig gemacht werden."

Unordnung ist tatsächlich der wahrscheinlichste Zustand unter der Annahme der Postulate der kinetischen Gastheorie. Man könnte sich darüber unterhalten, ob diese Postulate auf die Ordnung im Zimmer angewandt werden können.